科学与工程
计算技术丛书

MATLAB
图像处理
理论、算法与实例

蔡利梅◎编著

清华大学出版社
北京

内 容 简 介

本书主要介绍了数字图像处理理论、算法及 MATLAB 实现。全书共 13 章，主要内容包括数字图像处理概述、MATLAB 基础知识、MATLAB 图像处理基础、图像几何变换和代数运算、图像正交变换、图像增强、图像复原、图像数学形态学处理、图像分割、图像描述与分析、图像压缩编码、图像匹配、MATLAB 图像处理 App 设计，涉及 MATLAB 图像处理基础、图像基础处理算法及实现、图像分析及实现、图像综合处理及实现。

本书由浅入深，全面、系统地讲解了各种处理算法的原理及 MATLAB 实现，内容翔实，有充足的编程实例，便于读者学习、实践和应用。

本书适合作为理工科高等院校研究生、本科生教学用书，也适合作为相关专业科研工程技术人员的参考用书。

图书在版编目（CIP）数据

MATLAB 图像处理：理论、算法与实例/蔡利梅编著. -- 北京：清华大学出版社，2025.5. --（科学与工程计算技术丛书）. -- ISBN 978-7-302-69116-7

Ⅰ. TN911.73

中国国家版本馆 CIP 数据核字第 2025CM1977 号

策划编辑：盛东亮
责任编辑：范德一
封面设计：李召霞
责任校对：李建庄
责任印制：沈　露

出版发行：清华大学出版社
网　　　址：https://www.tup.com.cn，https://www.wqxuetang.com
地　　　址：北京清华大学学研大厦 A 座　　　　邮　　编：100084
社 总 机：010-83470000　　　　　　　　　　邮　　购：010-62786544
投稿与读者服务：010-62776969，c-service@tup.tsinghua.edu.cn
质量反馈：010-62772015，zhiliang@tup.tsinghua.edu.cn
课件下载：https://www.tup.com.cn,010-83470236
印 装 者：三河市龙大印装有限公司
经　　　销：全国新华书店
开　　　本：203mm×260mm　　　印　　张：27　　　　字　　数：706 千字
版　　　次：2025 年 6 月第 1 版　　　　　　　印　　次：2025 年 6 月第 1 次印刷
印　　　数：1～1500
定　　　价：109.00 元

产品编号：108549-01

PREFACE

To Accelerate the Pace of Engineering and Science. These eight words have summarized the MathWorks mission for over 30 years.

In that time, it has been an honor and a humbling experience to see engineers and scientists using MATLAB and Simulink to create transformational breakthroughs in an amazingly diverse range of applications: the electrification and increasing autonomy of automobiles; the dramatically more accurate models and forecasts of our weather and climates; the increased performance and safety of aircraft; the insights from neuroscientists about how our brains and bodies work; the pervasiveness of wireless communications; the reliability of power grids; and much more.

At the same time, MATLAB and Simulink have helped countless students in engineering and science courses to learn key technical concepts and apply them to real-world problems, preparing them better for roles in research, teaching, and industry. They are also equipped to become lifelong learners, exploring for new techniques, combining them, and applying them in novel ways.

Today, the pace of innovation in engineering and science is astonishing. That pace is fueled by huge volumes of data, matched with computing hardware and machine-learning algorithms for extracting information from it. It is embodied by software and algorithms in almost every type of system—from children's toys to household appliances to robots and manufacturing systems to almost every form of transportation-making those systems more functional, flexible, and autonomous. Most important, that pace is driven by the engineers and scientists who gain the insights, create the technologies, and design the innovative systems.

To support today's pace of innovation, MATLAB has evolved into a broad and unifying technical computing platform, spanning well-established methods, such as control design and signal processing, with exciting newer areas, such as deep learning, robotics, and IoT development. For today's smart connected systems, Simulink is the platform that enables you to simulate those systems, optimize the design, and automatically generate the embedded code.

The topics in this book series reflect the broad set of areas that MATLAB and Simulink bring together: large-scale programming, machine learning, scientific computing, robotics, and more. We are delighted to collaborate on this series, in support of our ongoing goal: to enable you to accelerate the pace of your engineering and scientific work.

I look forward to the innovations that you will create!

Jim Tung
MathWorks Fellow

致力于加快工程技术和科学研究的步伐——这句话总结了 MathWorks 坚持超过三十年的使命。

在这期间，MathWorks 有幸见证了工程师和科学家使用 MATLAB 和 Simulink 在多个应用领域中的无数变革和突破：汽车行业的电气化和不断提高的自动化；日益精确的气象建模和预测；航空航天领域持续提高的性能和安全指标；由神经学家破解的大脑和身体奥秘；无线通信技术的普及；电力网络的可靠性，等等。

与此同时，MATLAB 和 Simulink 也帮助了无数大学生在工程技术和科学研究课程里学习关键的技术理念并应用于实际问题中，培养他们成为栋梁之材，更好地投入科研、教学，以及工业应用中，指引他们致力于学习、探索先进的技术，融合并应用于创新实践中。

如今，工程技术和科研创新的步伐令人惊叹。创新进程以大量的数据为驱动，结合相应的计算硬件和用于提取信息的机器学习算法。软件和算法几乎无处不在——从孩子的玩具到家用设备，从机器人和制造体系到每一种运输方式——让这些系统更具功能性、灵活性、自主性。最重要的是，工程师和科学家推动了这些进程，他们洞悉问题，创造技术，设计革新系统。

为了支持创新的步伐，MATLAB 发展成为一个广泛而统一的计算技术平台，将成熟的技术方法（比如控制设计和信号处理）融入令人激动的新兴领域，例如深度学习、机器人、物联网开发等。对于现在的智能连接系统，Simulink 平台可以让您实现模拟系统，优化设计，并自动生成嵌入式代码。

"科学与工程计算技术丛书"系列主题反映了 MATLAB 和 Simulink 汇集的领域——大规模编程、机器学习、科学计算、机器人等。我们高兴地看到"科学与工程计算技术丛书"支持 MathWorks 一直以来追求的目标：助您加速工程技术和科学研究。

期待着您的创新！

Jim Tung

MathWorks Fellow

数字图像处理是利用计算机对图像进行变换、增强、复原、分割、压缩、分析、理解等处理的理论、方法和技术,是现代信息处理的研究热点。数字图像处理技术发展迅速,应用领域越来越广,对国民经济、社会生活和科学技术等方面产生了巨大的影响。

数字图像处理技术的学习和应用,离不开计算机仿真和实验,MATLAB 基于矩阵计算,适合进行二维矩阵的数字图像处理,其认可当今常用的多种图像文件格式,提供图像处理工具箱,实现了图像运算、变换、增强、分析、复原、形态学等方面的图像处理运算,是一款优秀的仿真软件。本书在介绍数字图像处理的相关概念及 MATLAB 软件的基础上,针对数字图像基础处理、图像分析和综合处理算法的原理,以及 MATLAB 实现进行了详细的讲解。

全书共分为以下四篇。

第一篇,MATLAB 数字图像处理基础。介绍了数字图像处理的相关概念、颜色、数字图像的生成表示等概述性内容;工作环境、数据类型、矩阵、控制语句、图形可视化等 MATLAB 基础知识;图像文件的读写与显示、图像类型转换、色彩空间转换、视频文件的读写等 MATLAB 图像处理基础。

第二篇,MATLAB 图像处理。介绍了几何变换、代数运算、模板运算等图像基础性运算;DFT、DCT、K-L 变换、Radon 变换和 DWT 等图像正交变换;灰度级变换、空域滤波、频域滤波、平场校正、去雾增强、低照度图像增强等图像增强技术;图像退化函数的估计、图像复原方法;数学形态学的基本概念、二值图像和灰度图像数学形态学处理等算法。详细介绍了各种算法的 MATLAB 实现。

第三篇,MATLAB 图像分析。介绍了阈值分割、区域分割、聚类分割、分水岭分割、超像素分割、形变模型分割、图割分割等图像分割算法;边界描述、区域形状描述、纹理描述等方法及相关描绘子;常用图像质量评价方法。详细介绍了各种算法的 MATLAB 实现。

第四篇,MATLAB 图像综合处理。介绍了图像编码的基本理论、无损压缩编码、预测编码、变换编码、JPEG 标准等图像压缩编码方法及其 MATLAB 实现;多种角点检测算子、特征描述算子、图像配准及 MATLAB 实现;MATLAB 图像处理 App 设计。

本书讲解由浅入深,循序渐进,通过充足的例程,便于读者理解算法及掌握 MATLAB 图像处理方法。

由于编者学识水平所限,书中不足之处敬请读者不吝指正。

编　者

2025 年 2 月

目录

第一篇 MATLAB 数字图像处理基础

目录

目录

目录

目录

第三篇　MATLAB 图像分析

目录

目录

目录

第一篇
MATLAB数字图像处理基础

数字图像处理是现代信息处理的研究热点,相关应用涉及人类生活和工作的方方面面,影响深刻。本章主要介绍图像和数字图像处理的基础知识,包括基本概念、研究内容、颜色,以及数字图像的生成与表示,是后续学习的基础。

1.1 图像与数字图像处理

视觉是人类观察世界和认知世界的重要手段,人类从外界获得的信息绝大部分是通过视觉获取的。图像是视觉信息的重要表现方式,是对客观事物的相似、生动的描述,具有直观形象、信息量大、利用率高的特点,是人类重要的信息来源。人们通常所见的、普通相机所拍摄的,都是可见光成像,直观形象的影像丰富了人们的视野和资料。除可见光外,红外线、紫外线、微波、X 射线等非可见光也能够成像,利用图像技术,拓展了人类视觉。因此,图像作为一种重要的信息载体,越来越深刻地影响到人们的生活和工作。

1.1.1 图像

从信息论角度来看,图像是一种二维信号,可以用二维函数 $f(x,y)$ 来表示,其中,x、y 是空间坐标,$f(x,y)$ 是点 (x,y) 的幅值。

图像可以分为两种类型:模拟图像和数字图像。

模拟图像是指通过客观的物理量表现颜色的图像,如照片、底片、印刷品、画等,空间坐标值 x 和 y 连续,在每个空间点 (x,y) 的光强也连续。对模拟图像进行数字化处理得到数字图像,才可以用计算机存储和处理。

数字图像由有限的元素组成,每个元素的空间位置 (x,y) 和强度值 f 都被量化成离散的数值,这些元素称为像素。因此,数字图像是具有离散值的二维像素矩阵,如图 1-1 所示。

图 1-1(a)的白色方框内有 8 行 8 列 64 个像素,每个像素有不同的颜色值;图 1-1(b)中用 8×8 个小方块表示这 64 个像素,每个方块的颜色和对应像素颜色一致;图 1-1(c)是对应 64 个像素的数值。可以看出,数字图像就是一个二维的像素矩阵。

视频又称动态图像,是多帧位图的有序组合,可以用三维函数 $f(x,y,t)$ 表

	0	1	2	3	4	5	6	7
0	45	41	44	40	43	45	54	47
1	44	50	46	52	49	54	47	64
2	56	57	55	52	57	58	63	64
3	60	60	48	112	136	137	88	62
4	63	66	87	149	170	163	148	122
5	76	73	133	181	198	183	182	159
6	79	87	170	186	188	186	176	168
7	89	102	192	200	194	203	189	186

(a) 一幅数字图像   (b) 8×8像素子块   (c) 8×8子块像素值

图 1-1 数字图像数据形式示意图

示，x、y 是空间坐标，t 为时间变量，$f(x,y,t)$ 是 t 时刻那一帧上点 (x,y) 的幅值。之所以能看到图像动起来，是由于人眼的视觉暂留特性，图像播放间隔≤视觉暂留时间 1/24s，将产生连续活动的视觉效果。

1.1.2 数字图像处理

数字图像处理是利用计算机对图像进行去除噪声、增强、复原、分割、提取特征等的理论、方法和技术，是信号处理的子类，相关理论涉及通信、计算机、电子、数学、物理等多个学科。

1. 数字图像处理的主要内容

1) 图像获取

图像获取是指通过某些成像设备，将物体表面的反射光或者折射光转换成电压，然后在成像平面形成图像，通常需要经过模数转换实现数字图像的获取。获取图像的相关成像器件有 CCD (Charge-Coupled Device)图像传感器、CMOS(Complementary Metal Oxide Semiconductor)图像传感器、CID(Charge-Injected Device)图像传感器，以及其他一些特定场所应用的成像设备。

2) 图像基础处理技术

图像基础处理技术包括图像变换、图像增强、图像平滑、边缘检测与图像锐化、图像复原等。

(1) 图像变换。

图像变换是指对图像进行某种正交变换，将空间域中的图像信息转换到如频域、时频域等变换域，并进行相应的处理分析。经过变换后，图像信息的表现形式发生变化，某些特征会突显出来，方便后续处理，如低通滤波、高通滤波、变换编码等。图像变换常用的正交变换有离散傅里叶变换、离散余弦变换、K-L(Karhunen-Loeve)变换、离散小波变换等，不同变换具有不同的特点及应用。

(2) 图像增强。

图像增强的目的是将一幅图像中的有用信息(即感兴趣的信息)进行增强，同时将无用信息(即干扰信息或噪声)进行抑制，从而提高图像的可观察性。根据增强目的的不同，图像增强技术涵盖对比度增强、图像平滑以及图像锐化。

传统的图像对比度增强方法有灰度级变换、基于直方图的增强等；随着技术的发展，一些新型技术被用于增强处理，如模糊增强、基于人类视觉的增强等；增强处理也被用于特定情形下的图像，并衍生出一系列的新方法，如去雾增强、低照度图像增强等。

（3）图像平滑。

图像在获取、传输和存储过程中常常会受到各种噪声的干扰和影响，使其质量下降，从而导致对分析图像不利。图像平滑是指抑制或消除图像中存在的噪声，改善图像质量的处理方法。

（4）边缘检测与图像锐化。

边缘检测是指通过计算局部图像区域的亮度差异，检测出不同目标或场景各部分之间的边界，是图像锐化、图像分割、区域形状特征提取等技术的重要基础。图像锐化的目的是加强图像中景物的边缘和轮廓，突出或增强图像中的细节。

（5）图像复原。

图像复原是指将退化了的图像的原有信息复原，以达到清晰化的目的。图像复原是图像退化的逆过程，通过估计图像的退化过程，建立数学模型，补偿退化过程造成的失真。根据退化模糊产生原因的不同，采用不同图像复原方法可使图像变得清晰。

3）图像压缩编码

图像压缩编码是指利用图像信号的统计特性和人类视觉的生理及心理特性，改变图像信号的表示方式，达到降低数据量的目的，便于图像的存储和传输。图像编码的主要方法有统计编码、变换编码、预测编码、混合编码以及一些新型编码方法。

经过多年的研究，已经制定了若干图像编码标准，例如，针对静态图像编码的 JPEG、JPEG 2000 标准；针对实时视频通信应用的 H.26x 系列标准；针对视频数据的存储、广播电视和视频流的网络传输的 MPEG 系列标准，以及低比特率视频标准 H.264；高效视频编码 HEVC，新一代视频编码标准 VVC、AV1、AVS3 等。

4）图像分析

图像分析包含图像分割、图像描述与分析两部分内容。

（1）图像分割。

图像分割是指把一幅图像分成不同的区域，以便进一步分析或改变图像的表示方式。例如，卫星图像中分成工业区、住宅区、森林等；人脸检测中需要分割人脸图像等。由于图像内容的复杂性，利用计算机实现图像自动分割是图像处理中最困难的问题之一，没有一种分割方法适用于所有问题。经验表明，实际应用中需要结合众多方法，根据具体的领域知识确定方案。

（2）图像描述与分析。

图像描述与分析是指计算并提取图像中的感兴趣目标的关键数据，用更加简洁明确的数值和符号表示，突出重要信息并降低数据量，以便计算机对图像进行识别和理解，是数字图像处理系统中不可缺少的环节。

5）图像综合处理技术

随着图像处理研究和应用的发展，除上述基础处理技术外，逐渐出现并发展了多种综合处理技术，如图像匹配、图像融合、图像检索、图像水印、立体视觉、目标检测与跟踪等，这些图像处理技术的实现，常常需要多种基础处理技术的综合应用，属于较高层次的图像处理。

（1）图像匹配。

图像匹配是指针对不同时间、不同视角或不同拍摄条件下的同一场景的两幅或多幅图像，寻找它们之间在某一特性上的相似性，建立图像间的对应关系，以便进行对准、拼接、计算相关参数等操作，其应用需求广泛。根据特性的不同，匹配方法可分为基于灰度的匹配和基于特征的匹配。

（2）图像融合。

图像融合是信息融合的一个分支，是指通过算法将两幅或多幅图像合成一幅新图像，最大限度地获取目标场景的各种特征信息描述，以增强和优化后续的显示和处理。

（3）图像检索。

随着多媒体技术的迅猛发展，图像数据增长惊人。图像检索是指能够快速准确地查找并访问图像的技术，包括基于内容的图像检索和基于特征的图像检索。

（4）图像水印。

图像水印技术是指将特定意义的标记，利用数据嵌入的方法隐藏在数字图像产品中，来辨识数据的版权或实现内容认证、防伪及隐蔽通信，是多媒体信息安全的内容之一。

（5）立体视觉。

立体视觉是仿照人类利用双目线索感知距离的方法来实现对三维信息的感知。在实现上采用基于三角测量的方法，运用两个或多个摄像机对同一景物从不同位置成像，并进而从视差中恢复距离，重建三维场景。

（6）目标检测与跟踪。

目标检测是指搜索图像中感兴趣的目标，获得目标的客观信息；目标跟踪是指根据当前运动信息估计和预测运动目标的运动趋势，以便为后续识别理解提供信息。目标检测与跟踪主要面向动态图像序列。

2. 数字图像处理的应用

数字图像处理技术诞生于20世纪50年代，随着计算机技术的发展，数字图像处理逐渐形成了完整的体系，并成为新兴的学科。近年来，数字图像处理技术在各个领域得到广泛应用，对工业生产、日常生活产生巨大的影响。下面介绍部分典型应用。

1）航空航天技术方面

这方面的应用主要是用在飞机遥感和卫星遥感技术中，主要用于地形地质、矿藏、森林、水利、海洋、农业等资源调查，自然灾害预测预报，环境污染监测，气象卫星云图处理及地面军事目标的识别等。

2）工业生产方面

数字图像处理技术在产品检测、工业探伤、自动流水线生产和装配、自动焊接、PCB（Printed Circuit Board）检查，以及各种危险场合的生产自动化方面得到了大量应用，加快了生产速度，保证了质量的一致性，还可以避免因人的疲劳、注意力不集中等带来的误判。

3）生物医学方面

CT（Computed Tomography）、核磁共振断层成像、超声成像、计算机辅助手术、显微医学操作等医学图像处理技术在医疗诊断中发挥了越来越重要的作用，医学图像处理、分析、识别、判读等都广泛地应用了数字图像处理技术，实现了自动处理、分析与识别，降低了目视判读工作量，提高了检验精度。

4）军事公安方面

数字图像处理技术应用于巡航导弹制导、无人驾驶飞机飞行、自动行驶车辆、移动机器人、精确制导及自动巡航捕获目标和确定距离等方面，既可避免人的参与及由此带来的危险，也可提高精度和速度。此外，各种侦察照片的判读、公安业务图片的判读分析、指纹识别、人脸鉴别、不完整图片的复原、交通监控、事故分析等,利用数字图像处理技术拓展了刑侦手段。

5) 文化娱乐方面

数字图像处理技术在电视、电影画面的数字编辑、动画制作、电子图像游戏、纺织工艺品设计、服装设计与制作、发型设计、文物资料照片的复制和修复、依据头骨的人像复原等方面的应用卓有成效,成为一种独特的美术工具,也给人们的生活带来了巨大的视觉享受。

总之,数字图像处理技术应用的范围十分广泛,并且随着技术的发展,应用的广度及深度也在不断加大。

3. 相关专业术语

随着数字图像处理技术的不断发展,其应用面也越来越广泛,因而衍生出如下不同的专业术语。

1) 图像处理

图像处理一词通常有狭义和广义两种理解方式。狭义的图像处理即数字图像处理技术的第一层,属于信息预处理技术,输入图像,输出的是调整了视觉效果或增强了某些信息的图像;而广义的图像处理则涵盖了从预处理到图像识别理解的整个过程,是相关处理技术的一个统称。

2) 计算机视觉

计算机视觉指计算机具有通过一幅或多幅图像认知周围环境信息的能力,即根据感测到的图像对实际物体和场景做出有意义的判定,是人工智能技术的分支。实际上,计算机视觉包括了图像预处理及识别理解的含义在内。

3) 机器视觉

机器视觉建立在计算机视觉理论基础上,在许多情况下,两个术语是一样的,不过,对于工业应用,常用的术语是机器视觉。机器视觉是一门综合技术,包括图像处理、机械工程技术、控制、光学成像、数字视频技术、计算机软硬件技术等。

4) 图像工程

图像工程是各种与图像有关技术的总称,包括图像处理、图像分析和图像理解三个层次,以及对图像技术的综合应用。

从以上介绍可以看出,这些不同术语的核心技术都是处理并理解图像信息,因应用环境不同,语义的侧重点也不同。

1.2 颜色

颜色是图像的基础,理解颜色的概念才能准确理解图像数据的含义。本节主要介绍颜色的表示及常用的模型。

1.2.1 颜色的表示

颜色的表示首先要解决颜色的定量度量问题,通过颜色匹配实验进行测量。CIE(国际照明委员会)在前期研究的基础上,制定了一系列的标准,用于颜色的表示。

1. 颜色匹配

混合基本颜色,将混合色和待测颜色调节到视觉上相同,以便用基本颜色数量来表示待测颜色的实验称为颜色匹配。用于颜色混合以产生任意颜色的三种基本颜色叫作三原色,三原色中任何一种颜色不能由其余两种颜色相加混合得到。通常相加混色中用红、绿、蓝三种颜色作为三原色,当颜色匹配时,可用式(1-1)表示。

$$C(C) \equiv R(R) + G(G) + B(B) \tag{1-1}$$

式中,"≡"代表颜色相互匹配;(C)代表被匹配颜色单位,(R)、(G)、(B)代表产生混合色的红、绿、蓝三原色单位;C代表被匹配色数量,R、G、B分别代表三原色红、绿、蓝数量,称为"三刺激值"。一种颜色与一组R、G、B值相对应。

三原色各自在$R+G+B$总量中的相对比例叫作色品坐标,可用式(1-2)中的符号r、g、b来表示。

$$\begin{cases} r = R/(R+G+B) \\ g = G/(R+G+B) \\ b = B/(R+G+B) \end{cases} \tag{1-2}$$

以色品坐标r、g、b表示的平面图称为色品图。

2. CIE 1931-RGB 系统

CIE选择波长为700nm(红)、546.1nm(绿)、435.8nm(蓝)的三种单色光作为三原色,以相等数量的三原色刺激值匹配出等能白光,确定了三刺激值单位。700nm是可见光谱的红色末端,546.1nm和435.8nm为明显的汞谱线,三者都能比较精确地产生。

1931年,CIE制定出匹配等能光谱色的RGB三刺激值,称为"CIE 1931-RGB系统标准色度观察者光谱三刺激值",简称"CIE 1931-RGB系统标准色度观察者",代表人眼2°视场的平均颜色视觉特性,这一系统称为"CIE 1931-RGB色度系统",如图1-2中实线区域所示。

图 1-2　CIE 1931-RGB 系统色品图及(R)、(G)、(B)向(X)、(Y)、(Z)的转换

从图 1-2 可以看出,光谱三刺激值和光谱轨迹的色品坐标有很大一部分出现负值,这些光谱色需加入一种适量的原色才能实现和三原色混合色的匹配,加入的原色用负值表示,则出现负色品坐标值。色品图的三角形顶点表示红(R)、绿(G)、蓝(B)三原色;负值的色品坐标落在原色三角形之外;在原色三角形以内的各色品点的坐标为正值。

3. CIE 1931 标准色度系统

CIE 1931-RGB 系统计算中会出现负值,因此用起来既不方便,又不易理解,故 1931 年,CIE 推荐了一个新的国际通用色度系统——CIE 1931-XYZ 系统,由 CIE 1931-RGB 系统推导而来。

CIE 1931-XYZ 系统用 3 个假想的原色(X)、(Y)、(Z)建立了一个新的色度系统,系统中光谱三刺激值全为正值。因此选择三原色时,必须使三原色所形成的颜色三角形能包括整个光谱轨迹。即整个光谱轨迹完全落在 X、Y、Z 所形成的虚线三角形内。

RGB 系统向 XYZ 系统推导的过程就是假想三角形 XYZ 三条边 XY、XZ、YZ 方程确定的过程,如图 1-2 所示。规定 X、Z 两原色只代表色度,XZ 线称为无亮度线;光谱轨迹从 540nm 附近至 700nm,在 RGB 色品图上基本是一段线段,为 XY 边;YZ 边取与光谱轨迹波长 503nm 点相切的直线。

通过两个色度系统的坐标转换可以得到任意一种颜色新旧三刺激值之间的关系,如式(1-3)所示。

$$\begin{cases} X = 2.7689R + 1.7517G + 1.1302B \\ Y = 1.0000R + 4.5907G + 0.0601B \\ Z = 0 \qquad\quad + 0.0565G + 5.5942B \end{cases} \tag{1-3}$$

颜色的色品坐标如式(1-4)所示。

$$\begin{cases} x = X/(X+Y+Z) \\ y = Y/(X+Y+Z) \\ z = Z/(X+Y+Z) \end{cases} \tag{1-4}$$

CIE 1931 x-y 色品图如图 1-3 所示。图中的 C 和 E 代表的是 CIE 标准光源 C 和等能白光 E。图中越靠近 C 或 E 点的颜色饱和度越低。光谱轨迹上的点代表不同波长的光谱色,是饱和度最高的颜色。

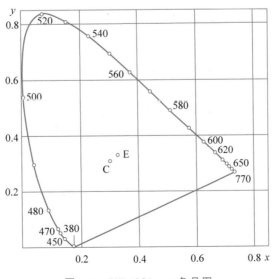

图 1-3　CIE 1931 x-y 色品图

在 x-y 色品图中，任意选定两点，两点间直线上的颜色可以由这两点的颜色混合而成。给定 3 个点，3 点构成的三角形内的颜色可由这 3 个点的颜色混合而成。

给定 3 个真实光源，混合得出的色域只能是三角形，不能完全覆盖人类的视觉色域。

4. CIE 1976 $L^*a^*b^*$ 均匀颜色空间

标准色度系统解决了用数量来描述颜色的问题，但不能解决色差判别的问题，因此 CIE 做了大量的工作，对人眼的辨色能力进行研究，寻找到不同的均匀颜色空间。所谓均匀颜色空间，是指一个三维空间，每个点代表一种颜色，空间中两点之间的距离代表两种颜色的色差，相等的距离代表相同的色差。

1976 年，CIE 推荐了两个色空间，分别称为 CIE 1976 $L^*u^*v^*$ 色空间和 CIE 1976 $L^*a^*b^*$ 色空间，也可以简写为 CIE LUV 和 CIE LAB。CIE LUV 均匀色空间及色差公式主要应用于照明、CRT 和电视工业，以及那些采用加色法混合产生色彩的行业；CIE LAB 主要应用于颜料和图像艺术工业，近代的颜色数码成像标准和实际应用也是用 CIE LAB。

CIE $L^*a^*b^*$ 均匀色空间如图 1-4 所示，三维坐标如式(1-5)所示。

$$\begin{cases} L^* = 116 f(Y/Y_n) - 16 \\ a^* = 500[f(X/X_n) - f(Y/Y_n)] \\ b^* = 200[f(Y/Y_n) - f(Z/Z_n)] \end{cases} \quad (1\text{-}5)$$

式中，$\begin{cases} f(\alpha) = (\alpha)^{\frac{1}{3}}, & \alpha > (24/116)^3 \\ f(\alpha) = \alpha 841/108 + 16/116, & \alpha \leqslant (24/116)^3 \end{cases}$，$\alpha = \dfrac{X}{X_n}$，

$\dfrac{Y}{Y_n}$，$\dfrac{Z}{Z_n}$；X,Y,Z 为颜色的三刺激值；X_n,Y_n,Z_n 为指定的

白色刺激的三刺激值；$Y_n = 100$。

图 1-4 $L^*a^*b^*$ 均匀色空间

式(1-5)的逆运算如下：

$$\begin{cases} f(Y/Y_n) = (L^* + 16)/116 \\ f(X/X_n) = a^*/500 + f(Y/Y_n) \\ f(Z/Z_n) = f(Y/Y_n) - b^*/200 \end{cases} \quad (1\text{-}6)$$

式中，$\begin{cases} \beta = \beta_n [f(\beta/\beta_n)]^3, & f(\beta/\beta_n) > 24/116 \\ \beta = \beta_n [f(\beta/\beta_n) - 16/116] \cdot 108/841, & f(\beta/\beta_n) \leqslant 24/116 \end{cases}$，$\beta = X, Z$；

$\begin{cases} Y = Y_n [f(Y/Y_n)]^3, & f(Y/Y_n) > 24/116 \quad 或 \quad L^* > 8 \\ Y = Y_n [f(Y/Y_n) - 16/116] \cdot 108/841, & f(Y/Y_n) \leqslant 24/116 \quad 或 \quad L^* \leqslant 8 \end{cases}$

CIE $L^*a^*b^*$ 均匀色空间的色差定义如式(1-7)所示。

$$\Delta E_{ab}^* = [(L_1^* - L_2^*)^2 + (a_1^* - a_2^*)^2 + (b_1^* - b_2^*)^2]^{\frac{1}{2}}$$

$$= [(\Delta L^*)^2 + (\Delta a^*)^2 + (\Delta b^*)^2]^{\frac{1}{2}} \quad (1\text{-}7)$$

式中,ΔE_{ab}^{*} 是两个颜色的色差,ΔL^{*} 为明度差;Δa^{*} 为红绿色品差(a^{*} 轴为红绿轴),Δb^{*} 为黄蓝色品差(b^{*} 轴为黄蓝轴)。

CIE 又定义了心理彩度 C^{*}、心理色相角 H^{*},和心理明度 L^{*} 共同构成了圆柱坐标体系,如图 1-5 所示,计算方法如式(1-8)所示。

$$\begin{cases} L^{*} = 116(Y/Y_n)^{\frac{1}{3}} - 16 \\ C^{*} = \left[(a^{*})^2 + (b^{*})^2\right]^{\frac{1}{2}} \\ H^{*} = \arctan(b^{*}/a^{*}) \end{cases} \quad (1\text{-}8)$$

由于 CIE 1976 $L^{*}a^{*}b^{*}$ 色空间也不是完善的知觉均匀色空间,因而在 1976 年以后提出了许多改进 CIE LAB 色差公式的方案,如 CMC(l : c)色差公式、BFD 色差公式、CIEDE 2000 色差公式等。CIEDE 2000 色差公式是目前最新的,计算比较复杂,如式(1-9)所示。

图 1-5　$L^{*}a^{*}b^{*}$ 颜色色差示意图

$$\Delta E_{00}^{*} = \sqrt{\left(\frac{\Delta L'}{k_L S_L}\right)^2 + \left(\frac{\Delta C'}{k_C S_C}\right)^2 + \left(\frac{\Delta H'}{k_H S_H}\right)^2 + R_T \frac{\Delta C'}{k_C S_C} \frac{\Delta H'}{k_H S_H}} \quad (1\text{-}9)$$

式中,k_L,k_C,k_H 通常是统一的。$\Delta L' = L_2^{*} - L_1^{*}$。$\bar{C} = \dfrac{C_1^{*} + C_2^{*}}{2}$,$a_1' = a_1^{*} + \dfrac{a_1^{*}}{2}\left(1 - \sqrt{\dfrac{\bar{C}^7}{\bar{C}^7 + 25^7}}\right)$,

$a_2' = a_2^{*} + \dfrac{a_2^{*}}{2}\left(1 - \sqrt{\dfrac{\bar{C}^7}{\bar{C}^7 + 25^7}}\right)$,$C_1' = \sqrt{(a_1')^2 + b_1^{*2}}$,$C_2' = \sqrt{(a_2')^2 + (b_2^{*})^2}$,$\Delta C' = C_2' - C_1'$。$h_1' = $ atan2(b_1^{*}, a_1') mod $360°$,$h_2' = $ atan2(b_2^{*}, a_2') mod $360°$,

$$\Delta h' = \begin{cases} h_2' - h_1' & |h_1' - h_2'| \leqslant 180° \\ h_2' - h_1' + 360° & |h_1' - h_2'| > 180°, h_2' \leqslant h_1' \\ h_2' - h_1' - 360° & |h_1' - h_2'| > 180°, h_2' > h_1' \end{cases}, \Delta H' = 2\sqrt{C_1' C_2'}\sin(\Delta h'/2)。$$

$$\bar{H}' = \begin{cases} (h_1' + h_2')/2 & |h_1' - h_2'| \leqslant 180° \\ (h_1' + h_2' + 360°)/2 & |h_1' - h_2'| > 180°, h_1' + h_2' < 360° \\ (h_1' + h_2' - 360°)/2 & |h_1' - h_2'| > 180°, h_1' + h_2' \geqslant 360° \end{cases},$$

$\bar{L} = \dfrac{L_1^{*} + L_2^{*}}{2}$,$\bar{C}' = \dfrac{C_1' + C_2'}{2}$,

$T = 1 - 0.17\cos(\bar{H}' - 30°) + 0.24\cos(2\bar{H}') + 0.32\cos(3\bar{H}' + 6°) - 0.20\cos(4\bar{H}' - 63°)$,

$S_L = 1 + \dfrac{0.015(\bar{L} - 50)^2}{\sqrt{20 + (\bar{L} - 50)^2}}$,　$S_C = 1 + 0.045\bar{C}'$,　$S_H = 1 + 0.015\bar{C}'T$,

$R_T = -2\sqrt{\dfrac{\bar{C}'^7}{\bar{C}'^7 + 25^7}}\sin\left[60° e^{-\left(\frac{\bar{H}' - 275°}{25°}\right)^2}\right]$。

1.2.2　颜色模型

颜色模型是指为了不同的研究目的而确定的某种标准,按这个标准用原色表示颜色。一般情况下,一种颜色模型用一个三维坐标系统和系统中的一个子空间来表示,每种颜色是这个子空间的一个单点。颜色模型也称为色彩空间。

CIE在进行大量色彩测试实验的基础上,提出了一系列的颜色模型用于对色彩进行描述,各种不同的颜色模型之间可以通过数学方法互相转换。

1. RGB模型

RGB模型即以700nm(红)、546.1nm(绿)、435.8nm(蓝)3个色光为三原色,按不同比例混合生成颜色的颜色模型,通常用于彩色监视器、摄像机等领域。

RGB模型呈正立方体形状,其中任一个点都代表一种颜色,含有R、G、B 3个分量,每个分量均量化到8位,用0~255表示。坐标原点为黑色(0,0,0);坐标轴上的3个顶点分别为红(255,0,0)、绿(0,255,0)、蓝(0,0,255);3个坐标面上的顶点为紫(255,0,255)、青(0,255,255)、黄(255,255,0);白色在原点的对角点上;从黑到白的连线上,各点颜色$R=G=B$,为不同明暗度的灰色,所以灰度图像也可以认为是各颜色RGB值相等的彩色图像。

2. CMY/CMYK模型

CMY/CMYK模型基于相减混色原理,白光照射到物体上,物体吸收一部分光线,并将剩下的光线反射,反射光线的颜色即物体的颜色。CMY为"青色(Cyan)、品红(Magenta)、黄色(Yellow)"的缩写,是CMY模型的三原色。例如,白光照射到青色染料上,吸收了红色光谱,呈现出青色。CMY 3种染料混合,会吸收所有可见光谱,产生黑色,但实际产生的黑色不纯,因此,在CMY基础上,加入黑色,形成CMYK彩色模型。

使用CMY/CMYK模型生成的图像通常运用于在纸上沉积彩色颜料的设备进行印刷,如彩色打印机和复印机。

在计算机中表示颜色时,通常采用RGB数据,而彩色打印机通常要求采用CMYK数据输入,所以要进行一次RGB数据向CMYK的转换,这一转换过程可以用式(1-10)表示。

$$\begin{cases} K = \min(1-R, 1-G, 1-B) \\ C = (1-R-K)/(1-K) \\ M = (1-G-K)/(1-K) \\ Y = (1-B-K)/(1-K) \end{cases} \tag{1-10}$$

3. HSI模型

HSI模型反映了人的视觉系统感知彩色的方式,以色调(Hue)、饱和度(Saturation)和亮度(Intensity或Brightness)3种基本特征量来表示颜色。

色调与光波的波长有关,表示人的感官对不同颜色的感受,如红色、绿色、蓝色等,也可表示一定范围的颜色,如暖色、冷色等。

饱和度表示颜色的纯度,纯光谱色是完全饱和的,加入白光会稀释饱和度。饱和度越大,颜色看起来就会越鲜艳。

强度对应成像亮度和图像灰度,是颜色的明亮程度。

将图1-6所示的立方体沿着主对角线对其进行投影,得到如图1-7(a)所示的六边形。在这个表示方法中,原来沿着颜色立方体对角线的灰色都投影到中心点,而红色点则位于右边的角上,绿色点位于左上角,蓝色点则位于左下角。如图1-7(b)所示的HSI模型称为双六棱锥的三维颜色表示法。

图 1-6 RGB 颜色模型

(a) RGB 立方体投影　　(b) HSI 模型

图 1-7 HSI 模型双六棱锥表示

在图 1-7 中，将图 1-6 中的立方体的对角线看成一条竖直的强度轴 I，表示光照强度或称为亮度，用来确定像素的整体亮度，不管其颜色是什么。沿锥尖向上，由黑到白。

色调（H）反映了该颜色最接近什么样的光谱波长，在模型中，红、绿、蓝 3 条坐标轴平分 360°，0°为红色，120°为绿色，240°为蓝色，任一点 P 的 H 值是圆心到 P 的向量与红色轴的夹角。0°～240°覆盖了所有可见光谱的颜色，240°～300°是人眼可见的非光谱色（紫）。

饱和度（S）是指一种颜色被白色稀释的程度。与彩色点 P 到色环圆心的距离成正比，距圆心越远，饱和度越大。在环的外围圆周是纯的或称饱和的颜色，其饱和度的值为 1，在中心是中性（灰）影调，即饱和度为 0。

当强度 $I=0$ 时，色调 H、饱和度 S 无定义；当 $S=0$ 时，色调 H 无定义。

若用圆表示 RGB 模型的投影，则 HSI 色度空间为双圆锥 3D 表示。HSI 模型也可用圆柱来表示。

HSI 颜色模型的特点是 I 分量与图像的彩色信息无关，而 H 和 S 分量与人感受颜色的方式紧密相连。由于人的视觉对亮度的敏感程度远强于对颜色浓淡的敏感程度，因此在模型中将亮度与色调、饱和度分开，避免颜色受到光照明暗等条件的干扰，仅仅分析反映色彩本质的色调和饱和度，从而简化了图像的分析和处理工作，比 RGB 模型更为便利。因此，HSI 颜色模型被广泛应用于计算机视觉、图像检索、视频检索等领域。

HSI 颜色模型和 RGB 颜色模型只是同一物理量的不同表示法，二者之间存在着转换关系，采用几何推导法可以得到下列公式。

RGB 转换为 HSI 的公式如下。

$$\begin{cases} I = \dfrac{1}{3}(R+G+B) \\ S = \begin{cases} 0, & I=0 \\ 1 - \dfrac{3}{R+G+B}\big[\min\{R,G,B\}\big], & I \neq 0 \end{cases} \\ H = \begin{cases} \theta, & G \geqslant B \\ 2\pi - \theta, & G < B \end{cases}, \quad \theta = \arccos\left[\dfrac{(R-G)+(R-B)}{2\sqrt{(R-G)^2+(R-B)(G-B)}}\right] \end{cases} \tag{1-11}$$

HSI 转换为 RGB 的公式如下。

$$\begin{cases} \text{当 } 0° \leqslant H < 120° \text{时,} \begin{cases} R = I[1+S\cos(H)/\cos(60°-H)] \\ G = 3I-R-B \\ B = I(1-S) \end{cases} \\ \text{当 } 120° \leqslant H < 240° \text{时,} \begin{cases} R = I(1-S) \\ G = I[1+S\cos(H-120°)/\cos(180°-H)] \\ B = 3I-R-G \end{cases} \\ \text{当 } 240° \leqslant H < 360° \text{时,} \begin{cases} R = 3I-G-B \\ G = I(1-S) \\ B = I[1+S\cos(H-240°)/\cos(300°-H)] \end{cases} \end{cases} \tag{1-12}$$

与 HSI 相似的颜色模型还有 HSV 模型和 HSL 模型,其中 HSV 模型应用较多。

HSV 中的 H、S 的含义和 HSI 中的 H、S 的含义相同,V 是明度。与 HSI 不同在于,HSV 一般用下六棱锥或下圆锥、圆柱表示,其底部是黑色,$V=0$;顶部是纯色,$V=1$,如图 1-8 所示。

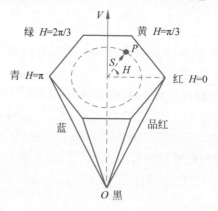

图 1-8　HSV 模型的六棱锥表示

HSV 和 RGB 之间的转换按式(1-13)进行。

$$\begin{cases} S = \begin{cases} 0, & V=0 \\ C/V, & \text{其他} \end{cases} \\ V = \max(R,G,B) \\ H = \begin{cases} \text{未定义}, & C=0 \\ 60° \times [(G-B)/C \bmod 6], & \max(R,G,B)=R \\ 60° \times [(B-R)/C+2], & \max(R,G,B)=G \\ 60° \times [(R-G)/C+4], & \max(R,G,B)=B \end{cases} \end{cases} \tag{1-13}$$

其中, $C=\max(R,G,B)-\min(R,G,B)$。

HSV 转换为 RGB 的公式如下。

$$(R,G,B)=\begin{cases}(\alpha,\alpha,\alpha), & H \text{ 未定义}\\(\beta,\gamma,\alpha), & 0\leqslant H'<1\\(\gamma,\beta,\alpha), & 1\leqslant H'<2\\(\alpha,\beta,\gamma), & 2\leqslant H'<3\\(\alpha,\gamma,\beta), & 3\leqslant H'<4\\(\gamma,\alpha,\beta), & 4\leqslant H'<5\\(\beta,\alpha,\gamma), & 5\leqslant H'\leqslant 6\end{cases} \tag{1-14}$$

式中, $H'=H/60°$, $C'=V\times S$, $X=C'\times(1-|(H' \bmod 2)-1|)$, $\alpha=V-C'$, $\beta=C'+\alpha$, $\gamma=X+\alpha$。

4. YIQ 模型

YIQ 模型被北美洲的电视系统所采用,属于 NTSC(National Television Standards Committee)系统。模型中, Y 是提供黑白电视及彩色电视的亮度信号(Luminance),即亮度(Brightness),也就是图像的灰度值; I 指 In-phase, Q 指 Quadrature-phase,指色调,描述色彩及饱和度; I 分量代表从橙色到青色的颜色变化,而 Q 分量则代表从紫色到黄绿色的颜色变化。

YIQ 颜色模型去掉了亮度信息与色度信息间的紧密联系,分别独立进行处理,在处理图像的亮度成分时不影响颜色成分。

YIQ 模型利用人的可视系统特点而设计,人眼对橙、蓝之间颜色的变化(I)比对紫、绿之间的颜色变化(Q)更敏感,传送 Q 可以用较窄的频宽。

RGB 颜色模型和 YIQ 模型之间可以用如下方式相互转换。

$$\begin{bmatrix}Y\\I\\Q\end{bmatrix}=\begin{bmatrix}0.299 & 0.587 & 0.114\\0.596 & -0.275 & -0.321\\0.212 & -0.523 & 0.311\end{bmatrix}\begin{bmatrix}R\\G\\B\end{bmatrix} \tag{1-15}$$

$$\begin{bmatrix}R\\G\\B\end{bmatrix}=\begin{bmatrix}1 & 0.956 & 0.621\\1 & -0.272 & -0.647\\1 & -1.106 & 1.703\end{bmatrix}\begin{bmatrix}Y\\I\\Q\end{bmatrix} \tag{1-16}$$

5. YUV 颜色模型

YUV 颜色模型被欧洲的电视系统所采用,属于 PAL(Phase Alteration Line)系统。 U 和 V 也指色调,但和 I、Q 的表达方式不完全相同。

YUV 模型也是利用人的可视系统对亮度变化比对色调和饱和度变化更敏感的特点而设计的,可以对 U、V 进行下采样,降低数据量,同时不影响视觉效果。采样格式有 4∶2∶2(2∶1 的水平取样,没有垂直下采样)、4∶1∶1(4∶1 的水平取样,没有垂直下采样)、4∶2∶0(2∶1 的水平取样,2∶1 的垂直下采样)等。

RGB 颜色模型和 YUV 模型之间可以用如下方式进行互相转换。

$$\begin{bmatrix}Y\\U\\V\end{bmatrix}=\begin{bmatrix}0.299 & 0.587 & 0.114\\-0.148 & -0.289 & 0.437\\0.615 & -0.515 & -0.100\end{bmatrix}\begin{bmatrix}R\\G\\B\end{bmatrix} \tag{1-17}$$

$$\begin{bmatrix} R \\ G \\ B \end{bmatrix} = \begin{bmatrix} 1 & 0 & 1.140 \\ 1 & -0.395 & -0.581 \\ 1 & 2.032 & 0 \end{bmatrix} \begin{bmatrix} Y \\ U \\ V \end{bmatrix} \tag{1-18}$$

6. YCbCr 模型

YCbCr 是作为 ITU-R BT.601[International Telecommunication Union(国际电信联盟),Radio communication sector(无线电部),Broadcasting service Television(电视广播服务)]标准,原称 CCIR601(International Radio Consultative Committee,国际无线电咨询委员会)标准的一部分而制定,是 YUV 经过缩放和偏移的翻版的版本。YCbCr 的 Y 与 YUV 中的 Y 含义一致,代表亮度分量,Cb 和 Cr 与 UV 同样都指色彩。

YCbCr 的计算过程如下。

模拟 RGB 信号转为模拟 YPbPr;再转为数字 YCbCr,如式(1-19)、式(1-20)所示。

$$\begin{cases} Y' = 0.299R' + 0.587G' + 0.114B' \\ P_b = (B' - Y')/k_b = -0.1687R' - 0.3313G' + 0.500B' \\ P_r = (R' - Y')/k_r = 0.500R' - 0.4187G' - 0.0813B' \end{cases} \tag{1-19}$$

$$\begin{cases} Y = 219 \times Y' + 16 \\ C_b = 224 \times P_b + 128 \\ C_r = 224 \times P_r + 128 \end{cases} \tag{1-20}$$

式中,$k_r = 2(1-0.299)$,$k_b = 2(1-0.114)$。R'、G'、B' 是经过 Gamma 校正的色彩分量,归一化到 $[0,1]$ 范围,则 $Y' \in [0,1]$,而 $P_b, P_r \in [-0.5, 0.5]$,可得:$Y \in [16, 235]$ $C_b, C_r \in [16, 240]$。

YCbCr 转换为 RGB 的公式如下。

$$\begin{cases} R = \dfrac{255}{219}(Y-16) + \dfrac{255}{224} \cdot k_r \cdot (C_r - 128) \\ G = \dfrac{255}{219}(Y-16) - \dfrac{255}{224} \cdot k_b \cdot \dfrac{0.114}{0.587} \cdot (C_b - 128) - \dfrac{255}{224} \cdot k_r \cdot \dfrac{0.299}{0.587} \cdot (C_r - 128) \\ B = \dfrac{255}{219}(Y-16) + \dfrac{255}{224} \cdot k_b \cdot (C_b - 128) \end{cases} \tag{1-21}$$

1.3 数字图像的生成与表示

对于自然界中的物体,通过某些成像设备,将物体表面的反射光或者通过物体的透射光,转换成电压,便可在成像平面生成图像。图像中目标的亮度取决于投影成目标的景物所受到的光照度、景物表面对光的反射程度及成像系统的特性。

1.3.1 图像信号的数字化

模拟图像的空间位置和光强变化都是连续的,这种图像无法用计算机处理。将代表图像的连续信号转换为离散数字信号的过程称为图像信号的数字化,具体包括采样和量化。

1. 采样

图像像素空间坐标 (x,y) 的离散化称为采样。图像是一种二维分布的信息,采样在垂直和水平两个方向上进行。先沿垂直方向按一定间隔从上到下确定一系列水平线,顺序地沿水平方向直线扫描,取出各水平线上灰度值的一维扫描,再对一维扫描线信号按一定间隔采样得到离散信号。采样要满足采样定理。

对一幅图像采样时,若每行(即横向)像素为 M 个,每列(即纵向)像素为 N 个,则图像大小为 $M \times N$ 个像素,如图 1-9 所示。

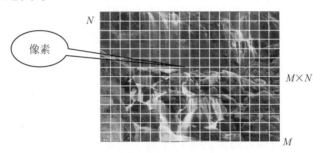

图 1-9　图像采样示例图

采样所获得的图像总像素的多少称为图像分辨率,可以用 $M \times N$ 表示,代表 M 列 N 行,如 2560×1920,因 $2560 \times 1920 = 4915200$,也称为 500 万像素分辨率。分辨率不一样,数字图像的质量也不一样,如图 1-10 所示。图 1-10(a)的分辨率为 256×256,图 1-10(b)中从下到上的分辨率依次为 128×128、64×64、32×32、16×16,随着图像分辨率的降低,图像的清晰度也随之下降。

(a) 分辨率256×256　　　　　(b) 分辨率递减

图 1-10　不同分辨率的图像

生成图像时,分辨率要合适,分辨率太低会影响图像的质量,进而影响识别效果或导致测量不准确;分辨率太高则数据量大,导致处理图像需要较大的时空开销。

2. 量化

量化是指将图像中各像素所含的明暗信息离散化后,用数字来表示。一般的量化值为整数,通常取 2 的 n 次幂,充分考虑人眼的识别能力后,目前非特殊用途的图像均为 8 位量化,即 2^8,采用 0~255 的数值描述"从黑到白",0 和 255 分别对应亮度的最低和最高级别。量化层数不一样,对应图像的质量也不一样,如图 1-11 所示。

(a) 256级灰度　　　　　　　　(b) 16级灰度　　　　　　　　(c) 8级灰度

图 1-11　不同量化层数的图像

对于 3 位以下的量化,会出现伪轮廓现象。如果要求更高精度,可以增大量化分层,但编码时占用位数也会增多,数据量加大。

1.3.2　数字图像类型

经过采样和量化后,图像表示为离散的像素矩阵。根据量化层数的不同,每个像素的取值也表示为不同范围的离散取值,对应不同的图像类型。

1. 二值图像

二值图像是指每个像素值为 0 或 1 的数字图像,一般表示为黑、白两色,如图 1-12 所示。

由于只有两种颜色,二值图像只能表示简单的前景和背景,因此二值图像一般不用来表示自然图像,但因其简单易于运算,多用于图像处理过程后期的图像表示,如用二值图像表示检测到的目标模板、进行文字分析、应用于一些工业机器视觉系统等。

2. 灰度图像

灰度图像中每个像素只有一个强度值,呈现黑、灰、白等色,如图 1-13 所示,图中共有 3×3 个像素,每个像素呈现强度不一的灰色,数值表示为 $0 \sim 255$ 的整数。

 $I = \begin{bmatrix} 0 & 150 & 200 \\ 120 & 50 & 180 \\ 250 & 220 & 100 \end{bmatrix}$

图 1-12　二值图像　　　　　　　　　　图 1-13　灰度图像示例

灰度图像没有色彩,一般也不用于表示自然图像。因数据量较少,方便处理,很多图像处理算法都是面向灰度图像的,彩色图像处理的很多算法也是在灰度图像处理的基础上发展而来的。

3. 彩色图像

彩色图像中每个像素值为包含 3 个分量的向量,分量分别为组成该色彩的 RGB 值。把一幅图像中各点的 RGB 分量对应提取出来,则转变为 3 幅灰度图像。如图 1-14 所示为一幅 3×3 像素的彩色图像的 3 个色彩通道的数值,实际上是 3 幅灰度图像。

$$\boldsymbol{R} = \begin{bmatrix} 255 & 240 & 240 \\ 255 & 0 & 80 \\ 255 & 0 & 0 \end{bmatrix} \quad \boldsymbol{G} = \begin{bmatrix} 0 & 160 & 80 \\ 255 & 255 & 160 \\ 0 & 255 & 0 \end{bmatrix} \quad \boldsymbol{B} = \begin{bmatrix} 0 & 80 & 160 \\ 0 & 0 & 240 \\ 255 & 255 & 255 \end{bmatrix}$$

图 1-14　彩色图像示例

彩色图像色彩丰富，信息量大，目前数码产品获取的图像一般为彩色图像。

4. 动态图像

动态图像是相对于静态图像而言的。静态图像指某个瞬间所获取的图像，是一个二维信号，前面所讲的图像都是指静态图像。动态图像由一组静态图像按时间顺序排列组成，是一个三维信号 $f(x,y,t)$，其中 t 是时间。动态图像中的一幅静态图像称为一帧，这一帧可以是灰度图像，也可以是彩色图像。

由于人眼的视觉暂留特性（其时值是 $1/24\text{s}$），多帧图像顺序显示间隔 $\Delta t \leqslant 1/24\text{s}$ 时，产生连续活动视觉效果。动态图像的快慢由帧率（帧的切换速度）决定，电视的帧率在 NTSC 制式下是 30 帧/s，在 PAL 制式下是 25 帧/s。

动态图像作为多帧位图的组合，数据量大，一般要采用压缩算法来降低数据量。

5. 索引图像

索引图像实际上不是一种图像类型，而是图像的一种存储方式，牵涉数据编码的问题。例如，假设图像中有两种颜色，可以用 0 和 1 来表示，存储具体像素值则只需 1 位，具体的颜色数据（RGB 数据）则存放在调色板中，颜色编号（索引）分别为 0 和 1。再如 256 色的图像，调色板中存放 256 种颜色，索引为 0～255，图像数据区中存放每个像素的颜色索引值，读取图像数据时，根据得到的每一点的颜色索引值，到调色板中找到相应的颜色，再进行显示。表 1-1 中列出了图像中颜色数目不同情况下的表示方式及像素值存储所需的位数。

表 1-1　颜色数目与存储位数

颜 色 数 目	表 示 方 法	存 储 位 数
2	0、1	1
4	00、01、10、11	2
16	0000～1111	4
256	00000000～11111111	8
真彩色 24 位（无调色板）	00…0～11…1	24

1.3.3　常用的坐标系

数字图像是二维的离散信号，所以存在坐标系定义上的特殊性。由于仿真工具多样、不同格式图像的表示方式不一样，因此，在不同的文献中数字图像所使用的坐标系也不统一，需要在编程和学习处理原理实例时注意。数字图像处理中常用的坐标系有 3 种，分别为矩阵坐标系、直角坐标系以及像素坐标系，如图 1-15 所示。

1. 矩阵坐标系

矩阵按行列顺序定位数据。矩阵坐标系原点定位在左上角，一幅图像 $\boldsymbol{A}(j,i)$，j 表示行，垂直向

图 1-15 图像表示常用的坐标系

下；i 表示列，水平向右。在 MATLAB 软件中，数字图像的表示采用矩阵方式。

2. 直角坐标系

直角坐标系坐标原点定位在左下角，一幅图像 $f(x,y)$，x 表示列，水平向右；y 表示行，垂直向上。BMP 图像数据存储时，从左下角开始，从左到右，从下到上，实际采用的就是直角坐标系表示方式。相关参考书中，部分原理基于直角坐标系讲解。

3. 像素坐标系

像素坐标系坐标原点定位在左上角，一幅图像 $f(x,y)$，x 表示列，水平向右；y 表示行，垂直向下。屏幕逻辑坐标系也是采用这种定位方式，相关参考书目中对图像处理原理示例多采用像素坐标系。

在本书中，原理讲解一律采用像素坐标表达图像，而仿真示例基于 MATLAB 软件，程序中采用的是矩阵坐标系，区别在于二维数组下标前后顺序交换。

1.3.4 常见的数字图像格式

针对数字图像已经开发了标准格式，以便不同的硬件和软件能共享数据，但在实际中，仍然有多种不同的图像格式在使用。本节将对几种常见的图像格式进行介绍。

1. JPEG 格式

JPEG(Joint Photographic Experts Group，联合图片专家组)格式是一种彩色静止图像国际压缩标准，用于彩色图像的存储和网络传送。JPEG 格式的每个文件只有一幅图像，文件头能包含一幅相当于 64KB 未压缩字节的缩略图。JPEG 采用灵活但较复杂的有损压缩编码方案，常常能以 20：1 的比例压缩一幅高质量图像而没有明显的图像失真，压缩的核心技术为离散余弦变换、量化和 Huffman 编码。经解压缩，方可显示图像，显示速度较慢。

2. GIF 格式

GIF(Graphics Interchange Format，图形交换格式)格式是由 CompuServe 公司开发的，用于屏幕显示图像和电脑动画及进行网络传送。GIF 具有 87a、89a 两种格式，87a 描述单一(静止)图像，而 89a 描述多帧图像，所以可以实现动画功能。GIF 采用改进的 LZW 压缩算法，是一种无损压缩算法。GIF 彩色图像限制在 256 色，不能应用于高精度色彩。

3. TIFF 格式

TIFF(Tag Image File Format,标记图像文件格式)格式是由 Aldus 公司开发的,用于存储包括照片和艺术图在内的图像,非常通用和复杂,用于所有流行的平台,是扫描仪经常使用的格式。TIFF 是一种灵活、适应性强的文件格式。通过在文件标头中使用"标签",能够在一个文件中处理多幅图像和数据;可采用多种压缩数据格式。例如,TIFF 可以包含 JPEG 和行程长度编码压缩的图像。TIFF 格式广泛地应用于对图像质量要求较高的图像的存储与转换。

4. PNG 格式

PNG(Portable Network Graphic,便携式网络图形)格式是一种无损压缩的位图图形格式,支持索引、灰度、RGB 3 种颜色方案及 Alpha 通道等特性。PNG 能提供更大颜色深度的支持,包括 24 位(8 位 3 通道)和 48 位(16 位 3 通道)真彩色,可以做到更高的颜色精度,更平滑的颜色过渡等。加入 Alpha 通道后,可以支持每个像素 64 位的表示。采用无损压缩方式。PNG 格式图片因其高保真性、透明性及文件体积较小等特性,被广泛应用于网页设计、平面设计中。

5. BMP 格式

BMP(Bitmap)格式是由 Microsoft 公司开发的,用于打印、显示图像。BMP 采用位映射存储格式,一般不采用压缩技术,因此,BMP 文件所占用的空间大,不适合于网络传送。BMP 文件通常可保存的颜色深度有 1 位、8 位、24 位及 32 位(带 8 位的 Alpha 通道)。利用 BMP 文件存储数据时,图像的扫描方式是从左到右、从下到上的。在 Windows 环境中运行的图形图像软件都支持 BMP 图像格式。

这 5 种常见的图像文件格式,除 BMP 格式外,均采用了相应的压缩方法,图像显示时,需先解压缩,把压缩后的数据还原为 RGB 数据。

本章小结

本章主要介绍了图像和数字图像处理的基本概念、数字图像处理的研究内容、颜色的表示、常用颜色模型,以及数字图像的生成与表示。了解这些基础概念,是理解并处理图像数据的前提。

第 2 章 MATLAB 基础知识

MATLAB(Matrix Laboratory)是由美国 MathWorks 公司发布的主要面向科学计算、可视化及交互式程序设计的计算环境,具有编程简单直观、绘图功能强、用户界面友好、开放性强等优点,其配备功能强大、专业函数丰富的各类工具箱,在多个科学领域获得了广泛应用。

MATLAB 实现基于矩阵计算,适合作为二维矩阵的数字图像处理;认可当今常用的多种图像文件格式,提供图像处理工具箱,实现了图像变换、增强、分析、复原、形态学等方面的图像处理运算,是一款优秀的仿真软件。

本章主要介绍 MATLAB 的基础知识,包括工作环境、数据类型、矩阵及其运算、控制语句、图形可视化,为使用 MATLAB 仿真图像处理算法奠定基础。

2.1 MATLAB 工作环境

首先具体了解 MATLAB 的工作环境及其相关设置。

2.1.1 MATLAB 窗口

MATLAB 的工作界面如图 2-1 所示,主要的工作窗口包含命令行窗口、当前文件夹窗口、工作区窗口及编辑窗口。

1. 命令行窗口

命令行窗口可用来输入变量、函数、表达式,输出相关变量的取值、运行结果,实现与用户的交互。例如,在">>"符号后光标处输入如下命令。

```
>> X = 'hello,world!';
>> X
```

回车后命令行窗口运行结果如图 2-2(a)所示,输入的命令定义了字符串 X,内容为"hello,world!",再输入 X 不加结束用的";",则直接输出变量的值。在命令行输入 x,运行如图 2-2(b)所示,提示变量 x 没有定义,并给出可能的正确输入。

一些在命令行窗口中常用的命令如表 2-1 所示。

图 2-1　MATLAB 工作窗口

(a) 输入与输出功能

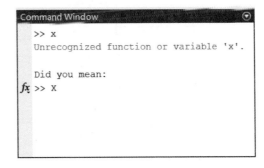

(b) 出错提示功能

图 2-2　命令行窗口的功能示例

表 2-1　常用命令

命　　令	含　　义
ans	最近运算的结果
clc	清除命令行窗口所有的内容
clear	清除工作区的变量,释放空间
clf	清除当前图形窗口的内容
close	关闭指定的图形窗口,如 close all
diary	保存命令行窗口文本到文件
format	设置命令行窗口输出显示格式,如 format long
help	调用帮助文件或某函数的主要介绍,如 help clc
home	移动光标到命令行窗口左上角,历史命令可用滚动条向上查看
load	从文件导入变量到工作区,如 load sumsin
more	控制命令行窗口页面输出:more on,一次输出一个页面;more(n),设置一页 n 行;more off,取消按页面输出
save	保存工作空间变量到文件,如 save test. mat

2. 当前文件夹窗口

当前文件夹窗口显示文件夹中的各种文件,可以设置显示文件的大小、最近修改日期、文件类型和细节等,如图 2-3(a)所示。通过当前文件夹窗口,可以便捷地选择需要的文件、查看文件细节、导入图像文件,导入数据如图 2-3(b)所示。

(a) 窗口显示

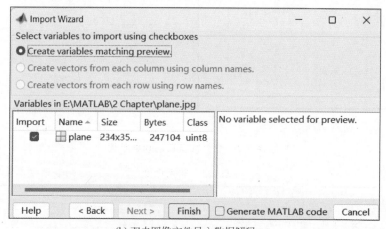

(b) 双击图像文件导入数据解码

图 2-3　当前文件夹窗口

3. 工作区窗口

工作区窗口显示当前工作区内的变量,可以选择显示各变量的 Name、Value、Class 等值,如图 2-4(a)所示。双击某个变量,可以在右上方变量窗口中查看变量的具体取值,如图 2-4(b)所示。通过工作区窗口,可以随时查看运行中变量的取值,跟踪程序的运行状况。

4. 编辑窗口

编辑窗口实现脚本文件的编辑,配合工具栏中的程序运行控制工具,可以实现设置断点、单步执

(a) 工作区窗口显示   (b) 变量取值查看

图 2-4　工作区窗口

行、退出调试等的便捷操作。可以通过编辑区的右键菜单进行各种设置,如图 2-5(a)所示。在编辑窗口中可以打开多窗口,单击"｜"按钮,实现新建 m 文件,名为"UntitledN", N 为数字,表示第 N 次新建 m 文件,如图 2-5(b)所示。

(a) 调试工具、编辑区及右键菜单   (b) 多窗口

图 2-5　编辑窗口

2.1.2　MATLAB 参数设置

在 HOME 菜单下,选择 Preferences 工具,可以进行工作环境的相关设置,如字体、颜色、工具栏等的设置,提高了操作的便捷程度,如图 2-6 所示。

(a) Preferences工具选择

(b) Preferences页面

图 2-6　工作环境设置

2.2　MATLAB 数据类型

MATLAB 提供了 16 种基本数据类型,每一种都可以以矩阵或数组形式存储,是运算的基本单元。基本数据类型包括逻辑型、字符型、数值型、表格型、元胞数组型、结构体型及函数句柄型共 7 类,其中数值型有 10 种。

2.2.1　数值型数据

数值型数据包括有符号和无符号整型数据、单精度和双精度浮点型数据。默认情况下,MATLAB 以双精度浮点型数据存储数值型数据。

1. 整型数据

MATLAB 有 4 种有符号型、4 种无符号型整型数据,依次为 int8、int16、int32、int64、uint8、uint16、uint32、uint64,它们的存储位数和表示的数据范围各不相同,可以根据需求合理设置。整型数据类型名称、存储位数、数值范围等如表 2-2 所示。

表 2-2 整型数据情况表

名 称	含 义	数值范围	转换函数
int8	有符号 8 位整型	$-2^7 \sim 2^7-1$	int8(x)
int16	有符号 16 位整型	$-2^{15} \sim 2^{15}-1$	int16(x)
int32	有符号 32 位整型	$-2^{31} \sim 2^{31}-1$	int32(x)
int64	有符号 64 位整型	$-2^{63} \sim 2^{63}-1$	int64(x)
uint8	无符号 8 位整型	$0 \sim 2^8-1$	uint8(x)
uint16	无符号 16 位整型	$0 \sim 2^{16}-1$	uint16(x)
uint32	无符号 32 位整型	$0 \sim 2^{32}-1$	uint32(x)
uint64	无符号 64 位整型	$0 \sim 2^{64}-1$	uint64(x)

【例 2-1】 定义数值型数据,并实现整型数据类型转换。

程序如下:

```
clc,clear,close all;              % 清空命令行窗口,清除工作区变量,关闭所有图形窗口
X = 2024;                         % 设置数值型变量 X,默认为 double 型
X1 = int8(X);                     % 强制转换为有符号 8 位整型数据
X2 = int16(X);                    % 强制转换为有符号 16 位整型数据
X3 = uint8(X);                    % 强制转换为无符号 8 位整型数据
X4 = uint16(X);                   % 强制转换为无符号 16 位整型数据
```

运行程序,在工作区窗口可以看到,X 为 MATLAB 默认类型双精度型;强制转换后各变量为对应类型;int8 型数据最大为 127,产生溢出,X1 值为 127;uint8 型数据最大为 255,X3 值为 255;X2 为 int16 型,值为 2024;X4 为 uint16 型,值为 2024。

2. 浮点型数据

浮点型数据以单精度(single)或双精度(double)格式表示,默认为双精度。double 型数据存储占用 64 位,最高位为符号位,52~62 位为整数部分,0~51 位为小数部分。single 型数据存储占用 32 位,最高位为符号位,23~30 位为整数部分,0~22 位为小数部分。类型强制转换函数和数据类型表示一致,即 single(x) 将数据 x 转换为 single 型,double(x) 将 x 转换为 double 型。

MATLAB 中有一些浮点型常量,在程序中运用较多,如表 2-3 所示。

表 2-3 浮点型常量

常 量	含 义	说 明
eps	浮点数精度	从 1.0 到下一个最大的双精度数的距离,与运行 MATLAB 的计算机相关,double 型
NaN	非数	Not a Number,表示计算结果不确定,如 0/0 或者 Inf/Inf,double 型
pi	圆周率	double 型
i,j	虚数单位	类型一般表示为 double(complex)
Inf	无穷大	数据超出 MATLAB 许可范围,用 $-$Inf 或 Inf 来表示,double 型

【例 2-2】 定义数值型数据,并实现浮点型数据类型转换。

程序如下:

```
clc,clear,close all;
X = 2024.5;
Y = single(X);                    % 强制转换为 single 型数据
I = int16(X);                     % 强制转换为 int16 型数据
```

```
Z = pi + i;
eps
```

运行程序,在工作区窗口可以看到,X 为 double 型数据,Y 为 single 型数据,X 和 Y 的值均为 2.0245e+03,是采用了指数表示形式;I 为 int16 型数据,值为 2025;Z 为复数,取值为 3.1416+ 1.0000i;eps 为 2.2204e−16(注意,不同计算机取值可能不相同)。

3. 取整运算

整型数据和浮点型数据可以通过强制转换函数实现类型的转换,如例 2-2 中的变量 I。此外,浮点型数据可以通过取整运算变为整型数据,MATLAB 提供的取整函数如下。

(1) Y=floor(X):对 X 的元素向下(负无穷方向)取整到最近的整数。

(2) Y=ceil(X):对 X 的元素向上(大于或等于该元素方向)取整到最近的整数。

(3) Y=fix(X):对 X 的元素向 0 方向取整到最近的整数。

(4) round()函数:向最近的整数取整,即四舍五入方法。

① round(X):将 X 的每个元素取整到最近的整数。

② round(X,N):若 N>0,舍入到小数点右侧的第 N 位数;如 N=0,舍入到最近的整数;若 N<0,舍入到小数点左侧的第 N 位;N 为整型数。

③ round(X,N,'significant'):指定四舍五入的类型。指定 'significant' 以四舍五入为 N 位有效数(从最左位数开始计数)。在此情况下,N 必须为正整数。

【例 2-3】 定义浮点型数据并采用不同方法取整。

程序如下:

```
clc,clear,close all;
X = 3.667;              Y = − 3.454;
X1 = floor(X);         Y1 = floor(Y);              % 向下取整
X2 = ceil(X);          Y2 = ceil(Y);               % 向上取整
X3 = round(X);         Y3 = round(Y);              % 四舍五入取整
X4 = round(X,2,'significant');                     % 保留 2 位有效数据
Y4 = round(Y,3,'significant');                     % 保留 3 位有效数据
```

运行程序,各变量的取值如表 2-4 所示。

表 2-4 例 2-3 的运行结果

浮点数	取 整 方 式	整 数 值	浮点数	取 整 方 式	整 数 值
X=3.667	floor	X1=3	Y=−3.454	floor	Y1=−4
	ceil	X2=4		ceil	Y2=−3
	round	X3=4		round	Y3=−3
	保留 2 位有效数据	X4=3.7000		保留 3 位有效数据	Y4=−3.4500

2.2.2 逻辑型数据

逻辑型数据有 true 和 false 两种取值,也可以是"1"和"0",用 logical 表示,一般用于表示一种状态,可以是函数或运算的返回值,也可以用来作为控制语句的判断条件。

【例 2-4】 定义数值型数据,并实现逻辑型数据操作。

程序如下:

```
clc,clear,close all;
X = 2024;
X1 = logical(X);                    % 强制转换为 logical 型数据
X2 = X < X1;                        % 关系运算"<",返回值为 logical 型
X3 = true;                          % 定义 logical 型数据,取值为 1
X4 = false(3);                      % 定义 3×3 logical 型矩阵,取值为全 0
```

运行程序,在工作区窗口可以看到,X 为 2024,非 0,强制转换为 logical 型时,X1 取值为 1；关系不成立,关系运算返回 0,X2 为 logical 型；X3 取值为 1；X4 为 3×3 logical 型矩阵。

2.2.3　字符与字符串

在 MATLAB 中,文本数据可以用字符数组和字符串数组两种方式表示。

1. 创建与连接

字符数组,通常是用单引号括起来的一个短文本串,如 chr = 'Today is Friday.',可以采用索引获取字符数组中的字符,也可以像操作普通数组一样连接字符数组。

字符串数组中的每个元素为一个 $1×N$ 的字符向量。从 R2017a 版本开始,可以使用双引号创建字符串,可以使用 string 函数将字符向量转换为字符串数组。

【例 2-5】　实现字符数组定义、截取和连接。

程序如下：

```
clc,clear,close all;
chr1 = 'Today'                 % 定义字符数组,句末不加";",将在命令行窗口直接输出变量值
chr2 = 'Friday'
chr = [chr1 ' is ' chr2]       % 采用连接数组的方式连接 3 个字符数组
chr3 = chr(3:8)                % 提取字符数组 chr 的第 3~8 个元素构成新的字符数组
```

运行程序,将在命令行窗口输出：

```
chr1 =
    'Today'
chr2 =
    'Friday'
chr =
    'Today is Friday'
chr3 =
    'day is'
```

【例 2-6】　实现字符串数组的创建。

程序如下：

```
clc,clear,close all;
chr1 = ['The' 'cat' 'has' 'a' 'cap']          % 字符向量连接成一个新字符向量
chr2 = ["The" "cat" "has" "a" "cap"]          % 字符向量连接成一个字符串数组
```

运行程序,将在命令行窗口输出：

```
chr1 =
    'Thecathasacap'
chr2 =
  1 × 5 string array
    "The"     "cat"     "has"     "a"     "cap"
```

常用的创建和连接字符数组和字符串数据的函数列举如下。

（1）str＝string(A)：将输入数组 A 转换为字符串数组。

（2）str＝strings 或 str＝strings(n)：创建空字符串数组。

（3）newstr＝join(str,delimiter,dim)：将 str 中的元素沿维度 dim 合并，并在 str 元素之间放置 delimiter 指定的分隔符元素。

（4）s＝char(A)：将数组 A 转换为字符数组。

（5）str＝sprintf(formatSpec,A1,A2,…,An)：按 formatSpec 指定的格式将矩阵 A1,A2,…, An 中的数据按列转换为字符数组。

（6）s＝strcat(s1,s2,…,sN)：水平连接字符串。

【例 2-7】 实现字符串数组的创建和连接。

程序如下：

```
clc,clear,close all;
A = ["Image","processing"]         % 定义字符串数组
B = join(A," ")                    % 将 A 合并为一个新的字符串数组,两个元素用空格分隔
C = 'is interesting'               % 定义字符数组
D = string(C)                      % 转换为字符串数组
str = strcat(B,D)                  % 水平连接字符串
```

运行程序,在命令行窗口的输出结果如下：

```
A =
  1×2 string array
    "Image"      "processing"
B =
    "Image processing"
C =
    'is interesting'
D =
    " is interesting"
str =
    "Image processing is interesting"
```

2. 获取属性

MATLAB 定义了判断数据类型和文本属性的函数,常用的函数列举如下。

（1）TF＝ischar(A)：判断输入是否是字符数组,是则返回 logical 值 1,否则返回 0。

（2）TF＝isstring(A)：判断输入是否是字符串数组,是则返回 1,否则返回 0。

（3）L＝strlength(str)：获取字符串数组 str 中每个元素的字符数。

（4）TF＝isletter(A)：返回的 TF 为逻辑数组,若 A 为字符数组,当 A 的元素是字符,TF 中对应取值为 1,否则为 0;若 A 不是字符数组,返回 0。

（5）TF＝isspace(A)：返回的 TF 为逻辑数组,若 A 为字符数组,当 A 的元素是空格,TF 中对应取值为 1,否则为 0;若 A 不是字符数组,返回 0。

【例 2-8】 定义字符、字符串数组,并获取其相关属性。

程序如下：

```
clc,clear,close all;
A = "Planet B612";                 % 定义字符串数组
B = 'is very small';               % 定义字符数组
```

```
TF1 = ischar(A);                    % 判断 A 是否是字符数组
TF2 = isstring(A);                  % 判断 A 是否是字符串数组
L = strlength(B);                   % 计算字符数组 B 的长度
TF3 = isletter(A);                  % 判断 A 中元素是否是字符
TF4 = isspace(B);                   % 判断 B 中元素是否是空格
```

运行程序,在工作区窗口可以看出,TF1 取值为 0,A 不是字符数组;TF2 取值为 1,A 为字符串数组;L 取值 13,B 中有 13 个字符;A 不是字符数组,TF3 为 1×11 的 logical 数组,取值为[1 1 1 1 1 1 0 1 0 0 0],其中 4 个 0 表示非字符所在;TF4 为 1×13 的 logical 数组,取值为[0 0 1 0 0 0 0 1 0 0 0 0 0],其中两个 1 表示两个空格所在。

3. 查找、替换和比较

MATLAB 定义了在字符数组和字符串数组中进行查找、替换和比较的函数,常用的列举如下。

(1) TF＝contains(str,pattern):如果 str 包含指定的模式 pattern,将返回 1(true),否则返回 0(false)。

(2) A＝count(str,pattern):统计并返回字符串 str 中模式 pattern 的出现次数。

(3) k＝strfind(str,pattern):在字符串 str 中搜索出现的 pattern。输出 k 指示 str 中每次出现的 pattern 的起始索引。如果未找到 pattern,则返回一个空数组[]。函数执行区分大小写的搜索。如果 str 是字符向量或字符串标量,则返回 double 类型的向量。如果 str 是字符向量元胞数组或字符串数组,则返回 double 类型的向量元胞数组。

(4) newStr＝replace(str,old,new):将字符串数组 str 中出现的所有 old 替换为 new。如果 old 包含多个子字符串,则 new 必须与 old 具有相同的大小,或者必须为单个子字符串。

(5) newStr＝replaceBetween(str,startStr,endStr,newText):将 str 中的子字符串替换为 newText 中的文本,返回 newStr。被替换的子字符串出现在子字符串 startStr 和 endStr 之间,但不替换 startStr 和 endStr 本身。newText 参数包含的字符数可以不同于它所替换的子字符串。如果 str 是字符串数组或字符向量元胞数组,replaceBetween 将替换 str 的每个元素中的子字符串。输出参数 newStr 的数据类型与 str 相同。

(6) newStr＝strrep(str,old,new):将 str 中出现的所有 old 都替换为 new。

(7) tf＝strcmp(s1,s2):若 s1 和 s2 一致,则返回 1,否则返回 0。

(8) tf＝strcmpi(s1,s2):比较 s1 和 s2 时忽略大小写的区别。

(9) tf＝strncmp(s1,s2,n):若 s1 和 s2 的前 n 个字符一致,则返回 1,否则返回 0。

(10) tf＝strncmpi(s1,s2,n):比较 s1 和 s2 的前 n 个字符时,忽略大小写差异。

以上函数中的 s1 和 s2 可以是字符串数组、字符向量和字符向量元胞数组的任何组合。

【例 2-9】 定义字符串数组,并实现查找和替换。

程序如下:

```
clc,clear,close all;
str = "Image processing is very interesting";
pattern = "ing";
TF = contains(str,pattern);          % 判断 str 中是否包含 pattern
number = count(str,pattern);         % 统计 str 中 pattern 出现了几次
k = strfind(str,pattern);            % 在 str 中搜索 pattern 出现的起始索引
newStr = replace(str,'very','not');  % 查找 'very',并替换为 'not'
tf = strncmp(str,newStr,20);         % 比较 str 和 newStr 的前 20 个字符
```

运行程序,在工作区窗口可以看到,TF 为 1,即 str 包含了 pattern;number 为 2,即 str 中 pattern 出现了两次;k=[14,34],str 中 pattern 两次出现的起始索引;newStr 将 str 中的'very'替换为'not';tf 为 1,即 str 和 newStr 的前 20 个字符一致。

4. 和其他数据类型的转换

字符串可以转换为整数、浮点数,MATLAB 定义了相关函数,常用的列举如下。

(1) chr=int2str(N):将 N 转换为字符数组。N 可以为整数、整数向量或整数矩阵;如果 N 为非整数,在转换之前取整。

(2) s=num2str(A):将数值数组 A 转换为表示数字的字符数组 s。输出格式取决于原始值的量级。

(3) X=str2double(str):将 str 中表示实数或复数值的文本转换为双精度值。若 str 是字符向量或字符串标量,则 X 是数值标量;若 str 是字符向量元胞数组或字符串数组,则 X 是与 str 具有相同大小的数值数组。表示数值的文本可以包含数字、逗号(千位分隔符)、小数点、前导+或−符号、以 10 为缩放因子的幂前面的 e 以及复数单位的 i 或 j。若不能将文本转换为数值,将返回 NaN 值。

(4) X=str2num(chr):将字符数组 chr 转换为数值矩阵 X。输入内容可以包含空格、逗号和分号,以指示单独的元素。若不能将输入解析为数值,则返回空矩阵。不能转换字符串或元胞数组,且对+和−运算符前后的空格敏感。

【例 2-10】 实现字符串和其他数据类型的转换。

程序如下:

```
clc,clear,close all;
X1 = int2str(2024);                    % 整数转换为字符数组
A = [2024 5 15];                       % 定义数值数组 A
X2 = num2str(A);                       % 数值数组转换为字符数组
X3 = str2double('2024.5');             % 将文本转换为 double 型数据
X4 = str2num(X2);                      % 字符数组转换为数值数据
```

运行程序,在工作区窗口可以看到,X1 为 char 型,取值'2024';X2 为 char 型,取值'2024 5 15',总长为 16,有 9 个空格;X3 为 double 型,值为 2.0245e+03;X4 为 double 型数组,值为[2024,5,15]。

2.2.4 结构体

结构体是使用名为字段的数据容器将相关数据组合在一起的数据类型,每个字段都可以包含任意类型的数据,在表示一个含有多种属性的对象时非常便利。

1. 结构体的创建

MATLAB 提供了两种创建结构体的方法,分别为直接给结构体成员变量赋值或者使用函数 struct 建立。

【例 2-11】 创建包含图像基本属性的结构体。

程序如下:

```
clc,clear,close all;
Im.width = 256;              % "."表示 width 为结构体 Im 的成员变量,直接给变量赋值
Im.height = 256;
```

```
Im. type = 'color';
Im. content = 'Landscape';
Im. bitcount = 24;
Im. date = datetime('2024 - 05 - 15','InputFormat','yyyy - MM - dd');
Im
Image = struct('width',{256,352},'height',{256,264},'type',{'gray','color'}, …,
                'content',{'Persona','Landscape'},'bitcount',{8,24});
Image(1)
```

运行程序,在命令行窗口输出:

```
Im =
  struct with fields:
       width : 256
      height : 256
        type : 'color'
     content : 'Landscape'
    bitcount : 24
        date : 2024 - 05 - 15
ans =
  struct with fields:
       width : 256
      height : 256
        type : 'gray'
     content : 'Persona'
    bitcount : 8
```

程序中首先采用直接赋值的方法创建了结构体 Im,该结构体变量包含 6 个成员变量:宽,高,类型,内容类别,位数和创建日期,为数值型、字符型或日期型数据。日期型数据使用 datetime 函数采用指定格式创建。使用 struct 创建结构体数组 Image,含有两个元素,每个元素为一个结构体,程序最后输出结构体的第一个元素。

2. 结构体的操作

对结构体可以进行字段判断、获取、删除、设置等操作,部分函数列举如下。

(1) names＝fieldnames(s):返回包含结构体 s 中的字段名称的字符向量元胞数组。

(2) value＝getfield(struct,{sIndx1,sIndx2,…,sIndxM},'field',{fIndx1,fIndx2,…,fIndxN}):返回指定字段的内容,相当于 value＝struct(sIndx1,sIndx2,…,sIndxM). field(fIndx1,fIndx2,…,fIndxN)。支持多组 field 和 fIndx 输入,且所有 Indx 都是可选的,未指定时返回 struct 第一个元素的字段内容。

(3) tf＝isfield(S,fieldname):查看结构体 S 是否包含由 fieldname 指定的字段,若包含则输出逻辑值 1(true),否则输出逻辑值 0(false)。若 S 不是结构体数组,则 isfield 返回 false。

(4) tf＝isstruct(A):若 A 为结构体,则返回逻辑值 1(true);否则返回逻辑值 0(false)。

(5) s＝rmfield(s,field):从结构体数组 s 中删除指定的一个或多个字段。使用字符向量元胞数组或字符串数组指定多个字段。s 的维度保持不变。

(6) s＝setfield(s,{sIndx1,sIndx2,…,sIndxM},'field',{fIndx1,fIndx2,…,fIndxN},value):设置指定字段的内容,相当于 s(sIndx1,sIndx2,…,sIndxM). field(fIndx1,fIndx2,…,fIndxN)＝value。支持多组 field 和 fIndx 输入项。若结构体 s 或其中任何字段为非标量结构体,则需要与该输入项相关联的 Indx 输入项;否则,Indx 输入项是可选的。若需要为索引输入指定单个冒号运算符,将其括在单引号中: ':'。多数情况,通过索引而非使用 setfield 函数来向结构体数组添加数据。

【例 2-12】 对结构体类型数据进行相关操作。

程序如下：

```
clc,clear,close all;
Image = struct('width',{256,352},'height',{256,264},'type',{'gray','color'},…
               'content',{'',''},'bitcount',{8,24});        % 定义结构体
names = fieldnames(Image);                                  % 获取字段名称
value = getfield(Image, 'height');                          % 获取指定字段内容
tf1 = isfield(Image, 'size');                               % 判断是否有'size'字段
tf2 = isstruct(Image);                                      % 判断是否是结构体
Im1 = rmfield(Image, 'content');          % 删除 Image 中的 content 字段,并赋值给 Im1
Im2 = setfield(Image,{1},'content','Plant');  % 设置 Image(1)的 content 字段并赋值给 Im2
Im3 = Image;
Im3(2).content = 'Landscape';                     % 设置 Im3(2)的 content 字段
```

运行程序,在工作区查看各变量取值,Image 为 1×2 的结构体,两个元素均有 5 个字段,content 字段均为空；names 为包含 5 个元素的元胞数组,各元素为结构体的 5 个字段名；value 为 256,为第 1 个元素的高度值；结构体中没有 size 字段,tf1 为 0；Image 是结构体,tf2 为 1；Im1 为 1×2 的结构体,只有 4 个字段；Im2 为 1×2 的结构体,第 1 个元素的 content 为 'plant'；Im3 第 2 个元素的 content 为 'Landscape'。

2.2.5　元胞数组

和一般数组一样,元胞数组也有多个元素,每个元素为一个元胞,可以包含任意类型的数据,如文本字符串列表、文本和数字的组合或不同大小的数值。通过将索引括在圆括号()中可以引用元胞集。使用花括号{ }进行索引来访问元胞的内容。

1. 元胞数组的创建

可以使用{}运算符创建元胞数组。在命令行窗口输入：

```
>> C = {}
```

回车后输出：

```
C =
    0 × 0 empty cell array
```

即创建了一个空元胞数组。

可以直接将数据放入一个元胞数组中。在命令行窗口输入：

```
>> C = {256,256,3;'color',"Planet B612",datetime('2024 - 05 - 15')}
```

回车后输出：

```
C =
  2 × 3 cell array
    {[   256]}    {[      256]}    {[          3]}
    {'color'}    {"Planet B612"}    {[2024 - 05 - 15]}
```

可以使用 cell 函数创建元胞数组,cell 函数的调用如下。

(1) C=cell(n)：返回由空矩阵构成的 n×n 元胞数组。

(2) C=cell(sz1,sz2,…,szN)：返回由空矩阵构成的 sz1×sz2×…×szN 元胞数组。

（3）C＝cell(sz)：返回由空矩阵构成的元胞数组，向量 sz 表示数组大小。

【例 2-13】 使用两种方法创建元胞数组。

程序如下：

```
clc,clear,close all;
Image = {'width','height','color channels','description';100,100,3,'JPEG image'};
sz = size(Image);                    % 获取元胞数组大小
NewImage = cell(sz);                 % 根据 Image 大小创建 NewImage
NewImage(1,:) = Image(1,:);          % 将 Image 数据第 1 行数据复制给 NewImage 第 1 行
NewImage(2,:) = {256,256,1,'BMP image'};   % 给 NewImage 第 2 行赋值
NewImage(3,:) = {352,246,3,'GIF image'};   % 扩展 NewImage
```

运行程序，在命令行窗口输入 Image，输出如下：

```
Image =
  2×4 cell array
    {'width'}    {'height'}      {'color channels'}      {'description'}
    {[   100]}   {[   100]}      {[             3]}       {'JPEG image'}
```

在命令行窗口输入 NewImage，输出如下：

```
NewImage =
  3×4 cell array
    {'width'}    {'height'}      {'color channels'}      {'description'}
    {[ 256]}     {[ 256]}        {[             1]}       {'BMP image'}
    {[ 352]}     {[ 246]}        {[             3]}       {'GIF image'}
```

2. 元胞数组的基本操作

元胞数组的基本操作包括元胞数组的访问、合并元胞数组及元胞数组数据的删除。

使用圆括号访问元胞数组的元素，如例 2-13 中的 Image 为 2×4 的元胞数组，Image(2,3)为第 2 行第 3 列的元胞元素，类型为 cell，其值为 3。使用花括号访问元胞数组元素的值，如 Image{2,3}为 double 型数据 3。

通过访问元胞数组，可以修改、添加或删除元胞元素，如直接给元胞元素赋特定值或空值。

使用数组串联运算符[]串联元胞数组，扩大尺寸；使用元胞数组构造运算符{}创建一个嵌套元胞数组。

可以使用 celldisp 函数输出元胞数组的取值。

【例 2-14】 实现元胞数组的访问、修改、删除及合并。

程序如下：

```
clc,clear,close all;
Item = {'width','height','color channels','description'};
FirstLine = {100,100,3,'JPEG image'};
SecondLine = {256,256,1,'BMP image'};
Image1 = [Item;FirstLine;SecondLine];   % 串联,Image1 为 3×4 元胞数组
Image2 = {Item;FirstLine;SecondLine};   % 嵌套,Image2 为 3×1 元胞数组,每个元素为元胞数组
Image3 = Image1;
Image3(2:3,:) = [];              % 给 Image3 第 2、3 行附空值,删除两行数据
Image4 = Item;
Image4{4,4} = [];                % 扩展 1×4 的元胞数组,Image4 为 4×4,扩展的全部置为空值
Image4(3,:) = {352,246,3,'GIF image'};   % 访问 Image4 的第 3 行并赋值
```

运行程序，从工作区窗口查看各变量取值：Image1 由 Item、FirstLine 和 SecondLine 串联生成，

为 3×4 元胞数组；Image2 为 3×1 元胞数组,每个元素均为元胞数组；Image3 是 Image1 删除了两行,为 1×4 元胞数组；Image4 为 4×4 元胞数组,第 1 行和 Item 一致,第 3 行为附的值,其余行为空值。

3. 和其他数据类型的转换

元胞数组可以转换为普通数组、结构体数组及表,函数列举如下。

(1) A＝cell2mat(C):将元胞数组 C 转换为普通数组 A。元胞数组的元素必须全都包括相同的数据类型,并且生成的数组也是该数据类型,C 的内容必须支持串联到 N 维矩阵中。

(2) C＝mat2cell(A,dim1Dist,dim2Dist,…,dimNDist):将数组 A 在元胞数组 C 中分为较小的数组。向量 dim1Dist,dim2Dist,…,dimNDist 指定如何划分行、列和更高维度的 A(如果适用)。

(3) C＝num2cell(A):将数组 A 转换为元胞数组 C,A 的每个元素放置于 C 的一个单独元胞中。

(4) structArray＝cell2struct(cellArray,fields,dim):利用元胞数组 cellArray 中包含的信息创建一个结构体数组 structArray。fields 指定结构体数组的字段名称,是一个字符数组或字符向量元胞数组。dim 取 1 表示从元胞数组的 N 行中获取的字段创建一个结构体数组,dim 取 2 表示从元胞数组的 M 列中获取的字段创建一个结构体数组。

【例 2-15】 将元胞数组转换为其他类型数组。

程序如下:

```
clc,clear,close all;
Image = {'width','height','channels','description';100,100,3,'JPEG image';
                            256,256,1,'BMP image'};        % 创建 3×4 的元胞数组
structI = cell2struct(Image,{'width','height','channels','description'},2);
                        % 按列转换为结构体数组
X = reshape(1:20,5,4)';        % 创建一个数值矩阵
C = mat2cell(X,[2 2],[3 2]);   % 将 4×5 矩阵转换为元胞数组,[2 2]表示元胞数组每行对应原矩
                               % 阵的 2 行,[3 2]表示元胞数组两列分别对应原矩阵 3 列和 2 列
```

运行程序,在工作区窗口查看变量,structI 为 3×1 的结构体数组,每个结构体元素有 4 个字段;X 为 4×5 的 double 型数据,其值如下:

```
X =
     1     2     3     4     5
     6     7     8     9    10
    11    12    13    14    15
    16    17    18    19    20
```

C 为 2×2 元胞数组,在命令行窗口输入 celldisp(C),输出如下:

```
C{1,1} =
     1     2     3
     6     7     8
C{2,1} =
    11    12    13
    16    17    18
C{1,2} =
     4     5
     9    10
C{2,2} =
    14    15
    19    20
```

2.2.6 表

表是指表格形式的数组,以列的形式存储文本文件或电子表格中的列向数据或者表格式数据,表格中的每个变量可以具有不同的数据类型和大小,但每个变量的行数必须相同。使用表可方便地存储混合类型的数据、通过数值索引或命名索引访问数据以及存储元数据。

可以使用导入工具创建表,在命令行窗口输入:

```
>> load patients;
>> T = table(Gender,Smoker,Height,Weight);
>> T(1:5,:)
```

则输出:

```
ans =
  5 × 4 table
    Gender       Smoker    Height    Weight
    _____     _____    _____    _____

    {'Male'}     true       71        176
    {'Male'}     false      69        163
    {'Female'}   false      64        131
    {'Female'}   false      67        133
    {'Female'}   false      64        119
```

可以使用 readtable 函数从逗号分隔文件中读取数据,在命令行窗口输入:

```
>> T2 = readtable('patients.dat');
>> T2(1:5,1:5)
```

T2 包含文件 patients.dat 中的所有列,在命令行窗口输出 T2 的前 5 行前 5 列,如下:

```
ans =
  5 × 5 table
    LastName       Gender        Age    Location                       Height
    _____     _____    ___    _____     _____

    {'Smith'}      {'Male'}      38     {'County General Hospital'}     71
    {'Johnson'}    {'Male'}      43     {'VA Hospital'}                 69
    {'Williams'}   {'Female'}    38     {'St. Mary's Medical Center'}   64
    {'Jones'}      {'Female'}    40     {'VA Hospital'}                 67
    {'Brown'}      {'Female'}    49     {'County General Hospital'}     64
```

2.2.7 函数句柄

函数句柄是一种存储函数关联项的数据类型,可用于间接调用函数,也可以使用函数句柄将一个函数传递给另一个函数,或者从主函数外部调用局部函数。

通过在函数名称前添加一个"@"符号为已命名函数创建函数句柄,如已有名为 myfunction 的函数,f＝@myfunction,f 即是函数句柄。

使用句柄调用函数的方式与直接调用函数一样。例如,假设有一个名为 computeSquare 的函数,该函数定义为

```
function y = computeSquare(x)
y = x.^2;
end
```

创建句柄并调用该函数以计算 4 的平方。

```
f = @computeSquare;
a = 4;
b = f(a)
```

则输出：b＝16。

如果函数不需要任何输入，使用句柄调用函数时使用空括号。例如：

```
h = @ones;
a = h()
```

如果不使用括号，赋值操作 a＝h 会创建另一个函数句柄 a。

2.3 矩阵及其运算

矩阵是 MATLAB 最基本的数据结构，可以是一维的行向量、列向量，可以是二维矩阵，也可以是更高维数矩阵。本节介绍矩阵的定义及其相关运算。

2.3.1 矩阵的创建

最基本的矩阵创建方法是采用矩阵构造符"[ ]"将矩阵中的元素括起来，每列元素用逗号或空格分隔，每行元素用分号分隔，空矩阵不含任何数据。例如，在命令行窗口输入：

```
>> A = [1,2,3;4,5,6]
```

回车后输出：

```
A =
    1    2    3
    4    5    6
```

即创建了一个 2×3 的矩阵 A。

```
>> B = [1 2 3 4 5 6]
```

回车后输出：

```
B =
    1    2    3    4    5    6
```

即创建了一个 1×6 行向量 B。

```
>> C = [1;2;3]
```

回车后输出：

```
C =
    1
    2
    3
```

即创建了一个 3×1 的列向量 C。

MATLAB 提供了一些函数用于创建特殊的矩阵，常用的列举如下。

（1）zeros 函数：创建零矩阵。

① zeros(N)：创建一个 N×N 的零矩阵。

② zeros(M,N,P,…)或者 zeros([M N P …])：创建一个 M×N×P×…的高维零矩阵，M、N、P…为非负整数，若为负数，按 0 处理。

③ zeros(SIZE(A))：创建和 A 同等大小的零矩阵。

④ zeros(…,CLASSNAME)：创建 CLASSNAME 指定类型的零矩阵。

⑤ zeros(…,'like',Y)：创建类似于数值变量 Y 的零矩阵。

(2) eye 函数：创建单位阵，调用格式和 zeros 雷同。

(3) ones 函数：创建取值全 1 的矩阵，调用格式和 zeros 雷同。

(4) rand 函数：创建均匀分布的伪随机数矩阵，取值在(0,1)之间，调用格式和 zeros 雷同。

(5) randi 函数：创建均匀分布的伪随机整数矩阵。

① R＝randi(IMAX,N)：创建一个 N×N 的取值在 1:IMAX 之间的整数矩阵。

② R＝randi([IMIN,IMAX],N)：创建一个 N×N 的取值在 IMIN:IMAX 之间的整数矩阵。

③ R＝randi(IMAX,M,N,P,…)、R＝randi(IMAX,[M,N,P,…])、R＝randi(IMAX,SIZE(A))、R＝randi(…,CLASSNAME)、R＝randi(…,'like',Y)同 zeros 雷同。

(6) randn 函数：创建正态分布的伪随机数矩阵，调用格式和 zeros 雷同。

(7) randperm 函数：创建随机排列的向量。

① P＝randperm(N)：创建一个取值在 1:N 之间随机排列的行向量。

② P＝randperm(N,K)：创建一个包含在 1:N 之间、随机选择的 K 个唯一整数的行向量。

(8) magic 函数：创建一个魔方矩阵(又称幻方，有相同的行列数，每个元素不能相同，但每行每列、对角线上的和都相等)。

(9) diag 函数：创建对角矩阵或获取矩阵的对角元素。

① diag(V)：将向量 V 的元素放置在主对角线上，返回对角矩阵。

② diag(V,K)：将向量 V 的元素放置在第 K 条对角线上。K＝0 表示主对角线，K＞0 位于主对角线上方，K＜0 位于主对角线下方。

③ diag(X)：返回矩阵 X 的主对角线元素的列向量。

④ diag(X,K)：返回矩阵 X 的第 K 条对角线上元素的列向量。

【例 2-16】 创建零矩阵、单位矩阵、全 1 矩阵、魔方矩阵、0～1 的随机矩阵。

程序如下：

```
clc,clear,close all;
A = zeros(3)
B = eye(3)
C = ones(2,3)
D = rand(3)
E = magic(3)
```

运行程序，在命令行窗口输出：

```
A =
     0     0     0
     0     0     0
     0     0     0
B =
     1     0     0
     0     1     0
```

```
         0    0    1
C =
         1    1    1
         1    1    1
D =
       0.9649   0.9572   0.1419
       0.1576   0.4854   0.4218
       0.9706   0.8003   0.9157
E =
         8    1    6
         3    5    7
         4    9    2
```

2.3.2 常规运算

矩阵采用矩阵坐标系表示,矩阵元素用在矩阵坐标系中的位置表示。例如,假设矩阵 A 为 5×5 的矩阵, $A(j,i)$ 表示矩阵中第 j 行第 i 列的元素值,坐标系如图 1-15 所示。矩阵之间可以进行运算,包括算术运算、关系运算、逻辑运算等。

1. 算术运算

矩阵之间可以进行加、减、乘、除、求幂等算术运算。乘除和求幂运算分为两种:一种是矩阵运算,需要满足矩阵运算规则;另一种是矩阵对应元素之间的运算。常用的算术运算符如表 2-5 所示。

表 2-5 算术运算符

符 号	含 义	对 应 函 数	符 号	含 义	对 应 函 数
+	加法	plus	\	矩阵左除	mldivide
−	减法	minus	.\	按元素左除	ldivide
*	矩阵乘法	mtimes	^	矩阵幂	mpower
.*	元素相乘	times	.^	按元素求幂	power
/	矩阵右除	mrdivide	.'	转置	transpose
./	按元素右除	rdivide	'	复共轭转置	ctranspose

【例 2-17】 定义矩阵,实现矩阵的算术运算。

程序如下:

```
clc,clear,close all;
A = [1 2 3;4 5 6;1 1 1]          % 定义 3×3 矩阵 A
B = [1 1 2;3 1 2;1 1 1]          % 定义 3×3 矩阵 B
C = A + B                        % 矩阵加法,要求矩阵尺寸相等
D = A − B                        % 矩阵减法,要求矩阵尺寸相等
E = A * B                        % 矩阵乘法,要求行列数满足矩阵相乘要求
F = A/B                          % 矩阵右除法,相当于 A 乘以 B 的逆阵
G = A.* B                        % 矩阵 A 和 B 对应元素值相乘
H = A./B                         % 矩阵 A 和 B 对应元素值相除
I = A^2                          % 矩阵 A×A
J = A.^2                         % 矩阵 A 的各元素值求平方
K = A'                           % 矩阵 A 的转置
```

运行程序,在命令行窗口输出:

```
A =
    1    2    3
    4    5    6
    1    1    1
B =
    1    1    2
    3    1    2
    1    1    1
C =
    2    3    5
    7    6    8
    2    2    2
D =
    0    1    1
    1    4    4
    0    0    0
E =
   10    6    9
   25   15   24
    5    3    5
F =
    1.5000   -0.5000    1.0000
    1.5000   -0.5000    4.0000
         0         0    1.0000
G =
    1    2    6
   12    5   12
    1    1    1
H =
    1.0000    2.0000    1.5000
    1.3333    5.0000    3.0000
    1.0000    1.0000    1.0000
I =
   12   15   18
   30   39   48
    6    8   10
J =
    1    4    9
   16   25   36
    1    1    1
K =
    1    4    1
    2    5    1
    3    6    1
```

2. 关系运算

关系运算指采用"小于""大于""不等于"等关系运算符对操作数进行定量比较。常见的关系运算符如表2-6所示。如果比较两个大小相同的矩阵,则返回和比较矩阵大小相同的逻辑矩阵,矩阵取值为1或0,表示是否满足比较关系。矩阵与标量进行比较时,将矩阵的每个元素值和标量进行关系运算。一个 $1 \times N$ 行向量与一个 $M \times 1$ 列向量进行比较,则在执行比较之前将每个向量都扩展为一个 $M \times N$ 矩阵。生成的矩阵包含这些向量中元素的每个组合的比较结果。

若进行复数比较,使用运算符">、<、>=、<="在执行比较时仅使用操作数的实部;使用运算符"==、~="会同时检验操作数的实部和虚部。

表 2-6　关系运算符

符　号	等 效 函 数	说　明
<	lt	小于
<=	le	小于或等于
>	gt	大于
>=	ge	大于或等于
==	eq	等于
～=	ne	不等于

【例 2-18】　定义矩阵,实现关系运算。

程序如下:

```
clc,clear,close all;
A = [1 2 3;4 5 6;1 1 1];
B = [1 1 2;3 1 2;1 1 1];
C = A > B
D = A <= B
E = A ～ = B
```

运行程序,在命令行窗口输出:

```
C =
  3×3 logical array
   0   1   1
   1   1   1
   0   0   0
D =
  3×3 logical array
   1   0   0
   0   0   0
   1   1   1
E =
  3×3 logical array
   0   1   1
   1   1   1
   0   0   0
```

3. 逻辑运算

逻辑运算是指在两组数据之间进行与、或、非等运算。常用的逻辑运算符如表 2-7 所示。使 any 或 all 函数将整个数组缩减为单个逻辑值;使用逻辑运算符可以连接多个条件。

表 2-7　逻辑运算符

符　号	等 效 函 数	说　明
&	and	计算逻辑与
～	not	计算逻辑非
|	or	计算逻辑或
	xor	计算逻辑异或
	all	确定是否所有的数组元素为非 0,是则返回 1,否则返回 0
	any	确定是否有数组元素为非 0,有则返回 1,否则返回 0
	islogical	确定输入是否为逻辑数组

【例 2-19】 定义矩阵,实现逻辑运算。

程序如下:

```
clc,clear,close all;
A = randi(16,4)              % 创建一个包含介于 1 和 16 之间的随机整数的 4×4 的矩阵 A
B = any(A(:))               % 确定 A 中是否有数组元素为非零
C = all(∼A(:))             % 确定非 A 中是否所有的数组元素为非零
D = ∼mod(A,2)             % A 除以 2 求余,再求非,若 A 元素值为 2 的倍数,则返回 1
E = ∼mod(A,3)             % A 除以 3 求余,再求非,若 A 元素值为 3 的倍数,则返回 1
F = D & E                  % D 和 E 相与,A 元素值为 2 和 3 的公倍数处为 1
G = D | E                  % D 和 E 相或,A 元素值为 2 或 3 的倍数处为 1
H = xor(D,E)               % D 和 E 相异或
```

运行程序,在命令行窗口输出:

```
A =
     6     8     9    13
     4     6    15     7
     5    14     5    10
    10    10    13     2
B =
  logical
   1
C =
  logical
   0
D =
  4×4 logical array
   1   1   0   0
   1   1   0   0
   0   1   0   1
   1   1   0   1
E =
  4×4 logical array
   1   0   1   0
   0   1   1   0
   0   0   0   0
   0   0   0   0
F =
  4×4 logical array
   1   0   0   0
   0   1   0   0
   0   0   0   0
   0   0   0   0
G =
  4×4 logical array
   1   1   1   0
   1   1   1   0
   0   1   0   1
   1   1   0   1
H =
  4×4 logical array
   0   1   1   0
   1   0   1   0
   0   1   0   1
   1   1   0   1
```

4. 运算符优先级

可以构建使用算术运算符、关系运算符和逻辑运算符的任意组合的表达式。优先级别用来确定计算表达式时的运算顺序,处于同一优先级别的运算符具有相同的运算优先级,将从左至右依次进行计算。运算符按从最高到最低优先级别排序如下。

(1) 括号。

(2) 转置、幂、复共轭转置、矩阵幂。

(3) 带一元减法、一元加法或逻辑求反的幂,以及带一元减法、一元加法或逻辑求反的矩阵幂。

(4) 一元加法、一元减法、逻辑求反。

(5) 乘法、点除、矩阵乘法、矩阵右除、矩阵左除。

(6) 加法、减法。

(7) 冒号运算符。

(8) 关系运算符。

(9) 逻辑与。

(10) 逻辑或。

(11) 短路逻辑与。

(12) 短路逻辑或。

2.3.3 矩阵运算相关函数

对矩阵进行统计、求逆矩阵、行列式、特征值等运算时,在 MATLAB 中有如下对应的实现方法。

1. 统计运算

对矩阵进行统计运算时,获取最大值、最小值、平均值、和、积、差分等的函数如下。

(1) max 函数:对于向量,max(X)是 X 中的最大元素;对于二维矩阵,max(X)是一个行向量,包含来自每一列的最大元素;对于 N 维矩阵,max(X)沿着矩阵的第一个尺寸不为 1 的维求最大元素。部分调用格式如下。

① [Y,I]=max(X):Y 为 X 每列的最大值,I 为最大值对应下标。

② max(X,Y):返回 X 和 Y 中较大的值,X 和 Y 尺寸相等或者其中一个是常数。

③ max(X,[],'all'):返回 X 中所有值的最大值。

④ [Y,I]=max(X,[],DIM):对 X 中的第 DIM 维求最大值。

⑤ max(X,[],VECDIM):VECDIM 为向量,指定 X 的若干维,在这些维中求最大值。

⑥ max(…,NANFLAG):NANFLAG 指定出现 NaN 情形时如何处理。NANFLAG 可以取 'omitnan',默认值,忽略所有的 NaN 数据,对非 NaN 数据求最大值,如果全部为 NaN 数据,则返回 NaN;可以取 'includenan',返回 NaN 作为最大值,返回第一个 NaN 元素的下标。

(2) min 函数:求最小值,格式和参数同 max 函数一样。

(3) mean 函数:求平均值,格式和参数同 max 函数一样,NANFLAG 默认值为 'includenan'。mean 函数可以指定返回值数据类型。

S=mean(…,TYPE):TYPE 参数指定均值类型,可以是 'double'、'native'(S 和 X 的类型相

同）、'default'（X 为 double 或 single 型，S 类型和 X 相同；X 为非浮点型，S 为 double 型）。

（4）sum 函数：元素求和。格式、参数及含义同 mean 函数一致。

（5）prod 函数：元素求积。格式、参数及含义同 mean 函数一致。

（6）cumsum 函数：求元素累积和向量。

① Y＝cumsum(X)：沿矩阵 X 的第一个尺寸不为 1 的维计算，Y 和 X 尺寸相等。

② Y＝cumsum(X,DIM)：沿 DIM 指定的维计算。

③ Y＝cumsum(…,DIRECTION)：沿指定的方向计算，DIRECTION 可以取 'forward'，默认值，前向方向，从开始到结尾；可以取 'reverse'，反向方向，从结尾到开始。

④ Y＝cumsum(…,NANFLAG)：NANFLAG 默认为 'includenan'，出现 NaN 时，累加值为 NaN；取 'omitnan' 时，忽略 NaN 计算，全部为 NaN 时，结果为 0。

（7）cumprod 函数：求元素累积向量。格式及参数同 cumsum 函数，NANFLAG 默认为 'includenan'，出现 NaN 时，累积值为 NaN；取 'omitnan' 时，忽略 NaN 计算，全部为 NaN 时，结果为 1。

（8）diff 函数：求差分。

① diff(X)：对于向量 X，计算 [X(2)－X(1)　X(3)－X(2)　…　X(n)－X(n−1)]；对于二维矩阵 X，计算 [X(2:n,:) － X(1:n−1,:)]；对于 N 维矩阵 X，沿矩阵的第一个尺寸不为 1 的维计算。

② diff(X,N)：沿着第一个尺寸不为 1 的维的 N 阶差向量。

③ diff(X,N,DIM)：DIM 维 N 阶差向量，如果 N＞＝size(X,DIM)，则返回空矩阵。

【例 2-20】 定义矩阵，获取最大值、最小值、平均值、和、积、差分等值。

程序如下：

```
clc,clear,close all;
X = [1 - 2 4; - 5 2 0; 1 0 3]
max1 = max(X(:))              % 将 X 转换为向量求最大值
max2 = max(X)                 % 求 X 每一列的最大值
min1 = min(X,[],'all')
min2 = min(X)
meanX = mean(X)
sumX = sum(X)
prodX = prod(X)
diffX = diff(X)
```

运行程序，在命令行窗口输出：

```
X =
     1    - 2     4
    - 5     2     0
     1     0     3
max1 =
     4
max2 =
     1     2     4
min1 =
    - 5
min2 =
    - 5    - 2     0
meanX =
    - 1.0000   0   2.3333
sumX =
```

```
           -3         0         7
prodX =
           -5         0         0
diffX =
           -6         4        -4
            6        -2         3
```

对矩阵进行排序,求标准差、方差、协方差操作的函数如下。

(1) sort 函数:排序。

① B=sort(A):按升序排序。对于向量 A,A 的元素按升序排列;对于二维矩阵 A,矩阵的每一列元素按升序排序;对于 N 维矩阵 A,沿矩阵的第一个尺寸不为 1 的维排序。

② B=sort(A,DIM):沿 DIM 指定的维排序。

③ B=sort(A,DIRECTION)和 B=sort(A,DIM,DIRECTION):DIRECTION 取 'ascend',默认值,则升序排列;取 'descend',则降序排列。

(2) std 函数:求标准差。参数'all'、DIM、VECDIM、NANFLAG 的含义同 mean 函数一致。std 函数增加了一个权重参数 W。

Y=std(X,W):计算标准差,当 W=0 时,使用 $N-1$ 归一化;当 W=1 时,使用 N 归一化;W 是包含非负元素的权重向量时,长度必须等于 std 将作用于的维度的长度。

(3) var 函数:求方差。格式、参数及含义同 std 函数一致。

(4) cov 函数:求协方差。

① cov(X):求向量 X 的方差或矩阵 X 的协方差矩阵。矩阵 X 每行是一个观察值,每列是一个变量;当 $N>1$ 时,采用 $N-1$ 归一化;当 $N=1$ 时,采用 N 归一化。DIAG(cov(X))是每一列的方差向量;SQRT(DIAG(cov(X)))则是标准差向量。

② cov(X,Y):求矩阵 X 和 Y 的协方差矩阵,X 和 Y 维数相等。

③ C=cov(…,NANFLAG):NANFLAG 指定出现 NaN 时的处理方式,取 'includenan',默认值,若出现 NaN,则输出包含 NaN;取 'omitrows'时,忽略具有一个或多个 NaN 的所有行;取 'partialrows'时,基于 X 的第 I 和 J 列计算每个元素 C(I,J),只有在 I 或 J 列中包含 NaN 值的情况下才省略行。

【例 2-21】 定义矩阵,统计标准差、方差、协方差。

程序如下:

```
clc,clear,close all;
X = [1 -2 4; -5 2 0; 1 0 3];
stdX = std(X)
varX = var(X,0,1)
covX = cov(X)
Y = sort(X)
```

运行程序,在命令行窗口输出:

```
stdX =
    3.4641    2.0000    2.0817
varX =
   12.0000    4.0000    4.3333
covX =
   12.0000   -6.0000    7.0000
   -6.0000    4.0000   -4.0000
    7.0000   -4.0000    4.3333
```

```
Y =
   - 5    - 2     0
     1      0     3
     1      2     4
```

2. 矩阵相关运算

矩阵相关运算函数如下。

(1) Y＝inv(X)：计算方阵 X 的逆矩阵。X^(－1)等效丁 inv(X)。

(2) D＝det(X)：返回方阵 X 的行列式。

(3) eig 和 eigs 函数：计算矩阵的特征值和特征向量。

① E＝eig(X)：计算方阵 X 的特征值，生成特征值列向量 E。

② [V,D]＝eig(X)：计算矩阵 X 的特征值和特征向量。D 为特征值对角矩阵；V 的列向量为特征向量，满足 $X * V = V * D$。

③ [V,D,W]＝eig(X)：W 的列为左特征向量，即满足 $W' * X = D * W'$。

④ D＝eigs(X)：返回方阵 X 的 6 个最大特征值向量。

⑤ [V,D]＝eigs(X)：D 为 6 个最大特征值对角阵，V 的列向量为对应特征向量。

【例 2-22】 定义矩阵，实现相关矩阵运算。

程序如下：

```
clc,clear,close all;
X = [1 - 2 4; - 5 2 0; 1 0 3];
D = det(X)
Y = inv(X)
E = eig(X)
```

运行程序，在命令行窗口输出：

```
D =
   - 32
Y =
   - 0.1875    - 0.1875     0.2500
   - 0.4688      0.0313     0.6250
     0.0625      0.0625     0.2500
E =
   - 2.1710
     5.4826
     2.6884
```

2.4 MATLAB 控制语句

MATLAB 控制语句包括条件语句、循环语句和流程控制语句。

2.4.1 条件语句

条件语句用于在运行时选择要执行的代码块，有 if 语句和 switch 语句。

1. if 语句

if 语句的一般表达式为

```
if 表达式 1
    语句 1
elseif 表达式 2
    语句 2
else
    语句 3
end
```

一般表达式中, elseif 可以有多个, 或者没有。当条件为真时执行语句。

【例 2-23】 基于 if 语句实现条件选择。

程序如下:

```
clc,clear,close all;
pixel = 100;
minVal = 60;
maxVal = 180;
if(pixel > = minVal) && (pixel < = maxVal)
    disp('像素值在指定范围内')
elseif (pixel > maxVal)
    disp('像素值超出最大值')
else
    disp('像素值低于最小值')
end
```

运行程序, 在命令行窗口输出:

```
像素值在指定范围内
```

2. switch 语句

switch 语句计算表达式并选择执行多组语句中的一组, 每个选项为一个 case, 一般表达式为

```
switch 表达式
    case 表达式 1
        语句 1
    case 表达式 2
        语句 2
        …
case 表达式 n
        语句 n
otherwise
        语句 n + 1
end
```

当 case 表达式为 true 时, 执行对应的语句, 然后退出 switch 块。otherwise 项可以没有。

【例 2-24】 基于 switch 语句实现的条件选择。

程序如下:

```
clc,clear,close all;
type = 'color image';
switch type
    case 'binary image'
```

```
        bitcount = 1
    case 'gray image'
        bitcount = 8
    case 'color image'
        bitcount = 24
end
```

运行程序,在命令行窗口输出:

```
bitcount =
    24
```

2.4.2 循环语句

通过循环语句,可以重复执行代码块。循环语句包括 for 语句和 while 语句。

1. for 语句

for 语句在循环中将一组语句执行特定次数,一般表达式为

```
for index = values
    语句
end
```

values 为 initVal:step:endVal 形式,从 initVal 开始,每次迭代时按步长 step 对 index 进行递增(当 step 是负数时递减),直到 endVal。

可以根据需要进行嵌套循环,即每次循环执行语句中包含另一个循环体。

【例 2-25】 采用 for 循环将矩阵中的值向右移动一位,最左边列置 0。

程序如下:

```
clc,clear,close all;
A = magic(5);               % 创建 5×5 魔方矩阵
B = zeros(5);               % 创建 5×5 零矩阵,用于初始化
for j = 1:5
    for i = 2:5             % 从第 2 列开始
        B(j,i) = A(j,i-1);  % 将矩阵 A 中的数据右移
    end
end
```

运行程序,在命令行窗口分别输出 A 和 B:

```
A =
    17    24     1     8    15
    23     5     7    14    16
     4     6    13    20    22
    10    12    19    21     3
    11    18    25     2     9
B =
     0    17    24     1     8
     0    23     5     7    14
     0     4     6    13    20
     0    10    12    19    21
     0    11    18    25     2
```

2. while 语句

while 语句在表达式指定的条件为真时执行语句,一般表达式为

```
while 表达式
    语句
end
```

【例 2-26】 采用 while 循环求 n!。

程序如下:

```
clc,clear,close all;
n = 10;
sum = 1;
while n~ = 0
    sum = sum * n;
    n = n - 1;
end
```

运行程序,从工作区窗口可以看出 sum=3628800。

2.4.3 流程控制语句

流程控制语句主要包括 break、continue、return、pause 和 end 语句。

break 语句用于终止执行循环,即不执行循环中在 break 语句之后显示的语句;在嵌套循环中,break 仅从它所发生的循环中退出,控制传递给该循环的 end 之后的语句。

continue 语句用于跳过当前迭代的循环体中剩余的任何语句,程序继续从下一迭代执行,仅在调用它的循环的主体中起作用。

return 语句用于在到达调用函数的末尾前将控制权返回给该函数。

pause 语句用于暂时停止执行并等待用户按下任意键。

end 语句用来终止代码块或指示最大数组索引。例如,for、while、switch、try、if 和 parfor 语句都采用 end 语句终止。每个 end 与前面最近的未配对 for、while、switch、try、if 和 parfor 进行配对,用于界定其范围。end 也可以标记函数的终止,有时是可选的。如果函数包含一个或多个嵌套函数,则必须在文件中用 end 终止每个函数。end 也用作索引表达式中的最后一个索引。

【例 2-27】 计算 50 到 1 的偶数之积,若积大于 10000 则不再计算。

程序如下:

```
clc,clear,close all;
n = 51;
sum = 1;
while n > = 1
    n = n - 1;
    if mod(n, 2)
        continue;                        % 非偶数,跳出本次循环,不累加
    end
    if sum < 10000
        sum = sum * n;
    else
        break;                           % 积小于 10000 则连乘,否则退出循环
    end
end
```

运行程序,从工作区窗口可以看出 n＝44,sum＝110400。

2.5 MATLAB 图形可视化

图形可视化指的是将计算结果用图形的形式直观表现出来,便于用户分析结果。MATLAB 提供了一系列函数实现可视化功能。

2.5.1 二维图形绘制

二维图形绘制包括线图、饼图、直方图等多种形式。本节主要介绍在图像处理中应用较多的部分函数。

1. plot 函数

plot 函数用来绘制二维曲线,可以设置线的颜色、线型、线宽等,其调用格式如下。

(1) plot(X,Y):绘制 Y 中数据对 X 中对应值的二维曲线图。若 X 和 Y 都是向量,则长度必须相同;若 X 和 Y 均为矩阵,则大小必须相同,绘制 Y 的列对 X 的列的图;若 X 或 Y 中的一个是向量而另一个是矩阵,则矩阵的各维中必须有一维与向量的长度相等,如果矩阵的行数等于向量长度,则 plot 函数绘制矩阵中的每一列对向量的图;如果矩阵的列数等于向量长度,则绘制矩阵中的每一行对向量的图;若矩阵为方阵,则该函数绘制每一列对向量的图。若 X 为标量,Y 为向量,则绘制离散点。

(2) plot(Y):绘制 Y 中数据对索引的二维线图。若 Y 为复数,相当于 plot(real(Y),imag(Y))。在其他调用中,虚部被忽略。

(3) plot(X,Y,S):字符串 S 指定颜色、标记、线型等,如表 2-8 所示。

表 2-8　plot 函数参数

颜色符号	含　　义	标记符号	含　　义	标记符号	含　　义	线型符号	含　　义
b	蓝色	.	标记.	<	标记<	—	实线
g	绿色	o	标记 o	>	标记>	:	点线
r	红色	x	标记 x	p	标记五角星形	-.	点画线
c	青色	＋	标记＋	h	标记六角星形	--	虚线
m	品红	*	标记 *	无	无标记	无	实线
y	黄色	s	标记正方形				
k	黑色	d	标记菱形				
w	白色	v	标记 v				
无	坐标系默认颜色	^	标记^				

(4) plot(X1,Y1,S1,X2,Y2,S2,X3,Y3,S3,…):绘制多个 X、Y、S 组合的曲线。

(5) plot(AX,…):在句柄 AX 指定的坐标系中绘图。

【例 2-28】 采用 plot 函数绘制正弦波和余弦波。

程序如下:

```
clc,clear,close all;
```

```
x = 0:pi/100:2 * pi;
y1 = sin(x);
y2 = cos(x);
plot(x,y1,'-- r',x,y2,':g');                              % 正弦波用红色虚线,余弦波用绿色点线
specialx = [0 pi/3 2 * pi/3 pi 4 * pi/3 5 * pi/3 2 * pi];
specialy1 = sin(specialx);
specialy2 = cos(specialx);
hold on
plot(specialx,specialy1,' * ',specialx,specialy2,'^');   % 特殊点加标记
hold off
```

程序运行结果如图 2-7 所示。

图 2-7　plot 函数绘制的一个周期内的正弦波和余弦波

2. 其他绘图函数

(1) stem 函数:绘制离散序列数据。

① stem(Y):将数据序列 Y 绘制为从沿 x 轴的基线延伸的竖线图,各数据值终止处有圆指示。如果 Y 是矩阵,则每一列被当作一个独立的序列绘制。

② stem(X,Y):在 X 指定的位置处绘制数据序列 Y。

③ stem(…,'filled'):生成带填充标记的图形。

④ stem(…,'LINESPEC'):指定线型等参数绘图。

(2) bar 函数:绘制条形图。

① bar(X,Y):将矩阵 Y 的每一列绘制成一个条形图,X 为向量,长度和 Y 的行数一致。

② bar(Y):同上,绘制 length(Y) 个条形。

③ bar(X,Y,WIDTH)或 bar(Y,WIDTH):指定条形宽度绘图。WIDTH > 1 时,条形重叠,默认值为 0.8。

(3) histogram 函数:绘制直方图。

① histogram(X):采用自动分段算法统计并绘制 X 的直方图,段宽一致且覆盖 X 元素的范围。

② histogram(X,M):将 X 元素范围分为 M 段统计并绘制。

③ histogram(…,NAME,VALUE):设置属性统计并绘制直方图。属性包括 'BinWidth'、'BinLimits'、'Normalization'、'DisplayStyle' 、'BinMethod'值。

【例 2-29】 采用不同函数绘图,查看绘图效果区别。

程序如下:

```
clc,clear,close all;
x = 0:pi/9:2 * pi;
y1 = sin(x);
y2(:,1) = sin(x);                    % 矩阵 y2 的第 1 列为正弦波数据
y2(:,2) = cos(x);                    % 矩阵 y2 的第 2 列为余弦波数据
figure,stem(x,y1,'filled');
figure,bar(x,y1);                    % 绘制向量条形图
figure,bar(x,y2);                    % 绘制矩阵条形图
figure,histogram(y1,8);
```

程序运行结果如图 2-8 所示。

(a) stem绘制向量图

(b) bar绘制向量条形图

(c) bar绘制矩阵条形图

(d) histogram绘图

图 2-8 其他绘图函数绘制离散数据序列

3. 辅助函数

利用 plot 函数绘图时,为使输出图形更直观,常需要加注横、纵坐标标记等,相关函数如下。

(1) H=subplot(m,n,p)或 subplot(mnp):将图形窗口分为 m×n 个小坐标系,选择第 p 个绘制当前图形,并返回该坐标系句柄。小坐标系的排列顺序从左到右、从上到下。

（2）xlabel('text','Property1',PropertyValue1,'Property2',PropertyValue2,…)：给 x 轴添加标签。

（3）ylabel('text','Property1',PropertyValue1,'Property2',PropertyValue2,…)：给 y 轴添加标签。

（4）zlabel('txt','Property1',PropertyValue1,'Property2',PropertyValue2,…)：给 z 轴添加标签。

（5）title('text','Property1',PropertyValue1,'Property2',PropertyValue2,…)：给图形添加标题。

（6）text 函数：给数据点添加文本说明。

① text(x,y,str)：使用 str 指定的文本，向当前坐标区中的一个或多个数据点添加文本说明。若要将文本添加到一个点，则 x 和 y 为以数据单位表示的标量；若要将文本添加到多个点，则 x 和 y 为长度相同的向量。

② text(x,y,z,str)：在三维坐标系中添加文本说明。

③ text(…,Name,Value)：指定文本属性添加说明。

（7）legend 函数：为每一目标图形创建图例。

① legend(label1,label2,…,labelN)：设置标签，一般为字符向量，如 legend('Jan','Feb','Mar')。

② legend(subset,…)：对 subset 指定的目标图形添加图例，subset 为图形目标向量。

③ legend(…,Name,Value)：设置属性添加图例，包括'Location'、'Orientation'、'FontSize'等。

（8）linspace 函数：生成线性间距的向量。

① linspace(X1,X2)：生成包含 X1 和 X2 之间的 100 个等间距点的行向量。

② linspace(X1,X2,N)：生成包含 X1 和 X2 之间的 N 个等间距点的行向量。若 N=1，则返回 X2。

【例 2-30】 装载 MATLAB 自带信号并绘图。

程序如下：

```
clc,clear,close all;
load freqbrk;       sig1 = freqbrk;           %装载组合正弦信号
load wstep;         sig2 = wstep;             %装载阶梯信号
load wnoislop;      sig3 = wnoislop;          %装载带白噪声的斜坡信号
x = linspace(0,300,1000);
subplot(131),plot(x,sig1),title('组合正弦信号'), …
            xlabel('x'),ylabel('f(x)');
subplot(132),plot(x,sig2),title('阶梯信号'), …
            xlabel('x'),ylabel('f(x)'),text(150,10,'跃变');
subplot(133),plot(x,sig3),title('白噪声斜坡信号'), …
            xlabel('x'),ylabel('f(x)');
figure,plot(x,sig1,x,sig3),title('信号对比'), …
            legend('sig1','sig3','Location','northwest');
```

程序运行结果如图 2-9 所示。

(a) 采用subplot函数显示3种信号

(b) 两种信号在同一个图形窗口显示

图 2-9　绘制 MATLAB 自带的信号

2.5.2　三维图形绘制

本节介绍常用的三维图形绘制函数：plot3、mesh、surf、meshgrid、shading，调用格式如下。

（1）plot3 函数：在三维空间绘制点和线。

① plot3(x,y,z)：根据相同长度的向量 x、y、z 的元素，在三维空间绘制线图。

② plot3(X,Y,Z)：根据同等大小的矩阵 X、Y、Z 的列绘制线图。

③ plot3(X,Y,Z,s)：根据 s 指定的线型、标记符号、颜色绘图。

④ plot3(x1,y1,z1,s1,x2,y2,z2,s2,x3,y3,z3,s3,…)：绘制多条线。

（2）mesh 函数：绘制三维网格图。

① mesh(X,Y,Z,C)：绘制由 4 个矩阵定义的彩色参数网格图。坐标轴标记由 X、Y、Z 的范围或当前坐标系的设置决定。色彩变化由 C 的范围或当前 CAXIS 的设置决定。

② mesh(X,Y,Z)：C=Z，色彩和网格图高度成比例。

③ mesh(x,y,Z)和 mesh(x,y,Z,C)：x、y 为向量，length(x)=n，length(y)=m，而 Z 的大小为 [m,n]，网格线的顶点是三元组(x(j),y(i),Z(i,j))，即 x 对应 Z 的列，y 对应 Z 的行。

④ mesh(…,'PropertyName',PropertyValue,…)：设置属性绘图。

（3）surf 函数：绘制三维彩色曲面图，其调用同 mesh 函数雷同。

（4）meshgrid 函数：创建二维和三维空间的笛卡儿坐标。

① [X,Y]=meshgrid(xgv,ygv)：基于向量 xgv 和 ygv 生成二维网格坐标(X,Y)，矩阵 X 的每一行都是 xgv，共 numel(ygv)行；矩阵 Y 的每一列都是 ygv，共有 numel(xgv)列。

② [X,Y,Z]=meshgrid(xgv,ygv,zgv)：基于向量 xgv、ygv 和 zgv 生成三维网格坐标(X,Y,Z)，xgv、ygv 和 zgv 各自生成 X、Y、Z 的列、行和页。

③ [X,Y]=meshgrid(gv)：等同于[X,Y]=meshgrid(gv,gv)。

④ [X,Y,Z]=meshgrid(gv)：等同于[X,Y,Z]=meshgrid(gv,gv,gv)。

（5）shading 函数：设置 surf、mesh 等函数创建的 SURFACE 和 PATCH 对象的色彩阴影属性。

① shading flat：采用 flat 方式设置当前图形的阴影，即每个网格颜色一致。

② shading interp：采用插值方式设置当前图形阴影。

③ shading faceted：采用叠加的黑色网格线设置当前图形阴影，默认值。

【例 2-31】 绘制三维图形。

程序如下：

```
clc,clear,close all;
[X,Y] = meshgrid(1:0.5:10,1:20);              %生成二维网格坐标
Z = sin(X) + cos(Y);                          %计算 Z 值
subplot(131),plot3(X,Y,Z),xlabel('x'),ylabel('y'),zlabel('z'),title('线图');
subplot(132),surf(X,Y,Z),xlabel('x'),ylabel('y'),zlabel('z'),title('曲面图');
subplot(133),mesh(X,Y,Z),xlabel('x'),ylabel('y'),zlabel('z'),title('网格图');
```

程序运行结果如图 2-10 所示。

图 2-10　绘制三维图形

本章小结

　　本章主要介绍了 MATLAB 仿真软件的基础知识，包括工作环境、数据类型、矩阵及运算、控制语句及图形可视化。MATLAB 软件功能、函数很多，本章仅介绍了后续图像处理中用到的相关知识，有兴趣深入学习的读者可以查看其他资料或使用 MATLAB 的帮助文件。

本章主要介绍利用 MATLAB 实现数字图像处理的基本操作,为后续更好地学习并仿真各种图像处理算法奠定基础。本章主要包括以下内容:图像文件的读取与显示、图像类型的转换、色彩空间转换、视频文件的读写等。

3.1 图像文件的读取与显示

图像文件的读取与显示是进行图像处理的第一步。本节介绍 MATLAB 提供的相应函数及其实现。

3.1.1 图像文件信息读取

MATLAB 提供了函数 imfinfo 和 imageinfo 来获取图像文件的信息。

1. 函数 imfinfo

函数 imfinfo 用于返回一个结构体数组,以存储图像文件的相关信息。其调用格式如下。

INFO=imfinfo(FILENAME,FMT): FILENAME 是当前路径下,或 MATLAB 路径下,或指定了路径的图像文件的文件名;FMT 是文件的扩展名;INFO 是一个结构体,包含了文件中的图像信息,不同格式的文件最终得到的 INFO 所包含的字段不同,但其前 9 个字段一致,如表 3-1 所示。如果 FILENAME 是包含不止一幅图像的文件,如 TIFF、HDF、ICO、GIF 或 CUR 等,则 INFO 是一个结构体数组,数组中每个元素是一个包含一幅图像信息的结构体,如 INFO(2)是文件中第 2 幅图像的信息。

表 3-1　imfinfo 函数返回的结构体数组基本内容

INFO 结构体字段名	含　义
Filename	文件名称,包含文件所在路径
FileModDate	文件最近修改或者下载的日期和时间(日-月-年 时:分:秒)
FileSize	文件大小,整数,单位:字节
Format	文件格式或扩展名,由 FMT 指定
FormatVersion	文件格式版本号

INFO 结构体字段名	含　义
Width	图像的宽度,整数,单位:像素
Height	图像的高度,整数,单位:像素
BitDepth	图像文件中每个像素存储所占位数,整数
ColorType	图像类型,包含但不限于'truecolor'-RGB 图像、'grayscale'-灰度图像、'indexed'-索引图像

2. 函数 imageinfo

函数 imageinfo 用于创建一幅图像信息工具,用于显示当前 figure(图形图像窗口)中图像的信息,包括宽、高、图像类型等。其调用格式如下。

(1) imageinfo(H):基于 H 创建图像信息工具,H 为 figure、坐标系或图像对象的句柄。

(2) imageinfo(FILENAME):根据文件名创建图像信息工具,图像不一定要在 figure 窗口显示。

(3) imageinfo(INFO):使用 INFO 结构体创建图像信息工具。

(4) imageinfo(HIMAGE,FILENAME):创建图像信息工具,显示被 HIMAGE 句柄指定的图像基本属性和 FILENAME 指定的图像文件的元数据。

(5) imageinfo(HIMAGE,INFO):创建图像信息工具,显示被 HIMAGE 句柄指定的图像基本属性和结构体 INFO 指定的图像文件的元数据。

(6) HFIGURE=imageinfo(⋯):创建图像信息工具,并返回图像信息工具窗口句柄。

【例 3-1】　读取图像文件信息并显示查看。

程序如下:

```
clear,clc,close all;
imageinfo('flower.jpg');              % 创建图像信息工具,显示 flower.jpg 图像元数据
h = imshow('flower.jpg');            % 显示图像,并返回 figure 窗口句柄
info1 = imfinfo('cameraman.jpg');    % 获取 cameraman.jpg 图像信息,返回结构体数据 info1
hfigure = imageinfo(h, info1);
                          % 创建图像信息工具,显示 flower.jpg 的基本属性和 cameraman.jpg 的元数据
info1                                 % 在命令行窗口输出结构体 info1 的数据
info2 = imfinfo('water.gif');         % 获取 water.gif 图像信息,返回结构体数据 info2
info2(2)                              % 在命令行窗口输出 water.gif 文件中第 2 幅图像的信息
```

程序运行,创建的图像信息工具如图 3-1 所示。

在命令行窗口显示 INFO 结构体数据,ans 为 water.gif 文件中第 2 幅图像的信息。

```
Info =
    struct with fields:
            Filename: 'E:\MATLAB\3 Chapter\cameraman.jpg'
         FileModDate: '04 - Mar - 2013 10:51:36'
            FileSize: 31761
              Format: 'jpg'
       FormatVersion: ''
               Width: 256
              Height: 256
            BitDepth: 24
           ColorType: 'truecolor'
     FormatSignature: ''
```

<table>
<tr><td colspan="2">(a) flower.jpg图像元数据</td><td colspan="2">(b) flower.jpg的基本属性和cameraman.jpg的元数据</td></tr>
</table>

图 3-1　创建的图像信息工具

```
         NumberOfSamples: 3
           CodingMethod: 'Huffman'
          CodingProcess: 'Sequential'
                Comment: {}
            Orientation: 1
               Software: 'ACD Systems Digital Imaging'
               DateTime: '2013:03:04 10:51:32'
        YCbCrPositioning: 'Centered'
          DigitalCamera: [1×1 struct]
ans =
    struct with fields:
               Filename: 'E:\MATLAB\3 Chapter\water.gif'
            FileModDate: '05-Nov-2008 08:57:36'
               FileSize: 95308
                 Format: 'GIF'
          FormatVersion: '89a'
                   Left: 1
                    Top: 57
                  Width: 240
                 Height: 264
               BitDepth: 8
              ColorType: 'indexed'
        FormatSignature: 'GIF89a'
        BackgroundColor: 215
            AspectRatio: 0
             ColorTable: [256×3 double]
             Interlaced: 'no'
              DelayTime: 13
        TransparentColor: 256
          DisposalMethod: 'LeaveInPlace'
```

3.1.2　图像文件数据读取

　　MATLAB 主要利用 imread 函数实现图像文件数据的读取,为适应不同的文件格式,有不同的调用格式。

（1）A＝imread(FILENAME,FMT)：从 FILENAME 指定的文件中读取图像数据。FILENAME 是当前路径下或指定了路径的图像文件的文件名；FMT 是文件的扩展名，可以使用 imformats 函数查看当前扩展名支持的格式；返回值 A 是包含图像数据的矩阵，对于灰度图像，A 为 $M \times N$ 的矩阵；对于真彩色图像，A 为 $M \times N \times 3$ 的矩阵；对于包含使用 CMYK 颜色模型图像的 TIFF 文件，A 为 $M \times N \times 4$ 的矩阵。

（2）[X,MAP]＝imread(FILENAME,FMT)：读取索引图像数据，图像数据存放于 X 中，颜色映射表数据自动归一化到[0,1]，存放于 MAP 中。

（3）[…]＝imread(FILENAME)：根据文件内容推断图像类型，并根据待读取图像数据的类型选择格式 1 或格式 2。

（4）[…]＝imread(URL,…)：读取来自网络的图像文件。

在 MATLAB 中，图像数据类型有 uint8、uint16、double、logical、single 等，在灰度级别的表示方面，uint8 型数据用 0～255 表示，uint16 型数据用 0～65535 表示，double 型数据用 0～1 表示，logical 型数据用 0、1 表示。

【例 3-2】 读取不同类型图像，并查看各返回值。

程序如下：

```
clear,clc,close all;
Image1 = imread('flower.bmp');
Image2 = imread('bird.bmp');
[Image3,MAP3] = imread('pig.bmp');
subplot(131),imshow(Image1),title('彩色图像');
subplot(132),imshow(Image2),title('二值图像');
subplot(133),imshow(Image3,MAP3),title('索引图像');
```

程序运行结果如图 3-2 所示。在 MATLAB 工作窗口工作区，查看各变量，取值情况如表 3-2 所示，可以看出，彩色图像数据为 $M \times N \times 3$ 的 uint8 矩阵，二值图像数据为 $M \times N$ 的 logical 矩阵，索引图像的颜色映射表为取值为 0～1 的 $P \times 3$ 矩阵，P 为颜色数目。

(a) 彩色图像　　　　　　　(b) 二值图像　　　　　　　(c) 索引图像

图 3-2　采用 imread 函数读取不同类型图像

表 3-2　例 3-2 各变量取值

名　　称	尺　　寸	数 据 类 型	最　小　值	最　大　值
Image1	264×352×3	uint8	0	255
Image2	359×304	logical	—	—
Image3	182×268	uint8	1	88
MAP3	256×3	double	0	1

（5）［…］=imread(…,IDX)：读取包含多幅图像的 ICO、CUR 文件中的某一幅，IDX 是整型数据，指定读取图像中的第几幅图像，默认情况下，读取文件中第 1 幅图像。

（6）［A,MAP,ALPHA］=imread(…)：返回图标文件的 AND 模板，用于处理透明像素信息。

（7）［…］=imread(…,IDX)：读取动图 GIF 文件中的一幅或多幅图像，IDX 取整数或整数向量，如 3 或者 1:5，分别指读取第 3 幅或前 5 幅图像；IDX 默认情况下，读取第 1 帧数据。

（8）［…］=imread(…,'Frames',IDX)：读取动图 GIF 文件中的一幅或多幅图像，IDX 可以取 'all'，则所有帧全部被读取，并且按照在文件中的顺序返回。由于 GIF 的文件结构，特定帧的读取也需要读取所有帧数据，因此，IDX 使用指定向量或'all'读取所有帧数据，比采用循环读取多帧运算速度快。

（9）［…］=imread(…,REF)：读取 HDF 文件中的一幅图像，REF 指定所读取图像的参考编号，但在 HDF 文件中，参考编号顺序和图像顺序未必一致，可以使用 imfinfo 函数获取某一幅图像的参考编号；REF 默认情况下读取第 1 幅图像。

（10）［…］=imread(…,'BackgroundColor',BG)：读取 PNG 图像文件，将透明像素与 BG 中的指定颜色合成。BG 取'none'，则不合成；如果输入的图像是索引图像，BG 取[1,P]范围的整数，其中 P 为颜色数目；如果输入的图像是灰度图像，BG 取[0,1]范围的值；如果输入图像是彩色图像，BG 是三维向量，其元素取值范围为[0,1]。

（11）［A,MAP,ALPHA］=imread(…)：假如存在透明信息，则返回 ALPHA 通道数据，否则 ALPHA 为[]。这种格式下，BG 默认值为'none'；如果 PNG 文件包含了背景色，则 BG 默认值为背景色；如果不使用 ALPHA 通道并且文件不包含背景色，对于索引图像，BG 默认值为 1；灰度图像，BG 默认值为 0；RGB 图像默认值为[0 0 0]。如果'BackgroundColor'被指定，则 ALPHA 数据为[]。灰度图像或真彩色图像 MAP 数据为[]。

【例 3-3】 采用 imread 函数的不同调用格式读取 ICO、GIF、PNG 图像，并查看各返回值。

程序如下：

```
clear,clc,close all;
Image1 = imread('weather.ico',8);                   % 读取 ICO 文件的第 8 幅图像
[Image2,MAP2] = imread('water.gif',2);              % 读取 GIF 文件的第 2 幅图像
[Image3,MAP3] = imread('water.gif');                % 读取 GIF 文件的第 1 帧
[Image4,MAP4] = imread('water.gif','frames','all'); % 读取 GIF 文件的全部帧
Image5 = imread('fish.png');                        % 读取 PNG 图像，透明像素与默认值合成
[A,MAP5,ALPHA] = imread('fish.png','BackgroundColor',[0 1 0.3]);
                                                    % 读取 PNG 图像，透明像素与指定值合成
subplot(221),imshow(Image1),title('weather.ico 第 8 幅图像');
subplot(222),imshow(Image2,MAP2),title('water.gif 第 2 幅图像');
subplot(223),imshow(Image5),title('透明像素与默认的黑色合成');
subplot(224),imshow(A),title('透明像素与指定颜色合成');
```

程序运行结果如图 3-3 所示。

(a) ICO第8幅图像　　(b) GIF第2幅图像　　(c) PNG透明像素与黑色合成　(d) PNG透明像素与指定颜色合成

图 3-3　采用 imread 函数读取 ICO、GIF、PNG 图像

在 MATLAB 工作窗口工作区,查看各变量,取值情况如表 3-3 所示。

表 3-3　例 3-3 各变量取值

名　称	尺　寸	数据类型	最　小　值	最　大　值
Image1	48×48×3	uint8	0	233
Image2	320×240	uint8	0	254
Image3	320×240	uint8	0	254
Image4	4-D	uint8	0	254
Image5	128×128×3	uint8	0	255
A	128×128×3	uint8	0	255
ALPHA	[]	double	—	—
MAP2	256×3	double	0	0.9843
MAP3	256×3	double	0	0.9843
MAP4	256×3	double	0	0.9843
MAP5	[]	double	—	—

由于 GIF 图像最多为 256 色,读取图像时,需要同时读取颜色映射表信息,全部帧共用同一颜色映射表,因此 MAP2、MAP3 和 MAP4 是一样的。

(12) [⋯]=imread(⋯,'Param1',value1,'Param2',value2,⋯):设定参数读取图像,JPEG 2000 图像读取时参数如表 3-4 所示,TIFF 图像读取时参数如表 3-5 所示。

表 3-4　JPEG 2000 图像读取时参数表

参　数	取值及含义
ReductionLevel	一个非负整数,指定图像分辨率的降低。若为 L,则图像分辨率降低一个因子 2^L。默认值为 0,代表分辨率不减少。imfinfo 函数返回的结构体中,WaveletDecompositionLevels 字段指定分解级别,限制 ReductionLevel 的取值
PixelRegion	{ROWS,COLS}。imread 函数返回由 ROWS 和 COLS 中的值作为边界所指定的子图像。行列数都是二维向量,表示从 1 开始的索引[START STOP]。如果 ReductionLevel 大于 0,则 ROWS 和 COLS 是在尺寸减小的图像上的坐标
V79Compatible	逻辑值:为真,返回的图像转换为和 imread 早期版本一致的灰度或 RGB 图像,采用本参数转换 YCC 图像为 RGB 图像。默认值为假

表 3-5　TIFF 图像读取时参数表

参　数	取值及含义
Index	正整数,指定 TIFF 图像文件中哪一幅图像被读取
Info	函数 imfinfo 输出的结构体数组。当读取包含多幅图像的 TIFF 文件时,采用 Info 作为参数将提高 imread 函数在文件中定位要读取图像的速度
PixelRegion	{ROWS,COLS}。imread 函数返回由 ROWS 和 COLS 中的值作为边界所指定的子图像。行列数为二维或三维向量,二维向量表示从 1 开始的索引[START STOP];三维向量表示从 1 开始的索引[START INCREMENT STOP],允许图像下采样

各种不同格式的文件在用 imread 函数读取时,有像素位数、对应文件类型的细致区别,如有需要可以查阅 MATLAB 帮助文件。

【例 3-4】　采用 imread 函数读取 JPEG、TIFF 图像,并查看各返回值。

程序如下:

```
clear,clc,close all;
Image1 = imread('football.jpg');
Image2 = imread('autumn.tif');
Image3 = imread('autumn.tif','PixelRegion',{[100 200],[10 200]});
                                        % 读取 TIFF 图像中的子图像
subplot(131),imshow(Image1),title('JPEG 图像');
subplot(132),imshow(Image2),title('TIFF 原图像');
subplot(133),imshow(Image3),title('TIFF 子图像');
```

程序运行结果如图 3-4 所示，Image3 仅为 Image2 中的一部分。在 MATLAB 工作窗口工作区，查看各变量，取值情况如表 3-6 所示。8 位的 JPEG 文件，无论采用有损还是无损压缩方式，读出来的数据类型都为 uint8 型数据，如 Image1。Image3 的宽高正如程序中设定的一样。

(a) JPEG图像　　　　　　　(b) TIFF原图像　　　　　　　(c) TIFF子图像

图 3-4　采用 imread 函数读取 JPEG、TIFF 图像

表 3-6　例 3-4 各变量取值

名　　称	尺　　寸	数 据 类 型	最　小　值	最　大　值
Image1	256×320×3	uint8	6	255
Image2	206×345×3	uint8	1	248
Image3	101×191×3	uint8	16	176

3.1.3　图像的显示

MATLAB 主要利用 imshow 函数实现图像的显示，此外，也提供了适应一些特殊需求的显示函数，如 image、imagesc、montage 和 imshowpair。

1. imshow 函数

imshow 函数用于在通用的图形图像窗口显示图像，自动设置图像窗口、坐标轴和图像属性。根据图像源文件的不同，有如下多种调用格式。

（1）imshow(I)：显示灰度图像 I。

（2）imshow(I,[LOW HIGH])：指定灰度级范围[LOW HIGH]来显示灰度图像 I，小于或等于 LOW 值的显示为黑，大于或等于 HIGH 值的显示为白，默认按 256 个灰度级显示。若未指定 LOW 和 HIGH 值，则将图像中最低灰度显示为黑色，最高灰度显示为白色。

（3）imshow(RGB)：显示真彩色图像 RGB。

（4）imshow(BW)：显示二值图像 BW，像素值为 0 显示黑色，像素值为 1 显示白色。

（5）imshow(X,MAP)：显示索引图像，X 为索引图像的数据矩阵，MAP 为其颜色映射表。

（6）imshow（FILENAME）：显示 FILENAME 指定的图像。此格式下，imshow 通过调用 imread 或 dicomread 从文件 FILENAME 中读取图像数据。因此，要求图像能够被 imread 或 dicomread 读取。若文件包括多帧图像，则显示第 1 帧，且文件必须在当前目录或 MATLAB 路径下。

（7）HIMAGE＝imshow（…）：返回创建的图像对象句柄。

（8）imshow（…，PARAM1，VAL1，PARAM2，VAL2，…）：显示图像时指定相关参数及其取值，参数如表 3-7 所示。

表 3-7　imshow 函数参数表

参　　　数	取值及含义
Border	一个字符串，指明图像在 figure 窗口显示时是否显示边界，可取'tight' 和'loose'，默认情况下取'loose'
Colormap	$M\times 3$ 实数矩阵，设置要显示图像的颜色映射表，也可用来将灰度图像进行伪彩色显示
DisplayRange	二维向量[LOW HIGH]，指定灰度范围显示灰度图像。在图像数据已经读取后显示，可以省略参数名，如 imshow(I,[LOW HIGH])；若 imshow 中采用 FILENAME 指定文件，则不能省略。根据图像 I 的值取整数或浮点数
InitialMagnification	数值，或字符串'fit'，指定图像初始显示比例：如 100，则图像以 100％ 比例显示；若为'fit'，则以适合窗口的比例显示整幅图像。若图像太大不能显示完全，则将进行警告并以适合屏幕的最大比例显示图像。默认为 100。采用坐标定位显示时，将忽略指定的数值，取'fit'值；使用'Reduce'参数时，只能取'fit'值
Interpolation	指定缩放图像时采用的插值方法，可选'nearest'（最邻近插值）和'bilinear'（双线性插值）
Reduce	逻辑值，指明是否对文件 FILENAME 中的图像进行下采样。仅适用 TIFF 图像，用于显示大图像的概貌
Parent	指向图像对象的父对象的坐标系句柄
XData	二维向量，用于建立非默认的空间坐标系统
YData	二维向量，用于建立非默认的空间坐标系统

【例 3-5】　采用 imshow 函数的不同形式显示图像。

程序如下：

```
clear,clc,close all;
[Image1,MAP1] = imread('girl.bmp');
[Image2,MAP2] = imread('pig.bmp');
figure,imshow(Image2,MAP2,'InitialMagnification',40),title('显示比例为 40％');
figure,imshow(Image2,MAP2,'Border','tight'),title('figure 中不显示边界');
figure,
subplot(221),imshow(Image1),title('默认显示');
subplot(222),imshow(Image1,[50 100]),title('指定灰度范围显示');
subplot(223),imshow(Image1,'Colormap',MAP2),title('用颜色映射表 MAP2 显示');
subplot(224),imshow(Image2,MAP2,'XData',[100 300], …
                            'YData',[200 280]),title('建立新坐标系统显示');
```

程序运行结果如图 3-5 所示。

2. image 和 imagesc 函数

image 函数将矩阵中的数据显示为图像，imagesc 函数采用拉伸过的色彩显示图像，有多种调用格式。

(a) 显示比例为40%　　　　(b) figure中不显示边界

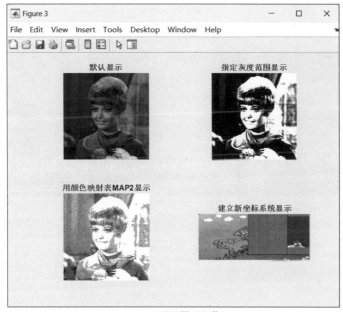

(c) 子图显示图像

图 3-5　imshow 函数显示图像

（1）image(C)：将矩阵 C 中的数据显示为图像，C 的每个元素指定图像中一个像素的颜色。当 C 为二维的 $M \times N$ 矩阵时，每个元素的值作为像素颜色值在当前颜色映射表中的索引值，由图像对象的 CDataMapping 属性决定：CDataMapping 取 'direct'（默认），C 中的元素值直接作为颜色索引；取 'scaled'，C 中的元素值先进行拉伸再作为索引值。当 C 为三维的 $M \times N \times 3$ 矩阵时，C(:,:,1)、C(:,:,2)、C(:,:,3)依次作为颜色的 R、G、B 分量值。如果 C 中元素的数据类型为 double，则颜色值变化范围为[0.0,1.0]；如果 C 中元素为 uint8 或 uint16 数据类型，则颜色值变化范围为[0,255]。

（2）image(x,y,C)：x，y 用于指定显示图像时，C 中元素的坐标位置。函数 image 显示图像时，同时显示坐标轴，不设定 x、y 的值，则 C(1,1)位于坐标(1,1)处，C(M,N)位于坐标(M,N)处；设定 x、y 值，则 C(1,1)位于坐标(x(1),y(1))处，C(M,N)位于坐标(x(end),y(end))处；如果 x、y 为单个值，则 C(1,1)位于坐标(x,y)处，C(M,N)根据图像宽高和其他设置自行确定。

（3）imagesc(…)：数据经过拉伸作为颜色索引值，显示图像。

（4）imagesc(…,CLIM)：利用向量 CLIM＝[CLOW CHIGH]设置拉伸范围，CLOW 对应颜色映射表中的第 1 个颜色，CHIGH 对应颜色映射表中的最后一个颜色，中间的灰度线性对应颜色映射表中的其余颜色。

【例 3-6】 采用 image 和 imagesc 函数的不同形式显示图像。

程序如下:

```
clear,clc,close all;
Image1 = imread('football.jpg');
[Image2,MAP2] = imread('girl.bmp');
figure,image(Image1),title('彩色图像');
figure,colormap(hot), h1 = image(50,60,Image2),title('不拉伸映射');
                        % 设置窗口颜色映射表为 hot 型,指定数据矩阵(1,1)位于(50,60)处
Y1 = get(h1,'CDataMapping');        % 获取 CDataMapping 属性值
figure,colormap(hot),h2 = imagesc(Image2,[30,150]),title('拉伸映射');
                        % 灰度 30 对应颜色映射表第 1 个颜色,灰度 150 对应最后一个颜色
Y2 = get(h2,'CDataMapping');        % 获取 CDataMapping 属性值
```

程序运行结果如图 3-6 所示。

(a) 彩色图像　　　　　　　(b) 不拉伸映射　　　　　　　(c) 拉伸映射

图 3-6　调用 image 和 imagesc 函数显示图像

从工作区可以看到,Y1 = 'direct',Y2 = 'scaled',即采用 image 函数显示不拉伸数据,而采用 imagesc 函数拉伸数据。

3. montage 函数

montage 函数用矩形蒙太奇方式显示多帧图像的每帧,其调用格式如下。

（1）montage(FILENAMES):显示 FILENAMES 指定的多帧图像。若 FILENAMES 不在当前目录或 MATLAB 路径下,则需要指明路径。

（2）montage(I):显示多帧图像 I,I 可以是二值、灰度、彩色图像序列。

（3）montage(X,MAP):将 X 中的所有灰度图像作为索引图像显示,共用颜色映射表 MAP。

（4）montage(…,NAME1,VALUE1,NAME2,VALUE2,…):定制显示,其参数如表 3-8 所示。

（5）H = montage(…):返回图像对象句柄。

表 3-8　montage 函数部分参数表

参　　数	取值及含义
Size	二维向量[NROWS NCOLS],指定蒙太奇行列数。行列数之一可以设定为 NaN,在显示时,根据显示图像的总帧数和已知的行或列数目自动计算另一个
Indices	一个数字序列,指明哪些帧要显示,如 $m:n$,表示显示从第 m 帧到第 n 帧,默认为 $1:K,K$ 为总帧数
DisplayRange	1×2 的向量[LOW HIGH],对显示的图像进行灰度拉伸,含义见函数 imshow

【例 3-7】 采用 montage 函数显示含有多帧的 GIF、TIF 图像。

程序如下：

```
clear,clc,close all;
[Image1,MAP1] = imread('fly.gif','frames','all');          % 读取 GIF 图像
figure,montage(Image1,MAP1,'size',[2 NaN]),title('GIF 图像');     % 两行排列显示 GIF 图像各帧
info = imfinfo('snoopy.tif');                             % 获取 TIF 图像信息
len = length(info);                                       % TIF 图像含图像数
for i = 1:len
    [Image2(:,:,:,i),MAP2] = imread('snoopy.tif',i);       % 依次读取 TIF 文件中各图像
end
figure,montage(Image2,MAP2,'size',[1 NaN]),title('TIF 图像');     % 一行排列显示 TIF 图像各帧
```

程序运行结果如图 3-7 所示。

(a) GIF图像各帧

(b) TIF图像各帧

图 3-7 调用 **montage** 函数显示多帧图像

4. imshowpair 函数

imshowpair 函数将图像成对显示，以比较图像间的差异。其调用格式如下。

（1）H＝imshowpair(A,B,METHOD)：将图像 A 和 B 间的差异以 METHOD 指定的方式实现可视化，并返回创建的图像句柄 H。如果 A 和 B 的大小不一致，则将较小的图像变为和较大图像同样大小，扩充的像素补 0。METHOD 的取值如表 3-9 所示。

表 3-9　**imshowpair** 函数参数表

参　　数	取　　值	含　　义
METHOD	falsecolor	将 A 和 B 作为不同色彩通道合成 RGB 图像，默认值
	blend	采用 α 混合重叠 A 和 B
	checkerboard	从 A 和 B 创建具有交替矩形区域的图像
	diff	从 A 和 B 创建差异图像
	montage	将 A 和 B 在同一幅图像中相邻放置

参　数	取　值	含　义
Scaling	independent	图像各自缩放，默认值
	joint	适用于在图像的动态范围之外具有大量填充值的单模态图像可视化
	none	不额外进行缩放
Parent		指向创建的图像父对象的坐标轴的句柄
ColorChannels		当 METHOD 取'falsecolor'时使用，将每个图像分配到输出图像中的特定颜色通道。设置为[R G B]，指定哪一幅图像被指定到 RGB 对应通道，R、G、B 取 1 表示该通道指定第 1 幅图像，取 2 表示第 2 幅图像，取 0 表示没有图像被指定；可取'red-cyan'，等同于[R G B]=[1 2 2]；可取'green-magenta'，等同于[R G B]=[2 1 2]，默认值

（2）H＝imshowpair(A,RA,B,RB)：根据 RA 和 RB 提供的空间参考信息显示 A 和 B 图像的差异。RA 和 RB 由 imref2d 函数定义。

（3）imshowpair(…,PARAM1,VAL1,PARAM2,VAL2,…)：指定显示和混合方式显示图像。参数名称不区分大小写。各参数及取值含义见表3-9。

【例 3-8】　采用 imshowpair 函数显示 GIF 图像的不同帧。

程序如下：

```
clear,clc,close all;
info = imfinfo('fly.gif');
len = length(info);
for i = 1:len
    [Image(:,:,:,i),MAP] = imread('fly.gif',i);
end
subplot(131),imshowpair(Image(:,:,:,1),Image(:,:,:,len));              %默认显示
subplot(132),imshowpair(Image(:,:,:,1),Image(:,:,:,len),'ColorChannels',[1 1 2]);
subplot(133),imshowpair(Image(:,:,:,1),Image(:,:,:,len),'diff');
figure,imshowpair(Image(:,:,:,1),Image(:,:,:,len),'montage');
```

程序运行结果如图 3-8 所示。

(a) 默认图像所在颜色通道显示　　(b) 指定图像所在颜色通道显示　　(c) 差异图像显示

(d) 并排放置显示

图 3-8　调用 imshowpair 函数显示图像差异

3.1.4 像素信息的获取与显示

MATLAB 利用 impixel 和 impixelinfo 函数实现像素信息的获取。

1. 函数 impixel

函数 impixel 用于获取指定图像像素的 R、G、B 通道颜色值,其调用格式如下。

(1) P=impixel(I):鼠标指定灰度图像 I 中的像素,获取其颜色值。

(2) P=impixel(X,MAP):鼠标指定索引图像 X 中的像素,获取其颜色值。

(3) P=impixel(RGB):鼠标指定真彩色图像 RGB 中的像素,获取其颜色值。

在以上 3 种调用中,impixel 显示图像并等待用户用鼠标选择像素:单击选择像素,双击或右击表示选择最后一个像素,回车表示选择结束;可以使用退格键 Backspace 和删除键 Delete 来删除之前选择的像素,每次删除一个。若选择了 N 个点,则 P 为 $N \times 3$ 的 double 型数组,存放每个点 R、G、B 颜色值。

【例 3-9】 采用 impixel 函数获取鼠标单击的像素的像素值。

程序如下:

```
clear,clc,close all;
[Image1,MAP1] = imread('kids.tif');        % 索引图像
P = impixel(Image1,MAP1);                   % 获取像素颜色值,存放于 P 数组中
Image2 = imread('flower.jpg');              % 真彩色图像
Q = impixel(Image2);                        % 获取像素颜色值,存放于 Q 数组中
```

运行程序,首先显示 kids.tif 图像,在图像上用鼠标左键点两个点,回车结束选择;紧接着显示 flower.jpg 图像,在图像上用鼠标左键点一个点,双击结束选择;运行结束。P、Q 值如表 3-10 所示。P 是索引图像像素颜色值,取值是 MAP1 中的 0~1 的数据;Q 是彩色图像像素的红绿蓝色彩分量值,虽为 double 型数据,但在 0~255 范围内。

表 3-10 例 3-9 中 P、Q 取值

名　称	尺　寸	数据类型	取　值
P	2×3	double	[0.3137,0.1490,0.1020; 0.09800,0.0941,0.1020]
Q	2×3	double	[245,123,0; 165,15,0]

(4) P=impixel(I,C,R):C、R 指定灰度图像 I 中的像素,获取其颜色值。

(5) P=impixel(X,MAP,C,R):C、R 指定索引图像 X 中的像素,获取其颜色值。

(6) P=impixel(RGB,C,R):C、R 指定真彩色图像 RGB 中的像素,获取其颜色值。

(7) [C,R,P]=impixel(…):返回指定像素坐标。

在以上 4 种调用中,通过 C、R 直接指定像素。C 和 R 为相同长度的向量,两向量中第 k 个对应元素构成像素的坐标(R(k),C(k))(矩阵坐标系),其颜色值为 P 的第 k 行数据。

(8) P=impixel(x,y,I,xi,yi):非默认坐标系统下,指定灰度图像 I 中的像素,获取其颜色值。

(9) P=impixel(x,y,X,MAP,xi,yi):非默认坐标系统下,获取索引图像 X 中指定像素的颜色值。

(10) P＝impixel(x,y,RGB,xi,yi)：非默认坐标系统下,获取真彩色图像 RGB 中指定像素的颜色值。

(11) [xi,yi,P]＝impixel(x,y,…)：返回指定像素坐标。

在以上 4 种调用中,x、y 为二维向量,指定图像坐标范围；通过 xi、yi 直接指定像素。xi、yi 为相同长度的向量,两向量中第 k 个对应元素构成像素的坐标(yi(k),xi(k))(x、y 指定的坐标系统),其颜色值为 P 的第 k 行数据。

【例 3-10】 采用 impixel 函数获取指定的像素的像素值。

程序如下：

```
clear,clc,close all;
[Image1,MAP1] = imread('kids.tif');        % 读取索引图像
Image2 = imread('flower.jpg');             % 读取 RGB 真彩色图像
[N,M,color] = size(Image2);                % 获取真彩色图像尺寸
C = [20 40];        R = [50 100];          % 设定指定像素坐标
P1 = impixel(Image1,MAP1,C,R);             % 获取索引图像中指定像素的像素值,存于 P1 中
[C1,R1,P2] = impixel(Image2,C,R);          % 获取 RGB 图像中指定像素的像素值,并返回指定点坐标
x = [21 20 + M];    y = [51 50 + N];       % 设定图像坐标范围,尺寸未变,坐标值整体增加[20 50]
x1 = [40 60];    y1 = [100 150];           % 设定指定像素坐标
P3 = impixel(x,y,Image2,x1,y1);            % 获取 RGB 图像中指定像素的像素值,存于 P3 中
```

程序运行,各变量取值如表 3-11 所示。

表 3-11 例 3-10 中各变量取值

名　　称	尺　　寸	数 据 类 型	取　　值
Image1	400×318	uint8	—
MAP1	256×3	double	—
Image2	264×352×3	uint8	—
P1	2×3	double	[0.4860,0.4275,0.3843; 0.4431,0.3686,0.3098]
P2	2×3	double	[19,86,68; 0,59,0]
P3	2×3	double	[19,86,68; 0,59,0]
x	1×2	double	[21,372]
y	1×2	double	[51,314]

P1 存放索引图像 Image1 中由 C、R 指定的两个像素的像素值；P2 存放 RGB 图像 Image2 中由 C、R 指定的两个像素的像素值；P3 存放改变图像坐标范围后的像素值。在设定的坐标系统中,图像尺寸未变,没有变形；指定的像素坐标分别为(100,40)和(150,60),对应原图中的(50,20)和(100,40),和 C、R 指定的像素一致,从表中可以看出,P3 和 P2 取值一样。

2. impixelinfo 函数

impixelinfo 函数用于在当前 figure 下创建像素信息,以显示光标所在位置处的图像像素信息。随着鼠标移动,可以显示 figure 中所有图像的像素的信息。

像素信息工具是一个 panel 控件,位于窗口的左下角,包含一个文本字符串"Pixel Info:",后面显示像素位置和像素值,显示内容与图像类型和光标位置有关,如表 3-12 所示。

表 3-12　impixelinfo 函数显示数据

图 像 类 型	显 示 字 串	示 例
光标在图像区域外	Pixel Info：(X,Y)Pixel Value	
灰度图像	Pixel Info：(X,Y) Intensity	Pixel Info：(13,30) 82
索引图像	Pixel Info：(X,Y) < index > [R G B]	Pixel Info：(2,6) < 4 > [0.29 0.05 0.32]
二值图像	Pixel Info：(X,Y) BW	Pixel Info：(12,1) 0
真彩色图像	Pixel Info：(X,Y) [R G B]	Pixel Info：(19,10) [15 255 10]

如果不显示"Pixel Info："标签，可以使用 impixelinfoval 函数。

impixelinfo 函数的调用格式如下。

(1) impixelinfo：默认情况下，创建像素信息工具。

(2) impixelinfo(H)：在句柄 H 指定的 figure 下创建像素信息工具，H 可以是图像、坐标系、panel 或者 figure 对象，后三者应包含至少一幅图像。

(3) impixelinfo(HPARENT,HIMAGE)：HIMAGE 是图像句柄，在 HPARENT 指向的 figure 或 panel 上创建像素信息工具，用于显示 HIMAGE 中的像素信息。

(4) HPANEL＝impixelinfo(…)：创建一个像素信息工具，并返回像素信息工具的句柄。

【例 3-11】　采用 impixelinfo 函数获取像素信息。

程序如下：

```
clear,clc,close all;
Image1 = imread('pic4.bmp');
Image2 = imread('bird.bmp');
[Image3,MAP3] = imread('kids.tif');
figure;
subplot(121),imshow(Image1),title('真彩色图像');
subplot(122),imshow(Image2),title('二值图像');
impixelinfo
figure;
h = imshow(Image3,MAP3),title('索引图像');
H = impixelinfoval(gcf,h);
```

运行程序，在第 1 个 figure 中显示真彩色图像和二值图像，impixelinfo 创建像素信息工具，随着光标移动，显示数据同表 3-12 所示一致；在第 2 个 figure 中显示索引图像，impixelinfoval 创建像素信息工具，随着光标移动，显示数据同表 3-12 所示一致，但不显示"Pixel Info："标签。程序运行结果如图 3-9 所示。

(a) impixelinfo创建像素信息工具　　　　(b) impixelinfoval创建像素信息工具

图 3-9　像素信息工具显示效果

3.1.5 局部区域的获取与显示

在对图像进行处理的过程中,可能只需对图像的部分区域进行处理,MATLAB提供了剪切函数 imcrop用于实现图像局部区域的获取与显示,其调用格式如下。

(1) I=imcrop:创建一个与当前 figure 中显示的图像相关联的交互式图像剪切工具。使用鼠标在图像上绘制区域,大小可调整、可移动,区域确定之后,双击或从右键菜单选择 Crop Image 命令实现该区域的剪切显示,并返回给I。该工具可以通过按 Backspace、Esc、Delete 键,或者从右键菜单中选择 Cancel 命令取消,返回空值。

(2) I2=imcrop(I):在 figure 中显示图像I并创建一个与之关联的剪切工具。I可以是灰度图像、RGB图像或者逻辑矩阵;I2 为返回的剪切图像,类型与I一致。

(3) X2=imcrop(X,MAP):在 figure 中显示索引图像并创建一个与之关联的剪切工具。

(4) I=imcrop(H):创建一个与句柄H中的图像相关联的剪切工具。H可以是图像、坐标系、uipanel 或 figure 的句柄,后三者的情况下,剪切工具作用在包含的第1幅图像上。

(5) I2=imcrop(I,RECT)或者 X2=imcrop(X,MAP,RECT):指定剪切矩形实现剪切,非交互式。RECT 是一个4维向量[XMIN YMIN WIDTH HEIGHT],指定矩形的左上角位置及宽、高;RECT 也可以是一个 Rectangle 对象。若是非默认的空间坐标系统,则需要指定 XData 和 YData。

(6) [I2,RECT]=imcrop(…):剪切的同时返回剪切矩形。

(7) [X,Y,I2,RECT]=imcrop(…):剪切的同时返回剪切矩形及目标图像的 XData 和 YData 值。

【例 3-12】 采用 imcrop 函数剪切区域。

程序如下:

```
clear,clc,close all;
Image = imread('toysflash.png');
figure;imshow(Image),title('原图');
[h,w,c] = size(Image);                          % 获取图像宽高信息
imcrop;                                          % 用鼠标选择剪切区域并显示
I1 = imcrop;                    % 在当前 figure,即上一步剪切出来的图像中用鼠标选择区域剪切,返回给 I1
I2 = imcrop(Image,[w/2 - 60 h/2 - 120 w/3 h/3]); % 在原图中指定矩形剪切
figure,imshow(I1),title('鼠标选定区域剪切');
figure,imshow(I2),title('原图中指定区域剪切');
```

运行程序,首先显示原图,如图 3-10(a)所示,等待用鼠标选择区域剪切;剪切后显示剪切区域,如图 3-10(b)所示;再等待用鼠标选择区域剪切,剪切后显示如图 3-10(c)所示,返回给I1;紧接着显示在原图中指定矩形剪切的区域,如图 3-10(d)所示。

3.1.6 图像数据类型及转换

在处理图像的过程中,数据类型有可能发生变化,需要对其加以关注,避免出现错误。例如,在用函数 imshow 显示图像时,若数据为 double 型,则默认0~1为灰度范围;若0~255的 uint8 数据无意中转换为0~255的 double 型数据,显示时会把大于1的像素全部按1(白色)显示。

图像数据类型可以根据需要转换,MATLAB 提供了数据类型转换的相关函数。

(a) 原图　　　　　　　(b) 第一次剪切　　　(c) I1　　　　　　(d) I2

图 3-10　区域获取与显示

im2double、im2single、im2uint8、im2uint16、im2int16 函数分别实现原图像数据转换为 double、single、uint8、uint16、int16 型图像数据,取值范围调整为 $[0,1]$、$[0,1]$、$[0,255]$、$[0,65535]$、$[-32768,32767]$。输入的图像可以是二值图像、灰度图像、真彩色图像或索引图像。

double、single、uint8、uint16、int16 函数将数据强制转换为对应数据类型,但数值取值范围不变。

函数 mat2gray 用于将矩阵转换为灰度图像,其调用格式如下。

(1) I=mat2gray(A,[AMIN AMAX]):将矩阵 A 转换为灰度图像 I。A 可以为逻辑型或数值型矩阵;I 的取值为 0~1 的 double 型数据;AMIN 和 AMAX 是矩阵 A 中对应图像 I 内 0.0 和 1.0 的数据,小于 AMIN 的数据变为 0,大于 AMAX 的数据变为 1.0。

(2) I=mat2gray(A):将矩阵 A 转换为灰度图像 I,A 内的最小值、最大值分别为 AMIN 和 AMAX。

【例 3-13】　打开图像,转换图像类型,观察数据变化,并显示图像。

程序如下:

```
clear,clc,close all;
Image = imread('boy.bmp');              % 读取灰度图像,为 uint8 型数据
result1 = double(Image);                % 转换为 double 型数据,不改变取值范围
result2 = im2double(Image);             % 转换为 double 型数据,改变取值范围
result3 = im2uint16(Image);             % 转换为 uint16 型数据
[N,M] = size(Image);                    % 获取图像尺寸
A = rand(N,M);                          % 创建 0~1 随机数值矩阵
A(N/2 - 40:N/2 + 40,M/2 - 40:M/2 + 40) = 0;   % 中心小正方形区域设为 0
result4 = mat2gray(A);                  % 矩阵转换为灰度图像
subplot(221),imshow(result1),title('0~255double 型数据');
subplot(222),imshow(result2),title('0~1double 型数据');
subplot(223),imshow(result3),title('uint16 型数据');
subplot(224),imshow(result4),title('矩阵转图像');
```

运行程序,各变量取值如表 3-13 所示,运行结果如图 3-11 所示。将原 uint8 型数据用 double 函数强制转换为 double 型,取值范围不变,存放于 result1,图像显示为一片白色;用 im2double 函数将原 uint8 型数据转换为 0~1 范围内的 double 型数据,存放于 result2,图像显示正常。

表 3-13　例 3-13 中各变量取值

名　称	尺　寸	数据类型	最　小　值	最　大　值
Image	256×256	uint8	7	241
result1	256×256	double	7	241
result2	256×256	double	0.0275	0.9451
result3	256×256	uint16	1799	61937
result4	256×256	double	0	1
A	256×256	double	0	1.0

图 3-11   图像数据类型转换显示效果

3.1.7   图像文件的保存

MATLAB 主要利用 imwrite 函数实现图像文件的保存,其调用格式如下。

(1) imwrite(A,FILENAME,FMT):将图像 A 以 FMT 指定的格式写入 FILENAME 指定的文件,A 可以是 $M \times N$ 或者 $M \times N \times 3$ 的矩阵(即灰度图像或彩色图像)。若写为 TIFF 格式的文件,A 可以是 $M \times N \times 4$ 的 CMYK 数据。

(2) imwrite(X,MAP,FILENAME,FMT):将索引图像 X 及其关联的颜色映射表 MAP 以 FMT 指定的格式写入 FILENAME 指定的文件。若写为 GIF 图像,X 应当是 $M \times N \times 1 \times P$ 的矩阵,P 是图像中的帧数。

(3) imwrite(…,FILENAME):根据 FILENAME 指定的文件的后缀来推断格式,将图像写入。

(4) imwrite(…,PARAM1,VAL1,PARAM2,VAL2,…):指定参数控制输出文件的各种属性,保存图像。不同的文件格式参数不一致,支持 GIF、HDF、JPEG、TIFF、PNG、PBM、PGM 及 PPM 等格式。

【例 3-14】   打开一幅图像,将其保存为不同图像格式的文件。

程序如下:

```
clear,clc,close all;
info = imfinfo('snoopy.tif');                    % 获取一幅 TIF 图像的信息
len = length(info);                              % 获取 TIF 图像中的图像数目
for i = 1:len
    [Image(:,:,:,i),MAP] = imread('snoopy.tif',i);   % 逐帧读取图像数据
end
Image1 = Image(:,:,:,1);                         % 第一帧图像
imwrite(Image1,MAP,'snoopy1.bmp');               % 将第一帧索引图像存为 BMP 格式
imwrite(Image,MAP,'snoopy2.gif','DelayTime',0.2,'LoopCount',Inf);
                                                 % 将 TIF 图像存为 GIF 图像,帧间播放间隔 0.2s
```

程序运行,在当前目录下存储新图像 snoopy1.bmp 和 snoopy2.gif。

3.2   图像类型的转换

如第 1 章所讲,图像有二值图像、灰度图像、彩色图像等不同类型,当其色彩数目小于或等于 256 时,又常存储为索引图像。在图像处理系统中,从输入图像到得到最终结果,图像的表示形式也在不

断地发生变化,即不同类型的图像可以通过图像处理算法来转换,以满足图像处理系统的需求。

3.2.1 彩色图像转换为灰度图像

将彩色图像转换为灰度图像,称为灰度化。彩色图像信息量大,数据量也大,在某些情况下,为了简化算法,需要进行灰度化。

灰度化一般是用像素的亮度值作为像素值,亮度值的计算可以通过变换颜色模型来计算,如式(3-1)、式(3-2)、式(3-3)所示。

$$Y = 0.299 \times R + 0.587 \times G + 0.114 \times B \tag{3-1}$$
$$I = (R + G + B)/3 \tag{3-2}$$
$$V = \max(R, G, B) \tag{3-3}$$

记录每个像素的 Y、I 或 V 值,则把彩色图像转换为灰度图像。也可以采用保留彩色图像不同色彩通道的数据的方法。

MATLAB 中的 rgb2gray、im2gray 函数利用式(3-1)将色彩值转换为亮度值,但 im2gray 可以接受灰度图像输入。调用格式如下:

(1) I=rgb2gray(RGB):将真彩色图像 RGB 转换为灰度图像。

(2) NEWMAP=rgb2gray(MAP):将 MAP 颜色映射表转换为灰度颜色映射表 NEWMAP。

(3) I=im2gray(RGB):如果输入的 RGB 实际是灰度图像,则输出 I 和输入一样。

另外,可以采用 imsplit 函数将彩色图像的 3 个色彩通道转换为单个通道,每个通道都可以看作一幅灰度图像的数据。其调用格式如下。

(4) [c1,c2,c3,…,ck]=imsplit(I):将 $M \times N \times k$ 的图像 I 拆分为 k 个二维矩阵。

【例 3-15】 打开彩色图像,采用不同的方法将其灰度化,查看效果。

程序如下:

```
clear,clc,close all;
[Image1,MAP1] = imread('snoopy.gif',1);
Image2 = im2double(imread('house.jpg'));        % 将读取的 uint8 型数据转换为 double 型
MAP2 = rgb2gray(MAP1);                          % 将颜色映射表灰度化
Y = rgb2gray(Image2);
r = Image2(:,:,1);      g = Image2(:,:,2);      b = Image2(:,:,3);      % 不同颜色通道,或[r,g,b] =
                                                                        % imsplit(Image2);
I = (r + g + b)/3;                                                      % 利用式(3-2)灰度化
subplot(231),imshow(Image1,MAP2),title('灰度化颜色映射表');
subplot(232),imshow(Y),title('rgb2gray 函数输出');
subplot(233),imshow(I),title('亮度 I 输出');
subplot(234),imshow(r),title('红色通道');
subplot(235),imshow(g),title('绿色通道');
subplot(236),imshow(b),title('蓝色通道');
```

运行程序,输出图像如图 3-12 所示,颜色映射表 MAP1 和 MAP2 的两项取值如表 3-14 所示。MAP1 中各颜色分量不同,呈现彩色;MAP2 中各颜色分量相同,呈现灰色。程序中,读取彩色图像时,需要将数据转换为 double 型,若不转换,在计算 I=(r+g+b)/3 时,数据会溢出,将导致亮度 I 的计算不正确。

(a) 灰度化颜色映射表　　　　(b) rgb2gray函数输出　　　　(c) 亮度I输出

(d) 红色通道　　　　　　(e) 绿色通道　　　　　　(f) 蓝色通道

图 3-12　彩色图像灰度化

表 3-14　例 3-15 中 MAP1 和 MAP2 取值对比

变　量	尺　寸	类　型	前两项取值		
MAP1	256×3	double	0	0.0039	0.0078
			0.0392	0.5059	0.7451
MAP2	256×3	double	0.0032	0.0032	0.0032
			0.3937	0.3937	0.3937

3.2.2　多值图像转换为二值图像

将彩色图像、灰度图像、索引图像转换为二值图像，也称二值化。通常采用图像分割的方法完成，即把图像分成两个区域，前景用 1、背景用 0 来表示，转换为二值图像，这是比较直接的转换方法；也可以根据具体需求转换，如检测到目标后，把目标区域用 1 来表示，背景部分用 0 来表示，转换为二值图像以便进行模板操作。

MATLAB 中的 imbinarize 函数实现灰度图像的二值化，通过设定阈值或采用 OTSU 方法（见第 9 章）自动计算合适的阈值，将亮度值大于阈值的像素变为 1，其余的变为 0，实现二值化。调用格式如下。

（1）BW＝imbinarize(I)：采用基于 OTSU 方法的全局阈值实现灰度图像 I 的二值化。

（2）BW＝imbinarize(I,METHOD)：METHOD 可选 'global' 和 'adaptive'，前者指定 OTSU 方法，后者采用局部自适应阈值方法，实现灰度图像 I 的二值化。

（3）BW＝imbinarize(I,T)：利用阈值 T 实现灰度图像 I 的二值化。

对于彩色图像，可以先将其转换为灰度图像再二值化，也可以利用图像的特点设定三维阈值，或者设定特殊条件，将满足条件的像素置为 0（或 1）实现二值化。

对于索引图像，可以将其数据看作灰度图像进行二值化，或者将其转换为彩色图像，进行二值化。

【例 3-16】 分别打开彩色图像、灰度图像、索引图像,实现二值化,查看效果。

程序如下:

```
clear,clc,close all;
Image1 = imread('coins.png');                % 打开灰度图像
result1 = imbinarize(Image1);                % 采用自动全局阈值实现二值化
figure,imshow(result1),title('灰度图像二值化');
Image2 = im2double(imread('rose.jpg'));      % 打开彩色图像
[r,g,b] = imsplit(Image2);                   % 将三维矩阵分为 3 个二维矩阵
result2 = zeros(size(b));                    % 创建和图像宽高一致的二维零矩阵
result2(b > 0.4 & r > 0.4) = 1;              % 设定蓝色和红色通道大于阈值 0.4 的像素为 1,实现二值化
figure,imshow(result2),title('彩色图像二值化');
[Image3,MAP3] = imread('kids.tif');          % 打开索引图像
result3 = zeros(size(Image3));
result3(Image3 > max(Image3(:))/2) = 1;      % 将索引图像数据矩阵当作灰度图像实现二值化
figure,imshow(result3),title('索引图像二值化');
```

程序运行结果如图 3-13 所示。

(a) 灰度图像、彩色图像、索引图像原图

(b) 二值化效果

图 3-13　图像二值化

3.2.3 索引图像的转换

MATLAB 提供了相应的函数,用于实现索引图像和真彩色图像、灰度图像之间的互相转换,为便于后续程序设计,本节详细介绍这些转换函数。

1. RGB 图像和索引图像的相互转换

函数 rgb2ind 和 ind2rgb 用于实现 RGB 图像和索引图像之间的相互转换,调用格式如下。

(1) [X,MAP]＝rgb2ind(RGB,N):采用最小方差量化的方法将 RGB 图像转换为索引图像 X,

MAP 颜色映射表至少包含 N 个颜色,N≤65536。

(2) X=rgb2ind(RGB,MAP):将 RGB 图像转换为索引图像 X,MAP 是 X 的颜色映射表,转换中将 RGB 中的颜色和 MAP 中最接近的颜色匹配。

(3) [X,MAP]=rgb2ind(RGB,TOL):利用均匀量化的方法将 RGB 图像转换为索引图像 X,TOL 取值范围为 0.0～1.0,MAP 最多包含 $(FLOOR(1/TOL)+1)^3$ 种颜色。

(4) [⋯]=rgb2ind(⋯,DITHER_OPTION):转换时设置 DITHER_OPTION 参数,选择是否采用颜色抖动,可取为'dither'(默认)和'nodither',前者损失空间分辨率获得较好的色彩分辨率,后者仅将原图中的色彩与新颜色映射表中最接近的颜色匹配。

(5) RGB=ind2rgb(X,MAP):将矩阵 X 和对应的颜色映射表 MAP 转换为 RGB 图像。X 可以为 uint8、uint16 或 double 型数据,RGB 为 $M×N×3$ 的 double 型矩阵。

【例 3-17】 实现 RGB 图像和索引图像的相互转换。

程序如下:

```
clear,clc,close all;
RGB1 = imread('house.jpg');
figure,image(RGB1),title('原图');
[X,MAP] = rgb2ind(RGB1,16);         % 转换为只有 16 种颜色的索引图像
figure,image(X),colormap(MAP),title('索引图像');
RGB2 = ind2rgb(X,MAP);              % 逆变换回 RGB 图像
figure,image(RGB2),title('还原的 RGB 图像');
```

运行程序,各变量如表 3-15 所示。原图 RGB1 各通道有 256 个灰度级别,转换为索引图像 X 后为 16 种颜色,对应 MAP 为 16×3 的矩阵。程序运行效果如图 3-14 所示。由于程序中真彩色图像转换为索引图像时减少了颜色,因此索引图像及再变换回的 RGB2 图像色彩不够细腻,图像显得比较粗糙。

表 3-15　例 3-17 中各变量取值情况表

变　　量	尺　　寸	类　　型	最　小　值	最　大　值
RGB1	234×352×3	uint8	0	255
RGB2	234×352×3	double	0.0039	0.9686
X	234×352	uint8	0	15
MAP	16×3	double	0.0039	0.9686

(a) 原图　　　　　　　(b) 16级灰度的索引图像　　　　　　(c) RGB2图像

图 3-14　RGB 图像和索引图像的相互转换

2. 灰度图像和索引图像的相互转换

gray2ind 和 ind2gray 函数用于实现灰度图像和索引图像之间的相互转换,其调用格式如下。

(1) [X,MAP]=gray2ind(I,N):将灰度图像 I 转换为索引图像 X;颜色映射表 MAP 为 N×3

灰度映射表,N≤256 时,X 为 uint8 型数据,否则为 uint16 型数据。N 应当是 1～65536 的整数,默认情况下,N 为 64。

(2)[X,MAP]=gray2ind(BW,N):将二值图像 BW 转换为索引图像 X,颜色映射表 MAP 为 gray(N)。默认情况下,N 为 2。

(3)I=ind2gray(X,MAP):将索引图像 X 转换为灰度图像 I,去掉了色调和饱和度信息,仅保留亮度值。

【例 3-18】 实现灰度图像和索引图像的相互转换。

程序如下:

```
clear,clc,close all;
I = imread('cameraman.tif');          % 读取灰度图像
[X,MAP] = gray2ind(I,16);             % 转换为有 16 种颜色的索引图像
figure,imshow(X,MAP),title('索引图像');
J = ind2gray(X,MAP);                  % 转换回灰度图像
figure,imshow(J),title('还原的灰度图像');
```

运行程序,各变量如表 3-16 所示。原图 I 有 256 个灰度级别,转换为索引图像 X 后为 16 个灰度级,对应 MAP 为 16×3 的矩阵。运行结果如图 3-15 所示。由于程序中灰度图像转换为索引图像时减少了灰度级,因此索引图像及再转换回的灰度图像显得比较粗糙。

表 3-16 例 3-18 中各变量取值情况表

变　　量	尺　　寸	类　　型	最　小　值	最　大　值
I	256×256	uint8	7	253
J	256×256	uint8	0	255
X	256×256	uint8	0	15
MAP	16×3	double	0	1

(a) 原图 　　　　　　　　(b) 16 级灰度的索引图像

图 3-15 灰度图像和索引图像的相互转换

3.3 色彩空间转换

颜色有多种表示方式,可以根据需要将图像转换到不同的色彩空间,便于处理。本节介绍图像在 RGB 空间和 HSV、YCbCr、YIQ、LAB 空间之间的转换。

3.3.1 RGB空间和HSV空间的转换

MATLAB提供了函数rgb2hsv和hsv2rgb用于实现图像在RGB和HSV空间之间的转换,其调用格式如下。

(1) H=rgb2hsv(M):将RGB颜色映射表M转换为HSV颜色映射表H。M、H均为取值为0~1的$P \times 3$矩阵,M的每一行为一种颜色的RGB分量;H的每一行为一种颜色的HSV分量。

(2) HSV=rgb2hsv(RGB):将RGB图像转换为HSV图像。RGB是uint8、uint16、double型数据时,HSV为0~1的double型数据;RGB为single数据时,HSV也为single型数据。

(3) M=hsv2rgb(H):将HSV颜色映射表H转换为RGB颜色映射表M。

(4) RGB=hsv2rgb(HSV):将HSV图像转换为RGB图像。当HSV为logical、double型数据时,输出的RGB为double型数据;当HSV为single型数据时,RGB也为single型数据。

【例3-19】 将图像在RGB和HSV空间之间转换,尝试修改饱和度和亮度值,查看效果。
程序如下:

```
clear,clc,close all;
Image1 = imread('montreal.jpg');            % 打开彩色图像
[Image2,MAP1] = rgb2ind(Image1,256);        % 转换为256级的索引图像
H = rgb2hsv(MAP1);                          % 将颜色映射表转换到HSV空间
H(:,2) = H(:,2) * 2;      H(H > 1) = 1;     % 饱和度增强为原来的2倍,超出范围的限幅为1
MAP2 = hsv2rgb(H);                          % 将增强饱和度后的颜色映射表转换回RGB空间
H(:,3) = H(:,3) * 1.5;   H(H > 1) = 1;     % 亮度增强为原来的1.5倍,超出范围的限幅为1
MAP3 = hsv2rgb(H);                          % 将增强饱和度、亮度后的颜色映射表转换回RGB空间
HSV = rgb2hsv(Image1);                      % 将原真彩色图像转换到HSV空间
HSV(:,:,3) = HSV(:,:,3) * 1.5;             % 将亮度增强为原来的1.5倍
Image3 = hsv2rgb(HSV);                      % 将增强亮度后的HSV数据转换回RGB空间
subplot(221),imshow(Image1),title('原图');
subplot(222),imshow(Image2,MAP2),title('增强饱和度');
subplot(223),imshow(Image3),title('增强亮度');
subplot(224),imshow(Image2,MAP3),title('增强饱和度和亮度');
```

程序运行效果如图3-16所示。

(a)原图　　　　　　(b)增强饱和度　　　　　(c)增强亮度　　　　(d)增强饱和度和亮度

图3-16　RGB空间和HSV空间的相互转换

程序将RGB图像Image1转换为索引图像,并将颜色映射表MAP1转换为HSV空间的H,H为256×3的矩阵,其3列分别为每一种颜色的色调、饱和度和亮度的值,对饱和度进行2倍拉伸,反转换回RGB空间的颜色映射表MAP2,转换后图像色彩相对原图鲜艳,如图3-16(b)所示;再对H

的亮度进行 1.5 倍拉伸,反转换回 RGB 空间的颜色映射表 MAP3,图像整体变亮,颜色变得鲜艳,如图 3-16(d)所示。将图像矩阵 Image1 转换到 HSV 空间的三维矩阵 HSV,对其第三维(亮度)进行 1.5 倍拉伸,反转换回 RGB 空间,如图 3-16(c)所示,仅亮度增加。

3.3.2 RGB 空间和 YCbCr 空间的转换

MATLAB 提供了 rgb2ycbcr 和 ycbcr2rgb 函数用于实现图像在 RGB 和 YCbCr 空间之间的转换,其调用格式如下。

(1) YCBCRMAP=rgb2ycbcr(MAP):将 RGB 颜色映射表 MAP 转换为 YCbCr 颜色映射表 YCBCRMAP。YCBCRMAP 为 $P \times 3$ 矩阵,每一行对应 MAP 中同一行的颜色,3 列元素分别为该颜色的 Y、Cb、Cr 分量。

(2) YCBCR=rgb2ycbcr(RGB):将 RGB 图像转换为 YCbCr 图像,RGB 是 $M \times N \times 3$ 的矩阵。若 RGB 为 uint8 型数据,则 $Y \in [16, 235]$,$Cb, Cr \in [16, 240]$;若输入为 double 或 single 型数据,则 $Y \in [16/255, 235/255]$,$Cb, Cr \in [16/255, 240/255]$;若输入为 uint16 型数据,则 $Y \in [4112, 60395]$,$Cb, Cr \in [4112, 61680]$。

(3) RGBMAP=ycbcr2rgb(YCBCRMAP):将 YCbCr 空间的颜色映射表 YCBCRMAP 转换为 RGB 空间的 RGBMAP。

(4) RGB=ycbcr2rgb(YCBCR):将 YCbCr 图像转换为 RGB 图像。

【例 3-20】 将图像在 RGB 和 YCbCr 空间之间转换,尝试修改数值,并查看效果。

程序如下:

```
clear,clc,close all;
Image1 = imread('montreal.jpg');
YCBCR = rgb2ycbcr(Image1);                  % RGB 图像转换到 YCbCr 空间
YCBCR(:,:,1) = YCBCR(:,:,1) * 1.6;          % 增强亮度值
Image2 = ycbcr2rgb(YCBCR);                  % 反转换回 RGB 空间
[Image3,MAP1] = imread('kids.tif');         % 打开索引图像
YCBCRMAP = rgb2ycbcr(MAP1);                 % 颜色映射表 MAP1 转换到 YCbCr 空间
YCBCRMAP(:,1) = YCBCRMAP(:,1) * 1.1;        % 略增强亮度 Y
YCBCRMAP(:,3) = YCBCRMAP(:,3) * 0.95;       % 弱化 Cr 值
YCBCRMAP(YCBCRMAP > 1) = 1;                 % 限幅
MAP2 = ycbcr2rgb(YCBCRMAP);                 % 颜色映射表反转换回 RGB 空间
subplot(221),imshow(Image1),title('真彩色图原图');
subplot(222),imshow(Image2),title('增强亮度');
subplot(223),imshow(Image3,MAP1),title('索引图原图');
subplot(224),imshow(Image3,MAP2),title('增强 Y,弱化 Cr');
```

程序运行效果如图 3-17 所示。程序中将 RGB 图像 Image1 转换到 YCbCr 空间,将亮度 Y 增大为原来的 1.6 倍,反转换后图像的效果如图 3-17(b)所示,亮度增强。MAP1 为索引图像的颜色映射表,转换为 YCbCr 空间的 YCBCRMAP,YCBCRMAP 为 256×3 的矩阵,其 3 列分别为每一种颜色的 Y、Cb 和 Cr 值,将亮度 Y 增强为原来的 1.1 倍,Cr 值弱化为原来的 0.95 倍,反转换回 RGB 空间的颜色映射表 MAP2,转换后图像在一定程度上修正了原图偏红的色彩,如图 3-17(d)所示。

(a) 真彩色图原图　　　　(b) 增强亮度　　　　(c) 索引图原图　　　　(d) 增强Y，弱化Cr

图 3-17　RGB 空间和 YCbCr 空间的相互转换

3.3.3　RGB 空间和 YIQ 空间的转换

MATLAB 提供了 rgb2ntsc 和 ntsc2rgb 函数用于实现图像在 RGB 和 YIQ 空间之间的转换，其调用格式如下。

（1）YIQMAP＝rgb2ntsc(RGBMAP)：将 RGB 颜色映射表 RGBMAP 转换为 YIQ 颜色映射表 YIQMAP。YIQMAP 为 $P \times 3$ 矩阵，每一行对应 RGBMAP 中同一行的颜色，3 列元素分别为该颜色的 Y、I、Q 分量。

（2）YIQ＝rgb2ntsc(RGB)：将 RGB 图像转换为 YIQ 图像。

（3）RGBMAP＝ntsc2rgb(YIQMAP)：将 YIQ 颜色映射表 YIQMAP 转换为 RGB 颜色映射表 RGBMAP。YIQMAP 和 RGBMAP 均为 $P \times 3$ 的 double 型矩阵。

（4）RGB＝ntsc2rgb(YIQ)：将 YIQ 图像转换为 RGB 图像。

【例 3-21】　将图像在 RGB 和 YIQ 空间之间转换，并查看数据。

程序如下：

```
clear,clc,close all;
RGB = imread('montreal.jpg');
YIQ = rgb2ntsc(RGB);                    % 真彩色图像转换为 YIQ 数据
[X,RGBMAP] = imread('kids.tif');
YIQMAP = rgb2ntsc(RGBMAP);              % 索引图像颜色映射表转换为 YIQ 颜色映射表
```

运行程序，各变量取值情况如表 3-17 所示，RGB 数据为 uint8 型，YIQ 数据为 double 型，图像尺寸一致；RGBMAP 和 YIQMAP 均为 double 型 256×3 的矩阵。

表 3-17　例 3-21 中各变量取值

变　　量	尺　　寸	类　　型	最　小　值	最　大　值
RGB	512×512×3	uint8	—	—
YIQ	512×512×3	double	—	—
X	400×318	uint8	0	63
RGBMAP	256×3	double	0	0.9961
YIQMAP	256×3	double	−0.0577	0.8500

3.3.4 RGB 空间和 LAB 空间的转换

MATLAB 提供了函数 rgb2lab 和 lab2rgb 用于实现图像在 RGB 和 CIE 1976 $L^*a^*b^*$ 空间之间的转换,其调用格式如下。

(1) lab=rgb2lab(rgb):将 RGB 值转换为 CIE 1976 $L^*a^*b^*$ 值。

(2) rgb=lab2rgb(lab):将 CIE 1976 $L^*a^*b^*$ 值转换为 RGB 值。

【例 3-22】 将图像在 RGB 空间和 LAB 空间之间进行转换,计算并查看色差图像。

程序如下:

```
clear,clc,close all;
RGB = imread('flower.jpg');
[N,M,C] = size(RGB);
LAB = rgb2lab(RGB);                    % 转换到 LAB 空间
L = LAB(:,:,1);   A = LAB(:,:,2);   B = LAB(:,:,3);
delta = zeros(N,M);
for i = 2:M - 1
    for j = 2:N - 1
        for m = - 1:1                  % 计算每个像素和周围 0 个点的色差和
            for n = - 1:1
                delta(j,i) = delta(j,i) + sqrt((L(j,i) - L(j + n,i + m))^2 +
                    (A(j,i) - A(j + n,i + m))^2 + (B(j,i) - B(j + n,i + m))^2);
            end
        end
    end
end
delta = delta/max(delta(:));
LAB(:,:,1) = L * 0.8;                   % 降低亮度
result = lab2rgb(LAB);                  % 转换回 RGB 色彩空间
subplot(131),imshow(RGB),title('真彩色图原图');
subplot(132),imshow(delta,[]),title('色差图像');
subplot(133),imshow(result),title('降低亮度逆变换');
```

程序运行效果如图 3-18 所示。

     (a)真彩色图原图   (b)色差图像   (c)降低亮度逆变换

图 3-18 **RGB 空间和 LAB 空间的相互转换**

3.4 视频文件的读写

数字视频,又称动态图像,是多帧位图的有序组合,在很多情况下,需要处理的对象正是数字视

频。本节介绍 MATLAB 提供的对视频文件进行操作的相关函数。

3.4.1 视频文件信息读取

MATLAB 提供的 mmfileinfo 函数能够获取多媒体文件的信息,其调用格式如下。

INFO＝mmfileinfo(FILENAME):获取 FILENAME 指定的多媒体文件的音频、视频信息,存储于 INFO 结构体中。INFO 结构体各变量如表 3-18 所示。

表 3-18　mmfileinfo 函数返回结构体各变量

变　量	含　义	内　容	
Filename	文件名	一个字符串	
Path	文件绝对路径	一个字符串	
Duration	文件时长,单位为秒		
Audio	一个结构体,文件中的音频信息	Format	音频格式
		NumberOfChannels	音频通道数
Video	一个结构体,文件中的视频信息	Format	视频格式
		Height	帧高
		Width	帧宽

【例 3-23】　读取两种不同格式的视频文件,并查看返回结构体数据。
程序如下:

```
clear,clc,close all;
INFO1 = mmfileinfo('tilted_face.avi');
INFO2 = mmfileinfo('xylophone.mpg');
```

程序运行结果如表 3-19 所示。

表 3-19　例 3-23 中各变量取值

变量	分量	取　值		变量	分量	取　值	
INFO1	Filename	'tilted_face. avi'		INFO2	Filename	'xylophone. mpg'	
	Path	'E:\MATLAB\3 Chapter'			Path	'E:\MATLAB\3 Chapter'	
	Duration	13. 7667			Duration	4. 7020	
	Audio	Format	' '		Audio	Format	'MPEG'
		NumberOfChannels	[ ]			NumberOfChannels	2
	Video	Format	'MJPG'		Video	Format	'MPEG1'
		Height	480			Height	240
		Width	640			Width	320

3.4.2 视频文件数据读取

VideoReader 函数创建一个多媒体读取对象,进而能读取视频数据,其调用格式如下。

(1) OBJ＝VideoReader(FILENAME):创建一个多媒体读取对象 OBJ,可以通过 OBJ 读取多媒体文件的视频数据。

(2) OBJ＝VideoReader(FILENAME,'P1','V1','P2','V2,…):设置相关属性创建多媒体读取对

象 OBJ,相关属性见表 3-20。

表 3-20　函数 VideoReader 属性

属　性	含　　义	属　性	含　　义
Name	被读取的文件名	Height	帧高,单位为像素
Path	被读取的文件路径	Width	帧宽,单位为像素
Duration	文件时长,单位为秒	BitsPerPixel	每像素所占位数
CurrentTime	当前读取帧在文件中的位置	VideoFormat	视频格式:取值可以为'RGB24'、'Grayscale'、'Indexed'
Tag	用户设置的一般字符串		
UserData	用户自定义数据	FrameRate	帧率

多媒体读取对象 OBJ 有 read、readFrame、hasFrame、VideoReader. getFileFormats 4 种方法,read 方法从视频文件中读取若干帧,readFrame 方法读取下一个可读帧,hasFrame 方法判断是否有可读取的帧,VideoReader. getFileFormats 方法用于查看系统中 VideoReader 支持的格式。各自的调用格式如下。

（1）FLAG＝hasFrame(OBJ)：有可读帧,则返回 true；否则返回 false。

（2）VIDEO＝readFrame(OBJ)：读取下一个可读帧,返回 VIDEO。VIDEO 是 $H \times W \times B$ 的矩阵,H、W、B 依次为帧图像的高、宽、色彩通道数,OBJ 的 VideoFormat 指定格式返回数据。

（3）VIDEO＝readFrame(OBJ,'native')：读取下一个可读帧。指定参数'native'时,返回值与默认情况下有所区别,如表 3-21 所示。

表 3-21　VideoFormat 属性与 VIDEO 返回值

VideoFormat	指定 'native'	VIDEO 数据类型	VIDEO 维数	描　　述
'RGB24'	否	uint8	$M \times N \times 3$	真彩色图像
'Grayscale'		uint8	$M \times N \times 1$	灰度图像
'Indexed'		uint8	$M \times N \times 3$	真彩色图像
'RGB24'	是	uint8	$M \times N \times 3$	真彩色图像
'Grayscale'		struct	1×1	MATLAB movie *
'Indexed'		struct	1×1	MATLAB movie *

注：MATLAB movie 是一个帧结构体矩阵,包含"cdata"和"colormap"两个字段,分别为帧图像数据矩阵和颜色映射表。后文直接采用 MATLAB movie 来表示。

（4）VIDEO＝read(OBJ)：读取所有帧,VIDEO 是 $H \times W \times B \times F$ 的矩阵,F 表示帧数。

（5）VIDEO＝read(OBJ,INDEX)：读取指定的帧。INDEX 可以是单个数或者指定帧范围的二维数组,Inf 表示最后一帧。

（6）VIDEO＝read(OBJ,'native')：参数'native'含义同前所述。

（7）FORMATS＝VideoReader. getFileFormats()：获取 VideoReader 支持的文件格式。

【例 3-24】　使用 VideoReader 函数创建多媒体读取对象,读取并显示视频,查看返回数据。

程序如下：

```
clear,clc,close all;
OBJ = VideoReader('atrium.mp4');     % 创建 OBJ 多媒体读取对象
OBJ.CurrentTime = 0.1;               % 设置开始读取帧的位置
currAxes = axes;                     % 在当前 figure 下使用默认属性值创建一个坐标系图形对象
while hasFrame(OBJ)                   % 用循环语句读取每一帧,有可读帧则读取
```

```
    Frame = readFrame(OBJ);              % 读取可读帧,返回给 Frame
    image(Frame,'Parent',currAxes);      % 显示当前帧
    currAxes.Visible = 'off';            % 不显示坐标
    pause(1/OBJ.FrameRate);              % 帧和帧之间的时间间隔
end
```

运行程序,在 figure 中显示视频画面,如图 3-19 所示。程序中 OBJ 变量取值如表 3-22 所示;Frame 变量为 $360 \times 640 \times 3$ 的 uint8 型数据。

图 3-19 视频显示画面

表 3-22 例 3-24 中 OBJ 取值情况表

属　　　性	取　　　值	属　　　性	取　　　值
Name	'atrium. mp4'	Height	360
Path	'E:\MATLAB\3 Chapter'	Width	640
Duration	20. 0000	BitsPerPixel	24
CurrentTime	20. 0000	VideoFormat	'RGB24'
Tag	''	FrameRate	30
UserData	[ ]		

3.4.3　视频的播放

在例 3-24 中,采用循环语句依次读取并显示视频中的每一帧,帧和帧之间暂留时间小于视觉暂留时间,则看到连贯流畅的动态画面。除此之外,MATLAB 还提供了 movie 函数,用于实现视频的播放。本节介绍 movie 函数及与其相关的函数。

1. getframe 函数

getframe 函数通过捕捉当前坐标系下的快照来获取 MATLAB movie 中的帧,一般用于循环语句中,以获取多帧,其调用格式如下。

(1) getframe(H):从句柄 H 指定的 figure 或坐标系中获取一帧。

(2) getframe(H,RECT):从指定的矩形中获取位图数据,RECT 相对于句柄 H 指定对象的左下角定义,单位为像素。

(3) F＝getframe(…):F 表示包含两个字段"cdata"和"colormap"的 MATLAB movie 结构体。其中,"cdata"为 uint8 型 $H \times W \times 3$ 的图像数据矩阵,"colormap"是 double 型矩阵;若系统采用真彩色图形显示方式,则 F 的"colormap"为空。

2. movie 函数

movie 函数用来播放视频帧,其调用格式如下。

（1）movie(M)：在当前坐标系下播放 M 中的 MATLAB movie 一次,M 可以通过 getframe 函数获取。

（2）movie(M,N)：将 M 播放 N 次。若 N 为负数,则每次播放包含正向一次,逆向一次;若 N 是一个向量,则第一个元素是播放次数,其余元素为要播放的帧,例如,M 包含 4 帧,而 N=[10 4 4 2 1],则播放 MATLAB movie 十次,每次按第 4 帧、第 4 帧、第 2 帧、第 1 帧播放。

（3）movie(M,N,FPS)：以 FPS 帧每秒的速度播放视频;FPS 默认时为 12 帧每秒,若达不到指定的速度,则以能达到的最快速度播放。

（4）movie(H,…)：在对象 H 中播放 MATLAB movie,H 可以是 figure 或坐标系的句柄。

（5）movie(H,M,N,FPS,LOC)：指定位置播放 MATLAB movie。LOC 是位置向量[X Y 未使用 未使用],X,Y 相对位于对象 H 的左下角,单位为像素;后 2 维虽未使用,但必须有。

【例 3-25】 使用 getframe 函数获取 MATLAB movie 数据并播放。

程序如下：

```
clear,clc,close all;
[Image1,MAP1] = imread('snoopy.gif','Frames','all');    % 打开 GIF 图像
info = imfinfo('snoopy.gif');
len = length(info);                                     % 获取 GIF 图像帧数
for j = 1:len
    imshow(Image1(:,:,:,j),MAP1);                       % 依次显示 GIF 中各帧
    M(j) = getframe;                                    % 获取 MATLAB movie 帧
    pause(1/25);                                        % 画面显示时间间隔
end
figure,movie(M);                                        % 新建 figure 下显示 MATLAB movie
figure,movie(M,[6 len 1 floor(len/2)]);                % 将 M 中第 len、1、len/2 帧依次显示 6 遍
figure, currAxes = axes;
currAxes.Visible = 'off';                               % 不显示坐标系
movie(M,3,3,[50 50 300 248]);                           % 将 M 中各帧在位置[50 50]处以 3 帧每秒的速度显示 3 遍
```

运行程序,依次显示 4 段视频：figure 1 中是循环语句,依次显示 GIF 中各帧;figure 2 中在左下角显示视频;figure 3 中将 M 中第 5、1、2 帧依次显示 6 遍;figure 4 中将 M 中各帧在位置[50 50]处以 3 帧每秒的速度显示 3 遍。播放停止后的画面如图 3-20 所示。

(a) 第1段视频　　　　　(b) 第2段视频　　　　　(c) 第3段视频　　　　　(d) 第4段视频

图 3-20　视频显示画面

3. im2frame 和 frame2im 函数

im2frame 函数用于将索引图像转换为 MATLAB movie 格式；frame2im 函数用于返回 MATLAB movie 帧的图像数据，其调用格式如下。

（1）F＝im2frame(X,MAP)：将索引图像 X 及其颜色映射表 MAP 转换为 MATLAB movie 帧 F。若 X 为真彩色图像，则 MAP 是可选项但无效。

（2）F＝im2frame(X)：将图像 X 转换为 MATLAB movie 帧 F。若 X 为索引图像，则使用当前颜色映射表。

（3）[X,MAP]＝frame2im(F)：从 MATLAB movie 帧 F 返回索引图像 X 及其颜色映射表 MAP。若 F 为真彩色，则 MAP 为空。

【例 3-26】 使用 im2frame 函数获取 MATLAB movie 数据，播放视频并查看数据。

程序如下：

```
clear,clc,close all;
[Image1,MAP1] = imread('dog.gif','Frames','all');
info = imfinfo('dog.gif');
len = length(info);
for j = 1:len
    M(j) = im2frame(Image1(:,:,:,j),MAP1);          % 将 GIF 图像的每一帧转换为 MATLAB movie 帧
end
figure,movie(M, - 2,4,[100 130 240 117]);
                        % 将 M 中各帧在位置[100 130]处以 4 帧每秒的速度显示 2 遍,每遍正向一次,逆向一次
[image2,MAP2] = frame2im(M(floor(len/2)));          % 将中间帧转换为索引图像 image2
figure,imshow(image2,MAP2),title('中间帧');
```

运行程序，在 figure 1 中播放两遍视频，每遍正向播放一次，逆向播放一次；把中间帧转换为索引图像 image2 并显示，如图 3-21 所示。

(a) 视频播放画面　　　　　　　　　　　　　(b) 中间帧

图 3-21　视频显示画面

3.4.4　视频文件的保存

MATLAB 主要利用 VideoWriter 函数实现视频文件的存储。VideoWriter 函数用于创建一个视频写入对象，其调用格式如下。

（1）OBJ＝VideoWriter(FILENAME)：创建一个视频写入对象，将视频数据写入 FILENAME

指定的 AVI 文件。若 FILENAME 未包含扩展名'.avi',则函数会自动附加。

（2）OBJ＝VideoWriter(FILENAME,PROFILE)：设定属性创建一个视频写入对象,如表 3-23 所示。PROFILE 可取 'Archival '、'Motion JPEG AVI '、'Motion JPEG 2000 '、'MPEG-4 '、'Uncompressed AVI'、'Indexed AVI'、'Grayscale AVI',对应不同的视频压缩编码方法。

表 3-23　函数 VideoWriter 属性

属　　　性	含　　　义
Path	文件完全路径
Filename	文件名
Duration	文件时长,单位为秒
FileFormat	字符串,文件类型
Colormap	$P \times 3$ 颜色映射表
FrameCount	帧数
FrameRate	帧率
Height	帧高
Width	帧宽
LosslessCompression	布尔值,为 true,无损压缩,则 CompressionRatio 参数无效,用于 Motion JPEG 2000 文件中
ColorChannels	输出视频帧的色彩通道数
MJ2BitDepth	输入图像数据中最低有效位数目,取值为 $1\sim16$,仅用于 Motion JPEG 2000 文件中
Quality	$0\sim100$ 的整数,仅用于 Motion JPEG AVI 和 MPEG-4 配置中;取值越大,视频质量越好但文件越大
CompressionRatio	压缩比,仅用于 Motion JPEG 2000 文件中
VideoBitsPerPixel	输出视频帧每像素位数
VideoCompressionMethod	字符串,指定视频压缩类型
VideoFormat	字符串,视频格式

视频写入对象 OBJ 有 open、close、writeVideo、getProfiles 4 种方法。可以根据需要设置 OBJ 的 Colormap、FrameRate、LosslessCompression、Quality、CompressionRatio 等属性,但必须在调用 open 函数前。4 种方法各自的调用格式如下。

（1）open(OBJ)：打开要写入视频数据的文件,必须打开才能写入。

（2）close(OBJ)：在写入结束后关闭文件。

（3）writeVideo(OBJ,FRAME)：将 FRAME 写入与 OBJ 关联的视频文件。FRAME 是一个包括 cdata 和 colormap 字段的结构体,可以通过 getframe 函数获取。文件中每一帧的宽、高应一致。

（4）writeVideo(OBJ,MOV)：将 MOV 指定的 MATLAB movie 写入视频文件。

（5）writeVideo(OBJ,IMAGE)：将 IMAGE 中的数据写入一个视频文件。IMAGE 可以为 single、double、uint8 型矩阵。

（6）writeVideo(OBJ,IMAGES)：将一系列彩色图像数据写入视频文件。IMAGES 是四维矩阵:高×宽×1×帧数的灰度图像或者高×宽×3×帧数的彩色图像。

（7）PROFILES＝VideoWriter.getProfiles()：返回 VideoWriter 支持的配置。

【例 3-27】　读取 GIF 图像,保存为 AVI 文件。

程序如下：

```
clear,clc,close all;
```

```
[Image1,MAP1] = imread('fly.gif','Frames','all');
info = imfinfo('fly.gif');
len = length(info);
vidObj = VideoWriter('fly.avi');                    % 创建视频写入对象
vidObj.FrameRate = 10;                              % 修改帧率
open(vidObj);                                        % 打开要写入的视频文件
for i = 1:len
    Image2(:,:,:,i) = ind2rgb(Image1(:,:,:,i),MAP1);         % 将 GIF 帧转换为真彩色图像
end
for j = 1:len * 3
    for i = 1:len
        Images(:,:,:,len * j + i) = Image2(:,:,:,i);
        End                             % 重复 GIF 帧数据,存入 Images 图像序列中,增大帧数
end
writeVideo(vidObj,Images);                          % 将 Images 中的图像序列写入视频文件
close(vidObj);                                       % 关闭视频文件
```

运行程序,创建的视频写入对象取值如表 3-24 所示,在当前路径下增加了 fly.avi 文件。

表 3-24　例 3-27 中 vidObj 取值情况表

属　　性	取　　值	属　　性	取　　值
Duration	20	Height	248
Filename	'fly.avi'	Width	300
Path	'E:\MATLAB\3 Chapter'	VideoFormat	'RGB24'
FileFormat	'avi'	Quality	75
ColorChannels	3	VideoBitsPerPixel	24
FrameCount	200	VideoCompressionMethod	'Motion JPEG'
FrameRate	10		

3.5　实例

【例 3-28】　实现电影中常见的去彩色效果。

设计思路:

读取一段视频,按照时间剪切其中的一段,将其中的每一帧灰度化,转换为灰度视频段;同时将该段视频的每一帧转换到 HSV 空间,提取其亮度通道,转换为亮度视频段;最后将灰度视频段和亮度视频段分别保存为 AVI 文件。

程序如下:

```
clear,clc,close all;
OBJ = VideoReader('vippedtracking.mp4');            % 创建视频读取对象
OBJ.CurrentTime = 1;                                % 读取视频从第 1 秒开始
j = 1;
while hasFrame(OBJ) && OBJ.CurrentTime < 9          % 判断是否已有可读下一帧,是否在 9s 前
    Frame = readFrame(OBJ);                         % 读取下一帧
    grayFrame = rgb2gray(Frame);                    % 灰度化
    hsvFrame = rgb2hsv(Frame);                      % 转换到 HSV 空间
    M1(:,:,:,j) = grayFrame;                        % 灰度视频段图像序列
    M2(:,:,:,j) = hsvFrame(:,:,3);                  % 亮度视频段图像序列
    j = j + 1;
```

```
end
vidObj1 = VideoWriter('grayvideo.avi');          % 创建视频写入对象
open(vidObj1);
writeVideo(vidObj1,M1);                           % 打开视频文件并写入灰度视频
close(vidObj1);                                    % 关闭视频文件
vidObj2 = VideoWriter('vvideo.avi');             % 创建视频写入对象
open(vidObj2);
writeVideo(vidObj2,M2);                           % 打开视频文件并写入亮度视频
close(vidObj2);                                    % 关闭视频文件
subplot(131),imshow(Frame),title('彩色视频段最后一帧');
subplot(132),imshow(grayFrame),title('灰度视频段最后一帧');
subplot(133),imshow(hsvFrame(:,:,3)),title('亮度视频段最后一帧');
```

运行程序,将生成两段 AVI 视频 grayvideo.avi 和 vvideo.avi,各段视频最后一帧显示如图 3-22
所示。

(a) 彩色视频段最后一帧

(b) 灰度视频段最后一帧

(c) 亮度视频段最后一帧

图 3-22　各段视频最后一帧

【例 3-29】　实现图像编辑中的保留色彩。

设计思路:

显示一幅图像,用鼠标左键在图像上选择至少 3 个点,根据选择点确定要保留色彩的色调范围;
扫描图像,确定色彩在选择范围内的像素,形成模板;同时将图像灰度化。模板与原图相乘,反色的
模板和灰度化图像相乘,两者相加,使得模板内的像素保留色彩,模板外的像素呈现灰色。

程序如下:

```
clear,clc,close all;
Image = imread('peony.jpg');
[height,width,color] = size(Image);
figure,imshow(Image),title('选择至少 3 个像素用于确定要保留的色彩范围');
[C,R,P] = impixel(Image);
HSV = rgb2hsv(Image);
```

```
gray = double(rgb2gray(Image));
len = length(C);              coH = zeros(len,1);
for i = 1:len
    coH(i) = HSV(R(i),C(i),1);                          % 选择点的色调值
end
minH = min(coH);     minH = max(minH - 0.2 * minH,0);
maxH = max(coH);     maxH = min(maxH + 0.2 * maxH,1);    % 确定色彩范围
mask = zeros(height,width);
mask(HSV(:,:,1)> = minH & HSV(:,:,1)< = maxH) = 1;       % 形成模板
maskRGB = double(cat(3,mask,mask,mask));
result = uint8(mask. * double(Image) + (1 - mask). * gray);  % 生成保留色彩的图像
figure,imshow(result);
```

程序运行结果如图 3-23 所示。

(a) 原图　　　　　　　　　(b) 保留花朵色彩　　　　　　　(c) 保留叶子色彩

图 3-23　保留色彩实例效果图

本章小结

　　本章主要介绍了在 MATLAB 中实现图像处理的基本操作,包括图像文件的读写、图像的显示、数据转换、类型转换、色彩空间转换、视频文件的读写、视频的播放等。本章内容是后续图像处理的前提,应熟悉各函数功能,掌握输入输出变量的含义及要求。

第 二 篇
MATLAB图像处理

图像几何变换是指对图像进行平移、旋转、镜像、缩放、错切、转置等变换,改变图像的大小、形状和位置,常用于图像变形、几何失真图像的校正、图像配准、影像特技处理等。图像代数运算是指对两幅或多幅输入图像进行点对点的加减乘除、与或非等运算。本章主要讲解图像几何变换、代数运算及 MATLAB 实现。

4.1　图像几何变换原理

图像几何变换是一种空间变换,通过确定变换前后图像中点与点之间的映射关系,明确原图像任意像素变换后的坐标或者变换后的图像像素在原图像中的坐标位置,对新图像像素赋值而产生新图像。

4.1.1　几何变换的齐次坐标表示

用 $n+1$ 维向量表示 n 维向量的方法称为齐次坐标表示法。图像空间一个点 (x,y) 用齐次坐标表示为 $\begin{bmatrix} x \\ y \\ 1 \end{bmatrix}$,和某个变换矩阵 $\boldsymbol{T} = \begin{bmatrix} a & b & k \\ c & d & m \\ p & q & s \end{bmatrix}$ 相乘变为新的点 $\begin{bmatrix} x' \\ y' \\ 1 \end{bmatrix}$,如式(4-1)所示,这种变换称为几何变换。

$$\begin{bmatrix} x' \\ y' \\ 1 \end{bmatrix} = \begin{bmatrix} a & b & k \\ c & d & m \\ p & q & s \end{bmatrix} \begin{bmatrix} x \\ y \\ 1 \end{bmatrix} \tag{4-1}$$

若 $\boldsymbol{T} = \begin{bmatrix} a & b & k \\ c & d & m \\ 0 & 0 & 1 \end{bmatrix}$,这种有 6 个参数的变换称为仿射变换。若 $\boldsymbol{T} = \begin{bmatrix} a & b & k \\ c & d & m \\ p & q & 1 \end{bmatrix}$,这种有 8 个参数的变换称为投影变换。

二维图像可以表示为 $3 \times MN$ 的点集矩阵 $\begin{bmatrix} x_1 & x_2 & \cdots & x_{MN} \\ y_1 & y_2 & \cdots & y_{MN} \\ 1 & 1 & \cdots & 1 \end{bmatrix}$,实现二维图

像几何变换的一般过程可以表示为变换后的点集矩阵＝变换矩阵 T×变换前的点集矩阵。

4.1.2 图像的插值运算

在几何变换过程中,可能会产生一些原图中没有的新的像素,即像素坐标非整数,给这些像素赋值需要应用插值运算,即利用已知邻近像素的灰度值进行相应运算以产生未知像素的灰度值。插值效果的好坏会直接影响到图像显示视觉效果。常用的插值方法有最近邻插值(Nearest Neighbor Interpolation)、双线性插值(Bilinear Interpolation)、双三次插值(Bicubic Interpolation)等。除几何变换外,插值运算在其他图像处理算法中也经常用到。

1. 最邻近插值

最邻近插值是最简单的插值方法,即将新像素的像素值设为距离它的位置最近的输入像素的像素值。当图像中邻近像素之间的灰度级有较大变化时,该算法产生的新图像细节比较粗糙。

2. 双线性插值

如图 4-1 所示,对于一个插值点 $(x+a,y+b)$(其中 x、y 均为非负整数,$0 \leqslant a,b \leqslant 1$),则该点的值 $f(x+a,y+b)$ 可由原图像中坐标为 (x,y)、$(x+1,y)$、$(x,y+1)$、$(x+1,y+1)$ 所对应的 4 个像素的值决定,如式(4-2)所示。

$$f(x,y+b) = f(x,y) + b[f(x,y+1) - f(x,y)]$$
$$f(x+1,y+b) = f(x+1,y) + b[f(x+1,y+1) - f(x+1,y)] \qquad (4-2)$$
$$f(x+a,y+b) = f(x,y+b) + a[f(x+1,y+b) - f(x,y+b)]$$

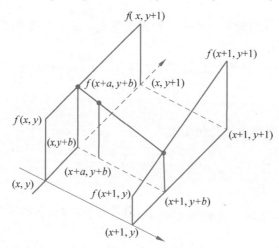

图 4-1　双线性插值原理图

从上述内容可以看出,双线性插值是指当求出的分数地址与像素不一致时,求出距周围 4 个像素的距离比,根据该比率,由 4 个邻点像素灰度值进行线性插值。这种方法具有防锯齿效果,新图像拥有较平滑的边缘。

3. 双三次插值

双三次插值在计算新像素的值时,要将周围的 16 个点全部考虑进去。双三次插值图像边缘比双线性插值图像更平滑,同时也需要更大的计算量。

点 $(x+a,y+b)$ 处的像素值 $f(x+a,y+b)$ 可由如下插值公式得到:

$$f(x+a,y+b)=\boldsymbol{ABC} \tag{4-3}$$

其中,$\boldsymbol{A}=[s(a+1)\quad s(a)\quad s(a-1)\quad s(a-2)]$

$$\boldsymbol{B}=\begin{bmatrix} f(x-1,y-1) & f(x-1,y) & f(x-1,y+1) & f(x-1,y+2) \\ f(x+0,y-1) & f(x+0,y) & f(x+0,y+1) & f(x+0,y+2) \\ f(x+1,y-1) & f(x+1,y) & f(x+1,y+1) & f(x+1,y+2) \\ f(x+2,y-1) & f(x+2,y) & f(x+2,y+1) & f(x+2,y+2) \end{bmatrix}$$

$$\boldsymbol{C}=\begin{bmatrix} s(b+1) \\ s(b+0) \\ s(b-1) \\ s(b-2) \end{bmatrix}, \quad s(k)=\begin{cases} 1-2\times|k|^2+|k|^3 & 0\leqslant|k|<1 \\ 4-8\times|k|+5\times|k|^2-|k|^3 & 1\leqslant|k|<2 \\ 0 & |k|\geqslant 2 \end{cases}$$

4.1.3 图像几何变换方法

对图像进行几何变换关键在于确定图像中点与点之间的映射关系,可以采用前向映射法和后向映射法完成。

前向映射法计算原图像中像素 (x,y) 在新图像中的对应点 (x',y'),并给 (x',y') 赋值 $f(x,y)$。但是,如果 (x',y') 非整数像素,则需要将 (x',y') 取整,然后再复制 $f(x,y)$,或者使用加权的方法将 $f(x,y)$ 分配给周围 4 个近邻,这些操作会丢失细节;同时,前向映射会产生裂缝或空洞,即新图像中某些像素没有赋值,需要再用邻近的像素填补,进一步导致模糊,在图像放大时更为明显。

实际几何变换中经常采用后向映射法,后向映射法计算新图像中的像素在原图像中的对应点,并反向赋值,具体步骤如下。

(1) 根据不同的几何变换公式计算新图像的尺寸。

(2) 根据几何变换的逆变换,对新图像中的每一点确定其在原图像中的对应点。

(3) 按如下对应关系给新图像中的各像素赋值。

① 若原图像中的对应点存在,则直接将其值赋给新图像中的点。

② 若原图像中的对应点坐标超出图像宽高范围,则直接赋背景色。

③ 若原图像中的对应点坐标在图像宽高范围内,但坐标非整数,则采用插值的方法计算该点的值,并赋给新图像。

4.2 常用几何变换

4.2.1 图像平移

图像平移是指将一幅图像上的所有点均按照给定的偏移量沿 x 轴、y 轴移动,平移后的图像与原图像相同,内容不发生变化,只是改变了原有景物在画面上的位置。

设点(x,y)进行平移后,移到点(x',y'),其中x轴方向的平移量为Δx,y轴方向的平移量为Δy,则平移变换为

$$
\begin{bmatrix} x' \\ y' \\ 1 \end{bmatrix} = \begin{bmatrix} 1 & 0 & \Delta x \\ 0 & 1 & \Delta y \\ 0 & 0 & 1 \end{bmatrix} \begin{bmatrix} x \\ y \\ 1 \end{bmatrix} \tag{4-4}
$$

平移变换求逆,得

$$
\begin{bmatrix} x \\ y \\ 1 \end{bmatrix} = \begin{bmatrix} 1 & 0 & \Delta x \\ 0 & 1 & -\Delta y \\ 0 & 0 & 1 \end{bmatrix} \begin{bmatrix} x' \\ y' \\ 1 \end{bmatrix} \tag{4-5}
$$

这样,平移后图像上的每一点(x',y')都可在原图像中找到对应点(x,y)。

如果经过平移处理后,不想丢失被移出的部分,可将新图像的宽度扩大$|\Delta x|$,高度扩大$|\Delta y|$。

MATLAB中采用imtranslate函数实现图像平移变换,其调用格式如下。

(1) B＝imtranslate(A,TRANSLATION):使用TRANSLATION指定的平移量实现平移变换。如果要实现3D图像平移,则TRANSLATION为三维向量。平移量可以为小数。

(2) B＝imtranslate(A,TRANSLATION,METHOD):参数METHOD指定插值方法,可取'nearest'、'linear'、'cubic',对于数值矩阵,METHOD默认为'linear'。

(3) […]＝imtranslate(…,Name,Value,…):指定参数实现平移。参数如表4-1所示。

表4-1　imtranslate函数参数

参　数	含　义
OutputView	一个字符串,可取'same'(默认)或'full',分别表示不扩大图像尺寸以及输出全部内容
FillValues	原图像中的对应点坐标超出图像宽高范围时,指定输出像素所赋的背景色;可取标量或矩阵(用于高维变换或高维图像进行二维变换);若A为uint8型RGB图像,可取0、[0;0;0]、255、[255;255;255]、[0;0;255]、[255;255;0];对于A为数值矩阵情况,默认为0

【例4-1】　利用imtranslate函数实现几何变换。

程序如下:

```
clear,clc,close all;
Image = imread('flower.jpg');
trans1 = imtranslate(Image,[25.3, - 10.1]);        %平移图像,背景色为黑色,不扩大画布
trans2 = imtranslate(Image,[25.3, - 10.1],'OutputView','full','FillValues',255);
                                                   %平移图像,背景色为白色,扩大画布
subplot(131),imshow(Image),title("原图");
subplot(132),imshow(trans1),title('不扩大尺寸的平移');
subplot(133),imshow(trans2),title('扩大尺寸的平移');
```

程序运行结果如图4-2所示。其中,图4-2(a)为原始图像,图4-2(b)为分别沿x、y方向分别平移[25.3,−10.1]个像素后的结果,图4-2(c)在图4-2(b)的处理结果基础之上把可视区域进行了扩大。

| (a) 原图 | (b) 不扩大尺寸的平移 | (c) 扩大尺寸的平移 |

图 4-2　图像平移变换

4.2.2　图像镜像

设图像的分辨率为 $M \times N$，采用像素坐标系，图像镜像变换如式(4-6)所示，可以看出，镜像就是左右、上下或对角对换。

$$水平镜像：\begin{bmatrix} x' \\ y' \\ 1 \end{bmatrix} = \begin{bmatrix} -1 & 0 & M-1 \\ 0 & 1 & 0 \\ 0 & 0 & 1 \end{bmatrix} \begin{bmatrix} x \\ y \\ 1 \end{bmatrix}$$

$$垂直镜像：\begin{bmatrix} x' \\ y' \\ 1 \end{bmatrix} = \begin{bmatrix} 1 & 0 & 0 \\ 0 & -1 & N-1 \\ 0 & 0 & 1 \end{bmatrix} \begin{bmatrix} x \\ y \\ 1 \end{bmatrix}$$ 　　　(4-6)

$$对角镜像：\begin{bmatrix} x' \\ v' \\ 1 \end{bmatrix} = \begin{bmatrix} -1 & 0 & M-1 \\ 0 & 1 & N-1 \\ 0 & 0 & 1 \end{bmatrix} \begin{bmatrix} x \\ y \\ 1 \end{bmatrix}$$

图像镜像可以通过 MATLAB 中的矩阵翻转函数 fliplr、flipud、flip 等实现。

(1) B=fliplr(A)：矩阵 A 左右翻转，即水平镜像。

(2) B=flipud(A)：矩阵 A 上下翻转，即垂直镜像。

(3) B=flip(A)：如果 A 是向量，则前后翻转；如果 A 是矩阵，则上下翻转；如果 A 是 N 维矩阵，则沿着第一个尺寸大于 1 的维度翻转。

(4) B=flip(A,dim)：沿着指定的维度翻转，dim 为 1 时沿列翻转，dim 为 2 时沿行翻转。

【例 4-2】　采用 MATLAB 中的矩阵翻转函数实现图像镜像变换，并将镜像图像拼接成大图。
程序如下：

```
clear,clc,close all;
Image = imread('flower.jpg');
HImage = fliplr(Image);              % 左右翻转,即水平镜像
VImage = flipud(Image);              % 上下翻转,即垂直镜像
CImage = flip(HImage,1);             % 左右翻转后再上下翻转,即对角镜像
mosaic = [Image HImage;VImage CImage];   % 拼成一幅大图
imshow(Image),title('原图');
figure,imshow(mosaic),title('镜像图像拼接');
```

程序运行，镜像拼接效果如图 4-3 所示。

图 4-3 镜像图像拼接

4.2.3 图像旋转

图像旋转是指以图像中的某一点为原点,按逆时针或顺时针方向将图像上的所有像素都旋转一个相同的角度。经过旋转变换后,图像的大小一般会改变,并且图像中的部分像素可能会转出可视区域范围,因此需要扩大可视区域范围以显示所有的图像。

1. 图像旋转的原理

设原图像中点(x,y)绕原点逆时针旋转θ角度后的对应点为(x',y'),如图 4-4 所示。在旋转变换前,原图像中点(x,y)的坐标表达式为

$$\begin{cases} x = r \cdot \cos\alpha \\ y = r \cdot \sin\alpha \end{cases} \tag{4-7}$$

逆时针旋转θ角度后为

$$\begin{cases} x' = r \cdot \cos(\alpha - \theta) = x \cdot \cos\theta + y \cdot \sin\theta \\ y' = r \cdot \sin(\alpha - \theta) = -x \cdot \sin\theta + y \cdot \cos\theta \end{cases} \tag{4-8}$$

图 4-4 图像旋转θ角度示意图

则图像旋转变换的矩阵表达为

$$\begin{bmatrix} x' \\ y' \\ 1 \end{bmatrix} = \begin{bmatrix} \cos\theta & \sin\theta & 0 \\ -\sin\theta & \cos\theta & 0 \\ 0 & 0 & 1 \end{bmatrix} \begin{bmatrix} x \\ y \\ 1 \end{bmatrix} \tag{4-9}$$

若顺时针旋转,则角度θ取负值。需要注意:如果采用直角坐标系表示,则旋转矩阵为

$\begin{bmatrix} \cos\theta & -\sin\theta & 0 \\ \sin\theta & \cos\theta & 0 \\ 0 & 0 & 1 \end{bmatrix}$(MATLAB 中实际采用的是旋转变换矩阵)。

绕原点旋转的逆变换为

$$\begin{cases} x = x'\cos\theta - y'\sin\theta \\ y = x'\sin\theta + y'\cos\theta \end{cases} \tag{4-10}$$

2. 图像旋转变换过程

1）确定旋转后新图像的尺寸

绕原点逆时针旋转示意图如图 4-5 所示。xOy 为原始图像坐标系,图像 4 个角标注为 1、2、3、4,旋转后为 $1'$、$2'$、$3'$、$4'$,新图像坐标系表示为 $x''O''y''$。

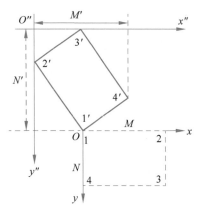

图 4-5 绕原点旋转示意图

设原始图像大小为 $M \times N$,以图像起始点作为坐标原点,则原始图像 4 个角坐标分别为

$$(x_1, y_1) = (0, 0), (x_2, y_2) = (M-1, 0)$$
$$(x_3, y_3) = (M-1, N-1), (x_4, y_4) = (0, N-1)$$

按照逆时针旋转公式(4-8)对图像进行旋转后,4 个点在原坐标系中的坐标为

$$(4\text{-}11) \quad \begin{cases} (x'_1, y'_1) = (0, 0) \\ (x'_2, y'_2) = ((M-1)\cos\theta, -(M-1)\sin\theta) \\ (x'_3, y'_3) = ((M-1)\cos\theta + (N-1)\sin\theta, -(M-1)\sin\theta + (N-1)\cos\theta) \\ (x'_4, y'_4) = ((N-1)\sin\theta, (N-1)\cos\theta) \end{cases}$$

令 $\max x'$ 和 $\min x'$ 分别为坐标值 x'_1、x'_2、x'_3、x'_4 的最大值和最小值,$\max y'$ 和 $\min y'$ 分别为坐标值 y'_1、y'_2、y'_3、y'_4 的最大值和最小值,则新图像的宽度 M' 和高度 N' 为

$$\begin{cases} M' = \max x' - \min x' + 1 \\ N' = \max y' - \min y' + 1 \end{cases} \quad (4\text{-}12)$$

2）坐标变换

对于新图像中的像素 (x'', y''),$x'' \in [0, M'-1]$,$y'' \in [0, N'-1]$,先进行平移变换,变换到原像素坐标系为

$$\begin{cases} x' = x'' + \min x' \\ y' = y'' + \min y' \end{cases} \quad (4\text{-}13)$$

3）旋转逆变换

对于每个点 (x', y'),利用旋转变换的逆变换式(4-10)在原图像中找对应点。

4）给新图像赋值

按对应关系直接或采用插值方法给新图像中的各像素赋值。

绕中心点旋转,先将坐标系平移到中心点,再按绕原点旋转进行变换,然后平移回原坐标原点。绕任意点旋转与此相同,仅仅是平移量的不同。

3. 图像旋转的实现

【例 4-3】 根据图像旋转变换过程,采用双线性插值方法将图像逆时针旋转 30°。

程序如下:

```
clear,clc,close all;
Image = imread('flower.jpg');
[h,w,c] = size(Image);
```

```
ang = pi/6;                                              % 旋转的角度
cornerx = [0 w - 1 w - 1 0];   cornery = [0 0 h - 1 h - 1];   % 图像 4 个角的坐标
newcornerx = cornerx * cos(ang) + cornery * sin(ang);   % 旋转后 4 个角的横坐标
newcornery = - cornerx * sin(ang) + cornery * cos(ang); % 旋转后 4 个角的纵坐标
minx = min(newcornerx);        miny = min(newcornery);  % 旋转后 4 个角横纵坐标最小值
H = ceil(max(newcornery) - miny + 1);                   % 确定新图像高度
W = ceil(max(newcornerx) - minx + 1);                   % 确定新图像宽度
result = zeros(H, W, c);                                % 初始化旋转后图像
for newx = 1:W
    for newy = 1:H
        oldx = (newx - 1 + minx) * cos(ang) - (newy - 1 + miny) * sin(ang);
        oldy = (newx - 1 + minx) * sin(ang) + (newy - 1 + miny) * cos(ang);
% 确定新图像中点在原图中的对应点,包括将 MATLAB 数组下标调整为从 0 开始、坐标平移、旋转逆
% 变换
        if oldx < 0 || oldy < 0 || oldx > w - 1 || oldy > h - 1
            result(newy, newx, :) = 255;                % 对应点超出原图像宽高范围的像素赋背景色
        else
            x = floor(oldx) + 1;
            y = floor(oldy) + 1;                        % 数组下标 + 1,转换为 MATLAB 中数组下标
            a = oldx - floor(oldx);
            b = oldy - floor(oldy);                     % 计算线性比例
            temp1 = Image(y, x, :) + b * (Image(y + 1, x, :) - Image(y, x, :));
            temp2 = Image(y + 1, x, :) + b * (Image(y + 1, x + 1, :) - Image(y, x + 1, :));
            result(newy, newx, :) = temp1 + a * (temp2 - temp1);   % 双线性变换
        end
    end
end
result = uint8(result);
subplot(121), imshow(Image), title('原图');
subplot(122), imshow(result), title('旋转 30°');
```

程序运行效果如图 4-6 所示。

(a) 原图　　　　　　　　　　　　　(b) 双线性插值

图 4-6　实现图像旋转变换

MATLAB 中对于图像旋转变换,提供了 imrotate 函数,其调用格式如下。

(1) B=imrotate(A, ANGLE):将图像 A 围绕中心点逆时针旋转 ANGLE 度,输出图像 B。若 ANGLE 取负值,则进行顺时针旋转;B 的尺寸自动扩大,背景色设为 0,采用最邻近插值方法。

(2) B=imrotate(A, ANGLE, METHOD):指定插值方式实现旋转,METHOD 可取 'nearest'、'bilinear'、'bicubic',默认采用 'nearest' 方式。

（3）B＝imrotate（A，ANGLE，METHOD，BBOX）：BBOX 指定返回图像的大小，可取'crop'或'loose'，取'crop'输出图像 B 与输入图像 A 具有相同的大小，对旋转图像进行剪切以满足要求；取'loose'，默认值，B 包含整个旋转后的图像。

【例 4-4】 采用 imrotate 函数实现图像旋转变换。

程序如下：

```
clear,clc,close all;
Image = im2double(imread('bird.jpg'));          % 读取图像并转换为 double 型
NewImage1 = imrotate(Image,15,'bilinear');       % 图像旋转后不剪切
NewImage2 = imrotate(Image,15,'bilinear','crop'); % 图像旋转后剪切
subplot(131),imshow(Image),title('原图');
subplot(132),imshow(NewImage1),title('不剪切');
subplot(133),imshow(NewImage2),title('剪切');
```

程序运行结果如图 4-7 所示。

　　　(a) 原图　　　　　　　　　　(b) 不剪切　　　　　　　　　(c) 剪切

图 4-7　采用 imrotate 函数实现图像旋转变换

MATLAB 中的 rot90 函数实现矩阵 90°或 90°倍数旋转，调用格式如下。

（1）B＝rot90（A）：将矩阵 A 逆时针旋转 90°。对于 N 维矩阵，在第 1 维和第 2 维组成的平面上旋转。

（2）B＝rot90（A，K）：将矩阵 A 逆时针旋转 K×90°，K 取整数。

4.2.4　图像缩放

图像缩放是指将给定图像的尺寸在 x、y 轴方向分别缩小为原尺寸的 k_x、k_y 或放大为原尺寸的 k_x、k_y 倍，从而获得一幅新的图像。其中，若 $k_x = k_y$，即在 x 轴、y 轴方向缩放的比率相同，称为图像的按比例缩放。若 $k_x \neq k_y$，缩放会改变原始图像像素间的相对位置，产生几何畸变，称为图像的不按比例缩放。进行缩放变换后，新图像的分辨率为 $k_x M \times k_y N$。

图像的缩放处理分为图像的缩小和图像的放大处理，具体如下。

（1）当 $0 < k_x, k_y < 1$，则实现图像的缩小处理。

（2）当 $k_x, k_y > 1$，则实现图像的放大处理。

设原图像中点 (x, y) 进行缩放处理后，移到点 (x', y')，则缩放处理的矩阵形式可表示为

$$\begin{bmatrix} x' \\ y' \\ 1 \end{bmatrix} = \begin{bmatrix} k_x & 0 & 0 \\ 0 & k_y & 0 \\ 0 & 0 & 1 \end{bmatrix} \begin{bmatrix} x \\ y \\ 1 \end{bmatrix} \tag{4-14}$$

MATLAB中对于图像缩放变换,提供了imresize函数,其调用格式如下。

(1) B=imresize(A,SCALE):将图像A在x、y轴方向缩小为原尺寸的SCALE或放大为原尺寸的SCALE倍,输出图像B,A可以为灰度、RGB或二值图像。

(2) B=imresize(A,[NUMROWS NUMCOLS]):对原图A进行缩放,返回图像B的行数和列数由NUMROWS、NUMCOLS指定;NUMROWS、NUMCOLS可取NaN,表明函数自动调整了图像的缩放比例,保留图像原有的宽高比。

(3) [Y,NEWMAP]=imresize(X,MAP,SCALE):对索引图像进行成比例缩放。

(4) [Y,NEWMAP]=imresize(X,MAP,[NUMROWS NUMCOLS]):对索引图像指定输出行列数缩放。

(5) [···]=imresize(···,METHOD):指定插值方式缩放,METHOD取值见表4-3。

(6) B=imresize(A,SCALE,PARAM1,VALUE1,PARAM2,VALUE2,···):设定参数实现图像缩放。参数如表4-2所示。

表 4-2　imresize 函数参数

参　　数	含　　义
Antialiasing	布尔值,用于确定缩小图像时是否执行抗锯齿操作。默认值依赖于所选择的插值方法:执行最邻近插值时为 false;选择其他插值方法时为 true
Colormap	只适用于索引图像。可取 'original' 或 'optimized',前者表明输出的颜色映射表与输入的一致,后者表明创建新的最优化的颜色映射表。默认值为 'optimized'
Dither	只适用于索引图像。布尔值,用于指明是否执行颜色抖动,默认值为 true
Method	插值方法,可取 'nearest'、'bilinear'、'bicubic','bicubic' 为默认值;也可取 'box'、'triangle'、'cubic'、'lanczos2' 和 'lanczos3',代表了不同的插值核:盒形核、三角核(等价于 'bilinear')、立方核(等价于 'bicubic')、Lanczos-2 核及 Lanczos-3 核;还可以定义为二元元胞数组{f,w},f 为定制的插值核,w 为核函数宽度
OutputSize	二维向量[MROWS NCOLS],指明输出图像尺寸
Scale	为一维数据,则指明相同的行列的缩放比例;为二维向量,分别指明图像行列缩放比例

【例 4-5】　采用 imresize 函数实现图像缩放变换。

程序如下:

```
clear,clc,close all;
[Image1,MAP1] = imread('kids.tif');                      %打开索引图像
Image2 = im2double(imread('dog.jpg'));                   %打开真彩色图像
[NewImage1,MAP2] = imresize(Image1,MAP1,0.6,'bilinear'); %索引图像按比例缩小,双线性插值
NewImage2 = imresize(Image2,'Scale',[2.8,1.6]);          %不按比例放大,双三次插值
figure,imshow(NewImage1,MAP2),title('按比例缩小');
figure,imshow(NewImage2),title('不按比例放大');
```

程序运行结果如图 4-8 所示。

(a) 索引图原图　　　　(b) 双线性插值缩小　(c) 真彩色原图　　(d) 双三次插值放大

图 4-8　采用 imresize 函数实现图像缩放变换

4.2.5　图像错切

图像错切变换是平面景物在投影平面上的非垂直投影。错切使图像中的图形产生扭变。这种扭变在水平或垂直方向上产生时,分别称为水平方向上的错切和垂直方向上的错切。

设对原图像中的点(x,y)进行错切变换后,移到点(x',y'),则错切变换的矩阵形式可表示为

$$\begin{bmatrix} x' \\ y' \\ 1 \end{bmatrix} = \begin{bmatrix} 1 & d_x & 0 \\ d_y & 1 & 0 \\ 0 & 0 & 1 \end{bmatrix} \begin{bmatrix} x \\ y \\ 1 \end{bmatrix} \tag{4-15}$$

错切变换可以采用通用几何变换函数 imwarp 实现,见例 4-9。

4.2.6　图像转置

图像转置变换是指将图像的行列坐标互换。设对原图像中的点(x,y)进行转置后,移到点(x',y'),则转置变换的矩阵形式可表示为

$$\begin{bmatrix} x' \\ y' \\ 1 \end{bmatrix} = \begin{bmatrix} 0 & 1 & 0 \\ 1 & 0 & 0 \\ 0 & 0 & 1 \end{bmatrix} \begin{bmatrix} x \\ y \\ 1 \end{bmatrix} \tag{4-16}$$

图像在 MATLAB 中用矩阵表达,可以直接通过矩阵转置实现图像转置。

【例 4-6】　设计程序实现图像转置变换。

程序如下:

```
clear,clc,close all;
Image = im2double(imread('dog.jpg'));
[height,width,color] = size(Image);
result = zeros(width,height,color);
for i = 1:color
    result(:,:,i) = Image(:,:,i)';          % 按通道进行矩阵转置
end
subplot(121),imshow(Image),title('原图');
subplot(122),imshow(result),title('图像转置');
```

程序运行结果如图 4-9 所示。

(a) 原图　　　　　　　　　　　　　　(b) 图像转置

图 4-9　图像转置变换

4.3　组合几何变换

4.2 节所介绍的都是单一进行某种几何变换，如果要进行多种几何变换，称为组合几何变换。例如，先用变换矩阵 T_1 进行变换，再对变换结果利用 T_2 进行变换，则有

$$\begin{bmatrix} x' \\ y' \\ 1 \end{bmatrix} = T_2 \times T_1 \times \begin{bmatrix} x \\ y \\ 1 \end{bmatrix} \tag{4-17}$$

那么，变换矩阵 $T = T_2 \times T_1$。

不同的变换组合有不同的名称，例如仅进行平移和旋转的刚性变换，进行平移、旋转和缩放的相似变换等。可以顺次实现，也可以先确定变换矩阵 T，定义几何变换对象，再利用 imwarp 函数进行几何变换。

1. imwarp 函数

（1）B＝imwarp(A,tform)：根据 tform 定义的几何变换将图像 A 变为图像 B,tform 是几何变换对象。

（2）B＝imwarp(A,D)：根据 D 定义的位移场将图像 A 变为图像 B。对于二维图像 A,D 是一个 $M \times N \times 2$ 的数值矩阵；对于三维图像 A,D 是 $M \times N \times P \times 3$ 的矩阵。

（3）B＝imwarp(…,INTERP)：指定插值方式进行几何变换，INTERP 可以选取 'nearest'、'linear' 或 'cubic'，默认值为 'linear'。

（4）[B,RB]＝imwarp(…,PARAM1,VAL1,PARAM2,VAL2,…)：设定参数实现几何变换，参数及含义如表 4-3 所示。

表 4-3　imwarp 函数参数及含义

参　　数	含　　义
OutputView	一个 imref2d 或 imref3d 对象，即在世界坐标下定义的图像，有 ImageSize、XWorldLimits、YWorldLimits 属性，定义了输出图像的尺寸和在世界坐标系下的坐标
FillValues	背景色，见表 4-1
SmoothEdges	逻辑值，控制边界平滑操作：为 true，输入图像用 FillValues 填充以输出更平滑的边界；为 false，则不填充；默认值为 false

2. 仿射变换

根据变换矩阵的不同,2D 仿射变换也有不同的定义方式。

1) transltform2d

transltform2d 对象用于实现平移变换,有 3 个属性:3×3 的平移变换矩阵 A,二维平移向量 Translation 以及维数 Dimensionality。创建方式如下所示。

(1) tform＝transltform2d(Translation):根据 Translation 指定的 x、y 方向的平移量创建 transltform2d 对象 tform。

(2) tform＝transltform2d(tx,ty):根据给定的平移量 tx、ty 创建。

(3) tform＝transltform2d(A):根据平移变换矩阵 A 创建。

(4) tform＝transltform2d(tformIn):根据几何变换对象 tformIn 创建。

2) rigidtform2d

rigidtform2d 对象用于实现仅进行平移和旋转的刚性变换,有 5 个属性:3×3 的刚性变换矩阵 A,2×2 的旋转变换矩阵 R,旋转角度 RotationAngle,二维平移向量 Translation 以及维数 Dimensionality,其中,矩阵 A 形如 $\begin{bmatrix} \cos\theta & -\sin\theta & \Delta x \\ \sin\theta & \cos\theta & \Delta y \\ 0 & 0 & 1 \end{bmatrix}$。rigidtform2d 对象创建方式如下所示。

(1) tform＝rigidtform2d(Translation):根据 Translation 创建一个仅包含平移的 rigidtform2d 对象 tform。

(2) tform＝rigidtform2d(RotationAngle,Translation):根据旋转角度和平移向量创建。

(3) tform＝rigidtform2d(R,Translation):根据旋转变换矩阵和平移向量创建。

(4) tform＝rigidtform2d(A):根据刚性变换矩阵创建。

(5) tform＝rigidtform2d(tformIn):根据几何变换对象 tformIn 创建。

3) simtform2d

simtform2d 对象用于实现仅进行平移、旋转和缩放的相似变换,有 6 个属性:3×3 的相似变换矩阵 A,缩放因子 Scale,2×2 的旋转变换矩阵 R,旋转角度 RotationAngle,二维平移向量 Translation 以及维数 Dimensionality,其中,矩阵 A 形如 $\begin{bmatrix} k\cos\theta & -k\sin\theta & \Delta x \\ k\sin\theta & k\cos\theta & \Delta y \\ 0 & 0 & 1 \end{bmatrix}$。simtform2d 对象创建方式如下所示。

(1) tform＝simtform2d(Scale,RotationAngle,Translation):根据缩放因子、旋转角度和平移量创建 simtform2d 对象 tform。

(2) tform＝simtform2d(Scale,R,Translation):根据缩放因子、旋转矩阵和平移量创建。

(3) tform＝simtform2d(A):根据相似变换矩阵 A 创建。

(4) tform＝simtform2d(tformIn):根据几何变换对象 tformIn 创建。

4) affinetform2d

affinetform2d 对象用于实现一般的仿射变换,有仿射变换矩阵 A 和 Dimensionality 两个属性。

创建方式如下。

（1）tform＝affinetform2d(A)：根据仿射变换矩阵 A 创建。

（2）tform＝affinetform2d(tformIn)：根据几何变换对象 tformIn 创建。

3. 投影变换

投影变换可以使图像的平面倾斜，平行线汇聚到一个消失点，创建深度外观。projtform2d 对象用于实现投影变换，有投影变换矩阵 A 和 Dimensionality 两个属性。创建方式如下。

（1）tform＝projtform2d(A)：根据投影变换矩阵 A 创建 projtform2d 对象 tform。

（2）tform＝projtform2d(tformIn)：根据几何变换对象 tformIn 创建。

【例 4-7】 对图像进行投影变换。

程序如下：

```
clear,clc,close all;
Image = imread('bird.jpg');
theta = 30;
A = [cosd(theta), − sind(theta),0; sind(theta),cosd(theta),0; 0.001,0.001,1];
tform = projtform2d(A);
result = imwarp(Image,tform,'FillValue',255);
subplot(121),imshow(Image),title('原图');
subplot(122),imshow(result),title('投影变换结果图');
```

程序运行结果如图 4-10 所示。

(a) 原图　　　　　　　　　(b) 投影变换结果图

图 4-10　图像的投影变换

4. 成员函数

以上 5 种几何变换对象都有 invert、outputLimits、transformPointsForward、transformPointsInverse 4 个成员函数，调用格式和功能如下所示。

（1）[xLimitsOut,yLimitsOut]＝outputLimits(tform,xLimitsIn,yLimitsIn)：根据 tform 和输入的空间范围估计输出的范围。

（2）X＝transformPointsForward(tform,U)：利用 tform 对点集矩阵 U 进行几何变换得新点集矩阵 X。

（3）tformInv＝invert(tform)：获取 tform 对应的逆变换对象。

（4）U＝transformPointsInverse(tform,X)：对点集矩阵 X 执行 tform 的逆变换得点集矩阵 U。

【例 4-8】 打开一幅图像,依次完成下列要求:顺时针旋转 $20°$,做水平镜像,设 $d_x=0.3$、$d_y=0.5$ 做错切变换;设 $k_x=k_y=0.6$,缩小图像。

按要求设计每步的变换矩阵:

$$T_1 = \begin{bmatrix} \cos(-20°) & -\sin(-20°) & 0 \\ \sin(-20°) & \cos(-20°) & 0 \\ 0 & 0 & 1 \end{bmatrix} = \begin{bmatrix} \cos(20°) & \sin(20°) & 0 \\ -\sin(20°) & \cos(20°) & 0 \\ 0 & 0 & 1 \end{bmatrix}; \quad T_2 = \begin{bmatrix} -1 & 0 & M-1 \\ 0 & 1 & 0 \\ 0 & 0 & 1 \end{bmatrix};$$

$$T_3 = \begin{bmatrix} 1 & d_x & 0 \\ d_y & 1 & 0 \\ 0 & 0 & 1 \end{bmatrix} = \begin{bmatrix} 1 & 0.3 & 0 \\ 0.5 & 1 & 0 \\ 0 & 0 & 1 \end{bmatrix}; \quad T_4 = \begin{bmatrix} k_x & 0 & 0 \\ 0 & k_y & 0 \\ 0 & 0 & 1 \end{bmatrix} = \begin{bmatrix} 0.6 & 0 & 0 \\ 0 & 0.6 & 0 \\ 0 & 0 & 1 \end{bmatrix}。$$

根据几何变换原理,对图像矩阵 I 进行 4 次几何变换,输出应为 $J = T_4 \times T_3 \times T_2 \times T_1 \times I$,根据矩阵乘法运算性质,可知:$J = T \times I$,$T = T_4 \times T_3 \times T_2 \times T_1$,因此,程序可以对原图顺次进行 4 次几何变换,也可以先计算组合变换矩阵 T,进行一次几何变换。

程序如下:

```
clear,clc,close all;
Image = imread('bird.jpg');
[N,M,C] = size(Image)
angle = -20;                                      % 旋转角度设置
dx = 0.3; dy = 0.5;                               % 错切比例设置
kx = 0.6; ky = 0.6;                               % 缩放比例设置
T1 = [cos(angle) -sin(angle) 0;sin(angle) cos(angle) 0;0 0 1];   % 旋转变换矩阵
T2 = [-1 0 M-1;0 1 0;0 0 1];                      % 水平镜像变换矩阵
T3 = [1 dx 0;dy 1 0;0 0 1];                       % 错切变换矩阵
T4 = [kx 0 0;0 ky 0;0 0 1];                       % 比例变换矩阵
T = T4 * T3 * T2 * T1;                            % 组合变换矩阵
tform = affinetform2d(T);                         % 定义组合几何变换
result1 = imwarp(Image,tform,'FillValue',255);    % 实现组合几何变换
tform = affinetform2d(T1);                        % 顺次定义各几何变换并实现
result2 = imwarp(Image,tform,'FillValue',255);
tform = affinetform2d(T2);
result2 = imwarp(result2,tform,'FillValue',255);
tform = affinetform2d(T3);
result2 = imwarp(result2,tform,'FillValue',255);
tform = affinetform2d(T4);
result2 = imwarp(result2,tform,'FillValue',255);
[h1,w1,c1] = size(result1); [h2,w2,c2] = size(result2);
diffh = int16(h2-h1); diffw = int16(w2-w1);        % 两种变换方式产生图像大小有差异
result3 = result2(diffh/2:int16(h2-diffh/2),diffw/2:int16(w2-diffw/2),:);
                                                   % 将大图像四周多余背景去掉
subplot(221),imshow(Image),title('原图');
subplot(222),imshow(result1),title('组合几何变换');
subplot(223),imshow(result2),title('顺次几何变换');
subplot(224),imshow(result3),title('均衡尺寸');
```

程序运行结果如图 4-11 所示。可以看出,组合几何变换和顺次几何变换结果一致,但由于顺次变换中,旋转变换导致图像尺寸变大,使得最终结果图像尺寸大于组合几何变换图像,去掉四周多余白色背景区域,两种变换结果一致。

几何变换在图像处理中的应用很多,在后续相关内容学习中有针对性的讲解。

| (a) 原图 | (b) 组合几何变换 | (c) 顺次几何变换 | (d) 均衡尺寸 |

图 4-11　图像组合几何变换

4.4　图像代数运算

图像代数运算是指对两幅或多幅输入图像进行点对点的加减乘除、与或非等运算,有时涉及将简单的代数运算进行组合而得到更复杂的代数运算结果。从原理上来讲简单易懂,但在实际应用中很常见,因此,本节对代数运算做简单讲解。

4.4.1　加法运算

加法运算是指将两幅或多幅图像对应点的像素值相加,如下所示:

$$g(x,y)=f_1(x,y)+f_2(x,y) \tag{4-18}$$

其中,f_1、f_2 是同等大小的两幅图像。

在加法运算中,对应像素值的和可能会超出灰度值的表达范围,对于这种情况,可以采用下列方法进行处理。

(1) 截断处理。如果 $g(x,y)$ 大于 255,仍取 255;但新图像的 $g(x,y)$ 像素值会偏大,图像整体较亮,后续需要对灰度级进行调整。

(2) 加权求和。即

$$g(x,y)=\alpha f_1(x,y)+(1-\alpha)f_2(x,y) \tag{4-19}$$

式中,$\alpha\in[0,1]$。这种方法需要选择合适的 α。

1. 加法运算的实现

MATLAB 提供了 imadd 函数实现两幅图像相加,提供了 imlincomb 函数实现多幅图像线性组合,调用格式如下。

(1) Z=imadd(X,Y):将矩阵 X 和 Y 中的对应元素相加,输出矩阵 Z。X 和 Y 是实数非稀疏数值矩阵或逻辑值矩阵,大小、数据类型相同,或者 Y 为 double 型标量。当 X 为逻辑值矩阵时,Z 为 double 型,除此之外,Z 的尺寸、类型和 X 一致。若 Z 为整型数据,则对小数部分取整,超出整型数据范围的被截断。若 X 和 Y 为同样大小和类型的数值矩阵,则用"X+Y"代替 imadd。

(2) Z=imlincomb(K1,A1,K2,A2,$\cdots$,Kn,An):计算 K1×A1+K2×A2+$\cdots$+Kn×An,其中,A1,A2,$\cdots$,An 是实数非稀疏数值矩阵,大小和数据类型相同;K1,K2,$\cdots$,Kn 是 double 型标量;A1 为逻辑型矩阵,Z 为 double 型矩阵,除此之外,Z 的尺寸、类型和 A1 一致。

(3) Z=imlincomb(K1,A1,K2,A2,$\cdots$,Kn,An,K):计算 K1×A1+K2×A2+$\cdots$+Kn×An+K。

(4) Z=imlincomb($\cdots$,OUTPUT_CLASS):指定输出 Z 的数据类型,OUTPUT_CLASS 是一个表示数据类型的字符串。

【例 4-9】 采用 imadd、imlincomb 函数实现图像相加。

程序如下：

```
clear,clc,close all;
Back = imread('desert.jpg');                          % 背景图,整型数据
Foreground = imread('car.jpg');                       % 目标图,整型数据
result1 = imadd(Back,Foreground);                     % 截断求和
alpha = 0.6;
result2 = alpha * Back + (1 – alpha) * Foreground;    % 加权求和
result3 = imlincomb(1 – alpha,Back,alpha,Foreground); % imlincomb 加权求和
subplot(221),imshow(Back),title('背景图');
subplot(222),imshow(Foreground),title('目标图');
subplot(223),imshow(result1),title('截断求和');
subplot(224),imshow(result2),title('加权求和');
figure,imshow(result3),title('imlincomb 加权求和');
```

程序运行结果如图 4-12 所示。

(a) 背景图　　　　　　　　　　　(b) 目标图

(c) 截断求和　　　　　(d) 加权求和　　　　(e) imlincomb加权求和

图 4-12　加法运算效果

2. 加法运算的主要应用

1) 多图像平均去除叠加性噪声

假设有一幅混有噪声的图像 $g(x,y)$ 由原始标准图像 $f(x,y)$ 和噪声 $n(x,y)$ 叠加而成,即

$$g(x,y) = f(x,y) + n(x,y) \tag{4-20}$$

若图像中存在的各点噪声 $n(x,y)$ 为互不相关的加性噪声,且均值为 0。令 $E[g(x,y)]$ 为 $g(x,y)$ 的期望值,则有

$$E[g(x,y)] = E[f(x,y) + n(x,y)] = E[f(x,y)] = f(x,y) \tag{4-21}$$

那么,在此情况下,对 M 幅重复采集的有噪声图像进行平均后的输出图像为

$$\bar{g}(x,y) = \frac{1}{M}\sum_{i=1}^{M}g_i(x,y) \approx E[g(x,y)] = \hat{f}(x,y) \tag{4-22}$$

该方法常用于摄像机的视频图像中,用于减少电视摄像机光电摄像管或 CCD 器件所引起的噪声。

2) 图像合成和图像拼接

将一幅图像的内容经配准后叠加到另一幅图像上去,以改善图像的视觉效果;不同视角的图像

拼接到一起生成全景图像等,均需要利用加法运算。

3) 在多光谱图像中的应用

在多光谱图像中,通过加法运算可加宽波段,如绿色和红色波段图像叠加可以得到近似全色图像。

【例 4-10】 实现多图像平均法去噪声。

程序如下:

```
clear,clc,close all;
Image = im2double(rgb2gray(imread('flower.jpg')));
                                        % 彩色图像灰度化并转换为 0~1 的 double 型数据,避免相加运算溢出
figure,imshow(Image),title('原灰度图');
len = 10;                                         % 拟进行加法运算的图像数目
for i = 1:len
    noiseI(:,:,:,i) = imnoise(Image,'gaussian');  % 生成叠加均值为零的高斯噪声的图像
end
figure,montage(noiseI,'size',[2 NaN]),title('噪声图像');  % 蒙太奇方法显示噪声图像
result = noiseI(:,:,:,1);
for i = 2:len
    result = imadd(result,noiseI(:,:,:,i));
end                                               % 通过循环将噪声图像叠加
result = result/len;                              % 求平均
figure,imshow(result),title('多图像求平均去除噪声');
```

程序运行结果如图 4-13 所示。图 4-13(a)为程序中叠加高斯噪声的 10 幅图像,图 4-13(c)为 10 幅噪声图像求平均结果图,与原图相比还有较明显的噪声;图 4-13(d)～图 4-13(g)需要修改 len 参数,随着叠加的噪声图像的增多,去除噪声的效果越来越好。

(a) 高斯噪声图像

(b) 原图　　　　(c) 10幅噪声图像求平均　　　(d) 20幅噪声图像求平均

(e) 50幅噪声图像求平均　　(f) 100幅噪声图像求平均　　(g) 200幅噪声图像求平均

图 4-13　多图像求平均

4.4.2 减法运算

减法运算是指将两幅或多幅图像对应点的像素值相减,如式(4-23)所示。

$$g(x,y) = f_1(x,y) - f_2(x,y) \tag{4-23}$$

其中,f_1、f_2 是同等大小的两幅图像。

进行相减运算时,对应像素值的差可能为负数,对于这种情况,可以采用下列方法进行处理。

(1) 截断处理。如果 $g(x,y)$ 小于 0,仍取 0;但新图像 $g(x,y)$ 像素值会偏小,图像整体较暗,后续需要进行灰度级调整。

(2) 取绝对值。即

$$g(x,y) = | f_1(x,y) - f_2(x,y) | \tag{4-24}$$

1. 减法运算的实现

MATLAB 提供了 imsubtract、imabsdiff 函数实现两幅图像相减或者图像和常数相减,其调用格式如下。

(1) Z=imsubtract(X,Y):矩阵 X 中的元素值减去矩阵 Y 中的对应元素值,返回差值矩阵 Z。X 和 Y 是实数非稀疏数值矩阵或逻辑值矩阵,大小和数据类型相同,或者 Y 为 double 型标量。当 X 为逻辑值矩阵时,Z 为 double 型,除此之外,Z 和 X 具有同等尺寸和类型。若 X 为整型数据矩阵,则各元素差超出整型数据范围的被截断。若 X 和 Y 为同等大小和类型的数值矩阵,则用"X-Y"代替 imsubtract 函数。

(2) Z=imabsdiff(X,Y):返回的差值取绝对值。X、Y、Z 的大小和类型同上。若 X、Y 为 double 型矩阵,则用"abs(X-Y)"代替 imabsdiff 函数;若 X、Y 为逻辑值矩阵,则使用"XOR(A,B)"代替 imabsdiff 函数,具体见 4.4.5 节逻辑运算。

【例 4-11】 实现图像相减运算。

程序如下:

```
clear,clc,close all;
Back = imread('desert.jpg');
Foreground = imread('car.jpg');
result1 = imsubtract(Back,Foreground);              % 图像相减
Back = im2double(Back);
Foreground = im2double(Foreqround);
result2 = abs(Back - Foreground);                   % 图像相减取绝对值
subplot(221),imshow(Back),title('背景图');
subplot(222),imshow(Foreground),title('目标图');
subplot(223),imshow(result1),title('截断相减');
subplot(224),imshow(result2),title('相减取绝对值');
```

程序运行结果如图 4-14 所示。使用函数 imsubtract 将背景图 Back 和目标图 Foreground 相减,由于二者均为整型矩阵,result1 也是整型矩阵,小于 0 的差值变为 0,所以汽车部分主要呈现黑色,如图 4-14(c)所示;转换为 0~1 的 double 型数据,result2 为两者相减取绝对值,效果如图 4-14(d)所示。

(a) 背景图　　　　　　　　　　　　　　(b) 目标图

(c) 截断相减　　　　　　　　　　　　　(d) 相减取绝对值

图 4-14　减法运算效果

2. 减法运算的主要应用

1）显示两幅图像的差异

将两幅图像相减,灰度或颜色相同部分相减为 0,呈现黑色;相似部分差值很小;而相异部分相减差值较大,差值图像中使得相异部分突显,可用于检测同一场景两幅图像之间的变化,如运动目标检测中的背景减法、视频中镜头边界的检测。

2）去除不需要的叠加性图案

叠加性图案可能是缓慢变化的背景阴影或周期性的噪声,或在图像上每个像素处均已知的附加污染等,如电视制作的蓝屏技术。

3）图像分割

如分割运动的车辆,减去静止部分,剩余的是运动元素和噪声。

4）生成合成图像

【例 4-12】　实现基本的背景减法,检测同一场景中的目标。

程序如下:

```
clear,clc,close all;
Back = imread('hallback.bmp');
Foreground = imread('hallforeground.bmp');
result = imabsdiff(Back,Foreground);
subplot(131),imshow(Back),title('背景图');
subplot(132),imshow(Foreground),title('前景图');
subplot(133),imshow(result),title('图像相减');
```

程序运行结果如图 4-15 所示。

| (a) 背景图 | (b) 前景图 | (c) 图像相减 |

图 4-15　减法运算结果图

4.4.3　乘法运算

乘法运算是指将两幅或多幅图像对应点的像素值相乘,如式(4-25)所示。

$$g(x,y)=f_1(x,y)\times f_2(x,y) \tag{4-25}$$

其中,f_1、f_2 是同等大小的两幅图像。

乘法运算主要用于图像的局部显示和提取,通常采用二值模板图像与原图像做乘法来实现;也可以用来生成合成图像。

MATLAB 提供了 immultiply 函数实现两幅图像相乘或者图像和常数相乘,其调用格式如下。

Z=immultiply(X,Y):将 X 和 Y 矩阵的对应元素数值相乘,输出矩阵 Z。若 X 和 Y 为同样大小和类型的数值矩阵,则 Z 也是同样尺寸和类型;若 Y 为 double 型标量,则 Z 的尺寸和类型同 X 一样;若 X 和 Y 中的一个是逻辑型矩阵,另一个是数值矩阵,则 Z 为同样大小的数值矩阵。若 X 为整型矩阵,乘积超出整数类型范围的将被截断。若 X 和 Y 为同样大小和类型的数值矩阵,可以使用"X. * Y"代替函数 immultiply。

【例 4-13】　基于 MATLAB 编程,实现两幅图像相乘,实现模板运算。

程序如下:

```
clear,clc,close all;
Back = im2double(imread('bird.jpg'));
Templet = im2double(imread('birdtemplet.bmp'));
result1 = immultiply(Templet,Back);              % 图像和模板相乘
result2 = Back. * Templet;                       % 大小和类型一致,用矩阵点乘代替
subplot(221),imshow(Back),title('背景图');
subplot(222),imshow(Templet),title('模板');
subplot(223),imshow(result1),title('图像相乘');
subplot(224),imshow(result2),title('矩阵点乘');
```

程序运行结果如图 4-16 所示,可以看出,矩阵点乘和图像相乘效果一致。

4.4.4　除法运算

除法运算是指将两幅或多幅图像对应点的像素值相除,如式(4-26)所示。

$$g(x,y)=f_1(x,y)\div f_2(x,y) \tag{4-26}$$

其中,f_1、f_2 是同等大小的两幅图像。

(a) 背景图　　　　　(b) 模板　　　　　(c) 图像相乘　　　　　(d) 矩阵点乘

图 4-16　乘法运算结果图

除法运算可用于消除空间可变的量化敏感函数、归一化、产生比率图像等。

MATLAB 提供了 imdivide 函数实现两幅图像相除或者图像和常数相除，其调用格式如下。

Z＝imdivide(X,Y)：矩阵 X 中的元素值除以 Y 中的对应值得到输出矩阵 Z。X 和 Y 是实数非稀疏数值矩阵或逻辑值矩阵，其大小、数据类型相同，或者 Y 为 double 型标量。当 X 为逻辑值矩阵时，Z 为 double 型，除此之外，Z 和 X 具有同等尺寸和类型。若 X 为整型数据矩阵，则各元素输出超出整型数据范围的被截断。若 X 和 Y 为同等大小和类型的数值矩阵，则用"X./Y"代替 imdivide。

【例 4-14】　基于 MATLAB 编程，实现两幅图像相除，实现模板运算。

程序如下：

```
clear,clc,close all;
Back = im2double(imread('bird.jpg'));
Templet = im2double(imread('birdtemplet.bmp'));
subplot(221),imshow(Back),title('背景图');
subplot(222),imshow(Templet),title('模板');
Templet(Templet~ = 1) = 1000;          % 模板图像中非模板区值设为较大值 1000
result1 = imdivide(Back,Templet);       % 图像相除
result2 = double(Back)/2;               % 背景图除以常数
subplot(223),imshow(result1),title('图像相除');
subplot(224),imshow(result2),title('除以常数');
```

程序运行结果如图 4-17 所示。可以看出，通过合理设置模板图像，除法也实现了模板运算；原背景图除以 2，像素值降低，图像变暗。

(a) 背景图　　　　　(b) 模板　　　　　(c) 图像相除　　　　　(d) 除以常数

图 4-17　除法运算结果图

4.4.5　逻辑运算

在两幅图像对应像素间进行与、或、非等运算，称为逻辑运算。

与运算：$g(x,y)=f_1(x,y)\&f_2(x,y)$，求两幅图像的相交子图，可作为模板运算。

或运算：$g(x,y)=f_1(x,y)|f_2(x,y)$，合并两幅图像的子图像，可作为模板运算。

非运算：$g(x,y)=255-f(x,y)$，用于获得原图像的补图像，或称反色。

MATLAB 提供了一系列逻辑运算的函数，列举如下。

（1）IM2＝imcomplement(IM)：计算图像 IM 的补图像 IM2，IM2 和 IM 数据类型、尺寸一致。若 IM 是 double 或 single 型，可以使用"1-IM"代替 imcomplement 函数；若 IM 是 logical 型，可以使用"～IM"代替。

（2）按位逻辑运算。

① C＝bitcmp(A)：A 为有符号或无符号整型矩阵，C 为 A 按位求补。

② C＝bitand(A,B)：A 和 B 为有符号或无符号整型矩阵，C 为 A、B 按位求与。

③ C＝bitor(A,B)：A 和 B 为有符号或无符号整型矩阵，C 为 A、B 按位求或。

④ C＝bitxor(A,B)：A 和 B 为有符号或无符号整型矩阵，C 为 A、B 按位求异或。

（3）&、|、～运算符。

① & 运算符：若相"&"的两个数据非 0，则输出 1，否则输出 0；或者用函数 C＝and(A,B)。

② |运算符：若相"|"的两个数中的一个非 0，则输出 1；或者用函数 C＝or(A,B)。

③ ～运算符："～A"，若 A 为 0，则输出 1，否则输出 0；或者用函数 B＝not(A)。

④ 异或运算：xor(A,B)，若 A 和 B 中的一个非 0，则输出 1；若 A 和 B 相同，则输出 0。

要注意运算符与按位逻辑运算不一致。

【例 4-15】 对图像取反并显示。

程序如下：

```
clear,clc,close all;
Image1 = imread('cameraman.jpg');
ComImage1 = 255 - Image1;                    % 灰度图像反色
Image2 = imread('flower.jpg');
ComImage2 = imcomplement(Image2);            % 彩色图像反色
subplot(221),imshow(Image1),title('原图 1');
subplot(222),imshow(ComImage1),title('反色图像 1');
subplot(223),imshow(Image2),title('原图 2');
subplot(224),imshow(ComImage2),title('反色图像 2');
```

程序运行效果如图 4-18 所示。

【例 4-16】 对两幅图像按位进行逻辑运算。

程序如下：

```
clear,clc,close all;
Back = imread('bird.jpg');
Templet = imread('birdtemplet.bmp');
result1 = bitcmp(Back);                      % 背景图求反
result2 = bitand(Templet,Back);              % 与模板相与
result3 = bitor(Templet,Back);               % 与模板相或
result4 = bitxor(Templet,Back);              % 与模板异或
subplot(221),imshow(result1),title('背景图求反');
subplot(222),imshow(result2),title('与模板相与');
subplot(223),imshow(result3),title('与模板相或');
subplot(224),imshow(result4),title('与模板异或');
```

(a) 原图

(b) 反色图像

图 4-18 取反运算效果图

程序运行结果如图 4-19 所示。

(a) 背景图   (b) 模板

(c) 背景图求反   (d) 与模板相与   (e) 与模板相或   (f) 与模板异或

图 4-19 按位逻辑运算结果图

  Templet 中目标为白色,像素值每位均为 1,与 Back 按位与,保留目标区域,如图 4-19(d)所示;Templet 中背景是黑色,像素值每位均为 0,与 Back 按位或,保留 Back 中的背景,目标区域像素值各位均为 1,变为白色,如图 4-19(e)所示。

【例 4-17】 对两幅图像用逻辑运算符进行运算。

程序如下：

```
clear,clc,close all;
Back = imread('bird.jpg');
Templet = imread('birdtemplet.bmp');
result1 = ~Back;
result2 = Templet & Back;
result3 = Templet | Back;
result4 = xor(Templet,Back);
subplot(221),imshow(double(result1)),title('图像求反');
subplot(222),imshow(double(result2)),title('图像相与');
subplot(223),imshow(double(result3)),title('图像相或');
subplot(224),imshow(double(result4)),title('图像异或');
```

程序运行结果如图 4-20 所示。例 4-17 对像素值进行逻辑运算，输出为 0 或 1，结果为三维 logical 矩阵，结果与例 4-16 截然不同。

图 4-20　按逻辑运算符运算结果图

4.5　实例

【例 4-18】 针对图 4-21 所示的风车简笔画，编写程序做一个小动画，让风车转动起来。

解：设计思路如下。

设置旋转角度实现旋转变换，将变换后图像作为动画的帧存储。角度逐渐变化，即可实现图像的连续旋转。需要注意的是，旋转后图像尺寸一般大于原始图像，背景填充色要设置为白色，还要对旋转后图像进行剪切，保持动画的帧大小一样。

程序如下：

图 4-21　风车简笔画

```
clear,clc,close all;
Image = imread('windmill.bmp');
vidObj = VideoWriter('rotating.avi','MPEG-4');    % 创建视频写入对象
vidObj.FrameRate = 30;                            % 修改帧率
```

```
open(vidObj);                                  % 打开要写入的视频文件
angle = 0;
while 1
    temp = 255 - Image;                        % 原图像反色
    frame = imrotate(temp, angle, "crop");     % 旋转变换，背景色填充为黑色
    frame = 255 - frame;                       % 再反色，目标还原，背景为白色
    writeVideo(vidObj, frame);                 % 写入视频对象
    imshow(frame);                             % 在当前图形窗口显示当前帧
    pause(1/vidObj.FrameRate);                 % 画面暂留
    angle = angle + 10;                        % 修改旋转角度
    if angle == 360
        angle = 0;
    end
    if ~isempty(get(gcf,'CurrentCharacter'))   % 按下任意键时退出循环
        break;
    end
end
close(vidObj);                                 % 关闭视频文件
```

运行程序，显示不断旋转的风车动画，并在当前目录下生成对应的 AVI 视频。

本章小结

本章主要介绍了图像的几何变换和代数运算，详细介绍了各种运算的 MATLAB 实现。几何变换和代数运算在不同的处理算法中经常用到，应熟悉其基本原理、常用函数、处理效果。

信号不仅可以在空间域表示，也可以在频率域表示，后者将有利于许多问题的分析讨论，因此，常需要对信号进行正交变换，变换到频率域进行处理。对图像进行正交变换在图像增强、图像复原、图像特征提取、图像编码等处理中都经常采用。常用的图像正交变换有多种，本章主要介绍图像的离散傅里叶变换、离散余弦变换、K-L 变换、Radon 变换和小波变换。

5.1　离散傅里叶变换

离散傅里叶变换(Discrete Fourier Transform,DFT)是直接处理离散时间信号的傅里叶变换，在数字信号处理中应用广泛。本节学习离散傅里叶变换的定义、性质、实现及其在图像处理中的应用。

5.1.1　离散傅里叶变换的定义

对于有限长数字序列 $f(x),x=0,1,\cdots,N-1$，一维离散傅里叶变换及离散傅里叶逆变换(IDFT)定义为

$$
\begin{cases}
F(u)=\sum_{x=0}^{N-1}f(x)\mathrm{e}^{-\mathrm{j}\frac{2\pi ux}{N}}, & u=0,1,2,\cdots,N-1 \\
f(x)=\dfrac{1}{N}\sum_{u=0}^{N-1}F(u)\mathrm{e}^{\mathrm{j}\frac{2\pi ux}{N}}, & x=0,1,2,\cdots,N-1
\end{cases}
\tag{5-1}
$$

$f(x)$ 和 $F(u)$ 为离散傅里叶变换对，表示为 $\mathscr{F}[f(x)]=F(u)$ 或 $f(x)\Leftrightarrow F(u)$。

设 $W=\mathrm{e}^{-\mathrm{j}\frac{2\pi}{N}}$，则一维的离散傅里叶变换和离散傅里叶逆变换可以表示为

$$
\begin{cases}
F(u)=\sum_{x=0}^{N-1}f(x)W^{ux}, & u=0,1,2,\cdots,N-1 \\
f(x)=\dfrac{1}{N}\sum_{u=0}^{N-1}F(u)W^{-ux}, & x=0,1,2,\cdots,N-1
\end{cases}
\tag{5-2}
$$

数字图像为二维数据，二维离散傅里叶变换是由一维离散傅里叶变换推广而来的。二维离散傅里叶变换和离散傅里叶逆变换定义为

$$\begin{cases} F(u,v) = \sum_{x=0}^{M-1}\sum_{y=0}^{N-1} f(x,y)\mathrm{e}^{-\mathrm{j}2\pi\left(\frac{xu}{M}+\frac{yv}{N}\right)}, & x,u = 0,1,2,\cdots,M-1 \\[2mm] f(x,y) = \dfrac{1}{MN}\sum_{u=0}^{M-1}\sum_{v=0}^{N-1} F(u,v)\mathrm{e}^{\mathrm{j}2\pi\left(\frac{xu}{M}+\frac{yv}{N}\right)}, & y,v = 0,1,2,\cdots,N-1 \end{cases} \tag{5-3}$$

其中,$f(x,y)$ 是二维离散信号,$F(u,v)$ 为 $f(x,y)$ 的频谱,u、v 为频域采样值;$f(x,y)$ 和 $F(u,v)$ 为二维离散傅里叶变换对,记为 $\mathscr{F}\left[f(x,y)\right]=F(u,v)$ 或 $f(x,y)\Leftrightarrow F(u,v)$。

$F(u,v)$ 一般为复数,表示为

$$F(u,v) = R(u,v) + \mathrm{j}I(u,v) = \mid F(u,v)\mid \mathrm{e}^{\mathrm{j}\phi(u,v)} \tag{5-4}$$

其中,$\mid F(u,v)\mid$ 称为 $f(x,y)$ 的傅里叶谱,如式(5-5)所示;$\phi(u,v)$ 称为 $f(x,y)$ 的相位谱,如式(5-6)所示;$f(x,y)$ 的功率谱定义为傅里叶谱的平方,如式(5-7)所示。

$$\mid F(u,v)\mid = \sqrt{R^2(u,v) + I^2(u,v)} \tag{5-5}$$

$$\phi(u,v) = \arctan\frac{I(u,v)}{R(u,v)} \tag{5-6}$$

$$E(u,v) = \mid F(u,v)\mid^2 = R^2(u,v) + I^2(u,v) \tag{5-7}$$

5.1.2 离散傅里叶变换的实现

将二维离散傅里叶变换变换式做如下变换:

$$\begin{aligned} F(u,v) &= \sum_{x=0}^{M-1}\sum_{y=0}^{N-1} f(x,y)\mathrm{e}^{-\mathrm{j}2\pi\frac{xu}{M}}\mathrm{e}^{-\mathrm{j}2\pi\frac{yv}{N}} \\ &= \sum_{x=0}^{M-1}\left[\sum_{y=0}^{N-1} f(x,y)\mathrm{e}^{-\mathrm{j}2\pi\frac{yv}{N}}\right]\mathrm{e}^{-\mathrm{j}2\pi\frac{xu}{M}} \\ &= \sum_{x=0}^{M-1}\left\{\mathscr{F}_y\left[f(x,y)\right]\right\}\mathrm{e}^{-\mathrm{j}2\pi\frac{xu}{M}} \\ &= \mathscr{F}_x\left\{\mathscr{F}_y\left[f(x,y)\right]\right\} \end{aligned} \tag{5-8}$$

式(5-8)称为二维离散傅里叶变换的可分性,表明二维离散傅里叶变换可用一维离散傅里叶变换来实现,即先对 $f(x,y)$ 的每一列进行一维离散傅里叶变换,得到 $\mathscr{F}_y\left[f(x,y)\right]$,再对该中间结果的每一行进行一维离散傅里叶变换,得到 $F(u,v)$,运算过程中每个一维离散傅里叶变换可以采用快速傅里叶变换(Fast Fourier Transformation,FFT)实现快速运算。相反的顺序(先行后列)也可以。

MATLAB 中提供了实现离散傅里叶变换的相关函数,列举如下。

(1) fft 函数:实现一维离散傅里叶变换。

① fft(X):对向量 X 进行离散傅里叶变换。若 X 为二维矩阵,则对它的每一列进行变换;若为 N 维矩阵,则对其第一个长度非 1 的维进行变换。

② fft(X,N):N 点离散傅里叶变换,若 X 长度小于 N,则补 0;若 X 长度大于 N,则截断。

③ fft(X,[],DIM)或者 fft(X,N,DIM):在第 DIM 维进行离散傅里叶变换。

(2) ifft 函数:实现一维离散傅里叶逆变换。

① ifft(X):X 的离散傅里叶逆变换。

② ifft(X,N)：通过补 0 或截断实现 X 的 N 点离散傅里叶逆变换。

③ ifft(X,[ ],DIM)或者 ifft(X,N,DIM)：X 在 DIM 维的离散傅里叶逆变换。

(3) fft2 函数：实现二维离散傅里叶变换。

① fft2(X)：对矩阵 X 实现二维离散傅里叶变换。

② fft2(X,MROWS,NCOLS)：通过补 0 或截断对 X 进行 MROWS×NCOLS 的二维离散傅里叶变换。

(4) ifft2 函数：实现二维离散傅里叶逆变换。

① ifft2(F)：对矩阵 F 实现二维离散傅里叶逆变换。

② ifft2(F,MROWS,NCOLS)：通过补 0 或截断对 F 进行 MROWS×NCOLS 的二维离散傅里叶逆变换。

(5) fftshift(X)：将零频率分量移动到频谱中心。

(6) ifftshift(X)：将零频率分量移回原位,取消 fftshift 的效果。

【例 5-1】 对灰度图像进行离散傅里叶变换并显示频谱图。

程序如下：

```
clear,clc,close all;
grayI = imread('cameraman.tif');                               % 读取灰度图像
DFT = fft2(grayI);                                             % 计算离散傅里叶变换
ADFT = log(abs(DFT));                                          % 计算傅里叶谱并取对数
ADFT1 = (ADFT - min(ADFT(:)))/(max(ADFT(:)) - min(ADFT(:)));   % 傅里叶谱系数归一化
ADFT2 = fftshift(ADFT1);                                       % 将频谱图移位,低频移至频谱图中心
subplot(131),imshow(grayI),title('原图');
subplot(132),imshow(ADFT1),title('原频谱图');
subplot(133),imshow(ADFT2),title('移位频谱图');
```

程序运行结果如图 5-1 所示。图 5-1(a)是原图,将傅里叶谱取对数归一化的频谱图如图 5-1(b)所示,四角部分对应低频成分,中央部分对应高频成分；采用 fftshift 函数将频谱图进行移位,如图 5-1(c)所示,频谱图中间为低频部分,越靠外边频率越高。图像中的能量主要集中在低频区,高频能量很少或为 0。

(a) 原图　　　　　　　　　　(b) 原频谱图　　　　　　　　　　(c) 移位频谱图

图 5-1　灰度图像傅里叶频谱图

【例 5-2】 对彩色图像进行离散傅里叶变换并显示频谱图。

彩色图像有 3 个色彩通道,其数据为 3 个二维矩阵,因此,需要进行 3 个二维离散傅里叶变换,将 3 个频谱图合成彩色频谱图。fft2 函数对于 $M×N×3$ 的矩阵,即按照上述过程进行离散傅里叶变换,变换后的频谱矩阵同样为 $M×N×3$ 的矩阵,为彩色频谱图。

程序如下：

```
clear,clc,close all;
Image = imread('desert.jpg');                              % 彩色图像
DFT = fftshift(fft2(Image));                               % 离散傅里叶变换并搬移频谱
DFT = log(abs(DFT));                                       % 取傅里叶谱的对数
ADFT = (DFT − min(DFT(:)))/(max(DFT(:)) − min(DFT(:)));
subplot(121),imshow(Image),title('原图');
subplot(122),imshow(ADFT),title('彩色频谱图');
```

程序运行结果如图 5-2 所示。从 MATLAB 工作区可以看到，Image 为 $231 \times 352 \times 3$ 的 uint8 型矩阵，离散傅里叶变换同样是 $231 \times 352 \times 3$ 的矩阵。

(a) 原图　　　　　　　　　　　　　　　(b) 彩色频谱图

图 5-2　彩色图像傅里叶频谱图

【例 5-3】　对图像进行离散傅里叶变换、显示频谱图和重建。

程序如下：

```
clear,clc,close all;
Image = imread('peppers.jpg');
DFT = fftshift(fft2(Image));
ADFT = abs(DFT);
top = max(ADFT(:));
bottom = min(ADFT(:));
ADFT = (ADFT − bottom)/(top − bottom) * 100;              % 计算傅里叶谱
recI = ifft2(ifftshift(DFT));                             % 离散傅里叶逆变换
recI = abs(recI);                                         % 取复数的模
recI = uint8(recI);                                       % 变 double 型数据为整型数据，以便显示图像
subplot(131),imshow(Image),title('原图');
subplot(132),imshow(ADFT),title('彩色频谱图');
subplot(133),imshow(recI),title('DFT重建图');
```

程序运行结果如图 5-3 所示。

(a) 原图　　　　　　　　　(b) 彩色频谱图　　　　　　　(c) DFT重建图

图 5-3　离散傅里叶变换并重建

5.1.3 离散傅里叶变换的性质

离散傅里叶变换有许多重要性质,这些性质给离散傅里叶变换的运算和实际应用提供了极大的便利。这里主要介绍几个和二维离散傅里叶变换在图像处理中的应用密切相关的性质。

1. 线性和周期性

若 $\mathscr{F}[f(x,y)]=F(u,v),0\leqslant x,u\leqslant M-1,0\leqslant y,v\leqslant N-1$,则

$$\mathscr{F}[a_1f_1(x,y)+a_2f_2(x,y)]=a_1\mathscr{F}[f_1(x,y)]+a_2\mathscr{F}[f_2(x,y)] \tag{5-9}$$

$$\begin{cases} F(u,v)=F(u+M,v)=F(u,v+N)=F(u+M,v+N) \\ f(x,y)=f(x+M,y)=f(x,y+N)=f(x+M,y+N) \end{cases} \tag{5-10}$$

式(5-10)表明,尽管 $F(u,v)$ 对无穷多个 u 和 v 的值重复出现,但只需根据在任一个周期里的值就可从 $F(u,v)$ 得到 $f(x,y)$;同样,只需一个周期里的变换就可将 $F(u,v)$ 在频域里完全确定。

2. 几何变换性

1) 共轭对称性
若 $\mathscr{F}[f(x,y)]=F(u,v),F^*(-u,-v)$ 是 $f(-x,-y)$ 的离散傅里叶变换的共轭函数,则

$$F(u,v)=F^*(-u,-v) \tag{5-11}$$

2) 平移性
若 $\mathscr{F}[f(x,y)]=F(u,v)$,则

$$f(x-x_0,y-y_0)\Leftrightarrow F(u,v)e^{-j2\pi\left(\frac{x_0u}{M}+\frac{y_0v}{N}\right)}$$
$$f(x,y)e^{j2\pi\left(\frac{xu_0}{M}+\frac{yv_0}{N}\right)}\Leftrightarrow F(u-u_0,v-v_0) \tag{5-12}$$

式(5-12)表示对图像平移不影响其傅里叶变换的幅值,只改变相位谱。当 $u_0=M/2,v_0=N/2$ 时,$e^{j2\pi(u_0x/M+v_0y/N)}=e^{j\pi(x+y)}=(-1)^{x+y}$,则 $f(x,y)(-1)^{x+y}\Leftrightarrow F(u-M/2,v-N/2)$,频域的坐标原点从起始点(0,0)移至中心点,只要将 $f(x,y)$ 乘以 $(-1)^{x+y}$ 因子,再进行傅里叶变换即可实现,即例 5-1 中的频谱搬移。

3) 旋转性
把 $f(x,y)$ 和 $F(u,v)$ 表示为极坐标形式,若 $f(\gamma,\theta)\leftrightarrow F(k,\varphi)$,则

$$f(\gamma,\theta+\theta_0)\Leftrightarrow F(k,\varphi+\theta_0) \tag{5-13}$$

若将空间域函数旋转角度 θ_0,那么在变换域此函数的离散傅里叶变换也旋转同样的角度;反之,若将变换域函数旋转某一角度,则空间域函数也旋转同样的角度。

4) 比例变换特性
若 $\mathscr{F}[f(x,y)]=F(u,v)$,则

$$f(ax,by)\Leftrightarrow \frac{1}{|ab|}F\left(\frac{u}{a},\frac{v}{b}\right) \tag{5-14}$$

对图像 $f(x,y)$ 在空间尺度的缩放导致其傅里叶变换 $F(u,v)$ 在频域尺度的相反缩放。

【例 5-4】 对一幅图像进行几何变换,再进行离散傅里叶变换,验证以上性质。
程序如下:

```
clear,clc,close all;
Image = rgb2gray(imread('block.bmp'));
[h,w,c] = size(Image);
scale = imresize(Image,0.5,'bilinear');                    % 缩小变换
rotate = imrotate(Image,40,'bilinear','crop');             % 旋转变换
tform = affinetform2d([1 0 0;0 1 0;20 20 1]);
R = imref2d([h,w],[1 w],[1 h]);
trans = imwarp(Image,tform,'FillValue',0,'OutputView',R);  % 平移变换
Originaldft = log(abs(fftshift(fft2(Image))));             % 原图离散傅里叶变换
Scaledft = log(abs(fftshift(fft2(scale))));               % 缩小图离散傅里叶变换
Rotatedft = log(abs(fftshift(fft2(rotate))));             % 旋转图离散傅里叶变换
Transdft = log(abs(fftshift(fft2(trans))));               % 平移图离散傅里叶变换
figure,imshow(Image),title('原图');
figure,imshow(scale),title('缩小变换');
figure,imshow(rotate),title('旋转变换');
figure,imshow(trans),title('平移变换');
figure,imshow(Originaldft,[]),title('原图傅里叶谱');
figure,imshow(Scaledft,[]),title('比例变换傅里叶谱');
figure,imshow(Rotatedft,[]),title('旋转变换傅里叶谱');
figure,imshow(Transdft,[]),title('平移变换傅里叶谱');
```

程序运行结果如图 5-4 所示。可以看出,缩小变换后图像的频谱图尺度展宽,旋转后图像的频谱图随着旋转,平移后图像的频谱图没有变化。

| (a) 原图 | (b) 缩小变换 | (c) 旋转变换 | (d) 平移变换 |

| (e) 原图傅里叶谱 | (f) 缩小图傅里叶谱 | (g) 旋转图傅里叶谱 | (h) 平移图傅里叶谱 |

图 5-4 图像几何变换及其傅里叶频谱图

3. Parseval 定理

若 $\mathscr{F}[f(x,y)]=F(u,v)$，则

$$\sum_{x=0}^{M-1}\sum_{y=0}^{N-1}|f(x,y)|^2=\sum_{u=0}^{M-1}\sum_{v=0}^{N-1}|F(u,v)|^2 \tag{5-15}$$

Parseval 定理也称为能量守恒定理，这个性质说明信号经傅里叶变换后不损失能量，只是改变了信号的表现形式，是变换编码的基本条件。

【**例 5-5**】 对图像进行离散傅里叶变换并计算时域和频域能量。

程序如下：

```
clear,clc,close all;
grayI = double( imread( 'cameraman.tif'));
[N,M,C] = size( grayI);
SI = grayI.^2;                    % 计算|f(x,y)|²
energySI = sum(SI(:));            % 时域能量
DFT = abs(fft2(grayI));           % 离散傅里叶变换
SDFT = DFT.^2;                    % 计算|F(u,v)|²
enerqyF = sum(SDFT(:));           % 频域能量
energyF = energyF/(N * M);        % 频域能量除以采样点数,消除采样增益
diff = abs(energyF - energySI);   % 时域、频域能量差
```

运行程序，在 MATLAB 工作区可以看到 diff 值约为 0，即时域和频域能量一致。

4. 卷积定理

若 $\mathscr{F}[f(x,y)]=F(u,v)$，$\mathscr{F}[g(r,y)]=G(u,v)$，则

$$f(x,y)*g(x,y)\Leftrightarrow F(u,v)\cdot G(u,v)$$
$$f(x,y)\cdot g(x,y)\Leftrightarrow F(u,v)*G(u,v) \tag{5-16}$$

在以上几个性质中，可分性使得二维离散傅里叶变换可以通过一维快速傅里叶变换快速实现；共轭对称性、平移性、旋转性、比例变换特性使得二维离散傅里叶变换具有一定的几何变换不变性，可以作为一种图像特征；Parseval 定理是变换编码的基本条件；卷积定理可以降低某些复杂图像处理算法的计算量，这几个性质在图像处理中应用较多。

5.1.4 离散傅里叶变换在图像处理中的应用

离散傅里叶变换在图像处理中的应用主要包括用于描述图像信息、滤波、压缩及便于运算几方面。

1. 傅里叶描绘子

从原始图像中产生的数值、符号或者图形称为图像特征，反映了原图像的重要信息和主要特性，以便于让计算机有效地识别目标。这些表征图像特征的一系列符号称为描绘子。

描绘子应具有几何变换不变性，即在图像内容不变，仅产生几何变换（平移、旋转、缩放等）的情况下，描绘子不变，以保证识别结果的稳定性。离散傅里叶变换在图像特征提取方面应用较多，本节主要介绍离散傅里叶变换直接作为特征的应用——傅里叶描绘子。

一个闭合区域，区域边界上的点 (x,y) 用复数表示为 $x+\mathrm{j}y$。沿边界跟踪一周，得到一个复数序

列 $z(n)=x(n)+\mathrm{j}y(n),n=0,1,\cdots,N-1,z(n)$ 为周期信号,其离散傅里叶变换系数用 $Z(k)$ 表示, $Z(k)$ 称为傅里叶描绘子。

根据离散傅里叶变换特性,$Z(k)$ 幅值具有旋转和平移不变性,相位信息具有缩放不变性,在一定程度上满足了描绘子的几何变换不变性,可以作为一种图像特征。

2. 离散傅里叶变换在图像滤波中的应用

经过离散傅里叶变换后,在傅里叶频谱中,中间部分为低频部分,越靠外边频率越高。因此,可以在离散傅里叶变换后,设计相应的滤波器,实现高通滤波、低通滤波等的处理。

【例 5-6】 对图像进行离散傅里叶变换及频域滤波。

程序如下:

```
clear,clc,close all;
Image = imread('desert.jpg');
grayIn = rgb2gray(Image);
[h,w] = size(grayIn);
DFTI = fftshift(fft2(grayIn));                    % 离散傅里叶变换及频谱搬移
cf = 30;                                          % 截止频率
HDFTI = DFTI;
starty = floor(h/2 - cf);        endy = ceil(h/2 + cf);
startx = floor(w/2 - cf);        endx = ceil(w/2 + cf);
HDFTI(starty:endy,startx:endx) = 0;               % 低频置为 0
grayOut1 = uint8(abs(ifft2(ifftshift(HDFTI))));   % 离散傅里叶逆变换
LDFTI = zeros(h,w);
LDFTI(starty:endy,startx:endx) = DFTI(starty:endy,startx:endx);       % 高频置为 0
grayOut2 = uint8(abs(ifft2(ifftshift(LDFTI))));   % 离散傅里叶逆变换
subplot(131),imshow(Image),title('原图');
subplot(132),imshow(grayOut1),title('高通滤波');
subplot(133),imshow(grayOut2),title('低通滤波');
```

程序运行结果如图 5-5 所示。程序中进行的实际是理想高通和低通滤波器,为提高滤波性能,也有其他类型的滤波器。

(a) 原图   (b) 高通滤波   (c) 低通滤波

图 5-5　图像频域滤波示例

3. 离散傅里叶变换在图像压缩中的应用

由 Parseval 定理知,信号经傅里叶变换前后能量不发生损失,只是改变了信号的表现形式,离散傅里叶变换系数表现的是各频率点上的幅值。高频反映细节、低频反映景物概貌,往往认为可将高频系数置为 0,降低数据量;同时由于人眼的惰性,合理地设置高频系数为 0,可使图像质量一定范围内的降低不会被人眼察觉到。因此,离散傅里叶变换可以方便地进行压缩编码。

4. 离散傅里叶变换卷积性质的应用

抽象来看,图像处理算法可以认为是图像信息经过了滤波器的滤波(如平滑滤波、锐化滤波等),空间域滤波通常需要进行卷积运算。如果滤波器的结构比较复杂,可以利用离散傅里叶变换的卷积性质,把空间域卷积变为变换域的相乘,以简化运算,如式(5-17)所示。

$$\begin{cases} g = h * f \\ G(u,v) = H(u,v) \cdot F(u,v) \\ g = \text{IDFT}(G) \end{cases} \tag{5-17}$$

式中,f 为原图像,h 为滤波器,利用 h 对 f 滤波,是用 h 和 f 卷积得到 g。这个过程可以改变为先对 f、h 进行离散傅里叶变换,把 H 和 F 相乘得 G,再进行傅里叶逆变换,以降低卷积计算量。

注意:由于离散傅里叶变换和离散傅里叶逆变换都是周期函数,因此在计算卷积时,需要让这两个离散函数具有同样的周期,否则将产生错误。利用快速傅里叶变换计算卷积,为防止频谱混叠误差,需对离散的二维函数补零,即周期延拓,两个函数同时周期延拓,使其具有相同的周期。

5.2 离散余弦变换

在傅里叶级数展开式中,如果被展开的函数是实偶函数,那么其傅里叶级数中只包含余弦项,再将其离散化可导出余弦变换,因此称为离散余弦变换(Discrete Cosine Transform,DCT)。

5.2.1 离散余弦变换的定义

1. 一维 DCT

对于有限长数字序列 $f(x)$,$x = 0,1,\cdots,N-1$,其一维 DCT 和 IDCT(离散余弦逆变换)定义为

$$\begin{cases} F(u) = C(u) \sqrt{\dfrac{2}{N}} \sum_{x=0}^{N-1} f(x) \cos \dfrac{(2x+1)u\pi}{2N} \\ f(x) = \sqrt{\dfrac{2}{N}} \sum_{u=0}^{N-1} C(u) F(u) \cos \dfrac{(2x+1)u\pi}{2N} \end{cases} \tag{5-18}$$

其中,$x,u = 0,1,\cdots,N-1$,$C(u) = \begin{cases} 1/\sqrt{2}, & u = 0 \\ 1, & u = 1,2,\cdots,N-1 \end{cases}$。

将一维 DCT 表示成矩阵运算形式,即

$$\boldsymbol{F} = \boldsymbol{A}f \tag{5-19}$$

$$\boldsymbol{A} = \sqrt{\dfrac{2}{N}} \begin{pmatrix} \dfrac{1}{\sqrt{2}} & \dfrac{1}{\sqrt{2}} & \cdots & \dfrac{1}{\sqrt{2}} \\ \cos \dfrac{1}{2N}\pi & \cos \dfrac{3}{2N}\pi & \cdots & \cos \dfrac{(2N-1)}{2N}\pi \\ \vdots & \vdots & & \vdots \\ \cos \dfrac{N-1}{2N}\pi & \cos \dfrac{3(N-1)}{2N}\pi & \cdots & \cos \dfrac{(2N-1)(N-1)}{2N}\pi \end{pmatrix} \tag{5-20}$$

其中，F 为变换系数矩阵，A 为正交变换矩阵，f 为时域数据矩阵。

一维 IDCT 的矩阵形式表示为

$$f = A^T F \tag{5-21}$$

2. 二维 DCT

数字图像为二维数据，把一维 DCT 推广到二维，二维 DCT 和 IDCT 定义为

$$\begin{cases} F(u,v) = \dfrac{2}{\sqrt{MN}} C(u)C(v) \displaystyle\sum_{x=0}^{M-1}\sum_{y=0}^{N-1} f(x,y)\cos\left[\dfrac{\pi(2x+1)u}{2M}\right]\cos\left[\dfrac{\pi(2y+1)v}{2N}\right] \\ f(x,y) = \dfrac{2}{\sqrt{MN}} \displaystyle\sum_{u=0}^{M-1}\sum_{v=0}^{N-1} C(u)C(v)F(u,v)\cos\left[\dfrac{\pi(2x+1)u}{2M}\right]\cos\left[\dfrac{\pi(2y+1)v}{2N}\right] \end{cases} \tag{5-22}$$

式中，$\begin{cases} x,u=0,1,2,\cdots,M-1 \\ y,v=0,1,2,\cdots,N-1 \end{cases}$，$C(u),C(v) = \begin{cases} 1/\sqrt{2}, & u,v=0 \\ 1, & \text{其他} \end{cases}$。

二维 DCT 的矩阵形式表示为

$$F = AfA^T \tag{5-23}$$

二维 IDCT 的矩阵形式表示为

$$f = A^T FA \tag{5-24}$$

其中，F 为 DCT 系数矩阵，f 为空域数据矩阵，A 为正交变换矩阵。

5.2.2　离散余弦变换的实现

【例 5-7】　用矩阵运算对图像进行 DCT。

程序如下：

```
clear,clc,close all;
Image = double(imread('cameraman.tif'));
[N,M,C] = size(Image);                    % 图像尺寸,本例中图像为 256×256,N 和 M 相等
A = zeros(N,N);
A(1,1:N) = 1/sqrt(2);                     % 系数矩阵 A 的第 1 行
for j = 2:N
    for i = 1:N
        A(j,i) = cos((2 * i - 1) * pi * (j - 1)/(2 * N));
    end
end
A = sqrt(2/N) * A;                        % 生成系数矩阵 A
DCT = A * Image * A';                     % 二维 DCT 矩阵运算
DCT = abs(DCT);
top = max(DCT(:));
bottom = min(DCT(:));
DCT = (DCT - bottom)/(top - bottom) * 100;   % DCT 系数规格化
imshow(DCT),title('DCT 频谱图');
```

程序运行结果如图 5-6 所示。从所得的结果可以看出，离散余弦变换具有使信息集中的特点，对图像进行 DCT 后，在变换域中，矩阵左上角低频的幅值大，而右下角高频的幅值小。也可以将

DCT 系数的绝对值取对数后再归一化显示频谱图。

(a) 原灰度图　　　　　　　　　(b) DCT频谱图

图 5-6　图像 DCT

MATLAB 中提供了实现 DCT 的相关函数,列举如下。

(1) dct 函数:实现 DCT。

① Y=dct(X):对向量 X 进行 DCT,返回 Y;若 X 是二维矩阵,则对其每一列进行 DCT;若 X 是 N 维矩阵,则对其第 1 个长度非 1 的维进行变换。

② Y=dct(X,N):通过补 0 或截断对向量 X 进行 N 点 DCT。

③ Y=dct(X,[],DIM)或 Y=dct(X,N,DIM):对 X 的第 DIM 维进行 DCT。

④ Y=dct(…,'Type',K):指定计算方式执行 DCT,K 可取 1、2、3、4,分别代表 dct-I、dct-II、dct-III、dct-IV 变换,默认值为 2。

(2) idct 函数:实现 IDCT。

① X=idct(Y):IDCT。

② X=idct(Y,N):通过补 0 或截断对向量 Y 进行 N 点 IDCT。

③ X=idct(Y,[],DIM)或 X=idct(Y,N,DIM):对 Y 的第 DIM 维进行 IDCT。

④ X=idct(…,'Type',K):指定计算方式执行 IDCT,K 可取 1、2、3、4,分别代表 idct-I、idct-II、idct-III、idct-IV 变换,默认值为 2。

(3) dct2 函数:实现二维 DCT。

① B=dct2(A):对矩阵 A 进行二维 DCT,返回矩阵 B。

② B=dct2(A,[M N])或 B=dct2(A,M,N):通过补 0 或截断对矩阵 A 进行 M×N 的 DCT。

(4) idct2 函数:实现二维 IDCT。

① B=idct2(A):对矩阵 A 进行二维 IDCT。

② B=idct2(A,[M N])或 B=idct2(A,M,N):通过补 0 或截断对矩阵 A 进行 M×N 的 IDCT。

(5) D=dctmtx(N):返回 N×N 的 DCT 矩阵 D(即式(5-20)中的变换矩阵 A)。

(6) B=blockproc(A,[M N],FUN):对图像 A 中的每一 M×N 块执行 FUN 定义的操作。函数将图像 A 中的每一数据块打包为"block struct"传递给用户定义的函数 FUN,返回矩阵(向量、标量)Y,Y=FUN(BLOCK_STRUCT)。"block struct"是 MATLAB 中定义的结构体,包括该块的信息,相关字段如表 5-1 所示。

表 5-1 block struct 结构体字段

参　　数	含　　义
border	二维向量[V H]，指定数据块的水平、垂直边界
blockSize	二维向量[rows cols]，指定块大小，若'border'被指定，块大小不包括边界像素
data	M×N 或者 M×N×P 的块数据矩阵
imageSize	二维向量[rows cols]，指定输入图像大小
location	二维向量[row col]，指定输入图像中数据块的第 1 个像素（第 1 行第 1 列），不包括边界像素

【例 5-8】 对灰度图像进行 DCT 并显示频谱图。

程序如下：

```
clear,clc,close all;
grayI = imread('cameraman.tif');
DCT = dct2(grayI);                              % 进行离散余弦变换
ADCT = log(abs(DCT));                           % 求模并取对数
top = max(ADCT(:));
bottom = min(ADCT(:));
result = (ADCT - bottom)/(top - bottom);        % 归一化
subplot(121),imshow(grayI),title('原灰度图');
subplot(122),imshow(result),title('对应的 DCT 频谱图');
```

程序运行结果如图 5-7 所示。从 3 幅灰度图的频谱可以看出，能量主要集中在左上角低频分量处。

(a) 原灰度图

(b) 对应的DCT频谱图

图 5-7 灰度图像的 DCT 频谱图

【例 5-9】 对彩色图像进行 DCT、显示频谱图并重建原图。

程序如下：

```
clear,clc,close all;
RGBI = imread('peppers.jpg');                        % 打开彩色图像
[N,M,C] = size(RGBI);
DCTS = zeros(N,M,C);                                 % DCT 频谱图初始化
RGBOut = zeros(N,M,C);                               % 重建图初始化
for i = 1:C                                          % 分色彩通道处理
    channel = RGBI(:,:,i);
    DCT = dct2(channel);                             % DCT
    ADCT = abs(DCT);
    top = max(ADCT(:));         bottom = min(ADCT(:));
    DCTS(:,:,i) = (ADCT - bottom)/(top - bottom) * 100;
    RGBOut(:,:,i) = abs(idct2(DCT));                 % IDCT
end
RGBOut = uint8(RGBOut);
subplot(131),imshow(RGBI),title('原图');
subplot(132),imshow(DCTS),title('彩色图 DCT 频谱图');
subplot(133),imshow(RGBOut),title('DCT 重建图');
```

程序运行结果如图 5-8 所示。

(a) 原图   (b) 彩色图DCT频谱图   (c) DCT重建图

图 5-8 彩色图像 DCT 并重建

5.2.3 离散余弦变换在图像处理中的应用

离散余弦变换在图像处理中主要用于对图像(包括静止图像和运动图像)进行有损数据压缩。例如,静止图像编码标准 JPEG、运动图像编码标准 MPEG 中都使用了离散余弦变换,这是由于离散余弦变换具有很强的"能量集中"特性,大多数的能量都集中在离散余弦变换后的低频部分,压缩编码效果较好。

具体的做法一般是先把图像分成 8×8 的块,对每个方块进行二维 DCT,变换后的能量主要集中在低频区。对 DCT 系数进行量化,给高频系数大间隔量化,低频部分小间隔量化,舍弃绝大部分取值很小或为 0 的高频数据,降低数据量,同时保证重构图像不会发生显著失真。

【例 5-10】 对图像进行 DCT,将高频置为 0,并进行逆变换重建。

程序如下：

```
clear,clc,close all;
```

```
grayIn = imread('cameraman.tif');
[h,w] = size(grayIn);
DCTI = dct2(grayIn);
cf = 90;                                    % 截止频率
FDCTI = zeros(h,w);
FDCTI(1:cf,1:cf) = DCTI(1:cf,1:cf);          % 将高频系数置 0
grayOut = uint8(abs(idct2(FDCTI)));
subplot(121),imshow(grayIn),title('原图');
subplot(122),imshow(grayOut),title('DCT 压缩重建图像');
```

程序运行结果如图 5-9 所示。因为丢失了部分高频系数,所以重建图比原图模糊。程序中将大于截止频率的高频系数置 0,并没有考虑系数的大小,截止频率的指定也缺乏依据。

(a) 原图   (b) DCT压缩重建图像

图 5-9 DCT 压缩重建示例一

【例 5-11】 将彩色图像转换到 YCbCr 空间,分别对亮度和色度数据进行 DCT,采用合理的方式将高频系数变为 0,并进行逆变换重建。

本例中通过将 DCT 系数除以合适的数据以便将高频系数变为 0,称为量化;各 DCT 系数除以的数据称为量化步长,将在第 11 章具体学习。

程序如下:

```
clear,clc,close all;
ImageIn = imread('peppers.jpg');            % 读取彩色图像
YCbCrIn = double(rgb2ycbcr(ImageIn));       % 转换到 YCbCr 空间
YQT = [16   11   10   16   24   40   51   61;
       12   12   14   19   26   58   60   55;
       14   13   16   24   40   57   69   56;
       14   17   22   29   51   87   80   62;
       18   22   37   56   68  109  103   77;
       24   35   55   64   81  104  113   92;
       49   64   78   87  103  121  120  101;
       72   92   95   98  112  100  103   99];    % 亮度量化表,即块内各数据对应的量化步长
CQT = [17   18   24   47   99   99   99   99;
       18   21   26   66   99   99   99   99;
       24   26   56   99   99   99   99   99;
       47   66   99   99   99   99   99   99;
       99   99   99   99   99   99   99   99;
       99   99   99   99   99   99   99   99;
       99   99   99   99   99   99   99   99;
       99   99   99   99   99   99   99   99];    % 色度量化表
```

```
blocksize = 8;                                          % 定义块大小
A = dctmtx(blocksize);                                  % 计算变换矩阵
FUN1 = @(block_struct) A * block_struct.data * A';       % 定义块 DCT 函数
FUN2 = @(block_struct) A' * block_struct.data * A;       % 定义块 IDCT 函数
YCbCrOut = zeros(size(YCbCrIn));                         % 对输出的 YCbCr 图像初始化
for i = 1:3
    channel = YCbCrIn(:,:,i);                            % 获取 YCbCr 各通道
    DCT = blockproc(channel,[blocksize,blocksize],FUN1); % 块 DCT
    if i == 1
        QT = YQT;
    else
        QT = CQT;
    End                                                 % 选择亮度或色度量化表
    FUN3 = @(block_struct) round(block_struct.data./QT); % 定义量化函数,点除运算
    QDCT = blockproc(DCT,[blocksize,blocksize],FUN3);    % 块 DCT 系数量化
    FUN4 = @(block_struct) block_struct.data. * QT;      % 定义反量化函数,点乘运算
    IQDCT = blockproc(QDCT,[blocksize,blocksize],FUN4);  % 块量化后的数据反量化
    IDCT = blockproc(IQDCT,[blocksize,blocksize],FUN2);  % 块系数 IDCT
    YCbCrOut(:,:,i) = IDCT;                              % 存储 YCbCr 图像数据
end
YCbCrOut = uint8(YCbCrOut);
ImageOut = ycbcr2rgb(YCbCrOut);                          % 转换回 RGB 空间
figure,imshow(ImageIn),title('原图');
figure,imshow(ImageOut),title('重建图像');
```

程序运行结果如图 5-10 所示。程序中实现了色彩空间变换、DCT、量化、反量化、IDCT、色彩空间逆变换等操作,数据损失发生在量化一步。从图 5-10 可以看出,重建后的图像质量有所下降,但不明显,比直接指定截止频率更合理。

(a) 原图   (b) 重建图像

图 5-10   DCT 压缩重建示例二

5.3 K-L 变换

K-L 变换是建立在统计特性基础上的一种变换,又称为霍特林(Hotelling)变换或主成分分析(Principal Component Analysis,PCA),其突出优点是相关性好,是均方误差(Mean Square Error,MSE)意义下的最佳变换,在数据压缩技术中占有重要地位。

5.3.1 K-L 变换原理

1. K-L 变换的定义

用确定的正交归一向量系 $\boldsymbol{u}_j, j=1,2,\cdots,+\infty$ 展开向量 $\boldsymbol{X}$：

$$\boldsymbol{X} = \sum_{j=1}^{+\infty} a_j \boldsymbol{u}_j \tag{5-25}$$

用有限的 m 项来估计向量 $\boldsymbol{X}$，即

$$\hat{\boldsymbol{X}} = \sum_{j=1}^{m} a_j \boldsymbol{u}_j \tag{5-26}$$

表示成矩阵形式为

$$\hat{\boldsymbol{X}} = \boldsymbol{UA} \tag{5-27}$$

为了找到合适的变换矩阵 $\boldsymbol{U}$，计算用有限项展开代替无限项展开引起的均方误差，使均方误差最小的 $\boldsymbol{U}$ 最优。均方误差如下所示：

$$\overline{\varepsilon^2} = E[(\boldsymbol{X}-\hat{\boldsymbol{X}})^{\mathrm{T}}(\boldsymbol{X}-\hat{\boldsymbol{X}})] = E\left[\sum_{j=m+1}^{+\infty} a_j \boldsymbol{u}_j \cdot \sum_{j=m+1}^{+\infty} a_j \boldsymbol{u}_j\right]$$

利用已知条件求解均方误差。$\boldsymbol{u}$ 为正交归一向量系，$\boldsymbol{u}_i^{\mathrm{T}}\boldsymbol{u}_j = \begin{cases} 1, & i=j \\ 0, & i \neq j \end{cases}$；且 $a_j = \boldsymbol{u}_j^{\mathrm{T}}\boldsymbol{X}$，所以

$$\overline{\varepsilon^2} = E\left[\sum_{j=m+1}^{+\infty} a_j^2\right] = E\left[\sum_{j=m+1}^{+\infty} \boldsymbol{u}_j^{\mathrm{T}}\boldsymbol{X}\boldsymbol{X}^{\mathrm{T}}\boldsymbol{u}_j\right] = \sum_{j=m+1}^{+\infty} \boldsymbol{u}_j^{\mathrm{T}} E[\boldsymbol{X}\boldsymbol{X}^{\mathrm{T}}]\boldsymbol{u}_j$$

令 $\boldsymbol{\psi} = E[\boldsymbol{X}\boldsymbol{X}^{\mathrm{T}}]$，则

$$\overline{\varepsilon^2} = \sum_{j=m+1}^{+\infty} \boldsymbol{u}_j^{\mathrm{T}} \boldsymbol{\psi} \boldsymbol{u}_j$$

利用拉格朗日乘数法求均方误差取极值时的 $\boldsymbol{u}$，拉格朗日函数为

$$h(\boldsymbol{u}_j) = \sum_{j=m+1}^{+\infty} \boldsymbol{u}_j^{\mathrm{T}} \boldsymbol{\psi} \boldsymbol{u}_j - \sum_{j=m+1}^{+\infty} \lambda[\boldsymbol{u}_j^{\mathrm{T}} \boldsymbol{u}_j - 1]$$

对 $\boldsymbol{u}_j$ 求导数，得

$$(\boldsymbol{\psi} - \lambda_j \boldsymbol{I})\boldsymbol{u}_j = 0, \quad j = m+1,\cdots,+\infty$$

其中，λ_j 是 $\boldsymbol{X}$ 的自相关矩阵 $\boldsymbol{\psi}$ 的特征值，$\boldsymbol{u}_j$ 是对应的特征向量。则有

$$\overline{\varepsilon^2} = \sum_{j=m+1}^{+\infty} \boldsymbol{u}_j^{\mathrm{T}} \boldsymbol{\psi} \boldsymbol{u}_j = \sum_{j=m+1}^{+\infty} \boldsymbol{u}_j^{\mathrm{T}} \lambda_j \boldsymbol{u}_j = \sum_{j=m+1}^{+\infty} \lambda_j \tag{5-28}$$

得到以下结论：以 $\boldsymbol{X}$ 的自相关矩阵 $\boldsymbol{\psi}$ 的 m 个最大特征值对应的特征向量来逼近 $\boldsymbol{X}$ 时，其截断均方误差具有极小性质。这 m 个特征向量所组成的正交坐标系 $\boldsymbol{U}$ 称作 $\boldsymbol{X}$ 所在的 n 维空间的 m 维 K-L 变换坐标系。$\boldsymbol{X}$ 在 K-L 坐标系上的展开系数向量 $\boldsymbol{A}$ 称作 $\boldsymbol{X}$ 的 K-L 变换，满足

$$\begin{cases} \boldsymbol{A} = \boldsymbol{U}^{\mathrm{T}}\boldsymbol{X} \\ \boldsymbol{X} = \boldsymbol{UA} \end{cases} \tag{5-29}$$

其中，$\boldsymbol{U} = [\boldsymbol{u}_1 \quad \boldsymbol{u}_2 \quad \cdots \quad \boldsymbol{u}_m]$。

2. K-L 变换的性质

因为 $\boldsymbol{\psi} \boldsymbol{u}_j = \lambda_j \boldsymbol{u}_j$，则 $\boldsymbol{\psi U} = \boldsymbol{U D}_\lambda$，$\boldsymbol{D}_\lambda$ 为对角矩阵，其互相关成分都应为 0，即

$$\boldsymbol{D}_\lambda = \begin{bmatrix} \lambda_1 & 0 & \cdots & 0 \\ 0 & \lambda_2 & \cdots & 0 \\ \vdots & \vdots & & \vdots \\ 0 & 0 & \cdots & \lambda_n \end{bmatrix} \tag{5-30}$$

因为 $\boldsymbol{U}$ 为正交矩阵，所以 $\boldsymbol{\psi} = \boldsymbol{U D}_\lambda \boldsymbol{U}^{\mathrm{T}}$。

因为 $\boldsymbol{X} = \boldsymbol{U A}$，则 $\boldsymbol{\psi} = E[\boldsymbol{X X}^{\mathrm{T}}] = E[\boldsymbol{U A A}^{\mathrm{T}} \boldsymbol{U}^{\mathrm{T}}] = \boldsymbol{U} E[\boldsymbol{A A}^{\mathrm{T}}] \boldsymbol{U}^{\mathrm{T}}$，所以

$$E[\boldsymbol{A A}^{\mathrm{T}}] = \boldsymbol{D}_\lambda \tag{5-31}$$

由式(5-31)可知，变换后的向量 $\boldsymbol{A}$ 的自相关矩阵 $\boldsymbol{\psi}_A$ 是对角矩阵，且对角元素是 $\boldsymbol{X}$ 的自相关矩阵 $\boldsymbol{\psi}$ 的特征值。显然，通过 K-L 变换，消除了原有向量 $\boldsymbol{X}$ 的各分量之间的相关性，即变换后的数据 $\boldsymbol{A}$ 的各分量之间的信息是相互独立的。

3. 信息量分析

通过前文的分析可知，数据 $\boldsymbol{X}$ 的 K-L 坐标系的产生矩阵采用的是自相关矩阵 $\boldsymbol{\psi} = E[\boldsymbol{X X}^{\mathrm{T}}]$，由于总体均值向量 $\boldsymbol{\mu}$ 常常没有什么意义，因此也常常把数据的协方差矩阵作为 K-L 坐标系的产生矩阵，如式(5-32)所示。

$$\boldsymbol{\Sigma} = E[(\boldsymbol{X} - \boldsymbol{\mu})(\boldsymbol{X} - \boldsymbol{\mu})^{\mathrm{T}}] \tag{5-32}$$

已知 $a_1 = \boldsymbol{u}_1^{\mathrm{T}} \boldsymbol{X}$，计算 a_1 的方差如下：

$$\mathrm{var}(a_1) = E[a_1^2] - E[a_1]^2 = E[\boldsymbol{u}_1^{\mathrm{T}} \boldsymbol{X X}^{\mathrm{T}} \boldsymbol{u}_1] - E[\boldsymbol{u}_1^{\mathrm{T}} \boldsymbol{X}] E[\boldsymbol{X}^{\mathrm{T}} \boldsymbol{u}_1] = \boldsymbol{u}_1^{\mathrm{T}} \boldsymbol{\Sigma} \boldsymbol{u}_1$$

$\boldsymbol{u}_1$ 为 $\boldsymbol{\Sigma}$ 的特征向量，λ_1 为对应的特征值，则 $\mathrm{var}(a_1) = \boldsymbol{u}_1^{\mathrm{T}} \boldsymbol{\Sigma} \boldsymbol{u}_1 = \lambda_1 \boldsymbol{u}_1^{\mathrm{T}} \boldsymbol{u}_1 = \lambda_1$，即 a_1 的方差为 $\boldsymbol{\Sigma}$ 最大的特征值，a_1 称作第一主成分。

采用大特征值对应的特征向量组成变换矩阵，能对应地保留原向量中方差最大的成分，K-L 变换起到了减小相关性、突出差异性的效果，称之为主成分分析。

计算主成分的方差之和为

$$\sum_{j=1}^{n} \mathrm{var}(a_j) = \sum_{j=1}^{n} \lambda_j = \mathrm{tr}(\boldsymbol{\Sigma}) = \sum_{j=1}^{n} \mathrm{var}(X_j)$$

上式说明，n 个互不相关的主成分的方差之和等于原数据的总方差，即 n 个互不相关的主成分包含了原数据中的全部信息，各主成分的贡献率依次递减，第一主成分贡献率最大，数据的大部分信息集中在较少的几个主成分上。

主成分 a_i 的贡献率为

$$\lambda_i \bigg/ \sum_{j=1}^{n} \lambda_j, \quad i = 1, 2, \cdots, n \tag{5-33}$$

前 m 个主成分的累积贡献率反映前 m 个主成分综合原始变量信息的能力，定义如下：

$$\sum_{i=1}^{m} \lambda_i \bigg/ \sum_{j=1}^{n} \lambda_j \tag{5-34}$$

【例 5-12】 设向量集为 $\begin{cases} \omega_1: [0\ \ 0\ \ 0]^T, [1\ \ 0\ \ 1]^T, [1\ \ 0\ \ 0]^T, [1\ \ 1\ \ 0]^T \\ \omega_2: [0\ \ 0\ \ 1]^T, [0\ \ 1\ \ 1]^T, [0\ \ 1\ \ 0]^T, [1\ \ 1\ \ 1]^T \end{cases}$,采用其自相

关矩阵作为产生矩阵对其进行 K-L 变换,实现向二维降维,即求其前两个主成分。

程序如下:

```
clear,clc,close all;
X = [0 0 0;1 0 1;1 0 0;1 1 0;0 0 1;0 1 1;0 1 0;1 1 1]';
[n,N] = size(X);                             %n 为维数,N 为样本数
V = X * X'/N;                                %求自相关矩阵
[coeff,D] = eigs(V);                         %求特征值和特征向量
[D_sort,index] = sort(diag(D),'descend');    %特征值降序排列
D = D( index, index);                        %按序调整特征值对角矩阵
coeff = coeff(:,index);                      %按序调整特征向量矩阵
score = coeff' * X;                          %K-L 变换
figure; plot(score(1,:),score(2,:),'ko'),title('K-L 变换');
xlabel('第一主成分得分');ylabel('第二主成分得分');
reconstructed = score' * coeff';             %K-L 逆变换
```

程序运行结果如图 5-11 所示。

图 5-11 K-L 变换第一、二主成分

5.3.2 图像的 K-L 变换及其实现

图像的 K-L 变换是指将二维的图像转换为一维的向量,通常采用奇异值分解进行 K-L 变换。

1. 原理

图像 K-L 变换的原理是将二维图像采用行堆叠或列堆叠转换为一维处理。设一幅大小为 $M \times N$ 的图像 $f(x,y)$ 在某个传输通道上传输了 L 次,由于受到各种因素的随机干扰,接收的图像是一幅图像集合,即

$$\{ f_1(x,y), f_2(x,y), \cdots, f_L(x,y) \}$$

采用列堆叠将每个 $M \times N$ 的图像表示为 MN 维的向量,即

$$f_i = (f_i(0,0)\quad f_i(0,1)\quad \cdots\quad f_i(M-1,N-1))^T$$

图像向量 $f = (f_1\quad f_2\quad \cdots\quad f_L)$ 的协方差矩阵和相应变换核矩阵为

$$\boldsymbol{\Sigma}_f = E[(f - \boldsymbol{\mu}_f)(f - \boldsymbol{\mu}_f)^T] \approx \frac{1}{L}\Big[\sum_{i=1}^{L} f_i f_i^T \Big] - \boldsymbol{\mu}_f \boldsymbol{\mu}_f^T \tag{5-35}$$

其中，$f-\mu_f$ 为原始图像 f 减去平均值向量 μ_f，称为中心化图像向量；Σ_f 是 $MN \times MN$ 维的矩阵。

设 λ_i 和 u_i 为 Σ_f 的特征值和特征向量，且降序排列，即

$$\lambda_1 > \lambda_2 > \lambda_3 > \lambda_4 > \cdots > \lambda_{M \times N}$$

K-L 变换矩阵 U 为

$$U = [u_1, u_2, \cdots, u_{M \times N}] = \begin{bmatrix} u_{11} & u_{21} & \cdots & u_{MN1} \\ u_{12} & u_{22} & \cdots & u_{MN2} \\ \vdots & \vdots & & \vdots \\ u_{1MN} & u_{2MN} & \cdots & u_{MNMN} \end{bmatrix}$$

则二维 K-L 变换表示为

$$F = U^{\mathrm{T}}(f - \mu_f) \tag{5-36}$$

离散 K-L 变换向量 F 是中心化向量 $f-\mu_f$ 与变换核矩阵 U 相乘所得的结果。

2. 奇异值分解

如前文所述，f 向量的协方差矩阵 Σ_f 是 $MN \times MN$ 维的矩阵，由于图像的维数 MN 一般很高，因此直接求解 Σ_f 的特征值和特征向量不现实。本节简单介绍奇异值分解（Singular Value Decomposition，SVD）的方法，其详细的数学理论可以参看矩阵论的相关资料。

1）原理

奇异值分解将一个大矩阵分解为几个小矩阵乘积，如式（5-37）所示。

$$B = PDQ^{\mathrm{T}} \tag{5-37}$$

其中，B 为 $m \times n$ 的矩阵；P 为 $m \times m$ 的方阵，其列向量正交，称为左奇异向量；D 为 $m \times n$ 的矩阵，仅对角线元素不为 0，对角线上的元素称为奇异值；Q^{T} 为 $n \times n$ 的方阵，其列向量正交，称为右奇异向量。

式（5-37）中小矩阵的求解可以采用下列方法。

设 $R = B^{\mathrm{T}}B$，得到一个方阵，且 $R^{\mathrm{T}} = (B^{\mathrm{T}}B)^{\mathrm{T}} = B^{\mathrm{T}}B = R$，即 R 为 n 阶厄米特矩阵，可以证明 R 的特征值均为非负值。对矩阵 R 求特征值，如式（5-38）所示。

$$(B^{\mathrm{T}}B)q_i = \lambda_i q_i \tag{5-38}$$

右奇异矩阵 Q 由 q_i 组成。

由式（5-39）可得左奇异矩阵 P。

$$\begin{cases} \sigma_i = \sqrt{\lambda_i} \\ p_i = Bq_i / \sigma_i \end{cases} \tag{5-39}$$

其中，左奇异矩阵 P 由 p_i 组成；σ 即矩阵 B 的奇异值，在矩阵 D 中从大到小排列，且减小很快，可以用前 r 个大的奇异值来近似描述矩阵，如式（5-40）所示。

$$B_{m \times n} \approx P_{m \times r} D_{r \times r} Q_{n \times r}^{\mathrm{T}} \tag{5-40}$$

需注意，Q 为 $n \times r$ 的矩阵，Q^{T} 为 $r \times n$ 的矩阵。

2）图像 K-L 变换实现

将中心化图像向量 $f-\mu_f$ 进行奇异值分解，即 $B = f - \mu_f$，用前 r 个大的奇异值来近似描述，如式（5-41）所示。

$$\boldsymbol{B}_{MN \times L} \approx \boldsymbol{P}_{MN \times r} \boldsymbol{D}_{r \times r} \boldsymbol{Q}_{L \times r}^{\mathrm{T}} \tag{5-41}$$

将式(5-41)两边同时右乘 $\boldsymbol{Q}_{L \times r}$，即 $\boldsymbol{B}_{MN \times L} \boldsymbol{Q}_{L \times r} \approx \boldsymbol{P}_{MN \times r} \boldsymbol{D}_{r \times r} \boldsymbol{Q}_{L \times r}^{\mathrm{T}} \boldsymbol{Q}_{L \times r}$。

由于 $\boldsymbol{Q}$ 为正交矩阵，所以 $\boldsymbol{Q}^{\mathrm{T}} \boldsymbol{Q}$ 为单位阵，所以

$$\boldsymbol{B}_{MN \times L} \boldsymbol{Q}_{L \times r} \approx \boldsymbol{P}_{MN \times r} \boldsymbol{D}_{r \times r} = \widetilde{\boldsymbol{B}}_{MN \times r} \tag{5-42}$$

由式(5-38)求出矩阵 $\boldsymbol{Q}$，进而求出 $\widetilde{\boldsymbol{B}}_{MN \times r}$，实现列压缩。

将式(5-41)两边同时左乘 $\boldsymbol{P}_{MN \times r}^{\mathrm{T}}$，即 $\boldsymbol{P}_{MN \times r}^{\mathrm{T}} \boldsymbol{B}_{MN \times L} \approx \boldsymbol{P}_{MN \times r}^{\mathrm{T}} \boldsymbol{P}_{MN \times r} \boldsymbol{D}_{r \times r} \boldsymbol{Q}_{L \times r}^{\mathrm{T}}$。

由于 $\boldsymbol{P}$ 为正交矩阵，所以 $\boldsymbol{P}^{\mathrm{T}} \boldsymbol{P}$ 为单位阵，所以

$$\boldsymbol{P}_{MN \times r}^{\mathrm{T}} \boldsymbol{B}_{MN \times L} \approx \boldsymbol{D}_{r \times r} \boldsymbol{Q}_{L \times r}^{\mathrm{T}} = \widetilde{\boldsymbol{B}}_{r \times L} \tag{5-43}$$

由式(5-38)和式(5-39)求出矩阵 $\boldsymbol{Q}$、$\boldsymbol{D}$、$\boldsymbol{P}$，进而求出 $\widetilde{\boldsymbol{B}}_{r \times L}$，实现行压缩。

【例5-13】 打开人脸图像，采用 SVD 方法对其进行 K-L 变换，并显示变换结果。

程序如下：

```
clear,clc,close all;
fmt = {' * .jpg','JPEG image( * .jpg)';' * . * ','All Files( . * )'};
[FileName,FilePath] = uigetfile(fmt,'导入数据','face * .jpg','MultiSelect','on');
                                          % 利用 uigetfile 函数交互式选取训练样本图像
if ～isequal([FileName,FilePath],[0,0])
    FileFullName = strcat(FilePath,FileName);
else
    return;          % 若选择了图像,则获取图像文件的完整路径,否则退出程序,不再运行
end
N = length(FileFullName);
for k = 1:N
    Image = im2double(rgb2gray(imread(FileFullName{k})));
    X(:,k) = Image(:);                    % 把图像放在矩阵 X 的第 k 列
    InImage(:,:,:,k) = Image;
end
figure,montage(InImage,'size',[1 NaN]),title('原图');
[h,w,c] = size(Image);
averagex = mean(X,2);                    % 计算图像的平均向量 μ
X = X - averagex;                        % 求中心化图像向量
R = X' * X;                              % 奇异值分解中的矩阵 R = BᵀB
[Q,D] = eig(R);                          % 求矩阵 R 的特征值和特征向量
[D_sort,index] = sort(diag(D),'descend');  % 特征值从大到小排序
D = D(index,index);
Q = Q(:,index);                          % 按从大到小顺序重排特征值矩阵 D 和特征向量矩阵 Q
P = X * Q * (abs(D))^ - 0.5;             % 求左奇异矩阵 P
total = 0.0;
count = sum(D_sort);
for r = 1:N
    total = total + D_sort(r);
    if total/count > 0.95                % 取占全部奇异值之和 95% 的前 r 个奇异值
        break;
    end
end
KLCoefR = P' * X;
figure; plot(KLCoefR(1,:),KLCoefR(2,:),'ko'),title('K - L 变换行压缩');
xlabel('第一主成分得分');ylabel('第二主成分得分');
Y = P(:,1:2) * KLCoefR(1:2,:) + averagex;  % 基于前两个奇异值重建人脸图像
outImage = zeros(h,w,1,N);
for j = 1:N
```

```
    outImage(:,:,1,j) = reshape(Y(:,j),h,w);
end
figure,montage(outImage,'size',[2 NaN]),title('基于左奇异矩阵前两个奇异值重建图像');
Z = P(:,1:r) * KLCoefR(1:r,:) + averagex;        % 基于前 r 个奇异值重建人脸图像
for j = 1:N
    outImage(:,:,1,j) = reshape(Z(:,j),h,w);
end
figure,montage(outImage,'size',[1 NaN],'DisplayRange',[]);
        title('基于左奇异矩阵前 r 个奇异值重建的人脸图像');
KLCoefC = X * Q;                                 % 使用右奇异矩阵进行 K-L 变换
for j = 1:N
    outImage(:,:,1,j) = reshape(KLCoefC(:,j),h,w);
end
figure,montage(outImage,'size',[1 NaN],'DisplayRange',[]);
        title('基于右奇异矩阵的 K-L 变换');
```

程序运行结果如图 5-12 所示。

(a) 原图

(b) 使用右奇异矩阵进行K-L变换

(c) 前两个奇异值对应左奇异向量对中心化人脸图像的降维及重建

(d) 前6个奇异值(和占总数的95%以上)对应左奇异向量对中心化人脸图像的重建

图 5-12　人脸图像 K-L 变换

3. K-L 变换函数

MATLAB 中对于 K-L 变换提供了相应的函数,列举如下。

(1) pcacov 函数:根据相关系数矩阵或协方差矩阵进行主成分分析。

① COEFF＝pcacov(V):根据 $n \times n$ 的矩阵 V 进行主成分分析,返回主成分系数 COEFF。COEFF 为 $n \times n$ 的矩阵,每一列为一个主成分的系数向量,按主成分方差递减顺序排列,即原理中的变换矩阵 $\boldsymbol{U}$。

② [COEFF,LATENT]＝pcacov(V):LATENT 是由主成分的方差构成的向量,即由 V 的 n 个特征值(从大到小)构成的向量。

③ [COEFF,LATENT,EXPLAINED]＝pcacov(V):EXPLAINED 是由 n 个主成分的百分比贡献率构成的向量。

(2) pca 函数:对原数据进行主成分分析。

① COEFF＝pca(X):返回 $N \times n$ 的数据矩阵 X 的主成分系数 COEFF,N 为样本数目,n 为样本维数,X 的每一行对应一个样本;COEFF 含义同 pcacov 函数中的参数。默认情况下,pca 函数将数据变为中心化数据,使用 SVD 算法。

② [COEFF,SCORE]＝pca(X):增加返回主成分得分 SCORE,是原理中矩阵 $\boldsymbol{A}$ 的转置。需要注意的是,原理讲解中一般都是用列向量表示一个样本,N 个 n 维样本则是一个 $n \times N$ 的矩阵;但 pca 函数中输入的 X 为 $N \times n$ 的数据矩阵,是原理中数据矩阵的转置,SCORE 的计算采用 $X \times$ COEFF,实际是原理中矩阵 $\boldsymbol{A}$ 的转置;默认情况下,是先将 X 变为中心化数据再乘以 COEFF 计算出 SCORE,重建中心化数据则采用 SCORE×COEFF'。

③ [COEFF,SCORE,LATENT]＝pca(X):增加返回主成分方差 LATENT,即 X 的协方差矩阵的 n 个特征值构成的向量。

④ [COEFF,SCORE,LATENT,TSQUARED]＝pca(X):增加返回 X 中每个样本的 Hotelling T 平方统计量。TSQUARED 为有 N 个元素的向量,第 i 个元素是第 i 个样本与数据集的中心之间的距离。

$$T_i^2 = \sum_{j=1}^{n} \frac{\text{SCORE}_{ij}^2}{\lambda_j}, \quad i=1,2,\cdots,N$$

其中,SCORE_{ij}($i=1,2,\cdots,N$;$j=1,2,\cdots,n$)为第 i 个样本的第 j 个主成分得分,λ_j 为样本协方差矩阵的 n 个降序排列的特征值。

⑤ [COEFF,SCORE,LATENT,TSQUARED,EXPLAINED]＝pca(X):增加返回各主成分的百分比贡献率组成的向量 EXPLAINED。

⑥ [COEFF,SCORE,LATENT,TSQUARED,EXPLAINED,MU]＝pca(X):当输入参数 'Centered' 设为 true 时,返回 X 中样本均值 MU;否则 MU 为全 0。

⑦ […]＝pca(…,'PARAM1',val1,'PARAM2',val2,…):指定各参数实现主成分分析,用于控制计算、处理特殊数据类型。各参数含义如表 5-2 所示。

表 5-2 pca 函数参数

参　　数	含　　义
Algorithm	pca 函数实现主成分分析的算法,可选'svd'(奇异值分解)、'eig'(协方差矩阵特征值分解)、'als'(交替最小二乘法),默认值为'svd'
Centered	逻辑值,默认为 true,pca 函数将 X 变为中心化数据;为 false,不对数据进行中心化处理
Economy	逻辑值,默认为 true,函数仅返回结果的前一部分;为 false,则返回全部结果
NumComponents	正整数,指明需要的主成分数目 K,返回 COEFF 和 SCORE 的前 K 列
Rows	X 中含有 NaN 情况时的处理方法,可取'complete'(默认值,计算前去除值为 NaN 的样本,运算后在 SCORE 中的对应位置插入);'pairwise'(切换 Algorithm 为'eig',计算协方差矩阵时用非 NaN 值取代 NaN);'all'(确认 X 中没有数据缺失,采用所有数据进行运算,遇 NaN 终止运算)。采用'als'算法时本参数无效
Weights	样本权向量,元素均为正值
VariableWeights	分量权向量,元素均为正值
	配合'als'算法的参数略

(3) pcares 函数:重建数据,并求样本观测值矩阵中每个样本的每个分量所对应的残差。

① RESIDUALS=pcares(X,NDIM):返回利用前 NDIM 个主成分重建数据时的残差。NDIM ≤ n; RESIDUALS 为 $N \times n$ 的矩阵,其元素为 X 中相应元素所对应的残差。

② [RESIDUALS,RECONSTRUCTED]=pcares(X,NDIM):增加返回用前 NDIM 个主成分的得分重建的数据 RECONSTRUCTED,是 X 的一个近似。pcares 只接受原始样本观测数据作为它的输入,不会自动对数据做标准化变换。

【例 5-14】 利用函数对不同字体数字的图像进行主成分分析并重建。

本例中对白色背景下不同字体的黑色数字的图像进行处理,设计分为以下 3 部分。

(1) 生成样本。读取图像文件,反色,将数字目标变为白色;通过确定数字的外接矩形截取数字所在区域;将数字区域归一化为 16×16 的子图像;将 16×16 的数据变换为 1×256 的一维数据,生成样本。

```
clc;clear;close all;
fmt = {'*.jpg','JPEG (*.jpg)';'*.bmp','BMP (*.bmp)';'*.*','All Files(*.*)'};
[FileName,FilePath] = uigetfile(fmt,'导入外部数据','*.jpg','MultiSelect','on');
if ~isequal([FileName,FilePath],[0,0]);
    FileFullName = strcat(FilePath,FileName);
else
    return;
end                          % 选择数据并判断,同例 5-13
N = length(FileFullName);    % 选择的图像数目
Image = zeros(50);           % 存储原始图像数据,大小为 50×50
n = 16;n1 = 20;              % 规格化图像为 n×n,显示用图像为 n1,外围增加了 2 行 2 列
BWI = zeros(n);              % 存储二值化图像数据,大小为 16×16
training = zeros(1,n*n);     % 存储训练样本 1×256
showImage = zeros(n1,n1*N);  % 显示用图像,将各样本小图像拼到一幅大图显示
for j = 1:N                  % 对每一幅图像进行预处理
    Image = imread(FileFullName{j});       % 读取每一幅图像数据
    Image = 255 - Image;                    % 反色,将数字目标变为白色
    Image = imbinarize(rgb2gray(Image),0.4);   % 二值化
    [y,x] = find(Image == 1);
    BWI = Image(min(y):max(y),min(x):max(x));  % 截取数字所在区域
```

```
BWI = imresize(BWI,[n,n]);                              % 子区域归一化为 16 × 16
showImage((n1 - n)/2 + 1:n + (n1 - n)/2,(j - 1) * n1 + 1:(j - 1) * n1 + n) = BWI;
                                                        % 当前图像拼到大图中
training(j,:) = double(BWI(:)');                        % 转换为一维的样本
end
```

（2）进行主成分分析。采用 pca 函数进行主成分分析，并通过绘图观察样本的第一、二主成分。

```
[coeff,score,latent,tsquare] = pca(training);          % 主成分分析
figure,plot(score(:,1),score(:,2),'ko');               % 绘制第一、二主成分得分图
title('主成分分析'),xlabel('第一主成分得分'),ylabel('第二主成分得分');
```

（3）利用主成分重建图像。采用 pcares 函数分别基于第一，第一、二，第一、二、三主成分重建图像，并通过绘图观察重建图像与原始图像的区别。

```
[residuals1,reconstructed1] = pcares(training,1);      % 利用第一主成分重建数据
[residuals2,reconstructed2] = pcares(training,2);      % 利用第一、二主成分重建数据
[residuals3,reconstructed3] = pcares(training,3);      % 利用第一、二、三主成分重建数据
showResult1 = zeros(n1,n1 * N);
showResult2 = zeros(n1,n1 * N);
showResult3 = zeros(n1,n1 * N);
for j = 1:N
    tempI = reconstructed1(j,:);                        % 重建数据一
    tempI = reshape(tempI,n,n);                         % 转换为二维图像
    showResult1((n1 - n)/2 + 1:n + (n1 - n)/2,(j - 1) * n1 + 1:(j - 1) * n1 + n) = tempI;
    tempI = reconstructed2(j,:);
    tempI = reshape(tempI,n,n);
    showResult2((n1 - n)/2 + 1:n + (n1 - n)/2,(j - 1) * n1 + 1:(j - 1) * n1 + n) = tempI;
    tempI = reconstructed3(j,:);
    tempI = reshape(tempI,n,n);
    showResult3((n1 - n)/2 + 1:n + (n1 - n)/2,(j - 1) * n1 + 1:(j - 1) * n1 + n) = tempI;
end
figure,
subplot(221),imshow(showImage),title('原始二值数字图像');
subplot(222),imshow(showResult1),title('第一主成分重建的数字图像');
subplot(223),imshow(showResult2),title('第一、二主成分重建的数字图像');
subplot(224),imshow(showResult3),title('第一、二、三主成分重建的数字图像');
```

程序运行结果如图 5-13 所示，随着重建采用的主成分数目增多，重建图像清晰度逐渐提高。

(a) 原始二值数字图像　　　　　(b) 第一主成分重建的数字图像

(c) 第一、二主成分重建的数字图像　　(d) 第一、二、三主成分重建的数字图像

图 5-13　图像主成分分析及重建

5.3.3　K-L 变换在图像处理中的应用

K-L 变换在图像处理中主要用于图像数据压缩和特征提取。

如前文所述，K-L 变换矩阵由特征向量组成，特征向量按特征值递减顺序排列。由于能量集中在特征值较大的系数中，因此丢掉特征值小的特征向量构成变换矩阵。K-L 变换的结果 F 是原图像

f 的低维投影,减少了数据量,在保留的主成分的贡献率不低于一定程度的情况下,不影响重建图像的质量。

K-L 变换常作为一种特征提取方法,从一组特征中计算出一组按重要性从大到小排列的新特征,是原有特征的线性组合,并且相互之间是不相关的,实现了数据的降维。例如,在人脸识别中,可以用 K-L 变换对人脸图像的原始空间进行转换,即构造人脸图像数据集的协方差矩阵,求出协方差矩阵的特征向量,再依据特征值的大小对这些特征向量进行排序,每个特征向量的维数与原始图像一致,可以看作一幅图像,被称作特征脸。每幅人脸图像都可以确切地表示为一组特征脸的线性组合。

5.4 Radon 变换

图像的 Radon 变换也是一种重要的图像处理研究方法,将图像函数 $f(x,y)$ 沿其所在平面内的不同直线做线积分,即进行投影变换,可以获取图像在该方向上的突出特性,在去噪、重建、检测、复原中多有应用。本节介绍 Radon 变换的原理、实现及其应用。

5.4.1 Radon 变换的原理

如图 5-14(a)所示,直线 L 的方程可以表示为 $\rho = x\cos\theta + y\sin\theta$,其中,$\rho$ 代表坐标原点到直线 L 的距离,$\theta \in [0,\pi]$ 是直线法线与 x 轴的夹角。要将函数 $f(x,y)$ 沿直线 L 做线积分,即进行 Radon 变换,变换式表示为

$$R(\rho,\theta) = \int_L f(x,y)\mathrm{d}s \tag{5-44}$$

(a) Radon 变换示意图　　(b) 多条投影线

图 5-14　Radon 变换坐标系图

采用 Delta 函数求解该线积分。Delta 函数是一个广义函数,在非零点取值为 0,而在整个定义域的积分为 1,用最简单的 Delta 函数表示,如式(5-45)所示。

$$\delta(t) = \begin{cases} 0, & t \neq 0 \\ 1, & t = 0 \end{cases} \tag{5-45}$$

对于直线 L,直线上的点 (x,y) 满足 $\delta(t)=1$,非直线上的点满足 $\delta(t)=0$,即

$$\delta(x\cos\theta + y\sin\theta - \rho) = \begin{cases} 0, & x\cos\theta + y\sin\theta - \rho \neq 0 \\ 1, & x\cos\theta + y\sin\theta - \rho = 0 \end{cases} \tag{5-46}$$

Radon 变换表达式可更改为

$$R(\rho,\theta)=\int_{-\infty}^{+\infty}\int_{-\infty}^{+\infty}f(x,y)\delta(x\cos\theta+y\sin\theta-\rho)\mathrm{d}x\,\mathrm{d}y \tag{5-47}$$

其中，$R(\rho,\theta)$ 是 $f(x,y)$ 的 Radon 变换，表示为 $\mathcal{R}[f(x,y)]=R(\rho,\theta)$。

给定一组 (ρ,θ)，即可得出一个沿 $L_{\rho,\theta}$ 的积分值。如图 5-14(b) 所示，n 条与直线 L 平行的线具有相同的 θ，但 ρ 不同，对每一条线都做 $f(x,y)$ 的线积分，有 n 条投影线，即对一幅图像在某一特定角度下的 Radon 变换会产生 n 个线积分值，构成一个 n 维的向量，称为 $f(x,y)$ 在角度 θ 下的投影。

Radon 变换可以看成 xy 空间向 $\rho\theta$ 空间的投影，$\rho\theta$ 空间上的每一点对应 xy 空间的一条直线。图像中高灰度值的线段会在 $\rho\theta$ 空间形成亮点，而低灰度值的线段在 $\rho\theta$ 空间形成暗点。因而，对图像中线段的检测可转换为在变换空间对亮点、暗点的检测。

二维 Radon 变换的逆变换如式(5-48)所示。

$$f(x,y)=\frac{1}{2\pi^2}\int_0^\pi \mathrm{d}\theta\int_{-\infty}^{+\infty}\frac{\partial R/\partial\rho}{x\cos\theta+y\sin\theta-\rho}\mathrm{d}\rho \tag{5-48}$$

5.4.2　Radon 变换的实现

在给定 θ 方向的情况下，数字图像 $f(x,y)$ 沿直线 L 的线积分，可以通过坐标系旋转后按列累加来实现。如图 5-15 所示，θ 是直线 L 法线与 x 轴的夹角，坐标系 xOy 顺时针旋转 θ 角变为 $x'Oy'$，x' 轴与 L 垂直，y' 轴与 L 平行，将 $f(x',y')$ 沿 y' 方向求和，实现图像在 θ 方向上的 Radon 变换。

由图 5-15 可知，坐标系旋转前后点的对应关系如式(5-49)所示。

$$\begin{cases}x'=x\cos\theta+y\sin\theta\\y'=y\cos\theta-x\sin\theta\end{cases} \tag{5-49}$$

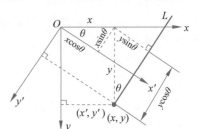

图 5-15　坐标系旋转示意图

实际是图像的逆时针旋转。

因此，图像的 Radon 变换可以按下列步骤实现。

(1) 计算图像对角线的长度，即是 ρ 的取值范围。

(2) 设定旋转方向 $\theta\in[0,\pi]$。

(3) 将图像中的点按式(5-49)变为新坐标系中的点(旋转变换)。

(4) 将 $f(x',y')$ 沿 y' 方向求和，即新图像的垂直投影。

【例 5-15】　对一幅图像进行指定方向上的 Radon 变换，并显示变换结果。

程序如下：

```
clc;clear;close all;
Image = rgb2gray(imread('block.bmp'));
[N,M] = size(Image);
len = floor(sqrt(N^2 + M^2) + 1);        % 对角线长度,ρ 的取值范围
x = -len/2:len/2 - 1;                     % 投影后向量的横坐标范围,用于绘图
R = zeros(1,len);                         % 初始化投影向量
free = floor((len - M + 1)/2);            % 将投影值置于向量中间,求出前后空置的元素数目
R(free + 1:free + M) = sum(Image,1);      % 原图垂直投影,即 0°方向上的 Radon 变换
     % 以下为 45°方向上的 Radon 变换
theta1 = 45;
Image1 = imrotate(Image,theta1);
[N1,M1] = size(Image1);
```

```
free1 = floor((len − M1 + 1)/2);
R1 = zeros(1,len);
R1(free1 + 1:free1 + M1) = sum(Image1,1);
    % 以下为 70°方向上的 Radon 变换
theta2 = 70;
Image2 = imrotate(Image,theta2);
[N2,M2] = size(Image2);
free2 = floor((len − M2 + 1)/2);
R2 = zeros(1,len);
R2(frec2 + 1:free2 + M2) = sum(Image2,1);
subplot(231),imshow(Image),title('原图');
subplot(232),imshow(Image1),title('旋转 45°');
subplot(233),imshow(Image2),title('旋转 70°');
subplot(234),plot(x,R),title('0°方向上的 Radon 变换');
subplot(235),plot(x,R1),title('45°方向上的 Radon 变换');
subplot(236),plot(x,R2),title('70°方向上的 Radon 变换');
```

程序运行结果如图 5-16 所示。

(a) 原图　　(b) 旋转45°　　(c) 旋转70°

(d) 0°方向上的Radon变换　(e) 45°方向上的Radon变换　(f) 70°方向上的Radon变换

图 5-16　Radon 变换的实现

MATLAB 提供了如下实现 Radon 变换和逆变换的函数。

（1）R＝radon(I,THETA)：对灰度图像 I 进行 Radon 变换。THETA 为投影夹角,若为一标量,则 R 为一列向量;若 THETA 为一向量,则 R 为一矩阵,其每一列对应 THETA 中一个角度的 Radon 变换值,默认情况下,THETA 取值为 0,179。

（2）[R,Xp]＝radon(…)：向量 Xp 是 R 每一行对应的径向坐标,以图像的中心像素为原点。

（3）I＝iradon(R,THETA)：利用二维矩阵 R 中的投影数据重建图像 I。THETA 指定投影的角度,若为向量,其中的元素为等间距角度;若为一个标量 D_theta,投影进行的角度为 m×D_theta（m＝0,1,2,…,size(R,2)−1）;若输入为空矩阵,D_theta 默认为 180/size(R,2)。

（4）I＝iradon(R,THETA,INTERPOLATION,FILTER,FREQUENCY_SCALING,OUTPUT_SIZE)：指定参数实现 Radon 逆变换,参数如表 5-3 所示。

表 5-3   iradon 函数参数

参　　数	含　　义
INTERPOLATION	插值运算方法,可取'nearest'、'linear'、'spline'、'pchip',默认为'linear'
FILTER	指定在频率域滤波的滤波器,可取'Ram-Lak'、'Shepp-Logan'、'Cosine'、'Hamming'、'Hann'、'None',默认为'Ram-Lak'
FREQUENCY _SCALING	$(0,1]$之间的数,用于修正滤波器,默认为1,若小于1,则滤波器被修正为适于频域范围$[0, FREQUENCY\_SCALING]$,大于 FREQUENCY_SCALING 的频率被置为0
OUTPUT_SIZE	指定重建图像的尺寸,若未指定,则重建图像尺寸为 $2 \times floor(size(R,1)/(2 \times sqrt(2)))$

【例 5-16】　采用 radon 函数对图像进行 Radon 变换,并显示变换结果。

程序如下:

```
clear,clc,close all;
Image = rgb2gray(imread('block.bmp'));
[R1,X1] = radon(Image,0);
[R2,X2] = radon(Image,45);
[R3,X3] = radon(Image,70);
subplot(221),imshow(Image),title('原图');
subplot(222),plot(X1,R1),title('0°方向上的 Radon 变换曲线');
subplot(223),plot(X2,R2),title('45°方向上的 Radon 变换曲线');
subplot(224),plot(X3,R3),title('70°方向上的 Radon 变换曲线');
```

程序运行结果如图 5-17 所示。

(a) 原图　　　　　　　　　　(b) 0°方向上的Radon变换曲线

(c) 45°方向上的Radon变换曲线　　　　(d) 70°方向上的Radon变换曲线

图 5-17　指定方向上的 Radon 变换

【例 5-17】　对一幅图像进行 Radon 正变换和逆变换,并显示变换结果。

程序如下:

```
clear,clc,close all;
Image = rgb2gray(imread('block.bmp'));
theta1 = 0:0.1:180;              % 间隔 0.1°进行 Radon 变换
[R1,X1] = radon(Image,theta1);
result1 = iradon(R1,theta1);    % 采用默认设置进行 Radon 逆变换
```

```
theta2 = 0:1:180;                    % 间隔 1°进行 Radon 变换
[R2,X2] = radon(Image,theta2);
result2 = iradon(R2,theta2);
theta3 = 0:10:180;                   % 间隔 10°进行 Radon 变换
[R3,X3] = radon(Image,theta3);
result3 = iradon(R3,theta3);
figure,imshow(Image),title('原图');
figure,colormap(gray);
subplot(231),imagesc(theta1,X1,R1),title('间隔 0.1°投影的 Radon 变换曲线集合');
subplot(232),imagesc(theta2,X2,R2),titlc('间隔 1°投影的 Radon 变换曲线集合');
subplot(233),imagesc(theta3,X3,R3),title('间隔 10°投影的 Radon 变换曲线集合');
subplot(234),image(result1),title('间隔 0.1°投影的重建图像');
subplot(235),image(result2),title('间隔 1°投影的重建图像');
subplot(236),image(result3),title('间隔 10°投影的重建图像');
```

程序运行结果如图 5-18 所示。R1、R2、R3 为二维矩阵,表示多条变换后的曲线,如图 5-18(a)～图 5-18(c)所示,横轴表示 180°,纵轴表示每条曲线的高度,将 R 中的元素数值按大小转换为不同颜色,在坐标轴对应位置处以该颜色染色;投影间隔角度越小,投影后的变换曲线越多,染色越细腻。图 5-18(d)～图 5-18(f)为重建图,与原图有差别,是由于 Radon 变换过程中数据损失造成的,投影间隔越小,损失越小,重建图像和原图越接近。

(a) 间隔0.1°投影的变换曲线 (b) 间隔1°投影的变换曲线 (c) 间隔10°投影的变换曲线

(d) 间隔0.1°投影的重建图像 (e) 间隔1°投影的重建图像 (f) 间隔10°投影的重建图像

图 5-18 Radon 变换和逆变换

5.4.3 Radon 变换的应用

Radon 变换可用来检测图像中的线段。将原来的 xy 平面内的点映射到 $\rho\theta$ 平面上,原 xy 平面一条线段上所有的点都将投影到 $\rho\theta$ 平面上的同一点。记录 $\rho\theta$ 平面上点的累积程度,累积程度足够的点所对应的 $\rho\theta$ 值即是 xy 平面上线段的参数。Radon 变换与第 9 章要讲的 Hough 变换检测线段的原理一样,可用于需要进行线检测的相关应用中,如线轨迹检测、滤波、倾斜校正等。

采用 Radon 变换计算出原图中各方向上的投影值,可以作为方向特征用于目标检测和识别,如应用于掌纹、静脉识别。

Radon 变换改变图像的表现形式,为相关处理提供便利,如图像复原中在 Radon 域用高阶统计量估计点扩散函数,提高了算法的运算速度。

【例5-18】 对一幅图像进行 Radon 正变换,检测其中的线段。

程序如下:

```
clear,clc,close all;
Image = rgb2gray(imread('rail.jpg'));
theta = 0:10:180;
[R1,X1] = radon(Image,theta);                    % Radon 变换
[N,M] = size(R1);                                % 矩阵 R1 的尺寸,M 为 theta 中元素的个数
R2 = reshape(R1,1,N * M);                        % 变换 R1 的形式,为找 M 个最大值做准备
sortR = sort(R2,'descend');                      % 降序排列
R2 = R1;
R2(R1 < sortR(M)) = 0;                           % 只保留最大的 M 个值,其余置为 0
R3 = R1;
R3(R1 < max(R1(:))) = 0;                          % 只保留最大的一个值,其余置为 0
result1 = iradon(R2,theta);
result2 = iradon(R3,theta);                      % 两种情况下的 Radon 变换
subplot(221),imshow(Image),title('原图');
colormap(gray);
subplot(222),imagesc(theta,X1,R1),title('间隔 10°投影的 Radon 变换曲线');
subplot(223),image(result1),title('根据 theta 个数保留最大值对应线段');
subplot(224),image(result2),title('仅保留 R 最大值对应线段');
```

程序运行结果如图 5-19 和图 5-20 所示。

(a) 原图

(b) 间隔10°投影的Radon变换曲线

(c) 根据theta个数保留最大值对应线段

(d) 仅保留R最大值对应线段

图 5-19　Radon 变换检测线段示例一

(a) 原图　　　　　　(b) 根据theta个数保留最大值对应线段　　　　(c) 仅保留R最大值对应线段

图 5-20　**Radon** 变换检测线段示例二

5.5　小波变换

作为重要的数学工具,小波变换被应用到数字图像处理的许多方面,如图像平滑、边缘检测、图像分析及压缩编码等。本节介绍小波变换的基本原理、特性及其在图像处理中的应用。

5.5.1　小波

波(Wave)被定义为时间或空间的一个振荡函数,如一条正弦曲线。小波(Wavelet)是"小的波",具有在时间上集中能量的能力,是分析瞬变的、非平稳的或时变现象的工具。如图 5-21 所示,正弦曲线在 $-\infty \leqslant t \leqslant +\infty$ 上等振幅振荡,具有无限能量,而小波具有围绕一点集结的有限能量。

(a) 正弦波　　　　　　　　　　　　　(b) Daubechies小波db8

图 5-21　波和小波

1. 定义

定义 1:设函数 $\psi(t)$ 满足下列条件:

$$\int_{\mathbf{R}} \psi(t)\mathrm{d}t = 0 \tag{5-50}$$

对其进行平移和伸缩产生如下函数族 $\psi_{a,b}(t)$:

$$\psi_{a,b}(t) = \frac{1}{\sqrt{a}}\psi\left(\frac{t-b}{a}\right) \quad a,b \in \mathbf{R}, a \neq 0 \tag{5-51}$$

$\psi(t)$ 称为基小波或母小波,a 称为伸缩因子(尺度因子),b 为平移因子,$\psi_{a,b}(t)$ 称为 $\psi(t)$ 生成的连续小波。由傅里叶变换性质可得

$$\boldsymbol{\Psi}_{a,b}(\omega) = \sqrt{a}\,\boldsymbol{\Psi}(a\omega)\mathrm{e}^{-\mathrm{j}\omega b} \tag{5-52}$$

定义 2：若函数 $\psi(t)$ 的傅里叶变换 $\Psi(\omega)$ 满足

$$C_\psi = \int_{\mathbf{R}} \frac{|\Psi(\omega)|^2}{|\omega|} \mathrm{d}\omega < +\infty \tag{5-53}$$

则称 $\psi(t)$ 为允许小波，式(5-53)称为允许性条件。其中 $\Psi(\omega) = \int_{\mathbf{R}} \psi(t) \mathrm{e}^{-\mathrm{j}\omega t} \mathrm{d}t$。

因为 $\Psi(\omega)|_{\omega=0} = \int_{\mathbf{R}} \psi(t) \mathrm{d}t = 0$，故允许小波一定是基小波。

2. 特点

1) 紧支撑性

小波函数 $\psi(t)$ 满足式(5-50)，即均值为 0，$\psi(t)$ 应具有振荡性，即在图形上具有"波"的形状。$\psi(t)$ 满足 $\int_{\mathbf{R}} |\psi(t)| \mathrm{d}t < +\infty$、$\int_{\mathbf{R}} |\psi(t)|^2 \mathrm{d}t < +\infty$，因此，$\psi(t)$ 仅在小范围内波动，且能量有限，即小波函数 $\psi(t)$ 的定义域是紧支撑的，超出一定范围时，波动幅度迅速衰减，具有速降性。

2) 变化性

小波函数 $\psi_{a,b}(t)$ 及它的频谱 $\Psi_{a,b}(\omega)$ 随尺度因子 a 的变化而变化。由式(5-51)可知，随着 a 的减小，$\psi_{a,b}(t)$ 的支撑区随之变窄，其幅值变大，如图 5-22 所示。

图 5-22 Marr 小波参数 a,b 取不同值的波形

由傅里叶变换的尺度变换性质：若 $\mathscr{F}[f(t)] = F(\omega)$，则 $\mathscr{F}[f(\alpha t)] = F(\omega/\alpha)/|\alpha|$，可知，$\Psi_{a,b}(\omega)$ 随着 a 的减小而向高频端展宽。

3) 消失矩

若小波 $\psi(t)$ 满足式(5-54)，则称该小波具有 K 阶消失矩。

$$\int_{\mathbf{R}} t^k \psi(t) \mathrm{d}t = 0, \quad k = 0,1,\cdots,K-1 \tag{5-54}$$

这时，$\Psi(\omega)$ 在 $\omega=0$ 处 K 次可微，即 $\Psi^k(0) = 0, k = 1,2,\cdots,K$，小波 $\psi(t)$ 随着 K 的增加，波形振荡越来越强烈。

3. 一维小波实例

1) Haar 小波

Haar 小波是最简单的小波，其表达式为

$$\begin{cases} \psi_H(t) = \begin{cases} 1, & 0 \leqslant t < 1/2 \\ -1, & 1/2 \leqslant t < 1 \\ 0, & 其他 \end{cases} \\ \Psi_H(\omega) = \dfrac{1 - 2\mathrm{e}^{-\frac{\mathrm{i}\omega}{2}} + \mathrm{e}^{-\mathrm{i}\omega}}{\omega \mathrm{i}} \end{cases} \tag{5-55}$$

Haar 小波具有紧支性(长度为 1)和对称性,消失矩为 1,即 $\int_{\mathbf{R}} \psi_H(t)\mathrm{d}t = 0$。 Haar 小波不是连续函数,应用有限,但结构简单,一般作为原理示意或说明。

2)Morlet 小波

Morlet 小波是用高斯函数构造的一种小波,其时域、频域可表示为

$$\begin{cases} \psi(t) = \pi^{-1/4} (\mathrm{e}^{-\mathrm{i}\omega_0 t} - \mathrm{e}^{-\omega_0^2/2}) \mathrm{e}^{-t^2/2} \\ \Psi(\omega) = \pi^{-1/4} \left[\mathrm{e}^{-(\omega - \omega_0)^2/2} - \mathrm{e}^{-\omega_0^2/2} \mathrm{e}^{-\omega^2/2} \right] \end{cases} \tag{5-56}$$

由上式可以看出,Morlet 小波满足允许条件,即 $\Psi(0) = 0$。

当 $\omega_0 \geqslant 5$ 时,$\mathrm{e}^{-\omega_0^2/2} \approx 0$,所以,式(5-56)的第 2 项可以忽略,Morlet 小波可以近似表示为

$$\begin{cases} \psi(t) = \pi^{-1/4} \mathrm{e}^{-\mathrm{i}\omega_0 t} \mathrm{e}^{-t^2/2} \\ \Psi(\omega) = \pi^{-1/4} \mathrm{e}^{-(\omega - \omega_0)^2/2} \end{cases} \tag{5-57}$$

Morlet 小波在时域、频域都具有较好的局部性,是很常用的小波。

3)Mexican 草帽小波

Mexican 草帽小波成比例于高斯函数二阶导数,也称为 Marr 小波,其表达式为

$$\psi(t) = \left(\frac{2}{\sqrt{3}} \pi^{-1/4} \right) (1 - t^2) \mathrm{e}^{-t^2/2} \tag{5-58}$$

Mexican 草帽小波具有对称性,支撑区间是无限的,有效支撑区间为 $[-5, 5]$,在视觉信息处理方面获得了很多应用。

MATLAB 提供了相应函数生成一维小波,其调用格式如下。

(1)[PSI,X]=morlet(LB,UB,N):返回 Morlet 小波在区间[LB,UB]内 N 个规则网格点的值 PSI。小波有效支撑区间为 $[-4, 4]$,函数返回的 PSI 是按照 $\cos(5t)\mathrm{e}^{-t^2/2}$ 计算的,即式(5-57)中 $\omega_0 = 5$,只取了实部,且未考虑系数 $\pi^{-1/4}$。

(2)[PSI,X]=mexihat(LB,UB,N):返回 Mexican 草帽小波在区间[LB,UB]内 N 个规则网格点的值 PSI。小波有效支撑区间为 $[-5, 5]$。

【例 5 19】 绘制 Haar 小波、Morlet 小波及 Marr 小波的函数图形及其频谱图。

程序如下:

```
clear,clc,close all;
t = 0:0.01:1;
N = length(t);
Hpsi(1:round(N/2)) = 1;  Hpsi(round(N/2):N) = - 1;              % Haar 小波
HDFT = abs(fftshift(fft(Hpsi))) * 2/N;
x = linspace(0,1,N);
subplot(121),plot(x,Hpsi,'k',[0,1.5],[0,0],':k',[1,1],[ - 1,0],':k'), …
             ylim([ - 2 2]),title('Haar 小波');
```

```
subplot(122),plot(x,HDFT,'k'),title('Haar 小波频谱');
t = - 4:0.01:4;
omega0 = 5;
Realpsi = pi^( - 0.25) * (cos(omega0 * t) - exp( - omega0^2/2)). * exp( - t.^2/2);  % Morlet 小波实部
Impsi = pi^( - 0.25) * ( - sin(omega0 * t) - exp( - omega0^2/2)). * exp( - t.^2/2);  % Morlet 小波虚部
figure;
subplot(121),plot(t,Realpsi,'k',t,Impsi,'k:'),title('Morlet 小波');
omega = 0:0.01:10;
Fm = pi^( - 0.25) * (exp( - (omega - omega0).^2/2) - exp( - omega0^2/2 - omega.^2/2));
subplot(122),plot(omega,Fm,'k'),title('Morlet 小波频谱');
[Mpsi,t] = mexihat( - 5,5,256);                                    % Mexican 小波
figure;subplot(121),plot(t,Mpsi,'k'),title('Mexican 小波');
MDFT = abs(fftshift(fft(Mpsi)));
x = linspace( - 5,5,length(MDFT));
subplot(122),plot(x,MDFT,'k'),title('Mexican 小波频谱');
```

程序运行结果如图 5-23 所示。

(a) Haar小波及其频谱

(b) Morlet小波及其频谱

(c) Mexican小波及其频谱

图 5-23　3 种常见小波及其频谱

5.5.2　一维小波变换

将 $\psi_{a,b}(t)$ 中的参数 a,b 离散化，取 $a=a_0^j,j=0,\pm1,\pm2,\cdots,b=ka_0^j,j,k\in\mathbf{Z}$，则离散化后的小波函数为

$$\psi_{j,k}(t)=a_0^{-j/2}\psi(a_0^{-j}t-k),\quad j,k\in\mathbf{Z} \tag{5-59}$$

用 $\psi_{j,k}(t)$ 将函数 $f(t)$ 展开，即

$$f(t)=\sum_j\sum_k\alpha_{j,k}\psi_{j,k}(t) \tag{5-60}$$

展开系数 $\alpha_{j,k}$ 的集合称为 $f(t)$ 的离散小波变换（Discrete Wavelet Transform，DWT），如式（5-61）所示。

$$\alpha_{i,k}=\langle f(t),\psi_{i,k}(t)\rangle=\int_{\mathbf{R}}f(t)\psi_{j,k}^*(t)\mathrm{d}t \tag{5-61}$$

1. 正交小波变换与多分辨分析

定义 1：设平方可积函数空间 $L^2(\mathbf{R})$ 中的函数 $\psi(t)$ 是一个允许小波，若其二进伸缩平移系 $(a_0=2)$ 构成 $L^2(\mathbf{R})$ 的标准正交基，如式（5-62）所示，则称 $\psi(t)$ 为正交小波，称 $\psi_{j,k}(t)$ 是正交小波函数，称相应的离散小波变换 $\alpha_{j,k}=\langle f(t),\psi_{j,k}(t)\rangle$ 为正交小波变换。

$$\psi_{j,k}(t)=2^{-j/2}\psi(2^{-j}t-k),\quad j,k\in\mathbf{Z} \tag{5-62}$$

例如，Haar 小波的二进伸缩平移系如下：

$$\psi_{j,k}(t)=2^{-j/2}\psi(2^{-j}t-k)=\begin{cases}2^{-j/2},&2^jk\leqslant t<(2k+1)2^{j-1}\\-2^{-j/2},&(2k+1)2^{j-1}\leqslant t\leqslant(k+1)2^j\\0,&\text{其他}\end{cases} \tag{5-63}$$

可以验证构成 $L^2(\mathbf{R})$ 的一个标准正交基。

多分辨分析（Multi-Resolution Analysis，MRA）也称多尺度分析，是构造正交小波基的一般方法。

定义 2：若 $L^2(R)$ 中一个子空间序列 $\{V_j\}_{j\in\mathbf{Z}}$ 及一个函数 $\varphi(t)$ 满足以下条件，则称其为一个正交多分辨分析。

(1) $V_j\subseteq V_{j-1},j\in\mathbf{Z}$；

(2) $f(t)\in V_j\Leftrightarrow f(2t)\in V_{j-1}$；

(3) $\bigcap\limits_{j\in\mathbf{Z}}V_j=\{0\}$，$\bigcup\limits_{j\in\mathbf{Z}}V_j=L^2(R)$；

(4) $\varphi(t)\in V_0$，且 $\{\varphi(t-k)\}_{k\in\mathbf{Z}}$ 是 V_0 的标准正交基，称 $\varphi(t)$ 是此多分辨分析的尺度函数。

2. 尺度函数与小波函数

由多分辨分析性质（2）、（4）可知，对于任何 $\varphi(t)\in V_0$，有 $\varphi(2^{-j}t)\in V_j$；$\{\varphi(t-k)\}_{k\in\mathbf{Z}}$ 是 V_0 的标准正交基，函数系 $\{2^{-j/2}\varphi(2^{-j}t-k)\}_{k\in\mathbf{Z}}$ 则构成了 V_j 的一组标准正交基；即 $\{\varphi(t-k)\}_{k\in\mathbf{Z}}$ 张成 $L^2(\mathbf{R})$ 的子空间 V_0，$\{2^{-j/2}\varphi(2^{-j}t-k)\}_{k\in\mathbf{Z}}$ 张成了 V_j。

$\varphi(t)\in V_0$，而 $V_0\subseteq V_{-1}$，因此，$\varphi(t)\in V_{-1}$。因函数系 $\{2^{1/2}\varphi(2t-k)\}_{k\in\mathbf{Z}}$ 构成了 V_{-1} 的一组标

准正交基，因此，$\varphi(t)$可以借助于$\{2^{1/2}\varphi(2t-k)\}_{k\in\mathbf{Z}}$的加权和表示。

$$\varphi(t)=\sum_{k\in\mathbf{Z}}h_k\sqrt{2}\varphi(2t-k) \tag{5-64}$$

其中，系数$\{h_k\}_{k\in\mathbf{Z}}$称为尺度函数（尺度滤波器）系数，满足

$$\begin{cases} h_k=\dfrac{1}{\sqrt{2}}\displaystyle\int_{\mathbf{R}}\varphi(t)\varphi^*(2t-k)\mathrm{d}t \\[3mm] H(\omega)=\dfrac{1}{\sqrt{2}}\displaystyle\sum_k h_k\mathrm{e}^{-ik\omega} \end{cases} \tag{5-65}$$

式(5-64)称为双尺度方程，其频域形式为

$$\Phi(2\omega)=H(\omega)\Phi(\omega) \tag{5-66}$$

定义函数$\psi_{j,k}(t)$，张成尺度函数在不同尺度下张成的空间之间的差空间为$\{W_j\}_{j\in\mathbf{Z}}$，称W_j为尺度为j的小波空间，V_j为尺度为j的尺度空间。

由于$V_j\subseteq V_{j-1}$，即$V_{j-1}=V_j+W_j$，且$W_j\perp V_j$，$j\in\mathbf{Z}$，显然，当$m,n\in\mathbf{Z}$，$m\neq n$时，有$W_m\perp W_n$，如式(5-67)所示。

$$\begin{aligned} V_{j-1}&=V_j+W_j=V_{j+1}+W_{j+1}+W_j=\cdots\\ &=V_{j+s}+W_{j+s}+W_{j+s-1}+\cdots+W_{j+1}+W_j \end{aligned} \tag{5-67}$$

令$s\to+\infty$，则$V_{j-1}=\displaystyle\bigoplus_{m=j}^{+\infty}W_m$。

令$j\to-\infty$，则$L^2(R)=\displaystyle\bigoplus_{m=-\infty}^{+\infty}W_m$。

因$W_0\subset V_{-1}$，张成W_0的小波函数$\psi(t)$可以由V_{-1}的标准正交基$\{2^{1/2}\varphi(2t-k)\}_{k\in\mathbf{Z}}$表示。

$$\psi(t)=\sum_{k\in\mathbf{Z}}g_k\sqrt{2}\varphi(2t-k) \tag{5-68}$$

式(5-68)也称为双尺度方程，其频域表示为

$$\Psi(2\omega)=G(\omega)\Phi(\omega) \tag{5-69}$$

$\{g_k\}_{k\in\mathbf{Z}}$满足

$$\begin{cases} g_k=\dfrac{1}{\sqrt{2}}\displaystyle\int_{\mathbf{R}}\psi(t)\varphi^*(2t-k)\mathrm{d}t \\[3mm] G(\omega)=\dfrac{1}{\sqrt{2}}\displaystyle\sum_k g_k\mathrm{e}^{-ik\omega} \end{cases} \tag{5-70}$$

式(5-64)和式(5-68)这两个双尺度方程是多分辨分析赋予尺度函数$\varphi(t)$和小波函数$\psi(t)$的最基本性质。

综上所述，多分辨分析的基本思想其实就是：为有效地寻找空间$L^2(\mathbf{R})$的基底，从$L^2(\mathbf{R})$的某个子空间出发，在这个子空间中建立基底，然后利用简单的变换把该基底扩充到$L^2(\mathbf{R})$中去。

3. 常见小波函数的尺度函数计算

MATLAB提供了wavefun函数，用于计算小波函数的近似值及对应的尺度函数；提供了waveinfo函数查看小波的相关信息，其部分调用如下。

（1）[PHI,PSI,XVAL]=wavefun('wname',ITER)：对正交小波、Meyer小波适用，返回尺度函数PHI和小波函数PSI的取值；ITER为迭代次数；XVAL为取值点，支撑区间内有2^{ITER}个点。

（2）［PSI，XVAL］＝wavefun('wname',ITER)：对没有尺度函数的小波适用，如 Morlet 小波、Mexican 草帽小波、高斯导数小波或复小波。输出 PSI 为实数或复数向量。

（3）…＝wavefun(…,'plot')：计算并绘制函数。

（4）waveinfo('wname')：提供 wname 指定的小波的信息，包括 haar、db、sym、coif、bior、rbio、meyr、dmey、gaus、mexh、morl、cgau、cmor、shan、fbsp、fk 等。

【例 5-20】　使用 wavefun 函数绘制 Haar 小波、Morlet 小波、Meyer 小波、Daubechies（db$N$）小波的尺度函数及小波函数图形。

程序如下：

```
clear,clc,close all;
figure,[phi1,psi1,xval1] = wavefun('haar',8,'plot');
figure,[psi2,xval2] = wavefun('morl',8,'plot');
figure,[phi3,psi3,xval3] = wavefun('meyr',8,'plot');
figure,[phi4,psi4,xval4] = wavefun('db4',8,'plot');
```

程序运行结果如图 5-24 所示。

(a) Haar小波尺度函数和小波函数

(b) Morlet小波函数

(c) Meyer小波尺度函数和小波函数

图 5-24　常见小波的尺度函数和小波函数

(d) db4小波尺度函数和小波函数

图 5-24 （续）

4. 函数的正交小波分解

由以上讨论可知，给定一个多分辨分析$(\{V_k\}_{k\in\mathbf{Z}},\varphi(t))$，可确定一个小波函数 $\psi(t)$ 和其伸缩系 $\{\psi_{j,k}(t)=2^{-j/2}\psi(2^{-j}t-k)\}_{j,k\in\mathbf{Z}}$，并张成小波空间$\{W_j\}_{j\in\mathbf{Z}}$，因 $W_i\perp W_j\,(i\neq j)$，且 $L^2(\mathbf{R})=\bigoplus\limits_{j\in\mathbf{Z}}W_j$，所以$\{\psi_{j,k}(t)=2^{-j/2}\psi(2^{-j}t-k)\}_{j,k\in\mathbf{Z}}$ 构成 $L^2(\mathbf{R})$ 的标准正交基。因此，对任何 $f(t)\in L^2(\mathbf{R})$，有

$$f(t)=\sum_{j,k}d_{j,k}\psi_{j,k}(t) \tag{5-71}$$

其中，$d_{j,k}=\langle f(t),\psi_{j,k}(t)\rangle_{j,k\in Z}$ 是 $f(t)$ 的离散小波变换，且是正交小波变换，式(5-71)是 $f(t)$ 的重构公式，也称为 $f(t)$ 的正交小波分解。

由多分辨分析性质(2)，即 $f(t)\in V_j\Leftrightarrow f(2t)\in V_{j-1}$ 可知：V_j 的频率范围是 V_{j-1} 的一半，且是 V_{j-1} 中的低频表现部分，而 $V_{j-1}=V_j+W_j$，所以，W_j 的频率表现在 V_j 与 V_{j-1} 之间的部分，而且 W_j 的频带互不重叠，因此，通常认为 V_j 表现了 V_{j-1} 的"概貌"，W_j 表现了 V_{j-1} 的不同频带中的"细节"。记 $d_{j,k}\psi_{j,k}(t)=w_j(t)$，则 $w_j(t)\in W_j$，式(5-71)可写成

$$f(t)=\sum_j w_j(t) \tag{5-72}$$

式(5-72)说明，任何一个函数 $f(t)\in L^2(\mathbf{R})$ 可以分解成不同频带的细节之和。

实际情况中，函数 $f(t)\in L^2(\mathbf{R})$ 仅有有限的细节。由式(5-67)得 $V_0=V_s+W_s+W_{s-1}+\cdots+W_1$。设一个函数 $f(t)\in V_0$，则 $f(t)$ 可分解为 $f(t)=f_s(t)+w_s(t)+w_{s-1}(t)+\cdots+w_1(t)$，即

$$f(t)=\sum_{k\in\mathbf{Z}}c_{s,k}\varphi_{s,k}(t)+\sum_{j=1}^{s}\sum_{k\in\mathbf{Z}}d_{j,k}\psi_{j,k}(t) \tag{5-73}$$

其中，$c_{s,k}=\langle f(t),\varphi_{s,k}(t)\rangle,k\in\mathbf{Z},d_{j,k}=\langle f(t),\psi_{j,k}(t)\rangle,k\in\mathbf{Z}$。称式中第 1 项为 $f(t)$ 的不同尺度 $s(s\geqslant 1)$ 下的近似式，是 $f(t)$ 中频率不超过 2^{-s} 的成分；称第 2 项中的 $\sum\limits_{k\in\mathbf{Z}}d_{j,k}\psi_{j,k}(t)$ 为 $f(t)$ 的不同尺度 j 下的细节，是 $f(t)$ 中频率 2^{-j} 到 2^{-j+1} 之间的细节成分。

根据以上分析可知，当尺度函数 $\varphi(t)$、小波函数 $\psi(t)$ 确定后，通过计算$\{c_{s,k}\}_{k\in\mathbf{Z}}$、$\{d_{j,k}\}_{k\in\mathbf{Z}}$，即可得到函数 $f(t)\in L^2(\mathbf{R})$ 的近似和细节。

$$c_{j+1,k}=\langle f(t),\varphi_{j+1,k}(t)\rangle=\int_{\mathbf{R}}f(t)\varphi_{j+1,k}^*(t)\mathrm{d}t=\int_{\mathbf{R}}f(t)\{2^{-(j+1)/2}\varphi^*(2^{-(j+1)}t-k)\}\mathrm{d}t$$

$$=\int_{\mathbf{R}}f(t)2^{-(j+1)/2}\sum_{n\in\mathbf{Z}}h_n^*\sqrt{2}\varphi^*[2(2^{-(j+1)}t-k)-n]\mathrm{d}t$$

$$= \int_{\mathbf{R}} f(t) 2^{-j/2} \sum_{n \in \mathbf{Z}} h_n^* \varphi^* [2^{-j} t - (2k+n)] \mathrm{d}t$$

$$= \sum_{m \in \mathbf{Z}} h_{m-2k}^* \int_{\mathbf{R}} f(t) 2^{-j/2} \varphi^* (2^{-j} t - m) \mathrm{d}t$$

$$= \sum_{m \in \mathbf{Z}} h_{m-2k}^* \int_{\mathbf{R}} f(t) \varphi_{j,m}^* (t) \mathrm{d}t$$

$$- \sum_{m \in \mathbf{Z}} h_{m-2k}^* \langle f(t), \varphi_{j,m}(t) \rangle$$

$$= \sum_{m \in \mathbf{Z}} h_{m-2k}^* c_{j,m}$$

同理,得到 $d_{j+1,k} = \langle f(t), \psi_{j+1,k}(t) \rangle = \sum_{m \in \mathbf{Z}} g_{m-2k}^* c_{j,m}$

因此,得到正交小波分解的 Mallat 快速算法,如式(5-74)所示。

$$\begin{cases} c_{j+1,k} = \sum_{n \in \mathbf{Z}} h_{n-2k}^* c_{j,n} \\ d_{j+1,k} = \sum_{n \in \mathbf{Z}} g_{n-2k}^* c_{j,n} \end{cases}, \quad k \in \mathbf{Z} \tag{5-74}$$

因此,只要知道双尺度方程中的传递系数 $\{h_k\}_{k \in \mathbf{Z}}$($g_k = (-1)^k h_{1-k}''$),就可计算出一系列正交小波分解系数,过程如图 5-25 所示。

图 5-25   正交小波分解算法示意图

初始值 $c_{0,k} = \langle f(t), \varphi_{0,k}(t) \rangle = \int_{\mathbf{R}} f(t) \varphi^*(t-k) \mathrm{d}t$,对于离散序列,$f(t) \to f_n = f(n\Delta t)$,因此,

$$c_{0,k} \approx \sum_n f_n \varphi(n-k) \tag{5-75}$$

根据信号处理理论,利用序列 $\{h_k\}_{k \in \mathbf{Z}}$ 对一个离散信号 $\{x_n\}_{n \in \mathbf{Z}} \in l^2(\mathbf{Z})$ 进行滤波,则

$$y_k = h_k * x_k = \sum_{n \in \mathbf{Z}} h_{k-n} x_n \tag{5-76}$$

比较式(5-74)和式(5-76)发现,式(5-76)卷积式中 k 对所有的 n 值做卷积运算,而式(5-74)卷积式中是 $2k$ 对所有的 n 值做卷积运算,缺少了奇数($2k+1$)的部分,即卷积运算或滤波处理之后所得的序列抽去了 k 的奇数部分,只剩下偶数部分,这一过程称为再抽样,抽样率为 2。所以,分辨率 j 的近似分量 $c_{j,k}$ 分解为分辨率为 $j+1$ 的近似分量 $c_{j+1,k}$ 和细节分量 $d_{j+1,k}$ 的分解方法可以用图 5-26 所示的滤波过程来表示。

图 5-26   近似分量 $c_{j,k}$ 分解为 $c_{j+1,k}$ 和 $d_{j+1,k}$($2\downarrow$ 代表再抽样,抽样率为 2)

5. 函数的正交小波重构

所谓重构,即已知近似序列$\{c_{j+1,k}\}_{k\in\mathbf{Z}}$和细节序列$\{d_{j+1,k}\}_{k\in\mathbf{Z}}$,求出序列$\{c_{j,k}\}_{k\in\mathbf{Z}}$。

由正交小波分解式可知:

$$f_j(t)=\sum_{k\in\mathbf{Z}}\langle f(t),\varphi_{j,k}(t)\rangle\varphi_{j,k}(t)=\sum_{k\in\mathbf{Z}}c_{j,k}\varphi_{j,k}(t) \tag{5-77}$$

由于$V_j=V_{j+1}+W_{j+1}$,所以,$f_j(t)=f_{j+1}(t)+w_{j+1}(t)$,而

$$f_{j+1}(t)=\sum_{k\in\mathbf{Z}}\langle f(t),\varphi_{j+1,k}(t)\rangle\varphi_{j+1,k}(t)=\sum_{k\in\mathbf{Z}}c_{j+1,k}\varphi_{j+1,k}(t)$$

$$w_{j+1}(t)=\sum_{k\in\mathbf{Z}}\langle f(t),\psi_{j+1,k}(t)\rangle\psi_{j+1,k}(t)=\sum_{k\in\mathbf{Z}}d_{j+1,k}\psi_{j+1,k}(t)$$

$$\begin{aligned}
f_{j+1}(t)+w_{j+1}(t)&=\sum_{k\in\mathbf{Z}}c_{j+1,k}\varphi_{j+1,k}(t)+\sum_{k\in\mathbf{Z}}d_{j+1,k}\psi_{j+1,k}(t)\\
&=\sum_{k\in\mathbf{Z}}c_{j+1,k}2^{-(j+1)/2}\varphi(2^{-(j+1)}t-k)+\sum_{k\in\mathbf{Z}}d_{j+1,k}2^{-(j+1)/2}\psi(2^{-(j+1)}t-k)\\
&=\sum_{k\in\mathbf{Z}}c_{j+1,k}2^{-(j+1)/2}\sum_{n\in\mathbf{Z}}h_n\sqrt{2}\varphi[2(2^{-(j+1)}t-k)-n]+\\
&\quad\sum_{k\in\mathbf{Z}}d_{j+1,k}2^{-(j+1)/2}\sum_{n\in\mathbf{Z}}g_n\sqrt{2}\varphi[2(2^{-(j+1)}t-k)-n]\\
&=\sum_{k\in\mathbf{Z}}c_{j+1,k}2^{-j/2}\sum_{n\in\mathbf{Z}}h_n\varphi[2^{-j}t-(2k+n)]+\\
&\quad\sum_{k\in\mathbf{Z}}d_{j+1,k}2^{-j/2}\sum_{n\in\mathbf{Z}}g_n\varphi[2^{-j}t-(2k+n)]\\
&=\sum_{k\in\mathbf{Z}}c_{j+1,k}2^{-j/2}\sum_{m\in\mathbf{Z}}h_{m-2k}\varphi[2^{-j}t-m]+\\
&\quad\sum_{k\in\mathbf{Z}}d_{j+1,k}2^{-j/2}\sum_{m\in\mathbf{Z}}g_{m-2k}\varphi[2^{-j}t-m]\\
&=\sum_{k\in\mathbf{Z}}c_{j+1,k}\sum_{m\in\mathbf{Z}}h_{m-2k}\varphi_{j,m}(t)+\sum_{k\in\mathbf{Z}}d_{j+1,k}\sum_{m\in\mathbf{Z}}g_{m-2k}\varphi_{j,m}(t)\\
&=\sum_{m\in\mathbf{Z}}\Big(\sum_{k\in\mathbf{Z}}c_{j+1,k}h_{m-2k}+\sum_{k\in\mathbf{Z}}d_{j+1,k}g_{m-2k}\Big)\varphi_{j,m}(t)
\end{aligned} \tag{5-78}$$

由式(5-77)和式(5-78)可得 Mallat 小波重构算法。

$$c_{j,k}=\sum_{k\in\mathbf{Z}}c_{j+1,k}h_{n-2k}+\sum_{k\in\mathbf{Z}}d_{j+1,k}g_{n-2k} \tag{5-79}$$

其重构过程如图 5-27 所示。

图 5-27　小波重构算法示意图

比较式(5-79)和式(5-76)发现,式(5-76)卷积式中 k 对所有的 n 值做卷积运算,而式(5-79)卷积式中是 n 对 k 的偶数序列 $2k$ 做卷积运算,从而造成 $c_{j+1,k}$、$d_{j+1,k}$ 的取值个数比 h_{n-2k}、g_{n-2k} 的取值个数多一倍,可将$(2k+1)$对应的 $c_{j+1,k}$、$d_{j+1,k}$ 当作 0 值来处理,即在两个数值之间插入一个 0,

这一过程称为插值抽样,抽样率为 2。所以,分辨率 $j+1$ 的近似分量 $c_{j+1,k}$ 和细节分量 $d_{j+1,k}$ 重构分辨率 j 级近似分量 $c_{j,k}$ 的重构方法可以用图 5-28 所示的滤波过程来表示。

图 5-28　$c_{j+1,k}$ 和 $d_{j+1,k}$ 重构 $c_{j,k}$（2↑代表插值抽样,抽样率为 2）

6. 正交小波变换的实现

MATLAB 提供了一系列的函数实现小波分解、重构等功能。

(1) L＝wmaxlev(S,'wname'):计算尺寸为 S 的信号使用 wname 指定的小波分解时的最大分解级数。

(2) wfilters 函数:计算小波对应的滤波器。

① [LO_D,HI_D,LO_R,HI_R]＝wfilters('wname'):计算 wname 指定的正交或双正交小波对应的分解及重构滤波器。

② [F1,F2]＝wfilters('wname','type'):根据 type 的不同,返回不同的滤波器。type 为 d,返回分解滤波器 LO_D 和 HI_D;type 为 r,返回重构滤波器 LO_R 和 HI_R;type 为 l,返回低通滤波器 LO_D 和 LO_R;type 为 h,返回高通滤波器 HI_D 和 HI_R。

(3) dwt 函数:一级一维离散小波变换。

① [CA,CD]＝dwt(X,'wname'):对向量 X 进行 wname 指定的小波分解,计算近似系数向量 CA 和细节系数向量 CD。

② [CA,CD]＝dwt(X,Lo_D,Hi_D):使用给定的分解滤波器实现向量 X 的小波分解。

(4) idwt 函数:一级一维小波逆变换。

① X＝idwt(CA,CD,'wname'):基于近似系数向量 CA 和细节系数向量 CD,使用 wname 指定的小波实现近似系数向量 X 的一级重构。

② X＝idwt(CA,CD,Lo_R,Hi_R):给定重构滤波器实现一级近似系数向量 X 的计算。

(5) wavedec 函数:实现多级一维小波分解。

① [C,L]＝wavedec(X,N,'wname'):使用 wname 指定的小波实现信号 X 在 N 级上的小波分解。N 为正整数,可使用 wmaxlev 函数计算,确保小波系数不受边界效应的影响;若不考虑边界效应,可设置 N≤fix(log2(length(X)))。输出向量 C 为小波的分解系数,L 为各级系数的长度。

② [C,L]＝wavedec(X,N,Lo_D,Hi_D):使用指定的低通分解滤波器 Lo_D 和高通分解滤波器 Hi_D 实现信号 X 在 N 级上的小波分解。

(6) detcoef 函数:提取一维小波分解的细节系数。

① D＝detcoef(C,L,N):从小波分解结构[C,L]中提取第 N 级细节系数。N 为整数,N≥1 且 N≤length(L)－2。如果 N 为整数向量,则提取各元素所示级别的细节系数。

② D＝detcoef(C,L):从小波分解结构[C,L]中提取最高级细节系数。

(7) appcoef 函数:提取一维小波分解的近似系数。

① A＝appcoef(C,L,'wname',N):从小波分解结构[C,L]中提取第 N 级近似系数。N 为整数,N≥1 且 N≤length(L)－2。

② A＝appcoef(C,L,'wname')：提取第 length(L)－2 级近似系数。

（8）wrcoef 函数：由一维小波系数进行单支重构。

① X＝wrcoef('type',C,L,'wname',N)：基于小波分解结构[C,L]在 N 级计算重构系数向量。type 取 a,重构近似向量；取 d,重构细节向量；N 为整数,且 N≤length(L)－2。

② X＝wrcoef('type',C,L,Lo_R,Hi_R,N)：基于重构低通滤波器 Lo_R 和重构高通滤波器 Hi_R 实现重构系数向量计算。

（9）waverec 函数：多级一维小波重构。

① X＝waverec(C,L,'wname')：基于多级小波分解结构[C,L]重构信号 X。

② X＝waverec(C,L,Lo_R,Hi_R)：给定重构滤波器实现重构系数向量计算。

（10）upcoef 函数：一维小波系数直接重构。

① Y＝upcoef(O,X,'wname',N)：计算向量 X 向上 N 步的重构系数。N 为正整数。若 O 取 'a',近似系数被重构；若 O 取'd',细节系数被重构。

② Y＝upcoef(O,X,'wname',N,L)：重构的同时取出结果中长度为 L 的中间部分。

③ Y＝upcoef(O,X,Lo_R,Hi_R,N)或 Y＝upcoef(O,X,Lo_R,Hi_R,N,L)：使用重构滤波器实现直接重构。

【例 5-21】 装载 sumsin 信号,使用 dwt 和 idwt 函数实现一级一维小波分解与重构。sumsin 是 3 个正弦波的叠加,即 $sumsin(t)＝sin(3t)＋sin(0.3t)＋sin(0.03t)$。

程序如下：

```
clear,clc,close all;
load sumsin;                        % 装载 sumsin 信号
signal = sumsin;
[CA,CD] = dwt(signal,'db4');        % 基于 db4 小波实现一级一维小波分解
RecS = idwt(CA,CD,'db4');           % 重构
subplot(221),plot(signal),title('原始信号');
subplot(222),plot(CA),title('近似系数');
subplot(223),plot(CD),title('细节系数');
subplot(224),plot(RecS),title('重构信号');
```

程序运行结果如图 5-29 所示。

图 5-29 一级一维小波分解与重构

【例 5-22】 装载 sumsin 信号,实现多级一维小波分解与重构。

程序如下:

```
clear,clc,close all;
load sumsin;
signal = sumsin;
[C,L] = wavedec(signal,2,'db4');          % 基于 db4 小波实现 2 级一维小波分解
[CD1,CD2] = detcoef(C,L,[1 2]);           % 提取细节系数
CA2 = appcoef(C,L,'db4',2);               % 提取近似系数
[Lo_R,Hi_R] = wfilters('db4','r');        % 计算重构滤波器系数
Recs1 = waverec(C,L,Lo_R,Hi_R);           % 采用重构滤波器实现信号重构
Recs2 = wrcoef('a',C,L,'db4',2);          % 基于近似系数重构信号
subplot(231),plot(signal),title('原始信号');
subplot(234),plot(CA2),title('二级近似系数');
subplot(232),plot(CD2),title('二级细节系数');
subplot(235),plot(CD1),title('一级细节系数');
subplot(233),plot(Recs2),title('近似系数重构');
subplot(236),plot(Recs1),title('重构信号');
```

程序运行结果如图 5-30 所示。

图 5-30　多尺度一维小波分解与重构

小波变换还有很多别的很有用的理论和特点,如小波包、多带小波、多小波等,因篇幅关系,不再深入分析。

5.5.3　二维小波变换

图像为二维信号,用二元函数 $f(x,y) \in L^2(\mathbf{R}^2)$ 表示,可以对其进行二维小波变换和多分辨分析。

1. 二维多分辨分析

设$(\{V_j^1\}_{j\in\mathbf{Z}},\varphi^1(t))$，$(\{V_j^2\}_{j\in\mathbf{Z}},\varphi^2(t))$是$L^2(\mathbf{R})$的两个多分辨分析，$\psi^1(t)$，$\psi^2(t)$分别是相应的正交小波函数，则$\widetilde{V}_j$是$V_j^1$与$V_j^2$的张量积空间，如式(5-80)所示。

$$\widetilde{V}_j=V_j^1\otimes V_j^2=\{f^1(x)f^2(y)\mid f^1(x)\in V_j^1,f^2(y)\in V_j^2\} \tag{5-80}$$

$\{\varphi_{j,l}^1(x)\}_{l\in\mathbf{Z}}$，$\{\varphi_{j,m}^2(y)\}_{m\in\mathbf{Z}}$是$V_j^1$与$V_j^2$的标准正交基，则$\{\varphi_{j,l}^1(x)\varphi_{j,m}^2(y)\}_{l,m\in\mathbf{Z}}$是$\widetilde{V}_j$的标准正交基。

设W_j^1是V_j^1在V_{j-1}^1中的正交补，W_j^2是V_j^2在V_{j-1}^2中的正交补，则

$$\begin{aligned}
\widetilde{V}_{j-1}&=V_{j-1}^1\otimes V_{j-1}^2=(V_j^1\oplus W_j^1)\otimes(V_j^2\oplus W_j^2)\\
&=(V_j^1\otimes V_j^2)\oplus(V_j^1\otimes W_j^2)\oplus(W_j^1\otimes V_j^2)\oplus(W_j^1\otimes W_j^2)\\
&=\widetilde{V}_j\oplus\widetilde{W}_j^1\oplus\widetilde{W}_j^2\oplus\widetilde{W}_j^3
\end{aligned} \tag{5-81}$$

其中，$\widetilde{W}_j^1$、$\widetilde{W}_j^2$、$\widetilde{W}_j^3$称为二维小波空间。它们的标准正交基依次为$\{\varphi_{j,l}^1(x)\psi_{j,m}^2(y)\}_{l,m\in\mathbf{Z}}$，$\{\psi_{j,l}^1(x)\varphi_{j,m}^2(y)\}_{l,m\in\mathbf{Z}}$和$\{\psi_{j,l}^1(x)\psi_{j,m}^2(y)\}_{l,m\in\mathbf{Z}}$。

记

$$\begin{cases}
\psi^1(x,y)=\varphi^1(x)\psi^2(y)\\
\psi^2(x,y)=\psi^1(x)\varphi^2(y)\\
\psi^3(x,y)=\psi^1(x)\psi^2(y)\\
\varphi(x,y)=\varphi^1(x)\varphi^2(y)
\end{cases} \tag{5-82}$$

则$\varphi(x,y)$、$\psi^1(x,y)$、$\psi^2(x,y)$、$\psi^3(x,y)$的伸缩平移系分别构成$\widetilde{V}_j$、$\widetilde{W}_j^1$、$\widetilde{W}_j^2$、$\widetilde{W}_j^3$的标准正交基。

由式(5-81)可知：

$$L^2(\mathbf{R}^2)=\sum_{j=-\infty}^{+\infty}\widetilde{W}_j \tag{5-83}$$

其中，$\widetilde{W}_j=\widetilde{W}_j^1\oplus\widetilde{W}_j^2\oplus\widetilde{W}_j^3$。对于任何$f(x,y)\in L^2(\mathbf{R}^2)$，有

$$f(x,y)=\sum_{j=-\infty}^{+\infty}w_j(x,y) \tag{5-84}$$

其中，$w_j(x,y)\in\widetilde{W}_j$。

因此，二维小波变换的重构公式为

$$f(x,y)=\sum_{j=-\infty}^{+\infty}\sum_{l,m}\left[\begin{array}{l}\alpha_{l,m}^j\varphi_{j,l}^1(x)\psi_{j,m}^2(y)+\beta_{l,m}^j\psi_{j,l}^1(x)\varphi_{j,m}^2(y)\\+\gamma_{l,m}^j\psi_{j,l}^1(x)\psi_{j,m}^2(y)\end{array}\right] \tag{5-85}$$

其中，$\alpha_{l,m}^j$、$\beta_{l,m}^j$、$\gamma_{l,m}^j$是$f(x,y)$的二维离散小波变换，$\alpha_{l,m}^j=\iint\limits_{\mathbf{R}^2}f(x,y)\varphi_{j,l}^{1*}(x)\psi_{j,m}^{2*}(y)\mathrm{d}x\,\mathrm{d}y$，

$\beta_{l,m}^j=\iint\limits_{\mathbf{R}^2}f(x,y)\psi_{j,l}^{1*}(x)\varphi_{j,m}^{2*}(y)\mathrm{d}x\,\mathrm{d}y$，$\gamma_{l,m}^j=\iint\limits_{\mathbf{R}^2}f(x,y)\psi_{j,l}^{1*}(x)\psi_{j,m}^{2*}(y)\mathrm{d}x\,\mathrm{d}y$。

在实际问题中，二元函数$f(x,y)$只有有限分辨率，设$f(x,y)\in\widetilde{V}_0$，因此

$$f(x,y)=f_s(x,y)+w_s(x,y)+w_{s-1}(x,y)+\cdots+w_1(x,y) \tag{5-86}$$

$$f(x,y) = \sum_{l,m} \left[\lambda^s_{l,m} \varphi^1_{s,l}(x) \varphi^2_{s,m}(y)\right] +$$

$$\sum_{j=1}^{s} \sum_{l,m} \left[\alpha^j_{l,m}\varphi^1_{j,l}(x)\psi^2_{j,m}(y) + \beta^j_{l,m}\psi^1_{j,l}(x)\varphi^2_{j,m}(y) + \gamma^j_{l,m}\psi^1_{j,l}(x)\psi^2_{j,m}(y)\right]$$

$$(5\text{-}87)$$

其中，$\lambda^s_{l,m} = \iint\limits_{\mathbf{R}^2} f(x,y)\varphi^{1*}_{s,l}(x)\varphi^{2*}_{s,m}(y)\mathrm{d}x\,\mathrm{d}y$。

式(5-87)中第一项 $f_s(x,y)$ 是 $f(x,y)$ 在尺度 s 下的近似；后三项称为 $f(x,y)$ 在不同尺度 j 下的细节。

2. 二维正交小波分解

由于 $\varphi^1(x)$、$\varphi^2(y)$、$\psi^1(x)$、$\psi^2(y)$ 满足双尺度方程：

$$\begin{cases}
\varphi^1(x) = \sqrt{2}\sum_l h^1_l \varphi^1(2x-l) \\[2mm]
\psi^1(x) = \sqrt{2}\sum_l g^1_l \varphi^1(2x-l) \\[2mm]
\varphi^2(y) = \sqrt{2}\sum_m h^2_m \varphi^2(2y-m) \\[2mm]
\psi^2(y) = \sqrt{2}\sum_m g^2_m \varphi^2(2y-m)
\end{cases} \qquad (5\text{-}88)$$

将式(5-88)代入式(5-82)，得

$$\begin{cases}
\varphi(x,y) = \varphi^1(x)\varphi^2(y) = 2\sum_{l,m} h^1_l h^2_m \varphi^1(2x-l)\varphi^2(2y-m) = 2\sum_{l,m} h^1_l h^2_m \varphi(2x-l,2y-m) \\[2mm]
\psi^1(x,y) = \varphi^1(x)\psi^2(y) = 2\sum_{l,m} h^1_l g^2_m \varphi^1(2x-l)\varphi^2(2y-m) = 2\sum_{l,m} h^1_l g^2_m \varphi(2x-l,2y-m) \\[2mm]
\psi^2(x,y) = \psi^1(x)\varphi^2(y) = 2\sum_{l,m} g^1_l h^2_m \varphi^1(2x-l)\varphi^2(2y-m) = 2\sum_{l,m} g^1_l h^2_m \varphi(2x-l,2y-m) \\[2mm]
\psi^3(x,y) = \psi^1(x)\psi^2(y) = 2\sum_{l,m} g^1_l g^2_m \varphi^1(2x-l)\varphi^2(2y-m) = 2\sum_{l,m} g^1_l g^2_m \varphi(2x-l,2y-m)
\end{cases}$$

$$(5\text{-}89)$$

则

$$\lambda^{j+1}_{l,m} = \iint\limits_{\mathbf{R}^2} f(x,y)\varphi^{1*}_{j+1,l}(x)\varphi^{2*}_{j+1,m}(y)\mathrm{d}x\,\mathrm{d}y$$

$$= \iint\limits_{\mathbf{R}^2} f(x,y)\left\{2^{-(j+1)/2}\varphi^{1*}\left[2^{-(j+1)}x-l\right]\right\}\left\{2^{-(j+1)/2}\varphi^{2*}\left[2^{-(j+1)}y-m\right]\right\}\mathrm{d}x\,\mathrm{d}y$$

$$= \iint\limits_{\mathbf{R}^2} f(x,y)\left\{2^{-j/2}\sum_n h^{1*}_n \varphi^{1*}\left[2(2^{-(j+1)}x-l)-n\right]\right\}$$

$$\left\{2^{-j/2}\sum_k h^{2*}_k \varphi^{2*}\left[2(2^{-(j+1)}y-m)-k\right]\right\}\mathrm{d}x\,\mathrm{d}y$$

$$= \iint\limits_{\mathbf{R}^2} f(x,y) \left\{ 2^{-j/2} \sum_p h_{p-2l}^{1^*} \varphi^{1^*}(2^{-j}x-p) \right\} \left\{ 2^{-j/2} \sum_q h_{q-2m}^{2^*} \varphi^{2^*}(2^{-j}y-q) \right\} \mathrm{d}x\,\mathrm{d}y$$

$$= \sum_{p,q} h_{p-2l}^{1^*} h_{q-2m}^{2^*} \iint\limits_{\mathbf{R}^2} f(x,y) \varphi_{j,p}^{1^*}(x) \varphi_{j,q}^{2^*}(y) \mathrm{d}x\,\mathrm{d}y$$

$$= \sum_{p,q} h_{p-2l}^{1^*} h_{q-2m}^{2^*} \lambda_{p,q}^j \tag{5-90}$$

同理,得

$$\begin{cases} \alpha_{l,m}^{j+1} = \sum_{p,q} h_{p-2l}^{1^*} g_{q-2m}^{2^*} \lambda_{p,q}^j \\[2mm] \beta_{l,m}^{j+1} = \sum_{p,q} g_{p-2l}^{1^*} h_{q-2m}^{2^*} \lambda_{p,q}^j \\[2mm] \gamma_{l,m}^{j+1} = \sum_{p,q} g_{p-2l}^{1^*} g_{q-2m}^{2^*} \lambda_{p,q}^j \end{cases} \tag{5-91}$$

由式(5-90)和式(5-91)可以看出,分辨率 j 的近似分量 $\lambda_{p,q}^j$ 分解为分辨率为 $j+1$ 的近似分量 $\lambda_{l,m}^{j+1}$ 和细节分量 $\alpha_{l,m}^{j+1}$,$\beta_{l,m}^{j+1}$,$\gamma_{l,m}^{j+1}$ 的分解方法可以用如图5-31所示的滤波过程来表示:首先对水平方向进行滤波,再对垂直方向进行滤波,得到4个不同的频带;若对近似分量 $\lambda_{l,m}^{j+1}$ 继续进行这样的滤波过程,即可得到如图5-32所示的塔形分解。

图5-31　二维小波变换近似分量 $\lambda_{p,q}^j$ 分解为 $\lambda_{l,m}^{j+1}$ 和 $\alpha_{l,m}^{j+1}$、$\beta_{l,m}^{j+1}$、$\gamma_{l,m}^{j+1}$

若对一幅二维图像进行3层分解,可得图5-32。其中,L 代表低频分量,H 代表高频分量;LH 代表垂直方向上的高频信息;HL 频带存放的是图像水平方向的高频信息;HH 频带存放图像在对角线方向的高频信息。

图5-32　二维图像3层小波分解示意图

3. 二维正交小波重构

因为 $\widetilde{V}_j = \widetilde{V}_{j+1} \oplus \widetilde{W}_{j+1}^1 \oplus \widetilde{W}_{j+1}^2 \oplus \widetilde{W}_{j+1}^3$,所以

$$f_j(x,y) = f_{j+1}(x,y) + w_{j+1}^1(x,y) + w_{j+1}^2(x,y) + w_{j+1}^3(x,y)$$

而

$$f_{j+1}(x,y) = \sum_{l,m \in \mathbf{Z}} \langle f(x,y), \varphi_{j+1,l,m}(x,y) \rangle \varphi_{j+1,l,m}(x,y) = \sum_{l,m \in \mathbf{Z}} \lambda_{l,m}^{j+1} \varphi_{j+1,l}^1(x) \varphi_{j+1,m}^2(y)$$

$$= \sum_{l,m \in \mathbf{Z}} \lambda_{l,m}^{j+1} [2^{-(j+1)/2} \varphi^1(2^{-(j+1)}x - l)][2^{-(j+1)/2} \varphi^2(2^{-(j+1)}y - m)]$$

$$= \sum_{l,m \in \mathbf{Z}} \lambda_{l,m}^{j+1} \left\{ 2^{-j/2} \sum_{n \in \mathbf{Z}} h_n^1 \varphi^1 [2(2^{-(j+1)}x - l) - n] \right\}$$

$$\left\{ 2^{-j/2} \sum_{n \in \mathbf{Z}} h_n^2 \varphi^2 [2(2^{-(j+1)}y - m) - n] \right\}$$

$$= \sum_{l,m \in \mathbf{Z}} \lambda_{l,m}^{j+1} \left[2^{-j/2} \sum_{p \in \mathbf{Z}} h_{p-2l}^1 \varphi^1 \{ 2^{-j}x - p \} \right] \left[2^{-j/2} \sum_{q \in \mathbf{Z}} h_{q-2m}^2 \varphi^2 (2^{-j}y - q) \right]$$

$$= \sum_{l,m \in \mathbf{Z}} \lambda_{l,m}^{j+1} \sum_{p,q \in \mathbf{Z}} h_{p-2l}^1 h_{q-2m}^2 \varphi_{j,p}^1(x) \varphi_{j,q}^2(y) \tag{5-92}$$

同理，得

$$w_{j+1}^1(x,y) = \sum_{l,m \in \mathbf{Z}} \langle f(x,y), \psi_{j+1,l,m}^1(x,y) \rangle \psi_{j+1,l,m}^1(x,y) = \sum_{l,m \in \mathbf{Z}} \alpha_{l,m}^{j+1} \varphi_{j+1,l}^1(x) \psi_{j+1,m}^2(y)$$

$$= \sum_{l,m \in \mathbf{Z}} \alpha_{l,m}^{j+1} \sum_{p,q \in \mathbf{Z}} h_{p-2l}^1 g_{q-2m}^2 \varphi_{j,p}^1(x) \varphi_{j,q}^2(y) \tag{5-93}$$

$$w_{j+1}^2(x,y) = \sum_{l,m \in \mathbf{Z}} \langle f(x,y), \psi_{j+1,l,m}^2(x,y) \rangle \psi_{j+1,l,m}^2(x,y) = \sum_{l,m \in \mathbf{Z}} \beta_{l,m}^{j+1} \psi_{j+1,l}^1(x) \varphi_{j+1,m}^2(y)$$

$$= \sum_{l,m \in \mathbf{Z}} \beta_{l,m}^{j+1} \sum_{p,q \in \mathbf{Z}} g_{p-2l}^1 h_{q-2m}^2 \varphi_{j,p}^1(x) \varphi_{j,q}^2(y) \tag{5-94}$$

$$w_{j+1}^3(x,y) = \sum_{l,m \in \mathbf{Z}} \langle f(x,y), \psi_{j+1,l,m}^3(x,y) \rangle \psi_{j+1,l,m}^3(x,y) = \sum_{l,m \in \mathbf{Z}} \gamma_{l,m}^{j+1} \psi_{j+1,l}^1(x) \psi_{j+1,m}^2(y)$$

$$- \sum_{l,m \in \mathbf{Z}} \gamma_{l,m}^{j+1} \sum_{p,q \in \mathbf{Z}} g_{p-2l}^1 g_{q-2m}^2 \varphi_{j,p}^1(x) \varphi_{j,q}^2(y) \tag{5-95}$$

所以

$$f_{j+1}(x,y) + w_{j+1}^1(x,y) + w_{j+1}^2(x,y) + w_{j+1}^3(x,y)$$

$$= \sum_{p,q \in \mathbf{Z}} \left\{ \sum_{l,m \in \mathbf{Z}} [\lambda_{l,m}^{j+1} h_{p-2l}^1 h_{q-2m}^2 + \alpha_{l,m}^{j+1} h_{p-2l}^1 g_{q-2m}^2 + \beta_{l,m}^{j+1} g_{p-2l}^1 h_{q-2m}^2 + \gamma_{l,m}^{j+1} g_{p-2l}^1 g_{q-2m}^2] \right\}$$

$$\varphi_{j,p}^1(x) \varphi_{j,q}^2(y)$$

而

$$f_j(x,y) = \sum_{p,q \in \mathbf{Z}} \langle f(x,y), \varphi_{j,p,q}(x,y) \rangle \varphi_{j,p,q}(x,y) = \sum_{p,q \in \mathbf{Z}} \lambda_{p,q}^j \varphi_{j,p}^1(x) \varphi_{j,q}^2(y)$$

因此

$$\lambda_{p,q}^j = \left\{ \sum_{l,m \in \mathbf{Z}} [\lambda_{l,m}^{j+1} h_{p-2l}^1 h_{q-2m}^2 + \alpha_{l,m}^{j+1} h_{p-2l}^1 g_{q-2m}^2 + \beta_{l,m}^{j+1} g_{p-2l}^1 h_{q-2m}^2 + \gamma_{l,m}^{j+1} g_{p-2l}^1 g_{q-2m}^2] \right\} \tag{5-96}$$

式(5-96)所示的重构可以用图 5-33 所示的滤波过程来表示。

4. 二维正交小波的实现

MATLAB 提供了相应的二维小波函数，部分列举如下。

（1）wavefun2 函数：计算尺度、小波函数。

① [S,W1,W2,W3,XYVAL]＝wavefun2('wname',ITER)：返回 wname 指定的正交小波的尺

图 5-33　二维多分辨分析的重构

度函数 S 与 3 个小波函数 W1、W2、W3，ITER 为迭代次数，XYVAL 为取值点，支撑区间内有 $2^{ITER} \times 2^{ITER}$ 个点。

② …＝wavefun2(…,'plot')：计算并绘制函数。

（2）dwt2 函数：实现一级二维离散小波变换。

① [CA,CH,CV,CD]＝dwt2(X,'wname')：用 wname 指定的小波分解矩阵 X 为近似系数矩阵 CA 和细节系数矩阵 CH、CV 和 CD。

② [CA,CH,CV,CD]＝dwt2(X,Lo_D,Hi_D)：采用低通分解滤波器 Lo_D 和高通分解滤波器 Hi_D 分解矩阵 X。

（3）idwt2 函数：一级二维离散小波逆变换。

① X＝idwt2(CA,CH,CV,CD,'wname')：基于近似系数矩阵 CA 和细节系数矩阵 CH、CV 和 CD，使用 wname 指定的小波实现近似系数矩阵 X 的一级重构。

② X＝idwt2(CA,CH,CV,CD,Lo_R,Hi_R)：采用低通重构滤波器 Lo_R 和高通重构滤波器 Hi_R 重构矩阵 X。

（4）wavedec2 函数：多级二维小波分解。

① [C,S]＝wavedec2(X,N,'wname')：使用 wname 指定的小波实现矩阵 X 的 N 级分解。

② [C,S]＝wavedec2(X,N,Lo_D,Hi_D)：使用分解滤波器分解矩阵 X。

C＝[A(N)|H(N)|V(N)|D(N)|H(N－1)|V(N－1)|D(N－1)|…|H(1)|V(1)|D(1)]，A、H、V、D 分别为低频、水平高频、垂直高频、对角高频系数矩阵。N 为正整数。S(1,:)是级数 N 的低频系数长度；S(i,:)是级数 N－i＋2 的高频系数长度，i＝2,…,N＋1；S(N＋2,:)＝size(X)。

（5）waverec2 函数：多级二维小波重构。

① X＝waverec2(C,S,'wname')：基于多级小波分解结构[C,S]重构矩阵 X。

② X＝waverec2(C,S,Lo_R,Hi_R)：采用重构滤波器实现矩阵 X 重构。

（6）appcoef2 函数：提取二维小波分解的低频系数。

① A＝appcoef2(C,S,'wname',N)：从小波分解结构[C,L]中提取第 N 级近似系数矩阵 A，N 为正整数，且 N≤size(S,1)－2。

② A＝appcoef2(C,S,'wname')：提取第 size(S,1)－2 级近似系数矩阵 A。

③ A＝appcoef2(C,S,Lo_R,Hi_R)或者 A＝appcoef2(C,S,Lo_R,Hi_R,N)：基于重构滤波器提取近似系数 A。

（7）detcoef2 函数：提取二维小波分解的高频系数。

① D＝detcoef2(O,C,S,N)：从小波分解结构[C,L]中提取第 N 级细节系数矩阵 D。O 可取

'h'、'v'或者'd',对应水平、垂直和对角高频系数;N≥1 且 N≤size(S,1)−2。

② [H,V,D]=detcoef2('all',C,S,N):提取第 N 级的水平 H、垂直 V、对角 D 细节系数矩阵。

(8) upcoef2 函数:二维小波系数的直接重构。

① Y=upcoef2(O,X,'wname',N,S):计算矩阵 X 的向上 N 步的重构系数,并提取长度为 S 的中间部分。若 O 取'a',则对近似系数重构;若 O 取'h'、'v'、'd',则对水平、垂直或对角细节系数重构。N 为正整数。

② Y=upcoef2(O,X,Lo_R,Hi_R,N,S):基于重构滤波器实现重构。

(9) Y = wcodemat(X,NBCODES,OPT,ABSOL):返回对数据矩阵 X 编码的矩阵 Y。NBCODES 为伪编码的最大值,即编码范围为 0~NBCODES−1,默认为 16;若 ABSOL 为 0,则返回编码矩阵;若 ABSOL 非 0,则返回数据矩阵的绝对值 abs(X);默认为 1。OPT 指定了编码方式,若为'row'或'r',则按行编码;若为'col'或'c',则按列编码;若为'mat' 或 'm',则按整个矩阵编码;默认为'mat'。

【例 5-23】 对 cameraman 图像进行一级小波分解及重构。

程序如下:

```
clear,clc,close all;
Image = imread('cameraman.jpg');
grayI = rgb2gray(Image);
[ca1,ch1,cv1,cd1] = dwt2(grayI,'db4');                    % 用 db4 小波对图像进行一级小波分解
DWTI = [wcodemat(ca1,256),wcodemat(ch1,256);wcodemat(cv1,256),wcodemat(cd1,256)];
                                                          % 组成小波系数显示矩阵
result = idwt2(ca1,ch1,cv1,cd1,'db4');                    % 一级重构
subplot(131),imshow(Image),title('原图');
subplot(132),imshow(DWTI/256),title('一级小波分解子带图');    % 显示一级分解后的近似和细节图像
subplot(133),imshow(result,[]),title('一级重构');          % 重构图像显示
```

程序运行结果如图 5-34 所示。

(a) 原图　　　　　　　　　(b) 一级小波分解子带图　　　　　　(c) 一级重构

图 5-34　cameraman 图像的一级分解及重构

【例 5-24】 对 cameraman 图像进行二级小波分解及重构。

程序如下:

```
clc,clear,close all;
Image = imread('cameraman.jpg');
grayI = rgb2gray(Image);
[C,S] = wavedec2(grayI,2,'db4');                          % 用 db4 小波对图像进行二级小波分解
```

```matlab
siz = S(size(S,1),:);
CA2 = appcoef2(C,S,'db4',2);                        % 提取二级小波分解低频变换系数
[CH2,CV2,CD2] = detcoef2('all',C,S,2);              % 提取二级小波分解高频变换系数
[CH1,CV1,CD1] = detcoef2('all',C,S,1);              % 提取一级小波分解高频变换系数
CA1 = [wcodemat(CA2,256),wcodemat(CH2,256);wcodemat(CV2,256),wcodemat(CD2,256)];
k = S(2,1) * 2 - S(3,1);                            % 两级高频系数长度差
CH1 = padarray(CH1,[k k],1,'pre');
CV1 = padarray(CV1,[k k],1,'pre');
CD1 = padarray(CD1,[k k],1,'pre');                  % 填充一级小波高频系数数组,使两级系数维数一致
DWTI = [CA1,wcodemat(CH1,256);wcodemat(CV1,256),wcodemat(CD1,256)];
RecA = upcoef2('a',CA2,'db4',2,siz);                % 二级近似系数向上重构
RecV = upcoef2('v',CV2,'db4',2,siz);                % 垂直细节系数向上重构
result = waverec2(C,S,'db4');                       % 二级重构
RecA = mat2gray(RecA);
RecV = mat2gray(RecV);
subplot(221),imshow(DWTI/256),title('二级小波分解子带图');  % 显示二级分解后的近似和细节图像
subplot(222),imshow(RecA),title('二级近似系数重构');
subplot(223),imshow(RecV),title('垂直细节系数重构');
subplot(224),imshow(result,[]),title('二级重构');
```

程序运行结果如图 5-35 所示。

(a) 二级小波分解子带图　　(b) 二级近似系数重构　　(c) 垂直细节系数重构　　(d) 二级重构

图 5-35　cameraman 图像的二级分解及重构

5.5.4　小波变换在图像处理中的应用

小波变换因其频率分解、多分辨分析等特性,应用于数字图像处理,可以出色地完成诸如图像滤波、图像增强、图像融合、图像压缩等多种处理,得到广泛的应用。

1. 基于小波变换的图像降噪

小波变换具有下述特点。

(1) 低熵性。图像变换后熵降低。

(2) 多分辨性。采用多分辨率的方法,可以非常好地刻画信号的非平稳特征,如边缘、尖峰、断点等,可在不同分辨率下根据信号和噪声分布的特点去噪。

(3) 小波变换可以灵活地选择不同的小波基。因此,小波去噪是小波变换在数字图像处理中的一个重要应用。

如前文所述,小波变换实际上是通过滤波器将图像信号分解为低频和高频的,噪声的大部分能量集中在高频部分,通过处理小波分解后的高频系数,实现噪声的降低。常见的基于小波变换的图

像降噪方法有以下几种。

（1）基于小波变换极大值原理的降噪方法。该方法根据信号与噪声在小波变换各尺度上不同的传播特性，剔除由噪声产生的模极大值点，用剩余的模极大值点恢复信号。

（2）基于相关性的降噪方法。该方法对含噪声的信号进行变换后，计算相邻尺度间小波系数的相关性，根据相关性大小区别小波系数的类型，并进行取舍、重构。

（3）基于阈值的降噪方法。该方法按一定的规则（或阈值化）将小波系数划分成两类：重要的、规则的小波系数和非重要的或受噪声干扰的小波系数，舍弃不重要的小波系数然后重构去噪后的图像。这种方法的关键是阈值的设计。常用的阈值函数有硬阈值和软阈值函数。硬阈值方法指的是设定阈值，小波系数绝对值大于阈值的保留，小于阈值的置 0，可以很好地保留边缘等局部特征，但会出现振铃等失真现象；软阈值方法指将较小的小波系数置 0，较大的小波系数按一定的函数计算，向 0 收缩，处理结果较硬阈值方法平滑，但因绝对值较大的小波系数减小，会导致损失部分高频信息，造成图像边缘的失真模糊。

【例 5-25】 基于小波变换对图像进行硬阈值、软阈值去噪。

程序如下：

```
clear,clc,close all;
Image = rgb2gray(imread('peppers.jpg'));
noiseI = imnoise(Image,'gaussian');           % 添加高斯噪声
[c,s] = wavedec2(noiseI,2,'sym5');            % 用 sym5 小波对图像进行二层小波分解
sigma = std(c);                               % 小波系数标准差
thresh = 2 * sigma;                           % 设定阈值
csize = size(c);
c(abs(c)< thresh) = 0;                        % 小波系数小于阈值则置 0
denoiseI1 = uint8(waverec2(c,s,'sym5'));
pos1 = find(c > thresh);      c(pos1) = c(pos1) - thresh;
pos2 = find(c < - thresh);    c(pos2) = c(pos2) + thresh;    % 大系数向 0 收缩
denoiseI2 = uint8(waverec2(c,s,'sym5'));
subplot(222),imshow(noiseI),title('高斯噪声图像');
subplot(223),imshow(denoiseI1),title('硬阈值降噪');
subplot(224),imshow(denoiseI2),title('软阈值降噪');
```

程序运行结果如图 5-36 所示。

(a) 高斯噪声图像　　　　　　(b) 硬阈值降噪　　　　　　(c) 软阈值降噪

图 5-36　基于小波变换的图像降噪

2. 基于小波变换的边缘检测

图像边缘是指在图像平面中灰度值发生跳变的点连接所成的曲线段，包含了图像的重要信息。

找出图像的边缘称为边缘检测,是图像处理中的重要内容。利用边缘突变对应高频信息的特性,通过将低频系数置0、保留高频系数的方法可以实现边缘检测。

【例 5-26】 利用小波变换实现图像边缘检测。

```
clcar,clc,close all;
Image = imread('cameraman.tif');
[ca,ch,cv,cd] = dwt2(Image,'db4');            % 用 db4 小波对图像进行一级小波分解
result = abs(idwt2(ca * 0,ch,cv,cd,'db4')/255);   % 将低频系数置为 0,进行小波重构
subplot(121),imshow(Image),title('原图');
subplot(122),imshow(result) ,title('边缘检测');
```

程序运行结果如图 5-37 所示。

(a) 原图　　　　　　　(b) 边缘检测

图 5-37　基于小波变换的边缘检测

随着技术的发展,目前已经有很多新颖的基于小波变换的图像边缘检测技术和方法,如多尺度小波变换边缘提取算法、嵌入可信度的边缘检测方法、奇异点模极大值检测算法等。

3. 基于小波变换的图像压缩

小波变换特别适用于细节丰富、空间相关性差、冗余度低的图像数据压缩处理。同 DCT 类似,小波变换后使图像能量集中在少部分的小波系数上,可以通过简单的量化方法,将较小能量的小波系数省去,保留能量较大的小波系数,从而达到压缩的目的。所以,可以采用直接阈值方法实现基于小波变换的图像压缩,压缩效果好坏关键在于阈值的选择。考虑到人眼视觉系统对高频分量反应不敏感,而对低频分量反应敏感,所以,可以给低频区分配相对高的码率,给高频区分配相对低的码率,以降低数据量,如基于小波树结构的向量量化法、嵌入式零树小波编码等。JPEG 2000 压缩标准中采用基于小波变换的图像压缩技术。

4. 基于小波变换的图像增强

图像增强是指提高图像的对比度,以增加图像的视觉效果和可理解性,同时减少或抑制图像中的噪声,提高视觉质量。常用的图像增强技术可以分为基于空间域和基于变换域两种,前者直接对像素进行运算,后者通过将图像进行正交变换,对变换域内的系数进行调整以达到提高输出图像对比度的目的。小波变换将图像分解为大小、位置和方向不同的分量,根据需要改变某些分量系数,从而使得感兴趣的分量放大,不需要的分量减小,以达到图像增强的目的。

【例 5-27】 对小波变换的低频系数进行增强,对小波变换的高频系数进行弱化。

程序如下:

```
clc,clear,close all;
Image = imread('boy.bmp');
[C,S] = wavedec2(Image,3,'db4');
len = length(C);
T = 150;
pos = S(1,1) * S(1,2);                              % 低频系数数目
C1 = C(1:pos); C1(C1 > T) = C1(C1 > T) * 1.2;       % 低频系数增强
C2 = C(pos + 1:len); C2(C2 < T) = C2(C2 < T) * 0.75;  % 高频系数弱化
C(1:pos) = C1;
C(pos + 1:len) = C2;
result = uint8(waverec2(C,S,'db4'));
imshowpair(Image,result,'montage'),title('对比度增强');
```

程序运行结果如图 5-38 所示。

(a) 原图   (b) 对比度增强

图 5-38　基于小波变换的图像增强

5. 基于小波变换的图像融合

　　图像融合是指将同一对象的两幅或更多的图像合成在一幅图像中,以便比原来任何一幅图像更容易为人所理解。基于小波变换的图像融合是指将原图像进行小波分解,在小波域通过一定的融合算子融合小波系数,再重构生成融合的图像,如图 5-39 所示。小波变换可以将图像分解到不同的频率域,在不同的频率域运用不同的融合算法,得到合成图像的多分辨分解,从而在合成图像中保留原图像在不同频率域的显著特征。

图 5-39　基于小波变换的图像融合过程

　　基于小波变换的图像融合的关键在于融合算法。例如,对于低频小波分解系数采用取平均的方法,高频分解系数的融合可以采用均值法、最大值法、基于区域的方法、基于边缘强度的方法等。

　　小波融合能够针对输入图像的不同特征来选择小波基及小波变换的级数,在融合时可以根据实际需要来引入双方的细节信息,表现出更强的针对性和实用性,融合效果更好。

　　【例 5-28】　采用 DWT 对图像进行融合。

　　程序如下:

```
clear,clc,close all;
```

```
Image1 = rgb2gray( imread( 'desert.jpg'));
Image2 = rgb2gray( imread( 'car.jpg'));
[ca1,ch1,cv1,cd1] = dwt2( Image1, 'db4');        % 用 db4 小波对背景图进行一级小波分解
[ca2,ch2,cv2,cd2] = dwt2( Image2, 'db4');        % 用 db4 小波对前景图进行一级小波分解
ca = (ca1 + ca2)/2;                              % DWT 低频系数取平均融合
ch = max(ch1,ch2);cv = max(cv1,cv2);cd = max(cd1,cd2);   % DWT 高频系数取最大值融合
result = idwt2(ca,ch,cv,cd, 'db4')/256;
imshow(result),title( '图像融合');
```

程序运行结果如图 5-40 所示。

(a) 背景图 (b) 前景图 (c) DWT融合

图 5-40 综合实例结果图

以上是对小波变换在图像处理中的部分应用做了简要介绍,有兴趣的读者可以在学习过相关图像处理原理和概念后,结合小波变换的理论进行详细学习。

本章小结

本章主要介绍了图像的常见正交变换,包括 DFT、DCT、K-L 变换、Radon 变换以及小波变换,详细介绍了各种正交变换的原理及 MATLAB 实现。正交变换在不同的处理算法中经常用到,应熟悉其基本原理、变换特点、常用函数及处理效果,以便灵活应用。

由于受外界因素干扰,常常需要改善图像的质量,来增强图像的视觉效果,或者增强图像中的感兴趣部分,以利于计算机处理,相应的技术称为图像增强。图像增强是指将一幅图像中的有用信息(即感兴趣信息)进行增强,同时将无用信息(即干扰信息或噪声)进行抑制,以提高图像的可观察性。

传统的图像对比度增强方法有灰度级变换、基于直方图的增强等。随着技术的发展,一些新型技术被用于增强处理,如模糊增强、基于人类视觉的增强等。增强处理也被用于特定情形下的图像,并衍生出一系列的新方法,如去雾增强、低照度图像增强等。抑制图像中噪声的增强处理也称为图像平滑;增强图像中细节或边缘的处理称为图像锐化;由于两种方法常采用滤波的方式进行,也称为滤波处理。本章主要学习常用的图像增强技术及其仿真实现,包含灰度级变换、空域滤波、频域滤波和基于照度-反射模型的图像增强等。

6.1 灰度级变换

灰度级变换是指借助于某种变换函数将输入的像素灰度值映射成一个新的输出值,通过改变像素值实现图像增强,如下所示:

$$g(x,y) = T[f(x,y)] \tag{6-1}$$

其中,$f(x,y)$ 是输入图像,$g(x,y)$ 是变换后的输出图像,T 是灰度变换函数。

由于一般是将过暗的图像灰度值进行重新映射扩展灰度级范围,使其分布在整个灰度值区间,因此通常又把它称为扩展。

由式(6-1)可看出,变换函数 T 的不同将导致不同的输出,其实现的变换效果也不一样。因此,在实际应用中,可以通过灵活地设计变换函数 T 来实现各种处理。

6.1.1 线性灰度级变换

线性灰度级变换指变换前后灰度级呈现线性关系。该方法简便,易于理解,主要用于对图像的亮度、对比度等进行调整。

1. 基本线性灰度级变换

基本线性灰度级变换示意图如图 6-1 所示。经过原点的线性变换函数的倾

角为 α，将输入像素值 $f(x,y)$ 变换为输出值 $g(x,y)$，满足

$$g(x,y)=f(x,y)\cdot\tan\alpha \tag{6-2}$$

从图 6-1 中可看出，基本线性灰度级变换效果由变换函数的倾角 α 所决定：当 $\alpha=45°$ 时，灰度变换前后灰度值范围不变，图像无变化；当 $\alpha<45°$ 时，灰度变换后灰度取值范围压缩，灰度值降低，图像均匀变暗；当 $\alpha>45°$ 时，灰度变换后灰度取值范围拉伸，灰度值增大，图像均匀变亮。因此，可以根据图像的亮度情况，选择不同的倾角实现不同的处理效果。

图 6-1　基本线性灰度级变换

【例 6-1】　设置线性变换函数的倾角 α，对 couple 图像进行灰度级变换。

程序如下：

```
clear,clc,close all;
grayI = imread('couple.bmp');
alpha1 = pi/6;    alpha2 = pi/4;    alpha3 = pi/3;        % 设置不同的倾角 α
result1 = grayI * tan(alpha1);
result2 = grayI * tan(alpha2);
result3 = grayI * tan(alpha3);
subplot(221),imshow(grayI),title('原图');
subplot(222),imshow(result1),title('灰度范围压缩');
subplot(223),imshow(result2),title('灰度范围不变');
subplot(224),imshow(result3),title('灰度范围拉伸');
```

程序运行结果如图 6-2 所示。图 6-2(a)为原图；图 6-2(b)为 $\alpha=30°$ 时的处理效果，图像变得更暗；图 6-2(c)为 $\alpha=45°$ 时的处理效果，图像没有变化；图 6-2(d)为 $\alpha=60°$ 时的处理效果，图像变亮。

(a)原图　　　　　　(b)α=30°　　　　　　(c)α=45°　　　　　　(d)α=60°

图 6-2　对 couple 图像进行线性灰度级变换

【例 6-2】　采用一次线性函数 $g(x,y)=kf(x,y)+b$ 对 couple 图像进行灰度级变换。

程序如下：

```
clear,clc,close all;
grayI = imread('couple.bmp');
alpha1 = pi/6;   alpha2 = pi/3;
```

```
b1 = - 30;        b2 = 60;
result1 = grayI * tan(alpha1) + b1;
result2 = grayI * tan(alpha2) + b2;
subplot(131),imshow(grayI),title('原图');
subplot(132),imshow(result1),title('线性变换1');
subplot(133),imshow(result2),title('线性变换2');
```

程序运行结果如图 6-3 所示。图 6-3(a)为原图；图 6-3(b)为 $\alpha=30°,b=-30$ 时的处理效果，灰度范围压缩，像素值降低，图像变得更暗；图 6-3(c)为 $\alpha=60°,b=60$ 时的处理效果，灰度范围拉伸，像素值增加，图像变得更亮。

(a)原图   (b) $\alpha=30°$、$b=-30$ (c) $\alpha=60°$、$b=60$

图 6-3　$g(x,y)=kf(x,y)+b$ 变换

彩色图像有 3 个色彩通道，可以分别对各色彩通道进行灰度级变换，再合成彩色图像。但是，当各色彩通道灰度级变换 $g(x,y)=kf(x,y)+b$ 的参数 k 和 b 不一样时，各色彩拉伸比例不一致，将导致色彩失真。

【例 6-3】　对彩色图像进行灰度级变换。

程序如下：

```
clear,clc,close all;
Image = imread('montreal.jpg');
R = Image(:,:,1);       G = Image(:,:,2);       B = Image(:,:,3);
alpha1 = pi/3;          alpha2 = pi/4;          b = 60;          %设置线性变换参数
R = R * tan(alpha1) + b;
G = G * tan(alpha1) + b;
B = B * tan(alpha1) + b;
result1 = cat(3,R,G,B);                         % 对色彩通道进行相同线性变换
R = R * tan(alpha1) + b;
G = G * tan(alpha2) + b;
B = B * tan(alpha2) + b;
result2 = cat(3,R,G,B);                         % 对色彩通道进行不同线性变换
subplot(131),imshow(Image),title('彩色原图');
subplot(132),imshow(result1),title('色彩通道进行相同线性变换');
subplot(133),imshow(result2),title('色彩通道进行不同线性变换');
```

程序运行结果如图 6-4 所示。图 6-4(a)为彩色原图；图 6-4(b)为对各色彩通道进行了相同的线性变换处理的效果，由于倾角 $\alpha>45°$，灰度范围拉伸，像素色彩值增大，图像变亮；图 6-4(c)为对各色彩通道进行了不同的线性变换处理的效果，色彩发生畸变。

为保证没有色彩畸变，也可以将彩色图像转换到色彩和亮度分开的色彩空间，如 HSV、YUV 等，在该空间对亮度值进行线性变换，保证色彩值不变，之后再变换回 RGB 空间，将在保证色彩不变

(a) 彩色原图　　　　　　(b) 色彩通道进行相同线性变换　　　　　(c) 色彩通道进行不同线性变换

图 6-4　彩色图像线性变换

的基础上,实现亮度的调整,见例 3-19、例 3-20。

2. 分段线性灰度级变换

将输入图像的灰度级区间分段,分别作线性灰度级变换,称为分段线性灰度级变换,是一种常用的灰度级变换方法。如图 6-5 所示是分段线性灰度级变换的示意图,其将输入灰度分为了 3 段,灰度区间 $[0,a)$ 变换为 $[0,c)$,灰度区间 $[a,b)$ 变换为 $[c,d)$,灰度区间 $[b,L-1]$ 变换为 $[d,L-1]$。

(a) 分段线性变换1　　　　　　　　　　(b) 分段线性变换2

图 6-5　分段线性变换函数示意图

从图 6-5 中可以看出,随着参数 a、b、c、d 的不同,每段灰度的变化也不一样,所以,可以根据实际需要灵活设置参数取值,以实现不同的变换效果。图 6-5(a)中,由于 $a>c$,实现了低灰度的范围压缩,灰度值降低;由于 $b<d$,第 3 段线性函数的倾角小于 $45°$,实现了高灰度的范围压缩,但灰度值增大;整幅图像低灰度更低,高灰度更高,实现了对比度增强。图 6-5(b)中,由于 $a<c$,实现了低灰度的范围拉伸,灰度值增大;由于 $b>d$,第 3 段线性函数的倾角大于 $45°$,实现了高灰度的范围拉伸,但灰度值降低;整幅图低灰度提升,高灰度降低,实现了对比度降低。

图 6-5 所示的 3 段式线性灰度级变换函数如式(6-3)所示。

$$g(x,y)=\begin{cases}\dfrac{c}{a}f(x,y), & 0\leqslant f(x,y)<a \\[2mm] \dfrac{d-c}{b-a}[f(x,y)-a]+c, & a\leqslant f(x,y)<b \\[2mm] \dfrac{L-1-d}{L-1-b}[f(x,y)-b]+d, & b\leqslant f(x,y)<L-1\end{cases} \quad (6\text{-}3)$$

【例 6-4】 基于图 6-5 所示的 3 段式线性变换,对图像进行灰度级变换。

程序如下:

```
clear,clc,close all;
```

```
Image = imread('panda.bmp');
[height,width] = size(Image);
a1 = 80; b1 = 200; c1 = 30; d1 = 220;
a2 = 30; b2 = 220; c2 = 80; d2 = 200;
NewImage1 = zeros(height,width);
NewImage2 = zeros(height,width);
for gray = 0:255
    if gray < a1
        newgray = c1/a1 * gray;
    elseif gray < b1
        newgray = (d1 - c1)/(b1 - a1) * (gray - a1) + c1;
    else
        newgray = (255 - d1)/(255 - b1) * (gray - b1) + d1;
    end
    NewImage1(Image == gray) = newgray/255;
    if gray < a2
        newgray = c2/a2 * gray;
    elseif gray < b2
        newgray = (d2 - c2)/(b2 - a2) * (gray - a2) + c2;
    else
        newgray = (255 - d2)/(255 - b2) * (gray - b2) + d2;
    end
    NewImage2(Image == gray) = newgray/255;
end
subplot(131),imshow(Image),title('原图');
subplot(132),imshow(NewImage1),title('分段线性变换 1');
subplot(133),imshow(NewImage2),title('分段线性变换 2');
```

程序运行结果如图 6-6 所示。图 6-6(a)为原图；图 6-6(b)为 a=80、b=200、c=30、d=220 时的处理效果,低灰度更低,高灰度更高,图像对比度得到增强；图 6-6(c)为 a=30、b=220、c=80、d=200 时的处理效果,低灰度提升,高灰度降低,图像对比度降低。

(a) 原图　　　　　　　(b) a=80, b=200, c=30, d=220　　　　　(c) a=30, b=220, c=80, d=200

图 6-6　分段线性灰度级变换效果图

3. 相关仿真函数

MATLAB 提供了进行线性灰度级变换的函数,列举如下。

(1) lowhigh=stretchlim(I,Tol)：计算灰度图像或 RGB 图像 I 进行对比度拉伸的上下限,返回 lowhigh 向量。Tol 可以是一个二维向量 [Low_Fract High_Fract],指定像素值低于下限和上限的像素占所有像素的比例；如果 Tol 为 0,lowhigh=[min(I(:)); max(I(:))]；如果 Tol 是一个 0,1 之间的常数,低于下限和上限的像素比例分别为 Tol 和 1−Tol；默认情况下,Tol=[0.01 0.99]。

（2）imadjust 函数：调整图像灰度值或者颜色映射表值。

① J＝imadjust(I)：将灰度图像 I 映射为图像 J，等价于 imadjust(I,stretchlim(I))。

② J＝imadjust(I,[low_in high_in])：将灰度图像 I 中介于 low_in 和 high_in 之间的灰度值映射到 0 和 1 之间。

③ J＝imadjust(I,[low_in high_in],[low_out high_out],gamma)：将灰度图像 I 中介于 low_in 和 high_in 之间的灰度值映射到 J 中 low_out 和 high_out 之间。gamma 指定描述值 I 和值 J 关系的曲线形状。如果 gamma＜1，此映射偏重更高数值（明亮）输出；如果 gamma＞1，此映射偏重更低数值（灰暗）输出；如果 gamma 是三维向量，则对每个色彩通道采用对应设置；如果省略此参数，默认为 1（线性映射）。

④ J＝imadjust(RGB,[low_in high_in],…)：将真彩色图像 RGB 中的值映射到 J，可以对每个色彩通道进行相同或者不同的映射。

⑤ newmap＝imadjust(cmap,[low_in high_in],…)：将颜色映射表 cmap 中的值映射到 newmap。

（3）brighten 函数：将颜色映射表变亮或变暗。

① brighten(beta)：将当前颜色映射表中的颜色值整体偏移，当 beta∈(0,1]时，颜色变亮；当 beta∈[−1,0)时，颜色变暗；变化的幅度与 beta 的大小成正比。

② brighten(map,beta)：将 map 中的颜色值整体偏移。

③ newmap＝brighten(…)：输出调整后的颜色映射表。

④ brighten(f,beta)：调整与图形窗口 f 关联的颜色映射表。

【例 6-5】 采用 imadjust 函数对图像进行灰度级变换。

程序如下：

```
clear,clc,close all;
[Image,Map] = imread('kids.tif');
newMap = brighten(Map,0.5);
result = imadjust(Image,stretchlim(Image));
subplot(221),imshow(Image,Map),title('原图');
subplot(222),imshow(Image),title('原图灰度图');
subplot(223),imshow(Image,newMap),title('调整颜色映射表');
subplot(224),imshow(result),title('灰度图线性变换');
```

程序运行结果如图 6-7 所示。图 6-7(a)为原图；图 6-7(b)为采用 brighten 函数调整颜色映射表时的处理效果；图 6-7(c)为原图灰度图；图 6-7(d)为采用 imadjust 函数对灰度图进行线性拉伸变换的效果。

(a) 原图　　　　　　(b) 调整颜色映射表　　　　　(c) 原图灰度图　　　　　(d) 灰度图线性变换

图 6-7　采用函数对图像进行灰度级变换

MATLAB 提供了对比度调整工具,输入 imcontrast 命令,打开对比工具窗口,对当前图形窗口下的图像调整对比度,如图 6-8 所示。

(a) 图像及对应对比度工具的初始状态

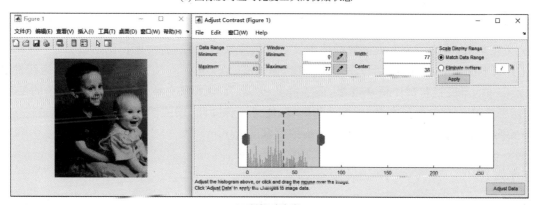

(b) 调整对比度

图 6-8　对比度调整工具

6.1.2　非线性灰度级变换

采用非线性变换函数实现灰度级的变换,可实现比线性变换更加灵活的变换效果。常用的非线性变换有对数变换、指数变换和幂变换等。

非线性灰度级的对数变换如式(6-4)所示。

$$g(x,y) = c \cdot \log[f(x,y) + 1] \tag{6-4}$$

其中,c 是尺度比例常数;$[f(x,y)+1]$ 是为了避免对 0 求对数,确保 $\log[f(x,y)+1] \geqslant 0$。式(6-4)实际是先对图像进行对数变换,再进行线性拉伸,以保证灰度值分布合理。

对数变换函数示意图如图 6-9(a)所示,图像的低灰度区拉伸,高灰度区压缩,一般适用于处理过暗图像。

灰度级的指数变换如式(6-5)所示。

$$g(x,y) = b^{c[f(x,y)-a]} - 1 \tag{6-5}$$

其中,a 用于决定指数变换函数曲线的初始位置。当取值 $f(x,y)=a$ 时,$g(x,y)=0$,曲线与 x 轴相交;b 是底数;c 用于决定指数变换曲线的陡度。

(a) 对数变换函数图　　　　　　(b) 指数变换函数图　　　　　　(c) 幂变换函数图

图 6-9　非线性灰度级变换函数

指数变换函数示意图如图 6-9(b)所示,当希望图像的低灰度区压缩,高灰度区拉伸时,可采用这种变换。指数变换一般适用于处理过亮图像。

灰度级的幂变换如式(6-6)所示。

$$g(x,y) = c \cdot \left[f(x,y) \right]^{\gamma} \tag{6-6}$$

其中,γ 为正常数,决定了幂变换函数的图形及灰度级变换效果;c 为尺度比例系数。

当 γ 取不同值时,可以得到一簇变换曲线,如图 6-9(c)所示。当 $\gamma=1$ 时,幂变换为线性变换;当 $0<\gamma<1$ 时,幂变换扩展中低灰度级,压缩高灰度级,使得图像变亮,增强图像中暗区的细节;当 $\gamma>1$ 时,幂变换扩展中高灰度级,压缩低灰度级,使得图像变暗,增强图像中亮区的细节。

幂变换也称为 gamma 变换,幂变换的指数值就是 gamma 值。

【例 6-6】　对图像进行对数变换、指数变换和幂变换。

程序如下:

```
clear,clc,close all;
grayI = double(imread('couple.bmp'));
c1 = 255/log(256);                         % 对数变换系数 c
c2 = 255/(exp(2.56) - 1);                  % 指数变换参数 c
result1 = uint8(c1 * log(grayI + 1));      % 对数变换
result2 = uint8((exp(grayI * 0.01) - 1) * c2);    % 指数变换,底数为自然常数 e
gamma1 = 0.35;    gamma2 = 2;              % gamma 值
result3 = grayI.^gamma1;
result4 = grayI.^gamma2;
result3 = result3/max(result3(:));
result4 = result4/max(result4(:));
subplot(221),imshow(result1),title('对数变换');
subplot(222),imshow(result2),title('指数变换');
subplot(223),imshow(result3),title('幂变换 γ = 0.35');
subplot(224),imshow(result4),title('幂变换 γ = 2');
```

程序运行结果如图 6-10 所示。图 6-10(a)为原图,图像较暗;图 6-10(b)为对数变换处理效果,低灰度得到大幅度提升,图像变亮很多;图 6-10(c)为指数变换处理效果,低灰度区进一步压缩,图像变得更暗;图 6-10(d)为 $\gamma=0.35$ 的幂变换,拉伸了低灰度区,图像变亮,但变亮程度弱于图 6-10(b)的对数变换;图 6-10(e)为 $\gamma=2$ 的幂变换,图像变暗。

(a) 原图   (b) 对数变换   (c) 指数变换

(d) 幂变换γ=0.35   (e) 幂变换γ=2

图 6-10   非线性灰度级变换

6.1.3 基于直方图的灰度级变换

直方图是图像处理中常用的一个工具,基于直方图的灰度级变换是多种处理方法的基础。本节学习直方图的概念以及直方图均衡化、规定化的灰度级变换方法。

1. 灰度直方图

以灰度级为横坐标,以图像中灰度出现的次数(频数、概率)为纵坐标,绘制的图形称为灰度直方图,反映了图像中灰度的分布状况。灰度直方图的定义如式(6-7)所示。

$$p(r_k) = \frac{n_k}{MN} \tag{6-7}$$

其中,$M \times N$ 为一幅数字图像的分辨率,也就是总像素数;n_k 是呈现第 k 级灰度 r_k 的像素数;$p(r_k)$为灰度级 r_k 出现的相对频数。

可以通过扫描图像统计各灰度出现的次数,计算频数并绘制直方图。MATLAB 提供了统计并绘制直方图的函数,列举如下。

(1) histogram 函数:统计并绘制直方图。

① histogram(X):创建并以柱状形式显示 X 的直方图。每个柱宽度相等,根据 X 中元素的范围和分布形状计算;柱的高度表明该柱内元素的数目。

② histogram(X,nbins):nbins 指定直方图中柱的数目。

③ histogram(X,edges):利用向量 edges 指定柱状图各柱的宽度。向量 edges 中指定每个柱的

左边界,但不一定有右边界,最后一个柱拥有左右边界。

（2）[N,EDGES]＝histcounts(X)：将 X 中的数据分成柱,并且返回每个柱中的数目及边界。

（3）imhist 函数：统计并显示图像的直方图。

① [counts,binLocations]＝imhist(I)：计算灰度图像 I 的直方图,返回直方图中每柱中的像素数目和柱的位置,柱的数目根据图像的类型确定。

② [counts,binLocations]＝imhist(I,n)：指定柱的数目 n 计算直方图,灰度图像默认 n 为 256,二值图像默认 n 为 2。

③ [counts,binLocations]＝imhist(X,map)：计算索引图像 X 的直方图,map 为颜色映射表。

④ imhist(…)：绘制直方图。如果输入图像是索引图像,在颜色栏上方显示像素值分布。

【例 6-7】 统计并显示灰度图像的灰度直方图。

程序如下：

```
clear,clc,close all;
grayI = imread('couple.bmp');
edges = [0 10:2:150 255];                    % 设定 edges 参数
histogram(grayI,edges),xlabel('灰度级'),ylabel('像素数');
figure,imhist(grayI);
```

程序运行结果如图 6-11 所示。图 6-11(a)为原图,图像较暗；图 6-11(b)为采用 histogram 函数统计并绘制直方图,灰度[0 10]显示为一个柱,[150 255]显示为一个柱,中间的每柱宽为 2；图 6-11(c)为采用 imhist 函数绘制图像直方图,下面显示灰度条,纵坐标为各灰度在图像中出现的次数。

| (a) 原图 | (b) histogram绘制柱状直方图 | (c) imhist绘制图像直方图 |

图 6-11　统计并绘制灰度直方图

【例 6-8】 统计并显示彩色图像各色彩通道的灰度直方图。

程序如下：

```
clear,clc,close all;
Image = imread('montreal.jpg');
R = Image(:,:,1);      G = Image(:,:,2);      B = Image(:,:,3);
subplot(221),imshow(Image),title('彩色原图');
subplot(222),imhist(R),title('红色通道直方图');
subplot(223),imhist(G),title('绿色通道直方图');
subplot(224),imhist(B),title('蓝色通道直方图');
```

程序运行结果如图 6-12 所示。

灰度直方图反映了图像的大致描述,如图像灰度范围、灰度级分布、整幅图像平均亮度等。从如图 6-11 和图 6-12 所示的直方图可以看出,图像中的像素灰度主要集中为低灰度,高灰度很少,图像

(a) 彩色原图   (b) 红色通道直方图

(c) 绿色通道直方图   (d) 蓝色通道直方图

图 6-12 统计并绘制彩色图像各色彩通道的灰度直方图

较暗,灰度动态范围不足。

2. 直方图均衡化

基于直方图的灰度级变换也是通过构造灰度级变换函数,使变换后的图像的直方图达到一定的要求的。设变量 r 代表原图像中像素的灰度级,变量 s 代表增强后新图像中的灰度级,均已进行了归一化,根据灰度级变换的原理,通过变换函数 T 将 r 变为 s,如式(6-8)所示。

$$s = T(r) \tag{6-8}$$

变换函数 T 需要满足以下两个条件。

(1) $T(r)$ 在 $0 \leqslant r \leqslant 1$ 区域内单值单调增加,以保证灰度级从黑到白的次序不变。

(2) $T(r)$ 在 $0 \leqslant r \leqslant 1$ 区域内满足 $0 \leqslant s \leqslant 1$,以保证变换后的像素灰度级仍在允许的灰度级范围内。

基于直方图的灰度级变换的核心就是寻找满足这两个条件的变换函数 $T(r)$,不同的变换函数对应不同的方法,直方图均衡化采用灰度级 r 的累积分布函数作为变换函数,如式(6-9)所示。

$$s = T(r) = \int_0^r p_r(\omega) \, \mathrm{d}\omega \tag{6-9}$$

其中,$p_r(r)$ 表示灰度级 r 的概率密度函数;$T(r)$ 随着 r 增大,单值单调增加,最大为 1。

根据概率论知识,用 $p_r(r)$ 和 $p_s(s)$ 分别表示 r 和 s 的灰度级概率密度函数,有

$$p_s(s) = p_r(r) \cdot \frac{\mathrm{d}r}{\mathrm{d}s} = p_r(r) \cdot \frac{1}{p_r(r)} = 1 \tag{6-10}$$

即利用 r 的累积分布函数作为变换函数,产生一幅灰度级分布具有均匀概率密度的图像。

给定一幅数字图像,共有 L 个灰度等级,总像素个数为 N,第 j 级灰度 r_j 对应的像素数为 n_j,直方图均衡化的变换函数 $T(r)$ 为

$$s_k = T(r_k) = \sum_{j=0}^{k} p_r(r_j) = \sum_{j=0}^{k} \frac{n_j}{N} \tag{6-11}$$

对一幅数字图像进行直方图均衡化处理的算法步骤如下。

（1）统计原始图像直方图，即计算 $p_r(r)$。

（2）由式（6-11）计算新的灰度级 s_h。

（3）修正 s_k 为合理的灰度级。

数字图像灰度级有限，$0 \sim k$ 的灰度级 r_j 概率之和未必是合理的灰度级，所以需要修正，也就是四舍五入到最近的灰度级。

（4）计算新的直方图，即计算 $p_s(s)$。

（5）用处理后的新灰度代替处理前的灰度，生成新图像。

【例6-9】 按上述步骤实现直方图均衡化。

程序如下：

```
clear,clc,close all;
Image = imread('couple.bmp');
hist = imhist(Image);                    %统计原图直方图
[height,width] = size(Image);
NewImage = zeros(height,width);
s = zeros(256,1);
s(1) = hist(1);
for i = 2:256
    s(i) = s(i-1) + hist(i);
end
s = s/(width * height);                  %计算新的灰度值
for i = 1:256
    NewImage(Image == i-1) = s(i);       %修改像素灰度 r 为对应 s
end
subplot(131),imshow(Image),title('原图');
subplot(132),imshow(NewImage),title('直方图均衡化');
subplot(133),imhist(NewImage),title('均衡化后图像的直方图');
```

程序运行结果如图 6-13 所示。

(a)原图

(b)直方图均衡化

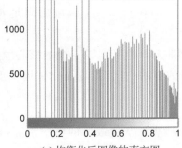
(c)均衡化后图像的直方图

图 6-13 直方图均衡化效果

图 6-13(a)为原图，图像较暗；图 6-13(b)为均衡化后的图像，整体变亮，图像的视觉效果变好；图 6-13(c)为均衡化后图像的直方图，与原图直方图（图 6-11(c)）相比，其动态范围扩大，高灰度像素数增加，但和理论分析中的均匀分布有差异，这是由于图像在直方图均衡化处理过程中，灰度级有

限,作"近似简并"引起的结果。

3. 直方图规定化

直方图均衡化能自动增强整个图像的对比度,但增强效果不易控制,处理的结果总是得到全局均匀化的直方图。实际中有时需要变换直方图,使之成为某个特定的形状,从而有选择地增强某个灰度值范围内的对比度,这时可以采用比较灵活的直方图规定化方法。

所谓直方图规定化,是指为一幅图像指定一种特定的直方图,通过一个灰度变换函数来调整图像,使它的直方图与指定的一样,以实现对输入图像有目的地增强的效果。

直方图规定化是通过直方图均衡化实现的,主要有以下 3 个步骤。

(1) 对原始图像的直方图进行均衡化处理,即把灰度 r 变换到灰度 s,如式(6-11)所示。

(2) 规定需要的直方图,并计算能使规定的直方图均衡化的变换,如式(6-12)所示。

$$v_l = T(z_l) = \sum_{j=0}^{l} p_z(z_j) \tag{6-12}$$

其中,z 为规定的直方图中的灰度级;v 为 z 均衡化变换后的灰度级。

(3) 建立均衡化直方图的对应关系,即将原始直方图对应映射到规定的直方图,可以采用单映射规则,找到使 $|v_l - s_k|$ 取最小值时所对应的 k 和 l 值,如式(6-13)所示,然后将所有 $p_r(r_j)$ 对应到 $p_v(v_j)$ 去。

$$\min \left| \sum_{j=0}^{k} p_r(r_j) - \sum_{j=0}^{l} p_z(z_j) \right| \tag{6-13}$$

MATLAB 提供了 histeq 函数实现相关功能。其调用格式如下。

(1) J=histeq(I,N):对灰度图像 I 进行直方图均衡化,N 为输出图像的灰度级数,默认值为 64。

(2) [J,T]=histeq(I):直方图均衡化的同时,返回将灰度图像 I 中的灰度级映射为图像 J 中灰度级的变换向量 T。

(3) J=histeq(I,HGRAM):将灰度图像 I 变换为图像 J,J 图的直方图接近于 HGRAM 规定的直方图。HGRAM 灰度区间等长,对于 double 型图像,值域为 [0,1];对于 uint8 型图像,值域为 [0,255];对于 uint16 型图像,值域为 [0,65535];对于 int16 型图像,值域为 [−32768,32767]。函数自动调整 HGRAM 使得 sum(hgram)=numel(I),即规定直方图中像素数与图像 I 像素数相等。

(4) NEWMAP=histeq(X,MAP,HGRAM):变换索引图像 X 的颜色映射表为 NEWMAP,使得索引图像(X,NEWMAP)的灰度直方图接近 HGRAM 规定的直方图。

(5) NEWMAP=histeq(X,MAP):变换颜色映射表中的值,使索引图像 X 的灰度直方图均衡化。

(6) [NEWMAP,T]=histeq(X,…):返回将 MAP 中灰度值均衡化为 NEWMAP 中灰度值的变换向量 T。

【例 6-10】 采用 histeq 函数实现直方图的均衡化和规定化。

程序如下:

```
clear,clc,close all;
Image1 = rgb2gray(imread('cameraman.jpg'));
Hgram = imhist(Image1);
Image2 = imread('couple.bmp');
result1 = histeq(Image2);                    % 直方图的均衡化
```

```
result2 = histeq(Image2,Hgram);                    % 直方图的规定化
subplot(221),imshow(Image2),title('原图');
subplot(222),imshow(result1),title('直方图均衡化');
subplot(223),imhist(Image2),title('原图直方图');
subplot(224),imhist(result1),title('均衡化后图像的直方图');
figure,
subplot(231),imshow(Image2),title('原图');
subplot(234),imshow(Image1),title('目标图');
subplot(232),imhist(Image2),title('原图直方图');
subplot(235),imhist(Image1),title('目标图直方图');
subplot(233),imshow(result2),title('直方图规定化');
subplot(236),imhist(result2),title('规定化后图像的直方图');
```

程序运行结果如图 6-14 所示。

  (a) 原图   (b) 直方图均衡化   (c) 直方图规定化

  (d) 原图直方图   (e) 均衡化直方图

  (f) 规定的直方图   (g) 规定化后图像的直方图

图 6-14   采用 histeq 函数实现直方图的均衡化和规定化

4. 限制对比度自适应直方图均衡化

全局直方图均衡化方法简单高效,但是,图像中不同区域分布不同,使用同一种变换效果未必理想,而且实际应用中常常需要增强某些局部细节,因此,可以采用自适应直方图均衡化(Adaptive Histogram Equalization,AHE)算法,将图像划分为不重叠的子块,对每块分别进行均衡化。很明显,这样处理后,各子块之间会出现不连续现象,即有明显块效应,可以通过双线性插值方法改善。AHE算法在相对均匀区域容易过度放大噪声,可以通过限制对比度增强的方法克服,即限制对比度自适应直方图均衡化(Contrast Limited Adaptive Histogram Equalization,CLAHE)算法。CLAHE算法与全局直方图均衡化相比,主要区别在于限制对比度、局部直方图均衡化和双线性插值3方面,下面分别进行介绍。

设子块大小为 $w \times w$,统计块内的灰度分布 $p(r)$,在块内进行直方图均衡化的变换函数可以表示为

$$T(r) = \frac{255F(r)}{w \times w} \tag{6-14}$$

其中,$F(r)$ 是灰度级的累积分布函数。为防止对比度被过度拉伸,可以限制 $T(r)$ 的斜率。由于

$$\frac{\mathrm{d}T(r)}{\mathrm{d}r} = \frac{255p(r)}{w \times w} \tag{6-15}$$

可知,限制变换函数的斜率可以通过限制直方图的高度实现,即限制 $p(r)$ 的最大值为 $p_{\max}$。设阈值为 T_p,调整直方图为

$$p(r) = \begin{cases} p(r) + p_1, & p(r) < T_p \\ p_{\max}, & p(r) \geqslant T_p \end{cases} \tag{6-16}$$

直方图的调整如图 6-15 所示,对直方图进行裁剪使其低于上限 $p_{\max}$,裁剪掉的部分均匀分布在整个灰度区间上,以保证直方图总面积不变。按照调整后的直方图进行均衡化,对比度不会过度增强,避免过度放大噪声。

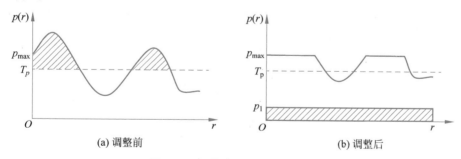

图 6-15 调整直方图限制对比度

利用插值运算消除块效应如图 6-16 所示,图 6-16(b)所示为在图像的分块情况中,将图像分为 8×8 个子块,阴影部分是边界像素,即落在图像四角的 4 个子块中心点围成的四边形之外的像素。左上角 2×2 个子块如图 6-16(a)所示,其中,黑色小方块是子块中心,按照各块的变换函数进行处理,a 点的值由其周围 4 个子块中心变换后的值进行双线性插值计算,b、c 点的值各由相邻两个子块线性插值计算;d 点的值根据所在子块的变换函数计算。

(a) 插值示意　　　　　　　　　　(b) 分块情况

图 6-16　利用插值运算消除块效应

综上所述,CLAHE 算法的运算过程整理如下。

(1) 将图像分为不重叠的方块。常见是 8×8 个子块,如果图像长宽不是 8 的倍数,可以通过边界填塞补充。

(2) 统计各块的直方图,设置参数,调整直方图。

(3) 局部直方图均衡化。

(4) 块间双线性插值。

MATLAB 中使用 adapthisteq 函数实现 CLAHE 算法,调用格式如下。

J=adapthisteq(I,PARAM1,VAL1,PARAM2,VAL2…):对灰度图像进行 CLAHE 增强,主要的参数如表 6-1 所示。

表 6-1　adapthisteq 函数主要参数表

参数名	含义及取值
NumTiles	二维整数向量,指定块尺寸,默认为[8 8]
ClipLimit	对比度限制阈值,取值在[0,1],默认为 0.01
NBins	直方图的柱数目,默认为 256
Range	设为'original',输出图像取值范围在[min(I(:)) max(I(:))];设为'full'(默认),使用完整灰度范围
Distribution	设置期望的灰度分布形式,可以取'uniform'(默认)、'rayleigh'、'exponential'
Alpha	分布为'rayleigh'、'exponential'时的参数,默认为 0.4

【例 6-11】 对图像进行限制对比度自适应直方图均衡化。

程序如下:

```
clear,clc,close all;
Image = imread('tire.tif');
Eq = histeq(Image);                          % 直方图均衡化
Clahe1 = adapthisteq(Image);                 % ClipLimit = 0.01
Clahe2 = adapthisteq(Image,'ClipLimit',0.1); % ClipLimit = 0.1
subplot(221),imshow(Image),title('原图');
subplot(222),imshow(Eq),title('直方图均衡化');
subplot(223),imshow(Clahe1),title('低阈值的 CLAHE');
subplot(224),imshow(Clahe2),title('高阈值的 CLAHE');
```

程序运行结果如图 6-17 所示。

(a) 原图 (b) 直方图均衡化

(c) 低阈值的CLAHE (d) 高阈值的CLAHE

图 6 17 限制对比度自适应直方图均衡化

6.2 空域滤波

空域滤波是指在像素邻域内进行模板运算,结果赋给中心像素,即模板的中心对准一个像素,模板所覆盖范围内的像素值分别与模板内对应系数相乘,乘积求和即为该像素的输出值,如式(6-17)所示。模板顺次移动,在每个位置处计算出一个值,最终得到一幅新图像,如式(6-18)所示,也称为相关运算。

$$g(x,y) = \sum_{m,n} f(x+m, y+n)h(m,n) \tag{6-17}$$

$$\boldsymbol{g} = \boldsymbol{f} \otimes \boldsymbol{h} \tag{6-18}$$

其中,$\boldsymbol{h}$ 是模板。

对式(6-17)进行变形,将 f 中的偏移量符号反向,得

$$
\begin{aligned}
g(x,y) &= \sum_{m,n} f(x-m, y-n)h(m,n) \\
&= \sum_{m,n} f(m,n)h(x-m, y-n)
\end{aligned}
\tag{6-19}
$$

称为卷积运算。图像的卷积运算表达为

$$\boldsymbol{g} = \boldsymbol{f} * \boldsymbol{h} \tag{6-20}$$

由式(6-17)和(6-19)可以看出,卷积运算是将模板进行翻转(上下换位、左右换位)后,再进行相关运算,当模板中心对称时,两者运算结果一致。

当模板中心与图像外围像素重合时,模板的部分行和列可能会处于图像之外,没有相应的像素值与模板数据进行运算,可以采用补零、镜像反射内部数据、复制内部值等方式补充像素数据。

滤波器不同,实现的滤波效果也不同。例如平滑滤波和锐化滤波,分别实现抑制噪声和增强边

缘细节信息的目的。

6.2.1 噪声与平滑滤波

在图像的获取、传输和存储过程中，常常会受到各种噪声的干扰和影响，从而影响图像的质量。抑制或消除图像中存在的噪声的方法称为图像平滑滤波。

1. 图像中的噪声

根据噪声和图像信号的关系，可将噪声分为加性噪声和乘性噪声两种形式。

加性噪声与图像信号不相关，含噪图像 $g(x,y)$ 可表示为理想无噪声图像 $f(x,y)$ 与噪声 $n(x,y)$ 之和，如式(6-21)所示。

$$g(x,y) = f(x,y) + n(x,y) \tag{6-21}$$

乘性噪声与图像信号相关，往往随图像信号的变化而变化，如果噪声和信号成正比，则含噪图像 $g(x,y)$ 的表达式可定义为

$$g(x,y) = f(x,y) + f(x,y) \cdot n(x,y) \tag{6-22}$$

为了方便分析处理，在信号变化很小时，往往将乘性噪声近似认为加性噪声，而且总是假定信号和噪声是互相独立的。

根据噪声的分布特点，将主要影响图像的噪声分为两种类型：高斯噪声和椒盐噪声。高斯噪声分布在每个像素上，幅度值是随机的，分布近似符合高斯正态特性；椒盐噪声幅度值近似相等，但椒盐噪声点的位置是随机的。

MATLAB 提供了 imnoise 函数给图像叠加噪声，其调用格式如下。

J＝imnoise(I,TYPE,PARAMETERS)：按指定类型在图像I上添加噪声。TYPE 表示噪声类型，PARAMETERS 为其所对应参数，可取值如表 6-2 所示。

表 6-2 imnoise 函数参数表

噪声类型	参数	描述
gaussian	M,V	均值为 M 和方差为 V 的高斯噪声，默认是 M＝0,V＝0.01
localvar	V	零均值、局部方差为 V 的高斯噪声，维数与图像 I 相同
localvar	IMAGE_INTENSITY,VAR	零均值高斯噪声，方差 VAR 是图像 I 灰度值的函数，IMAGE_INTENSITY 是归一化的图像灰度值，二者是相同长度的向量
poisson	—	从数据中生成泊松噪声
salt & pepper	D	密度为 D 的椒盐噪声，默认是 D＝0.05
speckle	V	按 J＝I＋n×I 添加乘性噪声，其中 n 为零均值、方差为 V 的均匀分布的随机噪声，默认是 V＝0.05

也可以直接利用 rand、randn 等随机数生成函数，根据噪声模型给图像添加噪声。

【例 6-12】 给图像添加噪声。

程序如下：

```
clear,clc,close all;
Image = imread('girl.bmp');
noiseIsp = imnoise(Image,'salt & pepper',0.01);     % 添加椒盐噪声，密度为 0.01
noiseIg = imnoise(Image,'gaussian');                % 添加高斯噪声，均值为 0,方差为 0.01
```

```
subplot(131),imshow(Image),title('原图');
subplot(132),imshow(noiseIsp),title('椒盐噪声');
subplot(133),imshow(noiseIg),title('高斯噪声');
```

程序运行结果如图 6-18 所示。

(a) 原图   (b) 椒盐噪声   (c) 高斯噪声

图 6 18 给图像添加噪声

2. 均值滤波

均值滤波,又称邻域平均法,是图像空间域平滑滤波中最基本的方法之一,其基本思想是以某一像素为中心,在它的周围选择一邻域,将邻域内所有像素值的均值代替原来的像素值,通过降低噪声点与周围像素的差值以抑制噪声。

典型的均值模板中所有系数都取相同值。例如,3×3 和 5×5 的简单均值模板如下:

$$\boldsymbol{H}_1 = \frac{1}{9}\begin{bmatrix} 1 & 1 & 1 \\ 1 & 1 & 1 \\ 1 & 1 & 1 \end{bmatrix} \quad \boldsymbol{H}_2 = \frac{1}{25}\begin{bmatrix} 1 & 1 & 1 & 1 & 1 \\ 1 & 1 & 1 & 1 & 1 \\ 1 & 1 & 1 & 1 & 1 \\ 1 & 1 & 1 & 1 & 1 \\ 1 & 1 & 1 & 1 & 1 \end{bmatrix} \tag{6-23}$$

若邻域内有噪声存在,经过均值滤波,噪声的幅度会大为降低,但点与点之间的灰度差值会变小,将导致边缘模糊。邻域越大,模糊越严重。

3. 高斯滤波

均值滤波中,周围邻域内像素参与运算的程度一致,而实际中,距离中心像素近的像素相对较远的像素与中心像素的相关性更强,对最终结果的影响应该更大,因此,可以采用加权滤波的方法。

二维零均值、标准差为 σ 的高斯函数,如下所示:

$$h(x,y) = \frac{1}{2\pi\sigma^2}\mathrm{e}^{-\frac{x^2+y^2}{2\sigma^2}} \tag{6-24}$$

高斯函数的曲线为钟形形状,离中心原点越近,函数取值越大;离中心原点越远,函数取值越小。这一特性使得高斯函数常被用来进行权值分配。

高斯滤波是以某一像素为中心,选择一个局部邻域,按高斯分布给邻域内的像素分配相应的权值系数,再用邻域内所有像素值的加权平均值来代替原来像素值,降低噪声点与周围像素的差值,抑制噪声。

高斯滤波也可以表示为卷积模板运算,按照正态分布的统计,模板上不同位置赋予不同的加权系数值。标准差 σ 代表数据的离散程度。σ 值越小,分布越集中,生成的高斯模板的中心系数值远大于周围的系数值,对图像的平滑效果就越不明显;反之,σ 值越大,分布越分散,生成的高斯模板中不同系数值差别不大,类似均值模板,对图像的平滑效果较明显。标准差 σ 为 0.8 及 1 时,5×5 的高斯模板如式(6-25)所示,前面的系数是将模板系数归一化。

$$\boldsymbol{H}_{\sigma=0.8} = \frac{1}{2070}\begin{bmatrix} 1 & 10 & 22 & 10 & 1 \\ 10 & 108 & 237 & 108 & 10 \\ 22 & 237 & 518 & 237 & 22 \\ 10 & 108 & 237 & 108 & 10 \\ 1 & 10 & 22 & 10 & 1 \end{bmatrix} \quad \boldsymbol{H}_{\sigma=1} = \frac{1}{330}\begin{bmatrix} 1 & 4 & 7 & 4 & 1 \\ 4 & 20 & 33 & 20 & 4 \\ 7 & 33 & 54 & 33 & 7 \\ 4 & 20 & 33 & 20 & 4 \\ 1 & 4 & 7 & 4 & 1 \end{bmatrix} \quad (6\text{-}25)$$

MATLAB 提供了相应的滤波函数,列举如下。

(1) H=fspecial(TYPE):根据 TYPE 指定的类型,创建二维滤波器 H。TYPE 的取值及其参数如表 6-3 所示。

表 6-3　fspecial 函数参数表

参 数 类 型	参　　　数	含　　　义
average	HSIZE	均值滤波器,HSIZE 为模板尺寸,用向量或一个数指定模板行列,默认为[3 3]
disk	RADIUS	圆形均值滤波器,圆形模板外接正方形边长为 $2 \times$ RADIUS $+1$,RADIUS 默认为 5
gaussian	HSIZE,SIGMA	高斯低通滤波器,HSIZE 为尺寸,默认为[3,3];SIGMA 为标准差,默认为 0.5
laplacian	ALPHA	近似于二维拉普拉斯滤波器,ALPHA $\in [0,1]$,默认为 0.2
log	HSIZE,SIGMA	LoG 滤波器,HSIZE 为尺寸,默认为[5,5];SIGMA 为标准差,默认为 0.5
motion	LEN,THETA	运动滤波器,LEN 为运动像素数,默认为 9;THETA 为逆时针运动方向,默认为 0°
prewitt	无	Prewitt 水平边缘强化滤波器[1 1 1;0 0 0;−1 −1 −1],垂直边缘滤波器为水平的转置
sobel	无	Sobel 水平边缘强化滤波器[1 2 1;0 0 0;−1 −2 −1],垂直边缘滤波器为水平的转置

(2) B=imfilter(A,H,OPTION1,OPTION2,…):采用多维滤波器 H 对多维矩阵 A 进行滤波,B 为滤波结果,滤波参数 OPTION 如表 6-4 所示。

表 6-4　imfilter 函数参数表

参 数 类 型	参　　数	含　　　义
边界选项	'X'	输入图像的外部边界假设值为 X,默认时 X=0
	'symmetric'	输入图像的外部边界通过镜像反射其内部边界设置
	'replicate'	输入图像的外部边界通过复制内部边界的值设置
	'circular'	输入图像的外部边界通过假设输入图像是周期函数来扩张
输出大小选项	'same'	输出滤波结果的中心部分,输入和输出图像同样大小,默认设置
	'full'	输出矩阵为完整滤波结果,输出图像比输入图像大
滤波方式选项	'corr'	使用相关进行滤波,默认采用此方式
	'conv'	使用卷积进行滤波

（3）Y＝filter2(B,X,SHAPE)：使用二维 FIR 滤波器 B 对矩阵 X 进行相关滤波,SHAPE 指定输出矩阵 Y 的尺寸,可取'same'(默认)、'full'和'valid',前二者同表 6-3 所示,取'valid'时,仅返回没有用零填充边界时的相关运算结果,Y 的尺寸小于 X。filter2 函数采用 conv2 函数实现滤波。

（4）conv2 函数：实现卷积运算。

① C＝conv2(A,B)：实现矩阵 A 和 B 的二维卷积,设 A 的尺寸为[ma,na],B 的尺寸为[mb,nb],输出 C 的尺寸为[max([ma＋mb－1,ma,mb]),max([na＋nb－1,na,nb])]。

② C＝conv2(H1,H2,A)：先求 A 的各列与向量 H1 的卷积,再求结果的每行与向量 H2 的卷积。设 H1 的长度为 n1,H2 的长度为 n2,输出 C 的尺寸为[max([ma＋n1－1,ma,n1]),max([na＋n2－1,na,n2])]。

③ C＝conv2(…,SHAPE)：指定参数进行滤波,SHAPE 可取'full'(默认)、'same'及'valid',含义同 filter2 函数的参数 SHAPE。

（5）B＝imboxfilt(A,filterSize,Name,Value,…)：对图像 A 进行盒式滤波。filterSize 可以是一个正奇数或一个二维正奇数向量,指定滤波器大小,默认为 3;另有参数 Padding,同表 6-4 中的边界选项,默认为'replicate';参数 NormalizationFactor 设定归一化因子,默认为"1/模板内像素数",即均值滤波。

（6）B＝imgaussfilt(A,SIGMA,Name,Value,…)：对图像 A 进行高斯滤波。SIGMA 指定高斯函数标准差,默认为 0.5;另有参数 FilterSize,正奇数或二维正奇数向量,默认为 2 * ceil(2 * SIGMA)＋1;参数 Padding,默认为'replicate';参数 FilterDoamin,可取'auto'(默认)、'spatial'(空域滤波)和'frequency'(频域滤波)。

【例 6-13】 对图像添加噪声并进行均值滤波。

程序如下：

```
clear,clc,close all;
Image = im2double(imread('girl.bmp'));
noiseIsp = imnoise(Image,'salt & pepper',0.01);
noiseIg = imnoise(Image,'gaussian');
result1 = filter2(fspecial('average',3),noiseIsp);
result2 = filter2(fspecial('average',5),noiseIsp);
result3 = filter2(fspecial('average',3),noiseIg);
result4 = filter2(fspecial('average',5),noiseIg);
subplot(221),imshow(result1),title('3×3 模板抑制椒盐噪声');
subplot(222),imshow(result2),title('5×5 模板抑制椒盐噪声');
subplot(223),imshow(result3),title('3×3 模板抑制高斯噪声');
subplot(224),imshow(result4),title('5×5 模板抑制高斯噪声');
```

程序运行结果如图 6-19 所示。从 4 个处理结果可以看出,均值滤波后,图像中噪声得到一定程度的抑制,有模糊现象;随着模板增大,噪声抑制程度增大,但模糊现象也随着加重。

(a) 3×3模板抑制椒盐噪声　　(b) 5×5模板抑制椒盐噪声　　(c) 3×3模板抑制高斯噪声　　(d) 5×5模板抑制高斯噪声

图 6-19 均值滤波抑制噪声

【例6-14】 给图像添加噪声并进行高斯滤波。

程序如下：

```
clear,clc,close all;
Image = im2double(imread('girl.bmp'));
noiseIg = imnoise(Image,'gaussian');
result1 = imgaussfilt(noiseIg,'FilterSize',7);
result2 = imgaussfilt(noiseIg,1,'FilterSize',7);
result3 = imgaussfilt(noiseIg,5,'FilterSize',7);
result4 = imgaussfilt(noiseIg,10,'FilterSize',7);
subplot(231),imshow(Image),title('原图');
subplot(232),imshow(noiseIg),title('叠加高斯噪声');
subplot(233),imshow(result1),title('σ = 0.5');
subplot(234),imshow(result2),title('σ = 1');
subplot(235),imshow(result3),title('σ = 5');
subplot(236),imshow(result4),title('σ = 10');
```

程序运行结果如图6-20所示。4幅图中高斯滤波器的尺寸相等,标准差分别为0.5、1、5、10,可以看出,标准差 σ 的取值对于滤波效果影响很大,对于一定尺寸的高斯滤波器,标准差 σ 取值越大,图像越模糊。

(a) $\sigma = 0.5$　　　　(b) $\sigma = 1$　　　　(c) $\sigma = 5$　　　　(d) $\sigma = 10$

图6-20 高斯滤波抑制噪声

4. 双边滤波

双边滤波同时考虑邻域内像素的空间邻近性及灰度相似性进行局部加权平均,在消除噪声的同时保留边缘。设输入图像为 $f(x,y)$,滤波输出图像为 $g(x,y)$,双边滤波如式(6-26)所示。

$$g(x,y)=\frac{\sum_{i,j}f(i,j)w(x,y,i,j)}{\sum_{i,j}w(x,y,i,j)} \tag{6-26}$$

其中,(x,y)是当前处理点,(i,j)是(x,y)邻域内的点;$w(x,y,i,j)$是加权系数,综合考虑了相邻两点的距离和像素值差,如式(6-27)所示。

$$w(x,y,i,j)=\mathrm{e}^{-\left[\frac{(i-x)+(j-y)^2}{2\sigma_d^2}\right]}\times\mathrm{e}^{-\left[\frac{|f(i,j)-f(x,y)|^2}{2\sigma_r^2}\right]} \tag{6-27}$$

由上述公式可知,与高斯滤波相比,在边缘附近,距离较远的像素对应的加权系数第1项取值很小,不会太多影响到边缘上的像素值,这样就可以保证边缘能够很好地保持。

双边滤波中参数 σ_d 和 σ_r 的选择直接影响双边滤波的输出结果。σ_d 控制空间邻近度,其大小决定滤波窗口中包含的像素个数;当 σ_d 变大时,窗口中包含的像素变多,距离远的像素对中心像素的影响增大,平滑程度也越高。σ_r 用来控制灰度邻近度,当 σ_r 变大时,则灰度差值较大的点也能影响中心点的像素值,但灰度差值大于 σ_r 的像素将不参与运算,使得能够保留图像高频边缘的灰度信息。而当 σ_d、σ_r 取值很小时,图像几乎不会产生平滑的效果。

MATLAB 中使用 imbilatfilt 函数实现双边滤波,调用格式如下。

B=imbilatfilt(A,DegreeOfSmoothing,SpatialSigma):对灰度图像或彩色图像 A 进行双边滤波。参数 DegreeOfSmoothing 控制平滑程度,取较小的正数时仅平滑局部方差较小的区域,默认为 $0.01*\mathrm{diff}(\mathrm{getrangefromclass}(A)).\hat{\ }2$;SpatialSigma 指定空间邻近度高斯函数标准差,默认为 1。另有参数 NeighborhoodSize(默认为 $2*\mathrm{ceil}(2*\mathrm{SpatialSigma})+1$)和 Padding(默认为'replicate')。

【例 6-15】 对图像进行双边滤波。

程序如下:

```
clear,clc,close all;
Image = im2double(imread('lady.bmp'));
result1 = imbilatfilt(Image,'degreeOfSmoothing',0.01);
result2 = imbilatfilt(Image,'degreeOfSmoothinq',10);
result3 = imbilatfilt(Image,'degreeOfSmoothing',0.01,'spatialSigma',6);
result4 = imgaussfilt(Image,6);
subplot(151),imshow(Image),title('原图');
subplot(152),imshow(result1),title('双边滤波1');
subplot(153),imshow(result2),title('双边滤波2');
subplot(154),imshow(result3),title('双边滤波3');
subplot(155),imshow(result4),title('高斯滤波');
```

程序运行结果如图 6-21 所示。函数的 degreeOfSmoothing 参数分别为 0.01 和 10 的滤波结果如图 6-21(b)和图 6-21(c)所示,取值大略有模糊;函数的 spatialSigma 参数增大为 6 的滤波结果如图 6-21(d),标准差同为 6 的高斯滤波结果如图 6-21(e)所示,很明显,双边滤波较好地保持了边界。

(a) 原图　　　(b) 双边滤波1　　　(c) 双边滤波2　　　(d) 双边滤波3　　　(e) 高斯滤波

图 6-21 双边滤波平滑图像

5. 导向滤波

给定一幅输入图像 f,引导图像为 p,将滤波输出图像 g 定义为一个与引导图像 p 有关的局部线性模型:

$$g_i = a_k p_i + b_k, \quad \forall i \in w_k \tag{6-28}$$

其中,a_k、b_k 为引导图像 p 在以像素 k 为中心、半径为 r 的局部窗口 w_k 内的线性系数。为了获得与输入图像 f 最接近的滤波输出图像 g,采用最小二乘法来拟合式(6-28)中的线性关系,其代价函数如下:

$$E(a_k, b_k) = \sum_{i \in w_k} \left[(a_k p_i + b_k - f_i)^2 + \varepsilon a_k^2 \right] \tag{6-29}$$

为提取边缘特性,取引导图像 p 为输入图像 f 本身;ε 为正则化参数,用来防止 a_k 过大,其具体取值由调用时人为指定。经求解,得线性系数为

$$a_k = \frac{\dfrac{1}{|w|} \sum_{i \in w_k} p_i f_i - \mu_k \overline{f_k}}{\sigma_k^2 + \varepsilon}, \quad b_k = \overline{f_k} - a_k \mu_k \tag{6-30}$$

其中,μ_k 和 σ_k^2 分别是引导图像 p 在局部窗口 w_k 内的均值和方差;$|w|$ 为窗口 w_k 内总像素数;$\overline{f_k}$ 为输入图像 f 在窗口 w_k 内的均值。在计算每个窗口的线性系数时,考虑到存在部分像素被多个窗口覆盖的情况,即每个像素都由多个线性函数所描述,因此,在具体求某点的输出值时,需将所有包含该点的线性函数值取平均,则得最终线性模型为

$$g_i = \overline{a_k} p_i + \overline{b_k} \tag{6-31}$$

线性系数为

$$\overline{a_k} = \frac{1}{|w|} \sum_{i \in w_k} a_k \quad \overline{b_k} = \frac{1}{|w|} \sum_{i \in w_k} b_k \tag{6-32}$$

MATLAB 中使用函数 imguidedfilter 实现图像的导向滤波。

B=imguidedfilter(A,G,Name,Value,…):对图像 A 利用引导图像 G 进行导向滤波。A 可以是二值、灰度或彩色图像;G 和 A 行列数相同,默认时取 A;另有参数 NeighborhoodSize(默认为[5 5])和 DegreeOfSmoothing(默认为 $0.01 * \text{diff}(\text{getrangefromclass}(G)).\hat{\ }2$)。

【例 6-16】 对图像进行导向滤波。

程序如下:

```
clear,clc,close all;
Image = im2double(imread('lady.bmp'));
result1 = imguidedfilter(Image,'degreeOfSmoothing',0.01,'NeighborhoodSize',9);
result2 = imguidedfilter(Image,'degreeOfSmoothing',10,'NeighborhoodSize',9);
subplot(131),imshow(Image),title('原图');
subplot(132),imshow(result1),title('导向滤波1');
subplot(133),imshow(result2),title('导向滤波2');
```

程序运行结果如图 6-22 所示。

(a) 原图　　　　　　(b) 导向滤波1　　　　　(c) 导向滤波2

图 6-22　导向滤波平滑图像

6. 中值滤波

中值是指数字序列中取值在中间的值,即将数字序列按从小到大排序,奇数个数的序列取正中间的值,偶数个数的序列取中间两个数的平均值。中值滤波即以图像中某一点为中心,周围选择一个邻域,把邻域内所有像素值排序,取中值代替该像素的值。

图像中噪声的出现,使该点像素比周围像素暗(亮)许多,若把其周围像素值排序,噪声点的值必然位于序列的前(后)端,序列的中值一般为未受到噪声污染的像素值,所以可以用中值取代原像素的值来滤除噪声。

MATLAB 提供了如下中值滤波函数。

(1) B=medfilt2(A,[M N]):用[M N]大小的滤波器对图像 A 进行中值滤波,输出图像为 B,滤波器大小默认为 3×3,A 为二维灰度图像或二值图像。

(2) B=medfilt2(…,PADOPT):PADOPT 设置矩阵外围边界取值,可取'zeros'(默认),用 0 填充;可取'symmetric',对称扩展边界像素值;可取'indexed',如果矩阵为 double 型,则用 1 填充,否则用 0 填充。

【例 6-17】　给图像添加噪声并进行中值滤波。

程序如下:

```
clear,clc,close all;
Image = rgb2gray(imread('lotus.jpg'));
noiseIsp = imnoise(Image,'salt & pepper',0.01);
noiseIg = imnoise(Image,'gaussian');
result1 = medfilt2(noiseIsp);
result2 = medfilt2(noiseIsp,[5 5]);
result3 = medfilt2(noiseIg);
subplot(231),imshow(Image),title('原图');
subplot(232),imshow(noiseIsp),title('椒盐噪声');
subplot(233),imshow(noiseIg),title('高斯噪声');
subplot(234),imshow(result1),title('3×3 模板抑制椒盐噪声');
subplot(235),imshow(result2),title('5×5 模板抑制椒盐噪声');
subplot(236),imshow(result3),title('抑制高斯噪声');
```

程序运行结果如图 6-23 所示。从图中可以看出,中值滤波抑制椒盐噪声效果较好,对高斯噪声抑制效果较差;随着模板尺寸增大,也有一定的模糊效应,但比均值滤波轻微。

7. 维纳滤波

维纳滤波首先计算图像中各像素周围邻域内均值 μ 和方差 σ^2,各像素的滤波输出为

$$g(x,y)=\mu+\frac{\sigma^2-v^2}{\sigma^2}[f(x,y)-\mu] \tag{6-33}$$

其中,v^2 是噪声方差。可以看出,在局部方差 σ^2 比较大的情况下,输出与输入很接近;而 σ^2 较小的情况下进行更多的平滑操作,因此,能较好地保持边缘。

MATLAB 中的 wiener2 函数用于维纳滤波去噪,调用格式如下。

J=wiener2(I,[M N],NOISE):I 为二维灰度图像;[M N]为邻域大小,默认情况下为[3 3];NOISE 指定噪声方差,默认时采用局部方差的平均估计噪声方差。

(a) 原图　　　　　　　　　(b) 椒盐噪声　　　　　　　　　(c) 高斯噪声

(d) 3×3模板抑制椒盐噪声　　　(e) 5×5模板抑制椒盐噪声　　　　(f) 抑制高斯噪声

图 6-23　中值滤波抑制噪声

8. 非局部均值滤波

非局部均值滤波将各像素与一定搜索范围内的像素加权求平均,用平均值取代原像素值实现去噪滤波。非均值滤波的算法步骤如下。

(1) 在一定搜索范围内,计算当前像素所在块和其他像素所在块之间的加权欧氏距离。权重是一个降指数函数,衰减率可以根据要求的平滑度设定。

(2) 将计算获取的加权欧氏距离构建相似度矩阵。

(3) 将相似度矩阵归一化,矩阵中的值作为对应像素的权值,进行加权求平均,实现滤波。

MATLAB 中使用 imnlmfilt 函数实现非局部均值滤波,其调用格式如下。

$[B, \text{DegreeOfSmoothing}] = \text{imnlmfilt}(A, \text{Name}, \text{Value}, \cdots)$；图像 A 可以是灰度图像或彩色图像,A 的尺寸大于或等于 21×21,如果是彩色图像,可以变换到 LAB 空间进行处理。函数的参数 DegreeOfSmoothing 用于控制平滑度,取值较大时平滑度比较高,默认时根据高斯噪声标准差估计;参数 SearchWindowSize 指定搜索窗大小,默认为 21;参数 ComparisonWindowSize 指定计算相似度的窗口大小,默认为 5。

【例 6-18】　给图像添加高斯噪声并进行维纳滤波、非局部均值滤波。

程序如下:

```
clear,clc,close all;
Image = rgb2gray(imread('lotus.jpg'));
noiseI = imnoise(Image, 'gaussian');              % 添加均值为 0、方差为 0.01 的高斯噪声
result1 = wiener2(noiseI);                        % 估计噪声方差进行维纳滤波
[result2,estDos] = imnlmfilt(noiseI);             % 估计噪声标准差进行非局部均值滤波
result3 = imnlmfilt(noiseI, 'DegreeOfSmoothing',10);  % 指定较小平滑度进行非局部均值滤波
subplot(131),imshow(result1),title('维纳滤波');
subplot(132),imshow(result2),title('估计噪声标准 NLM');
subplot(133),imshow(result3),title('指定较小平滑度 NLM');
```

程序运行结果如图 6-24 所示。

(a) 维纳滤波   (b) 估计噪声标准NLM   (c) 指定较小平滑度NLM

图 6-24 维纳滤波和非局部均值滤波

6.2.2 边缘与锐化滤波

边缘定义为图像中亮度突变的区域。通过计算局部图像区域的亮度差异,检测出不同目标或场景各部分之间的边界,是图像锐化、图像分割、区域形状特征提取等技术的重要基础。图像锐化的目的是加强图像中景物的边缘和轮廓,突出图像中的细节或者增强被模糊了的细节。

1. 边缘、边缘检测与图像锐化

根据图像中灰度的变化情况,可将边缘分为突变型边缘、细线型边缘和渐变型边缘。把 3 种类型的边缘放在如图 6-25 所示的同一图像中,标①的为突变型边缘,标②的为细线型边缘,标③的为渐变型边缘,取图中一行绘制灰度变化曲线及曲线的一阶和二阶导数。突变型边缘位于图像中两个具有不同灰度值的相邻区域之间,灰度曲线有阶跃变化,对应于一阶导数的极值和二阶导数的过零点;细线型边缘灰度变化曲线存在局部极值,对应于一阶导数过零点和二阶导数的极值点;渐变型边缘因灰度变化缓慢,没有明确的边界点。

图 6-25 边缘和导数示意图

通过分析边缘变化曲线和其一二阶微分曲线,可知图像中的边缘对应微分的特殊点,因此可以利用求微分方法去检测图像中的边缘所在。

在图像处理中最常用的应用微分方法是计算梯度。梯度是方向导数取最大值的方向的向量。对于图像函数 $f(x,y)$,在 (x,y) 处的梯度为

$$G[f(x,y)] = \begin{bmatrix} \dfrac{\partial f}{\partial x} & \dfrac{\partial f}{\partial y} \end{bmatrix}^{\mathrm{T}} \tag{6-34}$$

其中，G 表示对二维函数 $f(x,y)$ 计算梯度。

用梯度幅度值来代替梯度，得

$$G[f(x,y)] = \left[\left(\frac{\partial f}{\partial x}\right)^2 + \left(\frac{\partial f}{\partial y}\right)^2\right]^{\frac{1}{2}} \tag{6-35}$$

为计算方便，也常用如式(6-36)所示绝对值运算来代替式(6-35)。

$$G[f(x,y)] = \left|\frac{\partial f}{\partial x}\right| + \left|\frac{\partial f}{\partial y}\right| \tag{6-36}$$

因为图像为离散的数字矩阵，用如式(6-37)所示的差分来代替微分，得到梯度图像 $g(x,y)$。

$$\frac{\partial f}{\partial x} = \frac{\Delta f}{\Delta x} = \frac{f(x+1,y) - f(x,y)}{x+1-x} = f(x+1,y) - f(x,y)$$

$$\frac{\partial f}{\partial y} = \frac{\Delta f}{\Delta y} = \frac{f(x,y+1) - f(x,y)}{y+1-y} = f(x,y+1) - f(x,y)$$

$$g(x,y) = |f_x| + |f_y| = |f(x+1,y) - f(x,y)| + |f(x,y+1) - f(x,y)| \tag{6-37}$$

式中，f_x、f_y 分别表示图像 f 在水平、垂直方向上的差分。

梯度方向是函数最大增长的方向，例如从黑到白，一般取为 $(-180°, 180°]$，即

$$\theta(x,y) = \arctan(f_y/f_x) \tag{6-38}$$

边缘方向与梯度方向垂直，可以按式(6-39)计算：

$$\varphi(x,y) = \arctan(f_x/f_y) \tag{6-39}$$

所谓梯度图像，反映的是原图像中灰度级的变化，边缘检测需要进一步判断梯度图像中的特殊点，如局部极值点、过零点，以检测突变型边缘和细线型边缘。局部极值点的检测一般通过阈值化实现，即设定一个阈值，凡是梯度值大于该阈值的变为 1，表示边缘点；小于该阈值的变为 0，表示非边缘点。可以看出，检测效果受到阈值的影响：阈值越低，能够检测出的边线越多，结果也就越容易受到图像噪声的影响；相反，阈值越高，检测出的边线越少，有可能会遗失较弱的边线。实际中可以在边缘检测前进行滤波，降低噪声的影响，也可以采用不同的方法选择合适的阈值。

图像锐化滤波实质是将原图像和梯度图像相加，以增强图中的变化。

【例 6-19】 实现基于梯度算子的图像锐化滤波。

程序如下：

```
clear,clc,close all;
Image = im2double(imread('frose.jpg'));
[height,width,color] = size(Image);
edgeImage = zeros(height,width,color);
for c = 1:color
    for x = 1:width-1
        for y = 1:height-1
            edgeImage(y,x,c) = abs(Image(y,x+1,c) - Image(y,x,c)) ...
                             + abs(Image(y+1,x,c) - Image(y,x,c));
        end
    end
end
sharpImage = Image + edgeImage;
subplot(131),imshow(Image),title('原图');
subplot(132),imshow(edgeImage),title('梯度图像');
subplot(133),imshow(sharpImage),title('锐化图像');
```

程序运行结果如图 6-26 所示。图 6-26(a)为原图,略有模糊;图 6-26(b)为彩色梯度原图;图 6-26(c)比原图模糊减弱,边界变得较清楚,称为锐化图像。

(a) 原图　　　　　　　　(b) 梯度图像　　　　　　　　(c) 锐化图像

图 6-26　梯度算子的处理效果

基本的梯度算子是利用紧相邻的左右和上下像素求微分。当利用不同的像素、不同的加权进行微分运算时,得到不同的微分算子,如 Roberts 算子、Sobel 算子、Prewitt 算子等。

2. Roberts 算子

Roberts 算子是指通过交叉求微分检测局部变化,其运算公式如式(6-40)所示。

$$g(x,y)=|\ f(x,y)-f(x+1,y+1)\ |+|\ f(x+1,y)-f(x,y+1)\ | \tag{6-40}$$

用模板表示为

$$\boldsymbol{H}_1 = \begin{bmatrix} 1 & 0 \\ 0 & -1 \end{bmatrix} \quad \boldsymbol{H}_2 = \begin{bmatrix} 0 & 1 \\ -1 & 0 \end{bmatrix} \tag{6-41}$$

3. Sobel 算子

Sobel 算子是一种 3×3 模板下的微分算子,定义如下:

$$\begin{aligned}
f_y &= |\ f(x-1,y+1)+2f(x,y+1)+f(x+1,y+1)\ |- \\
&\quad |\ f(x-1,y-1)+2f(x,y-1)+f(x+1,y-1)\ | \\
f_x &= |\ f(x+1,y-1)+2f(x+1,y)+f(x+1,y+1)\ |- \\
&\quad |\ f(x-1,y-1)+2f(x-1,y)+f(x-1,y+1)\ | \\
g &= |\ f_x\ |+|\ f_y\ |
\end{aligned} \tag{6-42}$$

用模板表示为

$$\boldsymbol{H}_y = \begin{bmatrix} -1 & -2 & -1 \\ 0 & 0 & 0 \\ 1 & 2 & 1 \end{bmatrix} \quad \boldsymbol{H}_x = \begin{bmatrix} -1 & 0 & 1 \\ -2 & 0 & 2 \\ -1 & 0 & 1 \end{bmatrix} \tag{6-43}$$

Sobel 算子引入平均因素,对图像中随机噪声有一定的平滑作用;对相隔两行或两列求差分,故边缘两侧的元素得到了增强,边缘显得粗而亮。

4. Prewitt 算子

Prewitt 算子与 Sobel 算子思路类似,但模板系数不一样,如式(6-44)所示。

$$\boldsymbol{H}_y = \begin{bmatrix} -1 & -1 & -1 \\ 0 & 0 & 0 \\ 1 & 1 & 1 \end{bmatrix} \quad \boldsymbol{H}_x = \begin{bmatrix} -1 & 0 & 1 \\ -1 & 0 & 1 \\ -1 & 0 & 1 \end{bmatrix} \tag{6-44}$$

Sobel 和 Prewitt 算子模板可以通过旋转扩展到 8 个,如式(6-45)所示。

$$H_1 = \begin{bmatrix} -1 & -1 & -1 \\ 0 & 0 & 0 \\ 1 & 1 & 1 \end{bmatrix} \quad H_2 = \begin{bmatrix} 0 & -1 & -1 \\ 1 & 0 & -1 \\ 1 & 1 & 0 \end{bmatrix} \quad H_3 = \begin{bmatrix} 1 & 0 & -1 \\ 1 & 0 & -1 \\ 1 & 0 & -1 \end{bmatrix}$$

$$H_4 = \begin{bmatrix} 1 & 1 & 0 \\ 1 & 0 & -1 \\ 0 & -1 & -1 \end{bmatrix} \quad H_5 = \begin{bmatrix} 1 & 1 & 1 \\ 0 & 0 & 0 \\ -1 & -1 & -1 \end{bmatrix} \quad H_6 = \begin{bmatrix} 0 & 1 & 1 \\ -1 & 0 & 1 \\ -1 & -1 & 0 \end{bmatrix}$$

$$H_7 = \begin{bmatrix} -1 & 0 & 1 \\ -1 & 0 & 1 \\ -1 & 0 & 1 \end{bmatrix} \quad H_8 = \begin{bmatrix} -1 & -1 & 0 \\ -1 & 0 & 1 \\ 0 & 1 & 1 \end{bmatrix}$$

$$g = \max_i H_i f \tag{6-45}$$

MATLAB 采用 imfilter 函数实现图像锐化滤波;采用 imgradient 函数获取梯度图像;采用 edge 函数实现边缘检测,列举如下。

(1) BW=edge(I,TYPE,PARAMETERS):对灰度图像或二值图像 I 采用 TYPE 所指定的算子进行边缘检测,返回二值图像 BW,其中 1 表示边缘,0 表示其他部分;TYPE 可以取 'roberts'、'sobel'(默认)、'prewitt'、'log'、'zerocross'、'canny'、'log';PARAMETERS 是各算子对应参数,设定阈值、模板等。

(2) imgradient 函数:获取图像的梯度和方向。

① [Gmag,Gdir]=imgradient(I):获取灰度图像或二值图像 I 的梯度幅值 Gmag 和梯度方向 Gdir,Gmag、Gdir 和 I 尺寸相等,Gdir 的值为[−180,180]的角度。

② [Gmag,Gdir]=imgradient(I,METHOD):根据 METHOD 指定的算子计算梯度幅值和方向。METHOD 可以取 'sobel'(默认)、'prewitt'、'central'(取 dI/dx=(I(x+1)−I(x−1))/2)、'intermediate'(取 dI/dx=I(x+1)−I(x))和 'roberts'。

③ [Gmag,Gdir]=imgradient(Gx,Gy):根据给定的方向梯度 Gx 和 Gy 计算梯度幅值和方向。

(3) imgradientxy 函数:获取图像的方向梯度。

① [Gx,Gy]=imgradientxy(I):获取灰度图像或二值图像 I 的方向梯度 Gx 和 Gy。

② [Gx,Gy]=imgradientxy(I,METHOD):根据 METHOD 指定的算子计算图像 I 的方向梯度。METHOD 可以取 'sobel'(默认)、'prewitt'、'central'和'intermediate'。

【例 6-20】 实现基于 Roberts 算子的图像锐化滤波。

程序如下:

```
clear,clc,close all;
Image = im2double(imread('frose.jpg'));
gray = rgb2gray(Image);
BW = edge(gray,'roberts');                          % 利用 Roberts 算子进行边缘检测
H1 = [1 0; 0 - 1];          H2 = [0 1; - 1 0];
R1 = imfilter(Image,H1);    R2 = imfilter(Image,H2);  % 利用 Roberts 模板进行滤波
edgeImage = abs(R1) + abs(R2);
sharpImage = Image + edgeImage;                     % Roberts 锐化增强
subplot(221),imshow(Image),title('原图');
subplot(222),imshow(edgeImage),title('Roberts 梯度图像');
subplot(223),imshow(BW),title('Roberts 边缘检测');
```

```
subplot(224),imshow(sharpImage),title('Roberts 锐化图像');
```

程序运行结果如图 6-27 所示。

　(a) 原图　　　　　(b) Roberts梯度图像　　　(c) Roberts边缘检测　　　(d) Roberts锐化图像

图 6-27　Roberts 算子的处理效果

【例 6-21】　获取图像的梯度图像和边缘像素的梯度方向图像。

程序如下：

```
clc,clear,close all;
Image = im2double(rgb2gray(imread('frose.jpg')));
[fx,fy] = imgradientxy(Image,'sobel');              % 计算水平、垂直方向梯度图像
fx = fx - min(fx(:));      fy = fy - min(fy(:));     % 整体加一个正数,数值转换为正值
fx = fx/max(fx(:));        fy = fy/max(fy(:));       % 归一化
[g,theta] = imgradient(Image,'sobel');              % 计算梯度幅值和梯度方向图像
T = mean(g(:)) + 2 * std(g(:));                     % 设置阈值,用于确定边界像素
theta = theta + 180;                                % 梯度方向转换为 0°~360°
theta(g < T) = 0;                                   % 非边缘像素梯度方向置为 0°
theta = theta/max(theta(:));                        % 方向归一化
subplot(211),imshowpair(g,theta,'montage'),title('梯度图像和梯度方向图像');
subplot(212),imshowpair(fx,fy,'montage'),title('水平梯度图像和垂直梯度图像');
```

程序运行结果如图 6-28 所示。

　(a) 水平梯度图像　　　(b) 垂直梯度图像　　　(c) 梯度幅值图像　　　(d) 边缘像素梯度方向图像

图 6-28　Sobel 算子梯度图像

5. Laplacian 算子

Laplacian 算子是二阶微分算子,定义如下：

$$\nabla^2 f = \frac{\partial^2 f}{\partial x^2} + \frac{\partial^2 f}{\partial y^2} \tag{6-46}$$

用差分代替为

$$\begin{aligned}
\frac{\partial^2 f}{\partial x^2} &= \Delta_x f(x+1,y) - \Delta_x f(x,y) = [f(x+1,y) - f(x,y)] - \\
&\quad [f(x,y) - f(x-1,y)] \\
&= f(x+1,y) + f(x-1,y) - 2f(x,y)
\end{aligned}$$

$$\frac{\partial^2 f}{\partial y^2} = \Delta_y f(x,y+1) - \Delta_y f(x,y) = [f(x,y+1) - f(x,y)] -$$

$$[f(x,y) - f(x,y-1)]$$

$$= f(x,y+1) + f(x,y-1) - 2f(x,y)$$

所以

$$\nabla^2 f = f(x+1,y) + f(x-1,y) + f(x,y+1) + f(x,y-1) - 4f(x,y) \qquad (6\text{-}47)$$

用模板表示为

$$\boldsymbol{H}_1 = \begin{bmatrix} 0 & 1 & 0 \\ 1 & -4 & 1 \\ 0 & 1 & 0 \end{bmatrix} \quad \text{或} \quad \boldsymbol{H}_1 = \begin{bmatrix} 0 & -1 & 0 \\ -1 & 4 & -1 \\ 0 & -1 & 0 \end{bmatrix} \qquad (6\text{-}48)$$

突变型边缘通过检测二阶微分的零交叉位置实现。

Laplacian 锐化模板表示为

$$\boldsymbol{H} = \begin{bmatrix} 0 & -1 & 0 \\ -1 & 5 & -1 \\ 0 & -1 & 0 \end{bmatrix} \qquad (6\text{-}49)$$

【例 6-22】 利用 Laplacian 算子进行图像锐化滤波。

程序如下:

```
clear,clc,close all;
Image = im2double(imread('frose.jpg'));
gray = rgb2gray(Image);
H = fspecial('laplacian',0);
R = imfilter(Image,H);                % Laplacian 二阶微分运算
edgeImage = abs(R);
H1 = [0 -1 0; -1 5 -1; 0 -1 0];
sharpImage = imfilter(Image,H1);      % Laplacian 锐化滤波
BW = edge(gray,'zerocross',0.05,H);   % 使用 H 模板对灰度图像滤波后检测零交叉位置实现边缘检测
subplot(221),imshow(Image),title('原图');
subplot(222),imshow(edgeImage),title('Laplacian 滤波图像');
subplot(223),imshow(BW),title('Laplacian 边缘检测');
subplot(224),imshow(sharpImage),title('Laplacian 锐化图像');
```

程序运行结果如图 6-29 所示。

(a) 原图　　　　　　(b) 滤波图像　　　　　(c) 边缘检测　　　　　(d) 锐化图像

图 6-29　Laplacian 算子处理效果

6. LoG 算子

图像常常受到随机噪声的干扰,进行边缘检测时常把噪声当作边缘点而检测出来。Marr 用高斯函数先对图像作平滑,即将高斯函数 $h(x,y)$ 与图像函数 $f(x,y)$ 卷积,得到一个平滑的图像函

数,再对该函数做 Laplacian 运算,提取边缘。

可以证明:$\nabla^2[f(x,y)*h(x,y)]=f(x,y)*\nabla^2 h(x,y)$,即卷积运算和求二阶导数的顺序可以交换。高斯函数的二阶导数$\nabla^2 h(x,y)$如式(6-50)所示。

$$\nabla^2 h(x,y)=\frac{\partial^2 h}{\partial x^2}+\frac{\partial^2 h}{\partial y^2}=\frac{1}{\pi\sigma^4}\left(\frac{x^2+y^2}{2\sigma^2}-1\right)e^{\left(-\frac{x^2+y^2}{2\sigma^2}\right)} \tag{6-50}$$

$\nabla^2 h(x,y)$称为 LoG(Laplacian of Gaussian)滤波器,也称为 Marr-Hildrech 算子。σ 称为尺度因子,大的值可用来检测模糊的边缘,小的值可用来检测聚焦良好的图像细节。当边缘模糊或噪声较大时,检测过零点能提供较可靠的边缘位置。LoG 算子的形状如图 6-30 所示。

LoG 滤波器的大小由 σ 的数值或 w_{2D} 确定。为了不使函数被过分截短,应在足够大的窗口内计算,窗口宽度通常取 $w_d \geqslant 3.6 w_{2D}$,而 $w_{2D}=2\sigma$。

图 6-30 $\nabla^2 h$ 的横截面

7. Canny 算子

Canny 边缘检测算法是由 John F. Canny 于 1986 年开发出来的一个多级边缘检测算法。进行边缘检测的主要步骤如下。

(1) 使用高斯平滑滤波器卷积降噪。

(2) 计算平滑后图像的梯度幅值和方向,可以采用不同的梯度算子。

(3) 对梯度幅值应用非极大抑制,其过程是找出图像梯度中的局部极大值点,把其他非局部极大值点置 0。

(4) 使用双阈值检测和连接边缘。

高阈值 T_{high} 用于找到每一条线段,如果某一像素位置的梯度幅值超过 T_{high},表明找到了一条线段的起始。

低阈值 T_{low} 用于确定线段上的点,即以上一步找到的线段起始出发,在其邻域内搜寻梯度幅值大于 T_{low} 的像素,保留为边缘点;梯度幅值小于 T_{low} 的像素被置为背景。

【例 6-23】 利用 Canny 和 LoG 算子进行图像边缘检测。

程序如下:

```
clc,clear,close all;
Image = im2double(rgb2gray(imread('frose.jpg')));
BW1 = edge(Image,'canny');              % 默认情况,自动计算阈值,高斯函数标准差为√2
BW2 = edge(Image,'canny',[0.1,0.4]);    % 设定高低阈值为 0.4 和 0.1 进行 Canny 边缘检测
BW3 = edge(Image,'log');                % 默认情况,标准差 σ = 2,模板尺寸为 ceil(σ*3)*2+1
BW4 = edge(Image,'log',[],3);           % 设定 σ = 3
subplot(221),imshow(BW1),title('Canny 边缘检测 1');
subplot(222),imshow(BW2),title('Canny 边缘检测 2');
subplot(223),imshow(BW3),title('LoG 边缘检测 1');
subplot(224),imshow(BW4),title('LoG 边缘检测 2');
```

程序运行结果如图 6-31 和图 6-32 所示。

(a) 自动计算阈值　　(b) 设定阈值为[0.1, 0.4]　　　　　　　(a) σ=2　　　　　(b) σ=3

图 6-31　Canny 边缘检测　　　　　　　　　　图 6-32　LoG 边缘检测

8. 非锐化掩模与高提升滤波

将原图像进行高斯平滑滤波得到模糊图像,从原图像中减去模糊图像产生的差值图像一般保留了边缘信息,称为模板 $m(x,y)$,模板乘上一个修正因子,再与原图求和得到滤波后图像 $g(x,y)$,达到提高高频成分、增强细节的目的,如式(6-51)所示。

$$\begin{cases} m(x,y) = f(x,y) - f(x,y) * h(x,y) \\ g(x,y) = f(x,y) + km(x,y) \end{cases} \tag{6-51}$$

其中,$k>0$,当 $k>1$ 时,称为高提升滤波(High-boost Filtering);$k=1$ 时,称为非锐化掩模(Unsharp Masking);$k<1$ 时,不强调非锐化模板的贡献。系数 k 越大,对细节的增强越明显。

MATLAB 提供了 imsharpen 函数实现非锐化掩模锐化滤波,其调用格式如下。

(1) B=imsharpen(A):对灰度或 RGB 图像 A 使用非锐化掩模方法增强边缘,输出增强后图像 B。RGB 图像将被转换到 LAB 空间,仅增强 L 通道,再逆变换回 RGB 空间输出。

(2) B=imsharpen(…,NAME1,VAL1,…):设定参数实现非锐化掩模。参数包括:'Radius'指定高斯低通滤波标准差,默认为 1;'Amount'指定锐化程度,一般在[0,2]之间,默认为 0.8;'Threshold'在[0,1]之间,指明像素被认为是边缘像素并通过非锐化掩模而锐化所需的最小对比度,默认为 0。

【例 6-24】　对图像进行非锐化掩模滤波。

程序如下:

```
clc,clear,close all;
Image = imread('frose.jpg');
UMImage1 = imsharpen(Image,'Amount',1);
UMImage2 = imsharpen(Image,'Radius',2,'Amount',2);
subplot(131),imshow(Image),title('原图');
subplot(132),imshow(UMImage1),title('非锐化掩模');
subplot(133),imshow(UMImage2),title('高提升滤波');
```

程序运行结果如图 6-33 所示。

(a) 原图　　　　　　　(b) 非锐化掩模　　　　　　　(c) 高提升滤波

图 6-33　非锐化掩模处理效果

9. 其他滤波函数

在 MATLAB 中,还有一些特殊形式的滤波函数,简要介绍如下。

(1) roifilt2 函数:对图像中的感兴趣区域进行滤波。

① J＝roifilt2(H,I,BW):用二维滤波器 H 对灰度图像 I 进行滤波,BW 是二值模板,其中的非零值指定要滤波的感兴趣区域。

② J＝roifilt2(I,BW,FUN):根据函数句柄 FUN 指定的函数对感兴趣区域进行滤波。

(2) B＝nlfilter(A,[M N],FUN):以大小为[M N]的窗口在图像上滑动,根据函数句柄 FUN 指定的函数计算每个窗口的输出,作为各像素滤波结果。

(3) J＝stdfilt(I,NHOOD):在 NHOOD 指定的邻域内对图像 I 进行标准差滤波。NHOOD 矩阵尺寸为奇数,其中,非零值对应邻域内像素,默认为[3,3]。外围像素采用对称填充方式。

【例 6-25】 利用上述函数对图像进行滤波。

程序如下:

```
clc,clear,close all;
Image = im2double(rgb2gray(imread('frose.jpg')));
fun1 = @(x) std(x(:));                                    % 定义函数计算局部标准差
result1 = mapminmax(nlfilter(Image,[3,3],fun1),0,1);     % 利用函数滤波并将结果映射到[0,1]
result2 = mapminmax(stdfilt(Image),0,1);                 % 局部标准差滤波
fun2 = @(x) median(x(:));                                 % 定义函数计算局部中值
result3 = nlfilter(Image,[3,3],fun2);                    % 中值滤波
subplot(131),imshow(result1),title('nlfilter 实现标准差滤波');
subplot(132),imshow(result2),title('stdfilt 滤波');
subplot(133),imshow(result3),title('nlfilter 实现中值滤波');
```

程序运行结果如图 6-34 所示。

(a) nlfilter实现标准差滤波   (b) stdfilt滤波   (c) nlfilter实现中值滤波

图 6-34   利用其他函数形式实现滤波

6.3   平场校正

在理想情况下,对于光照均匀的场景成像时,所得图像中各像素的强度值应该是相同的,但在实际中,由于光照不均匀、成像器件各像元响应不一样、镜片光透射的差异等原因,像素值有较大差异,平场校正就是对图像进行处理以改善这种不均匀性。

平场校正对图像中的每个像素按式(6-52)进行变换,即

$$g(x,y)=[f(x,y)-b(x,y)]k(x,y) \tag{6-52}$$

获取校正参数 $b(x,y)$ 和 $k(x,y)$ 需要两幅参考图像:暗场图像和平场图像。

暗场图像是指没有光照时获取的图像,其对应感光单元的电子噪声,是需要消除的固定偏移$b(x,y)$,可以通过盖住镜头多次采集图像并求平均获取。

平场图像是指覆盖整个视野的一致性目标图像,例如对白色目标成像。通过调整镜头光圈和照明强度,在没有像素值超出范围的情况下,获取多幅可能最亮的图像,并求平均获取平场图像,用I表示。理论上来讲,平场图像应该是完全均匀的,平场图像的不均匀性可以用于计算$k(x,y)$。

把平场图像当作需要校正的图像,将各像素值校正为平场图像的均值$\bar{I}$,即

$$\bar{I} - \bar{b} = [I(x,y) - b(x,y)]k(x,y) \tag{6-53}$$

得

$$k(x,y) = (\bar{I} - \bar{b})/[I(x,y) - b(x,y)] \tag{6-54}$$

利用$b(x,y)$和$k(x,y)$对所有像素进行处理,获取校正后的图像。

在算法实现时,需要估计暗场图像和平场图像。假设没有噪声存在,即忽略$b(x,y)$,对待处理图像f进行高强度高斯滤波(即标准差σ取值大)并将其作为平场图像I,用$\bar{f}$取代$\bar{I}$,则式(6-52)简化为

$$g(x,y) = f(x,y)\bar{f}/(f*h)(x,y) \tag{6-55}$$

其中,h是高斯函数。

MATLAB中使用imflatfield函数按式(6-55)实现平场校正,其调用格式如下。

B=imflatfield(A,SIGMA,MASK,Name,Value):A可以是灰度图像或彩色图像,对于彩色图像,实际是先将其变换到HSV空间,对亮度V进行校正再逆变换回RGB空间;SIGMA是高斯滤波的标准差;MASK是二值矩阵,非零值指定进行校正的区域;另有参数FilterSize是二维向量或正奇数,用于指定高斯滤波模板尺寸,默认为$2*\text{ceil}(2*\text{SIGMA})+1$。

【例6-26】 对光照不均匀的图像进行平场校正。

程序如下:

```
clc,clear,close all;
Image = imread('printedtext.png');
result = imflatfield(Image,30);
imshowpair(Image,result,'montage'),title('平场校正');
```

程序运行结果如图6-35所示。原图左侧很暗,校正后暗区变亮,但本来的亮区变暗,整体亮度均匀了。

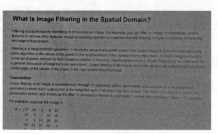

(a) 原图　　　　　　　　　　　　(b) 校正结果图

图6-35　平场校正

6.4　去雾增强

在雾、霾等环境下成像时,光线被大气中的悬浮粒子散射,导致图像质量下降。去雾增强是指采用一定的处理方法,改善雾天图像模糊不清、对比度下降、色彩失真等问题,提高图像的对比度,增强细节信息,获得视觉效果较好的图像。

一般认为,雾天成像时,入射光线到达摄像头的总光强度为入射光线衰减后到达摄像头的光强和周围环境中的各种散射光线进入摄像头后附加光强之和,表示为

$$f(x,y) = g(x,y)t(x,y) + A[1-t(x,y)] \tag{6-56}$$

其中,$f(x,y)$ 是观测到的图像,$g(x,y)$ 是场景目标反射光成像亮度,$0 \leqslant t(x,y) \leqslant 1$ 表示透射率,等号后第一项是反射光在介质中衰减的结果,A 表示大气光,等号后第二项反映了全局大气光的散射导致杂散光成像的情况。去雾增强是指根据含雾图像 $f(x,y)$ 恢复无雾图像 $g(x,y)$,需要估计大气光 A 和透射率 $t(x,y)$。

He Kaiming 等通过对户外大量清晰无雾的自然图像观察统计得到:在绝大多数非天空的局部区域内,某些像素在 RGB 三色通道中至少有一个通道的像素颜色值非常低。换言之,该区域光强度的最小值是个很小的数,称为暗原色先验。

由于附加的大气光,图像被雾干扰之后往往要比其本身亮度更大,所以被浓雾覆盖的图像的暗原色具有较高的强度值,可以通过计算图像的暗原色最亮区域来估算大气光 A,算法步骤如下。

(1) 划分雾天图像 f 的局部块,求取其暗原色图像 I。确定图像 f 中点 (x,y) 周围的一个邻域,邻域内各通道的最小值作为暗原色图中的像素值 $I(x,y)$。

(2) 从暗原色图像中按照亮度值从大到小取最亮的前 0.1% 个像素,并求这些像素的平均亮度。

(3) 将平均亮度作为大气光 A 的估计值,设置低于 255(或 1)的上限,以避免平均亮度接近 255(或 1)时,可能会造成处理后图像的色调偏差。

根据式(6-56),暗原色图像中的像素值满足

$$I_f(x,y) = I_g(x,y)t(x,y) + A[1-t(x,y)] \tag{6-57}$$

根据暗原色先验规律,无雾自然图像的暗原色值 $I_g(x,y) \to 0$,且 $A > 0$,则有

$$t(x,y) = 1 - I_f(x,y)/A \tag{6-58}$$

考虑空间透视现象以及人眼的视觉特性,引入一个调节参数 $\alpha \in (0,1)$,得

$$t(x,y) = 1 - \alpha I_f(r,y)/A \tag{6-59}$$

由(6-56)可得去雾图像为

$$g(x,y) = A + [f(x,y) - A]/t(x,y) \tag{6-60}$$

MATLAB 中使用 imreducehaze 函数实现去雾增强,其调用格式如下。

[D,T,L]=imreducehaze(I,AMOUNT,PARAM,VAL):I 是输入图像,可以是灰度图像或 RGB 图像;D 是去雾输出图像;T 对应透射率;L 是估计的大气光;AMOUNT 用于控制去雾力度,取值在[0,1],默认为 1;另有参数如表 6-5 所示。

表 6-5　imreducehaze 函数参数表

参　　　数	描　　　述
Method	选择去雾算法,可取'simpledcp'(默认)和'approxdcp',前者采用了四叉树分解对图像分块
AtmosphericLight	指定大气光估算的上限,取值在[0,1]的数或三维向量,未指定时,自动计算
ContrastEnhancement	指定后处理采用的对比度增强方法,可取'global'(默认)、'boost'或'none'
BoostAmount	对比度增强为'boost'时的参数,取值在[0,1],默认为 0.1

【例 6-27】　对雾天图像进行去雾增强。

程序如下:

```
clc,clear,close all;
Image = im2double(imread('foggyroad.jpg'));
result = imreducehaze(Image);
imshowpair(Image,result,'montage'),title('去雾增强');
```

程序运行结果如图 6-36 所示。

　　　　(a) 原雾天图像　　　　　　　　　　(b) 去雾结果

图 6-36　去雾增强

6.5　低照度图像增强

　　低照度图像通常是指在光照较暗场景或者夜间所拍摄得到的图像,整体偏暗,或者部分区域过暗。对于这类图像,可以采用不同的方法进行增强处理。本节主要介绍采用去雾增强的方法。

　　将低照度图像反转后,其图像表征及直方图表征与雾天图像具有很高的相似性,对反转图像进行去雾处理,再对去雾结果反转得到低照度图像增强效果。

　　MATLAB 中使用 imlocalbrighten 函数实现低照度增强,其调用如下。

　　$[B,D]=$ imlocalbrighten$(I,AMOUNT,PARAM,VAL)$:I 是输入图像,可以是灰度图像或 RGB 图像;B 是局部暗区增强后的输出图像;D 是估计的暗区域,取值在[0,1],1 表示暗区;AMOUNT 用于控制去雾力度,取值在[0,1],默认为 1;参数 AlphaBlend 设为 true 时,使用暗区域 D 控制亮区域的像素亮度,避免被过度增强,默认为 false。

【例 6-28】　对低照度图像进行增强。

程序如下:

```
clc,clear,close all;
Image = im2double(imread('lowlight_2.jpg'));
result1 = 1 - imreducehaze(1 - Image);          %反色去雾再反色
result2 = imlocalbrighten(Image);
```

```
result3 = imlocalbrighten(Image,AlphaBlend = true);                    %控制亮区
subplot(221),imshow(Image),title('原图');
subplot(222),imshow(result1),title('反色去雾');
subplot(223),imshow(result2),title('imlocalbrighten 增强 1');
subplot(224),imshow(result3),title('imlocalbrighten 增强 2');
```

程序运行结果如图 6-37 所示。

(a) 原图

(b) 反色去雾

(c) imlocalbrighten增强1

(d) imlocalbrighten增强2

图 6 37 低照度图像增强

6.6 实例

【例 6-29】 实现图像背景虚化效果。

设计思路如下。

(1) 对原图像进行高强度高斯滤波,实现图像虚化,用作背景。

(2) 对原图像进行色彩增强、锐化滤波,实现图像增强,用作前景。由于正常情况下图像的质量良好,因此在本例中主要做饱和度的增强,使色彩更鲜艳。

(3) 采用交互式方法,在图像上选定前景区域生成模板。

(4) 将模板进行均值滤波,将边缘部分羽化,实现前景向背景的渐变过渡。

(5) 将模板和背景相乘,模板和前景相乘,两者相加,实现背景虚化、前景色彩增强的效果。

程序如下:

```
clear,clc,close all;
Image = imread('peony.jpg');
imshow(Image),title('选择目标区域,按任意键继续');
hf = drawellipse(gca);                    %在图像上选择椭圆区域
pause
mask = createMask(hf);                     %椭圆区域生成模板
mask = filter2(fspecial('average',15),mask);      %对模板进行均值滤波
```

```
maskBW = cat(3,mask,mask,mask);                    % 将模板变为三维矩阵,方便融合计算
figure,imshow(maskBW),title('模板');
back = double(Image);
sigma = 3;      filtersize = [21 21];
fuzzyH = fspecial('gaussian',filtersize,sigma);
fuzzyI = imfilter(back,fuzzyH,'replicate');        % 图像进行高斯滤波,实现背景虚化
hsv = rgb2hsv(Image);
hsv(:,:,2) = hsv(:,:,2).^1.2;                      % 对饱和度进行 gamma 变换,增强饱和度
target = hsv2rgb(hsv) * 255;
result = uint8(target. * maskBW + double(fuzzyI). * (1 - maskBW));   % 前景和背景融合
figure,imshow(result),title('图像背景虚化');
```

程序运行结果如图 6-38 所示。

(a) 选择前景区域 (b) 生成的模板 (c) 背景虚化

图 6-38　实现背景虚化的效果

本章小结

　　本章主要介绍了图像增强处理,包括灰度级变换、空域滤波、平场校正、去雾增强、低照度图像增强,详细介绍了各种增强方法的原理及 MATLAB 实现。图像增强是图像处理中常用的处理方法,应熟悉其基本原理、变换特点、常用函数及处理效果,以便灵活应用。

第

7 章

图像复原

在图像生成、记录、传输的过程中，由于成像系统、设备或外在的干扰导致图像质量下降，称为图像退化，如大气扰动效应、光学系统的像差、物体运动造成的模糊、几何失真等。对退化图像进行处理使之恢复原貌的技术称为图像复原（Image Restoration）。

图像复原的关键在于确定退化的相关知识，将退化过程模型化，采用相反的过程尽可能恢复原图，或者说使复原后的图像尽可能接近原图。

本章在分析图像退化模型的基础上，介绍图像退化函数的估计、图像复原的代数方法、典型的图像复原方法及其实现。

7.1 图像退化与复原

设原图像为 $f(x,y)$，由于各种退化因素影响，图像退化为 $g(x,y)$，退化过程可以抽象为一个退化系统 H 以及加性噪声 $n(x,y)$ 的影响，如图 7-1 所示。

原图像和退化图像之间的关系可以用式(7-1)来描述。

图 7-1 图像退化系统模型

$$g(x,y) = H[f(x,y)] + n(x,y) \quad (7-1)$$

用线性、空间不变系统模型来模拟实际中的非线性和空间变化模型，系统 H 的性能可以由其单位冲激响应 $h(x,y)$ 来表示，则退化模型可表示为

$$g(x,y) = f(x,y) * h(x,y) + n(x,y) \quad (7-2)$$

在空间域，$h(x,y)$ 称为点扩散函数（Point Spread Function，PSF），其傅里叶变换 $H(u,v)$ 有时称为光学传递函数（Optical Transfer Function，OTF）。

利用傅里叶变换的卷积定理，频域退化模型可表示为

$$G(u,v) = F(u,v)H(u,v) + N(u,v) \quad (7-3)$$

其中，$G(u,v)$、$F(u,v)$、$H(u,v)$、$N(u,v)$ 分别为退化图像 $g(x,y)$、原图 $f(x,y)$、点扩散函数 $h(x,y)$ 以及噪声 $n(x,y)$ 的傅里叶变换。

图像复原是指在给定退化图像 $g(x,y)$、了解退化的点扩散函数 $h(x,y)$ 和噪声项 $n(x,y)$ 的情况下，估计出原始图像 $f(x,y)$。图像复原一般按以下步骤进行。

（1）确定图像的退化函数。在实际图像复原中，退化函数一般是不知道的，

因此,图像复原需要先估计退化函数。

(2) 采用合适的图像复原方法复原图像。图像复原是采用与退化相反的过程,使复原后的图像尽可能接近原图,一般要确定一个合适的准则函数,准则函数的最优情况对应最好的复原图。这一步的关键技术在于确定准则函数和求最优。

图像复原也可以采用盲复原方法。在实际应用中,由于导致图像退化的因素复杂,点扩散函数难以解析表示或测量困难,可以直接从退化图像估计原图像,这类方法称为盲图像复原(或盲去卷积复原)。

7.2 图像退化函数的估计

如 7.1 节所述,图像复原需要先估计退化函数。若已知引起退化的原因,根据基本原理推导出其退化模型,称为基于模型的估计法。本节根据运动模糊产生的原理,推导出运动模糊退化函数,以此了解基于模型的估计法;并给出基于模型估计出的散焦模糊退化和高斯退化的函数模型。

7.2.1 运动模糊退化函数估计

在获取图像时,由于景物和摄像机之间的相对运动,往往会造成图像的模糊,称为运动模糊。对于运动产生的模糊,可以通过分析其产生原理,估计其降质函数,对其进行逆滤波从而复原图像。

运动模糊是由景物在不同时刻的多个影像叠加而导致的,设 $x_0(t)$、$y_0(t)$ 分别为 x 和 y 方向上的运动分量,T 为曝光时间,则采集到的模糊图像为

$$g(x,y) = \int_0^T f[x - x_0(t), y - y_0(t)]\mathrm{d}t \tag{7-4}$$

1. 运动模糊传递函数

对模糊图像进行傅里叶变换:

$$
\begin{aligned}
G(u,v) &= \int_{-\infty}^{+\infty}\int_{-\infty}^{+\infty} g(x,y)\mathrm{e}^{-\mathrm{j}2\pi(ux+vy)}\,\mathrm{d}x\mathrm{d}y \\
&= \int_{-\infty}^{+\infty}\int_{-\infty}^{+\infty}\left[\int_0^T f[x - x_0(t), y - y_0(t)]\mathrm{d}t\right]\mathrm{e}^{-\mathrm{j}2\pi(ux+vy)}\,\mathrm{d}x\mathrm{d}y \\
&= \int_0^T\left[\int_{-\infty}^{+\infty}\int_{-\infty}^{+\infty} f[x - x_0(t), y - y_0(t)]\mathrm{e}^{-\mathrm{j}2\pi(ux+vy)}\,\mathrm{d}x\mathrm{d}y\right]\mathrm{d}t
\end{aligned}
\tag{7-5}
$$

由于傅里叶变换的平移特性,式(7-5)可表示为

$$G(u,v) = \int_0^T F(u,v)\mathrm{e}^{-\mathrm{j}2\pi[ux_0(t)+vy_0(t)]}\,\mathrm{d}t = F(u,v)\int_0^T \mathrm{e}^{-\mathrm{j}2\pi[ux_0(t)+vy_0(t)]}\,\mathrm{d}t \tag{7-6}$$

因 $G(u,v)=F(u,v)H(u,v)$,所以可得到退化函数:

$$H(u,v) = \int_0^T \mathrm{e}^{-\mathrm{j}2\pi[ux_0(t)+vy_0(t)]}\,\mathrm{d}t \tag{7-7}$$

设景物和摄像机之间进行的是匀速直线运动(变速、非直线运动在某些条件下可看成匀速直线运动的合成结果),在 T 时间内,x、y 方向上运动距离为 a 和 b,即

$$
\begin{cases}
x_0(t) = at/T \\
y_0(t) = bt/T
\end{cases}
\tag{7-8}
$$

那么

$$H(u,v) = \int_0^T \mathrm{e}^{-\mathrm{j}2\pi[uat/T+vbt/T]} \mathrm{d}t$$

$$= \frac{T}{\pi(ua+vb)} \sin[\pi(ua+vb)] \mathrm{e}^{-\mathrm{j}\pi(ua+vb)} \tag{7-9}$$

【例 7-1】 不考虑噪声,设定传递函数实现图像运动模糊。

程序如下:

```
clear,clc,close all;
Image = imread('peppers.jpg');
FI = fft2(Image);                                    % 求 F(u,v)
T = 1;   a = 0.01;   b = 0.01;                       % 参数设置
[N,M,C] = size(Image);
H = zeros(N,M);
for u = 1:M
    for v = 1:N
        k - pi * (u * a + v * b);
        H(v,u) = sin(k) * T * exp(-1i * k)/(k + eps);   % 计算传递函数 H
    end
end
G(:,:,1) = FI(:,:,1). * H;   G(:,:,2) = FI(:,:,2). * H;   G(:,:,3) = FI(:,:,3). * H;
                                                     % 计算 G(u,v) = F(u,v)·H(u,v)
g = (abs(ifft2(G)))/255;                             % 傅里叶逆变换
result = imadjust(g,[min(g(:));max(g(:))],[0;1]);    % 灰度级拉伸
subplot(121),imshow(Image),title('原图');
subplot(122),imshow(result),title('运动模糊图像');
```

程序运行结果如图 7-2 所示。

(a) 原图   (b) 运动模糊图像

图 7-2 设计传递函数产生运动模糊

2. 运动模糊的点扩散函数

结合式(7-4)和式(7-8),只考虑景物在 x 方向上的匀速直线运动,模糊后的图像可表示为

$$g(x,y) = \int_0^T f\left[x - \frac{at}{T}, y\right] \mathrm{d}t \tag{7-10}$$

对于离散图像,可表示为

$$g(x,y) = \sum_{i=0}^{L-1} f\left[x - \frac{at}{T}, y\right] \Delta t \tag{7-11}$$

式中，L 为图像上景物在曝光时间 T 内移动的像素个数的整数近似值；Δt 是每个像素对模糊产生影响的时间因子。

由于很难清楚拍摄模糊图像的摄像机的曝光时间和景物运动速度，因此将运动模糊图像简化为同一景物图像经过一系列的距离延迟后叠加而成，改写式(7-11)为

$$g(x,y) = \frac{1}{L}\sum_{i=0}^{L-1} f[x-i,y] \tag{7-12}$$

若景物在 xOy 平面沿 θ 方向做匀速直线运动（θ 是运动方向和 x 轴的夹角），移动 L 像素，进行坐标变换，将运动方向变为水平方向，模糊图像可以表示为

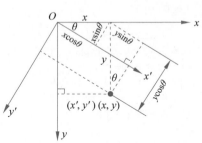

$$g(x,y) = \frac{1}{L}\sum_{i=0}^{L-1} f[x'-i,y'] \tag{7-13}$$

式中，$x' = x\cos\theta + y\sin\theta$，$y' = y\cos\theta - x\sin\theta$，如图 7-3 所示。

图 7-3　坐标变换示意图

因此，可得任意方向匀速直线运动模糊图像的点扩散函数：

$$h(x,y) = \begin{cases} 1/L, & y = x\tan\theta, 0 \leqslant x \leqslant L\cos\theta \\ 0, & y \neq x\tan\theta, -\infty < x < +\infty \end{cases} \tag{7-14}$$

【例 7-2】 不考虑噪声，设定点扩散函数实现图像运动模糊。

程序如下：

```
clear,clc,close all;
Image = im2double(imread('car.jpg'));
[height,width,color] = size(Image);
figure,imshow(Image);
L = 20;theta = 60;                          % 运动模糊参数,60°方向上移动 20 个像素
psf = motionPSF(L,theta);
MotionBlurredI = zeros(height,width,color);
for i = 1:color
    MotionBlurredI(:,:,i) = conv2(Image(:,:,i),psf,'same');
end
figure,imshow(MotionBlurredI),title('运动模糊图像');
function h = motionPSF(L,theta)
    halfL = (L-1)/2;                        % 运动长度的一半,半个模板的对角长度
    phi = mod(theta,180)/180 * pi;
    cosphi = cos(phi);     sinphi = sin(phi);
    xsign = sign(cosphi);
    linewdt = 1;                            % 运动方向上像素在线宽为 1 的范围内
    halfhw = fix(halfL * cosphi + linewdt * xsign - eps);     % 半个运动模糊模板宽
    halphh = fix(halfL * sinphi + linewdt - eps);             % 半个运动模糊模板高
    [x,y] = meshgrid(0:xsign:halfhw, 0:halphh);              % 半个模板中 x,y 坐标变化范围
    dist2line = (y * cosphi - x * sinphi);                    % 计算 y',或称之为点到运动方向的距离
    rad = sqrt(x.^2 + y.^2);                                  % 半个模板的对角长度
    lastpix = find((rad >= halfL)&(abs(dist2line)<= linewdt));   % 线宽范围内超出运动长度的点
    x2lastpix = halfL - abs((x(lastpix) + dist2line(lastpix) * sinphi)/cosphi);
    dist2line(lastpix) = sqrt(dist2line(lastpix).^2 + x2lastpix.^2);
                                            % 超范围点到运动方向前端点的距离
    dist2line = linewdt + eps - abs(dist2line);              % 各点在模板中的权值,距离运动方向近的权值大
    dist2line(dist2line < 0) = 0;           % 在距离运动方向线宽内的点保留,其余置 0
```

```
h = rot90(dist2line,2);
h(end + (1:end) − 1, end + (1:end) − 1) = dist2line;    % 将模板旋转 180°，并补充完整
h = h. /(sum(h(:)) + eps);                               % 运动方向上 h(x,y) = 1/L
if cosphi > 0
    h = flipud(h);
end
end
```

程序运行结果如图 7-4 所示。

(a) 原灰度图   (b) 运动模糊图像

图 7-4　设计点扩散函数产生运动模糊

【例 7-3】　利用 fspecial 函数实现图像运动模糊效果。

程序如下：

```
clear,clc,close all;
Image = im2double(imread('flower.jpg'));
LEN = 21;        THETA = 11;                           % 设定运动参数
PSF = fspecial('motion',LEN,THETA);                    % 设计运动模糊点扩散函数
BlurredI = imfilter(Image,PSF,'conv','circular');      % 实现运动模糊
subplot(121),imshow(Image),title('原图');
subplot(122),imshow(BlurredI),title('运动模糊图像');
```

程序运行结果如图 7-5 所示。

(a) 原图   (b) 运动模糊图像

图 7-5　利用 fspecial 函数产生运动模糊效果

3. 运动模糊点扩散函数参数估计

　　由前文所述可知，若能确定运动模糊点扩散函数的参数，则能够确定点扩散函数。在实际问题中，需要根据退化图像估计运动方向、运动距离等参数，可以在空域和频域进行。本节介绍基于频域

特征的运动参数估计。

【例7-4】 将图像分别沿 $0°$、$30°$、$60°$ 和 $90°$ 方向运动 20 像素，查看其模糊图及其频谱。

程序如下：

```
clear,clc,close all;
Image = double(rgb2gray(imread('peppers.jpg')));
LEN = 20;      THETA = [0 30 60 90];
for i = 1:4
    PSF = fspecial('motion',LEN,THETA(i));
    BlurI = imfilter(Image,PSF,'conv','circular');
    FI = log(abs(fftshift(fft2(BlurI))) + 0.01);
    top = max(FI(:));      bottom = min(FI(:));      FI = (FI - bottom)/(top - bottom);
    str1 = num2str(THETA(i));
    str2 = ['向' str1 '°移动20个像素的运动模糊图像'];
    str3 = [str2 '频谱图'];
    figure,imshow(uint8(BlurI)),title(str2);
    figure,imshow(FI),title(str3);
end
```

程序运行结果如图7-6所示。

(a) 沿0°、30°、60°、90°方向运动20个像素的运动模糊图像

(b) 沿0°、30°、60°、90°方向运动20个像素的运动模糊图像频谱图

图7-6 沿不同方向运动的模糊图像与频谱图

【例7-5】 将图像分别沿 $90°$ 方向运动 5、10、20、40 像素，查看其模糊图及其频谱。

程序如下：

```
clear,clc,close all;
Image = double(rgb2gray(imread('peppers.jpg')));
LEN = [5 10 20 40];      THETA = 90;
for i = 1:4
    PSF = fspecial('motion',LEN(i),THETA);
    BlurI = imfilter(Image,PSF,'conv','circular');
    FI = log(abs(fftshift(fft2(BlurI))) + 0.01);
    top = max(FI(:));      bottom = min(FI(:));      FI = (FI - bottom)/(top - bottom);
```

```
    str1 = num2str(LEN(i));
    str2 = ['向 90°移动' str1 '个像素的运动模糊图像'];
    str3 = [str2 '频谱图'];
    figure,imshow(uint8(BlurI)),title(str2);
    figure,imshow(FI),title(str3);
end
```

程序运行结果如图 7-7 所示。

(a) 沿90°方向分别运动5、10、20、40个像素的运动模糊图像

(b) 沿90°方向分别运动5、10、20、40个像素的运动模糊图像频谱图

图 7-7　运动不同距离的模糊图像与频谱图

从图 7-6 和图 7-7 中可以看出，运动模糊图像的频谱图有黑色的平行条纹，随着运动方向的变化，条纹也随之变化，条纹的方向总是与运动方向垂直。因此，可以通过判定模糊图像频谱条纹的方向来确定其实际的运动模糊方向。随着运动模糊长度的变化，条纹的数量也随之产生变化，图像频谱图条纹的个数即为图像实际运动模糊的长度。因此，可以通过计算模糊图像频谱条纹的数量来确定实际的运动模糊长度。

【例 7-6】　利用 Radon 变换估计运动方向。

程序如下：

```
clear,clc,close all;
Image = double(rgb2gray(imread('peppers.jpg')));
LEN = 20;      THETA = 120;
PSF = fspecial('motion',LEN,THETA);
BlurI = imfilter(Image,PSF,'conv','circular');          % 产生运动模糊图像
FI = log(abs(fftshift(fft2(BlurI))) + 0.01);            % 生成频谱图
top = max(FI(:));      bottom = min(FI(:));
FI = (FI - bottom)/(top - bottom);                      % 频谱图规格化
subplot(121),imshow(uint8(BlurI)),title('运动模糊图像');
subplot(122),imshow(FI),title('运动模糊频谱图');
FI = 1 - FI;                                            % 频谱图反色,将黑色条纹变为白色条纹
[N,M] = size(FI);
FIradon = FI(N/2 - 80:N/2 + 80,:);                      % 截取中间一部分,去除四角的干扰
```

```
FIradon(FIradon < 0.7) = 0;                           % 将大部分背景色屏蔽,提高检测准确度
theta = 0:179;
[R,X] = radon(FIradon,theta);                         % Radon 变换
figure,colormap(gray),imagesc(theta,X,R),title('Radon 变换曲线');
angle = zeros(1,11);
for k - 1:11                                          % 找 11 个最大值,降低误差
    [data,pos] = max(R(:));
    R(R == data) = 0;
    [rpos,cpos] = ind2sub(size(R),pos);
    angle(k) = cpos - 1;                              % R 矩阵的列对应线积分的角度,与条纹方向垂直,正是运动的方向
end
if max(angle) - min(angle) < 10                       % 在最大值差距不大的情况下,直接求平均作为运动方向
    ang = mean(angle);
else                                                  % 差距较大时,最大值聚为两类,将多数最大值的中心值作为运动方向
    [IDX,C] = kmeans(angle',2);
    if sum(IDX == 1) < sum(IDX == 2)
        ang = C(2);
    else
        ang = C(1);
    end
end
```

程序运行结果如图 7-8 所示。计算出的运动方向为 120.45°,与前面设定的方向一致。可以更换图像和运动方向进行测试。

(a) 运动模糊图像　　　　　(b) 模糊图像频谱图　　　　　(c) Radon变换曲线

图 7-8　利用 Radon 变换估计运动方向

对匀速运动模糊图像点扩散函数进行推导,可以得出模糊图像频谱条纹间距和模糊长度的数学关系式,从而计算出模糊长度,这里不做具体的分析,可参看相关资料。

7.2.2　其他退化函数模型

1. 散焦模糊退化函数

根据几何光学原理,可推导出光学系统散焦造成的图像退化点扩散函数如下:

$$h(x,y) = \begin{cases} 1/\pi R^2, & x^2 + y^2 \leqslant R^2 \\ 0, & \text{其他} \end{cases} \tag{7-15}$$

式中,R 为散焦半径。

2. 高斯退化函数

在许多成像系统中,由于多种因素的综合作用,其点扩散函数趋于高斯型,可近似描述为

$$h(x,y) = \begin{cases} K\,e^{-\alpha(x^2+y^2)}, & (x,y) \in S \\ 0, & \text{其他} \end{cases} \tag{7-16}$$

其中,K 为归一化常数;α 为正常数;S 为点扩散函数的圆形域。

这些模型中都牵涉参数的确定问题,在实际问题中,需要通过图像自身或成像系统的先验信息估计出模型中的参数。

MATLAB 设计了 psf2otf 函数、otf2psf 函数实现点扩散函数和光学传递函数之间的转换。

(1) OTF＝psf2otf(PSF,OUTSIZE):计算点扩散函数 PSF 的 FFT 并创建 OTF 矩阵,但不进行频谱搬移。OUTSIZE 为 OTF 矩阵的尺寸,任意维不小于 PSF 的尺寸,默认情况下 OTF 和 PSF 尺寸一致。

(2) PSF＝otf2psf(OTF,OUTSIZE):计算光学传递函数 OTF 的 IFFT 并创建点扩散函数矩阵。OUTSIZE 为 PSF 矩阵的尺寸,任意维不超过 OTF 的尺寸,默认情况下 PSF 和 OTF 尺寸一致。

【例 7-7】 设定散焦模糊、高斯退化模糊点扩散函数,将其转换为光学传递函数并查看图形。

程序如下:

```
clear,clc,close all;
N = 21;    M = 21;    h1 = zeros(N,M);    h2 = zeros(N,M);
R = 7;    alpha = 0.5;    rcenter = floor(N/2);    ccenter = floor(M/2);
for x = 1:M
    for y = 1:N
        d = (x - ccenter)^2 + (y - rcenter)^2;
        if d < R^2
            h1(y,x) = 1/(pi * R * R);              % 散焦模糊点扩散函数
            h2(y,x) = exp( - alpha * d);           % 高斯模糊点扩散函数
        end
    end
end
h2 = h2/sum(h2(:));
H1 = psf2otf(h1);    H2 = psf2otf(h2);             % 转换为光学传递函数
subplot(221),surf(h1);title('散焦模糊点扩散函数');
axis square; axis tight
subplot(222),surf (abs(H1));title('散焦模糊光学传递函数');
axis square; axis tight
subplot(223),surf (h2);title('高斯模糊点扩散函数');
axis square, axis tight
subplot(224),surf (abs(H2));title('高斯模糊光学传递函数');
axis square; axis tight
```

程序运行结果如图 7-9 所示。

【例 7-8】 不考虑噪声,设定点扩散函数实现图像散焦模糊。

程序如下:

```
clear,clc,close all;
Image = imread('peppers.jpg');
hx = 21;    hy = 21;                    h = zeros(hy,hx);
```

图 7-9　散焦、高斯模糊 PSF 及 OTF 图形

```
R = 7;      rcenter = floor(hy/2);      ccenter = floor(hx/2);
for x = 1:hx
    for y = 1:hy
        d = (x - ccenter)^2 + (y - rcenter)^2;
        if d < R^2
            h(y,x) = 1/(pi * R * R);
        end
    end
end
result = imfilter(Image,h);
subplot(121),imshow(Image),title('原始图像');
subplot(122),imshow(result),title('散焦模糊图像');
```

程序运行结果如图 7-10 所示。

(a) 原图　　　　　　　　　　　　　(b) 散焦模糊图像

图 7-10　散焦模糊效果图

7.3　图像复原的代数方法

所谓图像复原的代数方法，即根据退化模型，假设具备关于 g、H、n 的某些先验知识，确定某种最佳准则，寻找原图像 f 的最优估计 $\hat{f}$。

7.3.1 无约束最小二乘方复原

由退化模型可知,其噪声项可表示为

$$n = g - Hf \tag{7-17}$$

希望找到一个 $\hat{f}$,使得 $H\hat{f}$ 在最小二乘方意义上近似 g,即下式取最小:

$$\|n\|^2 = \|g - H\hat{f}\|^2 \tag{7-18}$$

定义最佳准则:

$$J(\hat{f}) = \|g - H\hat{f}\|^2 = (g - H\hat{f})^{\mathrm{T}}(g - H\hat{f}) \tag{7-19}$$

$J(\hat{f})$ 的最小值对应为最优。选择 $\hat{f}$ 不受其他条件约束,因此称为无约束复原。

对 $J(\hat{f})$ 求微分以求其极小值:

$$\frac{\partial J(\hat{f})}{\partial \hat{f}} = -2H^{\mathrm{T}}(g - H\hat{f}) = 0 \tag{7-20}$$

$$H^{\mathrm{T}}H\hat{f} = H^{\mathrm{T}}g$$

$$\hat{f} = (H^{\mathrm{T}}H)^{-1}H^{\mathrm{T}}g \tag{7-21}$$

当 $M = N$ 时,H 为一方阵,假设 H^{-1} 存在,则可求得

$$\hat{f} = H^{-1}(H^{\mathrm{T}})^{-1}H^{\mathrm{T}}g = H^{-1}g \tag{7-22}$$

正如前文所述,已知退化过程 H,即可由退化图像 g 求出原图 f 的估计 $\hat{f}$。

7.3.2 约束复原

在最小二乘方复原处理中,往往附加某种约束条件,这种情况下的复原称为约束复原。有附加条件的极值问题可用拉格朗日乘数法来求解。

设对原图像进行某一线性运算 Q,求在约束条件 $\|n\|^2 = \|g - H\hat{f}\|^2$ 下,使 $\|Q\hat{f}\|^2$ 为最小的原图 f 的最佳估计 $\hat{f}$。

构造拉格朗日函数如下:

$$J(\hat{f}) = \|Q\hat{f}\|^2 + \lambda(\|g - H\hat{f}\|^2 - \|n\|^2) \tag{7-23}$$

式中,λ 为拉格朗日系数。

将式(7-23)求微分以求极小值:

$$\frac{\partial J(\hat{f})}{\partial \hat{f}} = 2Q^{\mathrm{T}}Q\hat{f} - 2\lambda H^{\mathrm{T}}(g - H\hat{f}) = 0 \tag{7-24}$$

求解:

$$Q^{\mathrm{T}}Q\hat{f} + \lambda H^{\mathrm{T}}H\hat{f} - \lambda H^{\mathrm{T}}g = 0$$

$$\hat{f} = \left(H^{\mathrm{T}}H + \frac{1}{\lambda}Q^{\mathrm{T}}Q\right)^{-1}H^{\mathrm{T}}g \tag{7-25}$$

式(7-22)、式(7-25)是图像复原代数方法的基础。

7.4 典型图像复原方法及其实现

本节讲解经典图像复原方法,包括逆滤波复原、维纳滤波复原、等功率谱滤波、几何均值滤波、约束最小二乘方滤波及 Richardson-Lucy 算法。

7.4.1 逆滤波复原

对式(7-3)所示频域退化模型进行如下变换:

$$\hat{F}(u,v) = \frac{G(u,v)}{H(u,v)} - \frac{N(u,v)}{H(u,v)} \tag{7-26}$$

进行傅里叶逆变换,可求得原图像 $f(x,y)$ 的估计 $\hat{f}(x,y)$:

$$\hat{f}(x,y) = \mathscr{F}^{-1}[\hat{F}(u,v)] = \mathscr{F}^{-1}\left[\frac{G(u,v)}{H(u,v)} - \frac{N(u,v)}{H(u,v)}\right] \tag{7-27}$$

式(7-27)中,$G(u,v)$ 除以 $H(u,v)$ 起到了反向滤波的作用,因此,这种复原方法称为逆滤波复原。逆滤波复原其实是无约束复原的频域表示方法。

若在某些频域点处 $H(u,v)=0$,则逆滤波无法进行;且当 $H(u,v)=0$ 或取值很小时,若噪声项 $N(u,v)\neq0$,则噪声项可能会很大,导致无法正确恢复原图。因此,逆滤波复原通常人为设置 $H(u,v)$ 零点处的取值,用 $M(u,v)$ 取代 $H^{-1}(u,v)$。

$$M(u,v) = \begin{cases} H^{-1}(u,v), & H(u,v) > d \\ k, & H(u,v) \leqslant d \end{cases} \tag{7-28}$$

式中,k、d 是小于 1 的常数,其含义是在零点及其附近设置 $H(u,v)=k<1$;在非零点处,保持 $H^{-1}(u,v)$ 逆滤波。逆滤波式可表示为

$$\hat{f}(x,y) = \mathscr{F}^{-1}[\hat{F}(u,v)] = \mathscr{F}^{-1}[G(u,v)M(u,v) - N(u,v)M(u,v)] \tag{7-29}$$

考虑到 $H(u,v)$ 的带宽比噪声带宽窄得多的特性,其频率响应应具有低通特性,也可以按式(7-30)修改逆滤波的传递函数。

$$M(u,v) = \begin{cases} H^{-1}(u,v), & u^2 + v^2 \leqslant D_0 \\ 0, & u^2 + v^2 > D_0 \end{cases} \tag{7-30}$$

式中,D_0 为逆滤波器的空间截止频率,选择 D_0 应排除 $H(u,v)$ 的零点。

【例 7-9】 对图像进行均值模糊,并进行逆滤波复原。

程序如下:

```
clear,clc,close all;
Image = im2double(imread('flower.jpg'));
window = 15;                                  % 模糊模板尺寸
[height,width,color] = size(Image);
height = height + window - 1;
width = width + window - 1;                    % DFT 时延拓尺寸
h = fspecial('average',window);               % 点扩散函数
BlurI = zeros(height,width,color);
for i = 1:color
```

```
        BlurI(:,:,i) = conv2(Image(:,:,i),h);          % 模糊操作
end
BlurandnoiseI = imnoise(BlurI,'salt & pepper',0.001);
figure,imshow(Image),title('原图');
figure,imshow(BlurI),title('模糊图像');
figure,imshow(BlurandnoiseI),title('模糊加噪声图像');
h1 = zeros(height,width);      h1(1:window,1:window) = h;       % 模板延拓
H = fftshift(fft2(h1));                                          % 频域退化函数
H(abs(H)< 0.0001) = 0.01;                                        % 去除 H(u,v)零点
M = H.^(-1);                                                     % 修正逆滤波传递函数
r1 = floor(width/2);r2 = floor(height/2);d0 = sqrt(width^2 + height^2)/20;
for u = 1:width
    for v = 1:height
        d = sqrt((u - r1)^2 + (v - r2)^2);
        if d > d0
            M(v,u) = 0;                                          % 逆滤波传递函数引入低通性
        end
    end
end
G1 = fftshift(fft2(BlurI));                                      % 模糊图像 DFT
G2 = fftshift(fft2(BlurandnoiseI));                              % 模糊加噪声图像 DFT
f1 = ifft2(ifftshift(G1./H));                                    % 模糊图像逆滤波
f2 = ifft2(ifftshift(G2./H));                                    % 模糊加噪声图像用 H(u,v)逆滤波
f3 = ifft2(ifftshift(G2.×M));                                    % 模糊加噪声图像用 M(u,v)逆滤波
result1 = abs(f1(1:height - window + 1,1:width - window + 1,:)); % 模糊图像逆滤波
result2 = abs(f2(1:height - window + 1,1:width - window + 1,:)); % 模糊加噪声图像用 H(u,v)逆滤波
result3 = abs(f3(1:height - window + 1,1:width - window + 1,:)); % 模糊加噪声图像用 M(u,v)逆滤波
figure,imshow(result1,[]),title('模糊图像逆滤波复原');
figure,imshow(result2,[]),title('模糊加噪声图像逆滤波复原');
figure,imshow(result3,[]),title('模糊加噪声图像低通逆滤波复原');
```

程序运行结果如图 7-11 所示。

(a) 原图　　　　　　　　　(b) 模糊图像　　　　　　　　(c) 模糊加噪声图像

(d) 对图(b)逆滤波　　　　　(e) 对图(c)逆滤波　　　　　(f) 对图(c)低通逆滤波

图 7-11　逆滤波效果示意图

图 7-11(b)采用 15×15 的均值滤波模板对图像进行模糊滤波；图 7-11(c)是在模糊的基础上叠加了椒盐噪声；直接采用 $H(u,v)$ 对图 7-11(b)的模糊图像进行逆滤波的效果如图 7-11(d)所示，可以看出，能够很好地去除模糊效果。而叠加噪声的模糊图像，在逆滤波时，$H(u,v)$ 的幅度随着离 u、v 平面原点的距离增加而迅速下降，但噪声幅度变化平缓，在远离 u、v 平面原点时，$N(u,v)/H(u,v)$ 的值变得很大，而 $F(u,v)$ 却很小，因此，无法恢复出原始图像，如图 7-11(e)所示。采用式(7-33)所示的 $M(u,v)$ 进行逆滤波，加入低通特性，在一定程度上恢复了原图，如图 7-11(f)所示。

7.4.2 维纳滤波复原

维纳滤波复原是使原始图像 $f(x,y)$ 和复原图像 $\hat{f}(x,y)$ 之间均方误差最小的复原方法，又称为最小均方误差滤波器。

1. 维纳滤波器

均方误差表达式为

$$e^2 = E\left[(f - \hat{f})^2\right] \tag{7-31}$$

假设噪声 $n(x,y)$ 和图像 $f(x,y)$ 不相关，且 $f(x,y)$ 或 $n(x,y)$ 有零均值，估计的灰度级 $\hat{f}(x,y)$ 是退化图像灰度级 $g(x,y)$ 的线性函数，在这些条件下，当均方误差取最小值时有下列表达式：

$$
\begin{aligned}
\hat{F}(u,v) &= \left[\frac{H^*(u,v)S_f(u,v)}{S_f(u,v)|H(u,v)|^2 + S_n(u,v)}\right] G(u,v) \\
&= \left[\frac{H^*(u,v)}{|H(u,v)|^2 + S_n(u,v)/S_f(u,v)}\right] G(u,v) \\
&= \left[\frac{1}{H(u,v)} \cdot \frac{|H(u,v)|^2}{|H(u,v)|^2 + S_n(u,v)/S_f(u,v)}\right] G(u,v)
\end{aligned} \tag{7-32}
$$

式中，$H^*(u,v)$ 是退化函数 $H(u,v)$ 的复共轭；$S_n(u,v) = |N(u,v)|^2$ 是噪声的功率谱；$S_f(u,v) = |F(u,v)|^2$ 是原图的功率谱。

可知，维纳滤波器的传递函数为

$$H_w(u,v) = \frac{1}{H(u,v)} \cdot \frac{|H(u,v)|^2}{|H(u,v)|^2 + S_n(u,v)/S_f(u,v)} \tag{7-33}$$

可以看出，除非对于相同的 u、v 值，$H(u,v)$ 和 $S_n(u,v)$ 同时为零，维纳滤波器没有逆滤波中传递函数为零的问题。因此，维纳滤波能够自动抑制噪声。

当噪声为零时，噪声功率谱小，维纳滤波变成了逆滤波，因此，逆滤波是维纳滤波的特例。当 $S_n(u,v)$ 远大于 $S_f(u,v)$ 时，则 $H_w(u,v) \to 0$，维纳滤波器避免了逆滤波过于放大噪声的问题。

采用维纳滤波器复原图像时，需要知道原始图像和噪声的功率谱 $S_f(u,v)$ 和 $S_n(u,v)$，而实际上，这些值是未知的，通常采用一个常数 K 来代替 $S_n(u,v)/S_f(u,v)$，即用下式近似表达：

$$\hat{F}(u,v) = \left[\frac{1}{H(u,v)} \cdot \frac{|H(u,v)|^2}{|H(u,v)|^2 + K}\right] G(u,v) \tag{7-34}$$

2. 维纳滤波复原的实现

MATLAB 提供了 deconvwnr 函数，实现使用维纳滤波器对图像进行去模糊，其调用格式如下。

（1）J＝deconvwnr(I,PSF,NSR)：使用维纳滤波器对图像 I 去模糊，返回图像 J。PSF 为点扩散函数矩阵；NSR 为噪信比，可以是标量或大小同 I 一致的谱域矩阵。

（2）J＝deconvwnr(I,PSF,NCORR,ICORR)：NCORR 和 ICORR 分别表示噪声和原始图像的自相关函数值，可以是任意不大于原图像的尺寸或维数。

【例 7-10】 采用 deconvwnr 函数，对均值模糊的图像进行维纳滤波。

程序如下：

```
clear,clc,close all;
Image = im2double(imread('flower.jpg'));
subplot(221),imshow(Image),title('原图');
window = 15;                                            % 均值窗口尺寸
PSF = fspecial('average',window);                       % 点扩散函数
BlurredI = imfilter(Image,PSF,'conv','circular');       % 产生模糊图像
noise_mean = 0;    noise_var = 0.0001;                  % 噪声参数
BlurandnoisyI = imnoise(BlurredI,'gaussian',noise_mean,noise_var);  % 生成模糊加噪声图像
subplot(222),imshow(BlurandnoisyI),title('均值模糊加高斯噪声图像');
estimated_nsr = 0;                                      % 估计 NSR 为 0
result1 = deconvwnr(BlurandnoisyI, PSF, estimated_nsr); % 维纳滤波去模糊
subplot(223),imshow(result1),title('使用 NSR = 0 复原 ');
estimated_nsr = noise_var/var(Image(:));                % 设置 NSR 为噪声与图像方差比
result2 = deconvwnr(BlurandnoisyI,PSF,estimated_nsr);   % 维纳滤波去模糊
subplot(224),imshow(result2),title('使用估计的 NSR 复原');
```

程序运行结果如图 7-12 所示。

(a) 均值模糊加高斯噪声图像　　(b) 维纳滤波复原（NSR=0）　　(c) 维纳滤波复原（估计NSR）

图 7-12　维纳滤波效果图

当 NSR＝0 时，维纳滤波实际上是逆滤波方法，从图 7-12(b) 可看出，未能复原图像；在程序中，噪声信号是人为叠加的，估计 NSR 的值较准确，复原效果较好，如图 7-12(c) 所示；在实际问题中，对于噪声不够了解，需要根据经验或别的方法来确定 NSR 的取值。

7.4.3　等功率谱滤波

等功率谱滤波是使原始图像 $f(x,y)$ 和复原图像 $\hat{f}(x,y)$ 功率谱相等的复原方法。此方法假设图像和噪声均属于均匀随机场，噪声均值为零，且与图像不相关。

由退化模型及功率谱的定义，可知：

$$S_g(u,v) = |H(u,v)|^2 S_f(u,v) + S_n(u,v) \tag{7-35}$$

设复原滤波器的传递函数为 $M(u,v)$，则

$$S_{\hat{f}}(u,v) = S_g(u,v) \mid M(u,v) \mid^2 \tag{7-36}$$

根据等功率谱的概念 $S_{\hat{f}}(u,v) = S_f(u,v)$，可得

$$M(u,v) = \left[\frac{1}{\mid H(u,v) \mid^2 + S_n(u,v)/S_f(u,v)} \right]^{1/2} \tag{7-37}$$

则等功率谱滤波如式（7-38）所示。

$$\hat{F}(u,v) = \left[\frac{1}{\mid H(u,v) \mid^2 + S_n(u,v)/S_f(u,v)} \right]^{1/2} G(u,v) \tag{7-38}$$

在没有噪声的情况下，$S_n(u,v) = 0$，等功率谱滤波转变为逆滤波。类似于维纳滤波，等功率谱滤波复原图像时，可采用一个常数 K 来代替 $S_n(u,v)/S_f(u,v)$。

【例 7-11】 对运动模糊加噪声图像进行等功率谱滤波复原。

程序如下：

```
clear,clc,close all;
Image = im2double( imread('flower.jpg'));
[height,width,color] = size(Image);
figure,imshow(Image),title('原图');
LEN = 21;    THETA = 11;
h = fspecial('motion', LEN, THETA);
BlurredI = imfilter(Image,h);
figure,imshow(BlurredI),title('运动模糊图像');
noise = imnoise(zeros(height,width,color),'salt & pepper',0.001);
BlurandnoiseI = BlurredI + noise;
figure,imshow(BlurandnoiseI),title('运动模糊加椒盐噪声图像');
H = psf2otf(h,[height,width]);
K = sum(noise(:).^2)/sum(Image(:).^2);
M = (1./(abs(H).^2 + K)).^0.5;         % 计算等功率谱滤波传递函数
G = fft2(BlurandnoiseI);
f = abs(ifft2(G. * M));
figure,imshow(f),title('等功率谱滤波图像');
```

程序运行结果如图 7-13 所示。

(a) 运动模糊图像   (b) 运动模糊加椒盐噪声图像   (c) 等功率谱滤波图像

图 7-13　等功率谱滤波效果图

7.4.4 几何均值滤波

将前述几种滤波器一般化,可得几何均值滤波器,如式(7-39)所示。

$$M(u,v) = \left[\frac{H^*(u,v)}{|H(u,v)|^2}\right]^\alpha \left[\frac{H^*(u,v)}{|H(u,v)|^2 + \gamma S_n(u,v)/S_f(u,v)}\right]^{1-\alpha} \tag{7-39}$$

式中,α,γ 为正的实常数。

可以看出,当 $\alpha=1$ 时,几何均值滤波器即逆滤波器;若 $\alpha=0$ 时,则是参数化的维纳滤波器;当 $\alpha=1/2$,$\gamma=1$ 时,则是等功率谱滤波器;当 $\alpha=1/2$ 时,则是普通逆滤波和维纳滤波的几何平均,即几何均值滤波器;当 $\gamma=1$ 时,若 $\alpha<1/2$,则滤波器越来越接近维纳滤波;若 $\alpha>1/2$,则滤波器越来越接近逆滤波。因此,可以通过灵活选择 α,γ 的值来获得良好的平滑效果。

7.4.5 约束最小二乘方滤波

维纳滤波、等功率谱滤波、几何均值滤波需要知道原始图像和噪声的功率谱,而实际上,这些值是未知的,功率谱比的常数估计一般也没有很合适的解。若仅知道噪声方差的情况,可以考虑约束最小二乘方滤波。

1. 约束最小二乘方滤波原理

约束复原是求在约束条件 $\|\boldsymbol{n}\|^2 = \|\boldsymbol{g}-\boldsymbol{H}\hat{\boldsymbol{f}}\|^2$ 下,使 $\|\boldsymbol{Q}\hat{\boldsymbol{f}}\|^2$ 为最小的原图 $\boldsymbol{f}$ 的最佳估计 $\hat{\boldsymbol{f}}$。本节采用最小化原图二阶微分的方法。

图像 $\boldsymbol{f}(x,y)$ 在 (x,y) 处的二阶微分可表示为

$$\nabla^2 \boldsymbol{f} = \frac{\partial^2 \boldsymbol{f}}{\partial x^2} + \frac{\partial^2 \boldsymbol{f}}{\partial y^2} = \boldsymbol{f}(x+1,y) + \boldsymbol{f}(x-1,y) + \boldsymbol{f}(x,y+1) + \boldsymbol{f}(x,y-1) - 4\boldsymbol{f}(x,y)$$

$$\tag{7-40}$$

二阶微分实际上是原图 $\boldsymbol{f}(x,y)$ 与离散的拉普拉斯算子 $\boldsymbol{l}(x,y)$ 的卷积,$\boldsymbol{l}(x,y)$ 如式(7-41)所示。

$$\boldsymbol{l}(x,y) = \begin{bmatrix} 0 & 1 & 0 \\ 1 & -4 & 1 \\ 0 & 1 & 0 \end{bmatrix} \tag{7-41}$$

采用的最优化准则为

$$\min(\boldsymbol{f}(x,y) * \boldsymbol{l}(x,y)) \tag{7-42}$$

按约束复原结论,在约束最小二乘方滤波中,线性运算 $\boldsymbol{Q}$ 即为拉普拉斯算子 $\boldsymbol{L}$,因此,复原图像可以按式(7-43)计算。

$$\hat{\boldsymbol{f}} = \left(\boldsymbol{H}^\mathrm{T}\boldsymbol{H} + \frac{1}{\lambda}\boldsymbol{L}^\mathrm{T}\boldsymbol{L}\right)^{-1}\boldsymbol{H}^\mathrm{T}\boldsymbol{g} \tag{7-43}$$

直接求解式(7-43)比较困难,可以用傅里叶变换的方法在变换域中计算。

MATLAB 提供了 deconvreg 函数来实现约束最小二乘方滤波,其具有以下几种调用形式。

(1) J=deconvreg(I,PSF,NP)。

（2）J＝deconvreg(I,PSF,NP,LRANGE)。

（3）J＝deconvreg(I,PSF,NP,LRANGE,REGOP)。

（4）[J,LAGRA]＝deconvreg(I,PSF,…)。

函数参数含义如下。

I：降质图像；J：复原图像；PSF：退化过程的点扩散函数；NP：加性噪声能量，默认值为 0；LRANGE：Lagrange 乘子系数的优化范围，默认值为 $[10^{-9},10^9]$；REGOP：去卷积的线性约束算子，默认时为二维 Laplacian 算子。LAGRA 为计算出的最优 Lagrange 乘子系数。

【例 7-12】 使用 deconvreg 函数对图像进行约束最小二乘方滤波。

程序如下：

```
clear,clc,close all;
I = im2double(imread('flower.jpg'));
PSF = fspecial('gaussian',7,10);
V = .01;
BlurredNoisy = imnoise(imfilter(I,PSF),'gaussian',0,V);
NP = V * prod(numel(I));            % 噪声能量
[result1,LAGRA] = deconvreg(BlurredNoisy,PSF,NP);
result2 = deconvreg(BlurredNoisy,PSF,[],LAGRA/10);
result3 = deconvreg(BlurredNoisy,PSF,[],LAGRA * 10);
subplot(221),imshow(BlurredNoisy),title('高斯模糊加噪声');
subplot(222),imshow(result1),title('计算噪声能量复原');
subplot(223),imshow(result2),title('LRANGE = 0.1 * LAGRA');
subplot(224),imshow(result3),title('LRANGE = 10 * LAGRA');
```

程序运行结果如图 7-14 所示。

(a) 高斯模糊加噪声　　(b) 计算噪声能量复原　　(c) LRANGE=0.1×LAGRA　　(d) LRANGE=10×LAGRA

图 7-14　使用 deconvreg 函数的滤波效果

7.4.6　Richardson-Lucy 算法

Richardson-Lucy 算法简称 RL 算法，是图像复原的经典算法之一，因 William Richardson 和 Leon Lucy 各自独立提出而得名。算法假设图像服从泊松分布，采用最大似然法得到如下估计原始图像信息的迭代表达式：

$$\hat{f}_{k+1}(x,y)=\hat{f}_k(x,y)\left[h(-x,-y)*\frac{g(x,y)}{h(x,y)*\hat{f}_k(x,y)}\right] \tag{7-44}$$

式中，$\hat{f}_k(x,y)$ 是 k 次迭代后复原图像。

MATLAB 提供了 RL 算法复原图像的函数——deconvlucy，该函数在最初的 RL 算法基础上进行了改进,如减少噪声的影响、对图像质量不均匀的像素进行修正等。这些改进加快了图像复原的速度和复原的效果。该函数具有以下几种调用形式。

(1) J=deconvlucy(I,PSF)。

(2) J=deconvlucy(I,PSF,NUMIT)。

(3) J=deconvlucy(I,PSF,NUMIT,DAMPAR)。

(4) J=deconvlucy(I,PSF,NUMIT,DAMPAR,WEIGHT)。

(5) J=deconvlucy(I,PSF,NUMIT,DAMPAR,WEIGHT,READOUT)。

函数参数含义如下。

I:指要复原的退化图像;J:反卷积后输出的图像;PSF:点扩散函数;NUMIT:指迭代的次数,默认值为 10;DAMPAR:规定了原图像和恢复图像之间的阈值偏差矩阵,偏离原始值不超过阈值的像素终止迭代,默认值为 0;WEIGHT:是一个权重矩阵,它规定了图像 I 中的坏像素的权值为 0,其他的为 1,默认值为跟 I 维数相同的全 1 矩阵;READOUT:是与噪声和读出设备有关的参数,默认值为 0。

【例 7-13】　基于 RL 算法,对模糊的图像进行复原滤波。

程序如下:

```
clear,clc,close all;
I = im2double(imread('flower.jpg'));
figure,imshow(I),title('原图像');
PSF = fspecial('gaussian',7,10);              %高斯低通滤波器
V = 0.0001;                                    %高斯加性噪声标准差
IF1 = imfilter(I,PSF);
BlurredNoisy = imnoise(IF1,'gaussian',0,V);
figure,imshow(BlurredNoisy),title('高斯模糊加噪声图像');
WT = zeros(size(I));                           %产生权重矩阵
WT(5:end - 1,5:end - 4) = 1;
J1 = deconvlucy(BlurredNoisy,PSF);             %RL算法复原
J2 = deconvlucy(BlurredNoisy,PSF,50,sqrt(V));
J3 = deconvlucy(BlurredNoisy,PSF,100,sqrt(V),WT);
figure,imshow(J1),title('10 次迭代去模糊');
figure,imshow(J2),title('50 次迭代去模糊');
figure,imshow(J3),title('100 次迭代去模糊');
```

程序运行结果如图 7-15 所示。

(a) 高斯模糊加噪声图像　　　(b) 10次迭代去模糊　　　(c) 50次迭代去模糊　　　(d) 100次迭代去模糊

图 7-15　RL 滤波复原效果图

7.5 盲去卷积复原

前文所介绍的方法都是以图像退化的某种先验知识为基础的,即假定退化系统的冲激响应已知。但在许多情况下,难以确定退化的点扩散函数,不以 PSF 知识为基础的图像复原方法统称为盲去卷积复原。

现有的盲去卷积复原算法有多种,如以最大似然估计为基础的复原方法、迭代方法、总变分正则化方法等,根据优化标准和先验知识的不同可分为多种类型。本节简要介绍基于最大似然估计的盲图像复原算法。

基于最大似然估计的盲图像复原算法,是在 PSF 未知的情况下,根据退化图像、原始图像及 PSF 的一些先验知识,采用概率理论建立似然函数,再对似然函数求最大值,实现原始图像和 PSF 的估计重建的。

设退化图像 $g(x,y)$ 的概率为 $P(g)$,原始图像 $f(x,y)$ 的概率为 $P(f)$,由 $f(x,y)*h(x,y)$ 估计 $g(x,y)$ 的概率为 $P(g\mid h*f)$,由 $g(x,y)$ 估计 $f(x,y)*h(x,y)$ 的概率为 $P(h*f\mid g)$,由贝叶斯定理可知:

$$P(h*f\mid g)=\frac{P(g\mid h*f)P(f)P(h)}{P(g)} \tag{7-45}$$

式(7-45)中,$P(g)$ 由成像系统确定,与最大化无关;当 $P(h*f\mid g)$ 取最大值时,认为原始图像 $f(x,y)$ 和 PSF $h(x,y)$ 最大概率逼近真实结果,即最大程度实现了原始图像和 PSF 的估计重建。

对式(7-45)取负对数,得代价函数:

$$J(h,f)=-\ln[P(h*f\mid g)]=-\ln[P(g\mid h*f)]-\ln[P(f)]-\ln[P(h)] \tag{7-46}$$

式(7-46)中 3 项均取最小值时,即代价函数取最小值,求解可以采用共轭梯度法进行。最大似然方法将原始图像和 PSF 的先验知识作为约束条件,适用性好,但运算量较大。

MATLAB 提供了基于最大似然算法的盲去卷积函数 deconvblind,其具有以下几种调用形式。

(1) [J,PSF]=deconvblind(I,INITPSF)。

(2) [J,PSF]=deconvblind(I,INITPSF,NUMIT)。

(3) [J,PSF]=deconvblind(I,INITPSF,NUMIT,DAMPAR)。

(4) [J,PSF]=deconvblind(I,INITPSF,NUMIT,DAMPAR,WEIGHT)。

(5) [J,PSF]=deconvblind(I,INITPSF,NUMIT,DAMPAR,WEIGHT,READOUT)。

函数参数含义如下。

I:要复原的图像;J:去模糊后的图像;PSF:重建的点扩散函数矩阵;INITPSF:重建点扩散函数矩阵的初始值;NUMIT、DAMPAR、WEIGHT、READOUT 含义同 deconvlucy 函数参数。

【例 7-14】 基于 deconvblind 函数对模糊的图像进行复原滤波。

程序如下:

```
clear,clc,close all;
I = im2double(imread('flower.jpg'));
PSF = fspecial('gaussian',7,10);
V = 0.0001;
```

```
IF1 = imfilter(I,PSF);
BlurredNoisy = imnoise(IF1,'gaussian',0,V);
WT = zeros(size(I));   WT(5:end − 4,5:end − 4) = 1;
INITPSF = ones(size(PSF));
[J,P] = deconvblind(BlurredNoisy,INITPSF,20,10 * sqrt(V),WT);
                        % 20 次迭代盲去卷积复原,输出图像与输入图像的偏离阈值 10 × sqrt(V)
subplot(221),imshow(BlurredNoisy),title('高斯模糊加噪声图像');
subplot(222),imshow(PSF,[]),title('真正的 PSF');
subplot(223),imshow(J),title('盲复原图像');
subplot(224),imshow(P,[]),title('重建的 PSF');
```

程序运行结果如图 7-16 所示。

(a) 高斯模糊加噪声图像　　(b) 真正的PSF　　(c) 盲复原图像　　(d) 重建的PSF

图 7-16　盲去卷积复原效果图

7.6　几何失真校正

在图像生成和显示的过程中,由于成像系统本身具有的非线性,或者拍摄时成像系统光轴和景物之间存在一定倾斜角度,往往会造成图像的几何失真(几何畸变),这也是一种图像退化。几何失真校正是通过几何变换来校正失真图像中像素的位置,以便恢复原来像素空间关系的复原技术。

假设一幅图像为 $f(x,y)$,由于几何失真变为 $g(x',y')$,失真前后像素的坐标满足下列关系:

$$\begin{cases} x' = h_1(x,y) \\ y' = h_2(x,y) \end{cases} \tag{7-47}$$

如果能够获取 $h_1(x,y)$、$h_2(x,y)$ 的解析表达式,可以进行逆变换,对于失真图像中的点 (x',y') 找到其在原图像中的对应位置 (x,y),从而实现几何失真校正。

设几何失真是线性的变换,即

$$\begin{cases} x' = ax + by + c \\ y' = dx + ey + f \end{cases} \tag{7-48}$$

若能够计算出 6 个系数,则能够确定变换前后点的空间关系。

设原图中 3 个像素分别为 (x_1,y_1)、(x_2,y_2) 和 (x_3,y_3),在畸变图像中的坐标为 (x_1',y_1')、(x_2',y_2') 和 (x_3',y_3'),构建如下方程组,求解系数:

$$\begin{cases} x_1' = ax_1 + by_1 + c \quad y_1' = dx_1 + ey_1 + f \\ x_2' = ax_2 + by_2 + c \quad y_2' = dx_2 + ey_2 + f \\ x_3' = ax_3 + by_3 + c \quad y_3' = dx_3 + ey_3 + f \end{cases} \tag{7-49}$$

若图像中各处的畸变规律相同,可直接把 6 个系数应用于其他点。确定对应关系后,进行几何变换修改失真图像,实现几何失真校正。

MATLAB 提供了根据点建立几何变换关系的函数,主要有以下几种常用函数。

(1) [movingpoints,fixedpoints]=cpselect(moving,fixed,'Wait',true):系统启动交互选择控制点工具,手工在两幅图像上寻找对应的控制点,用鼠标单击,关闭工具窗口,将控制点保存在 movingpoints 和 fixedpoints 两个矩阵中。moving 是需要校正的几何失真图像,要将 moving 变换到 fixed 对应的坐标系统。

(2) fitgeotform2d 函数:根据控制点建立几何变换结构。

① tform=fitgeotform2d(movingPoints,fixedPoints,tformType):tformType 指定线性变换类型,可以是"similarity"、"reflectivesimilarity"、"affine"、"projective"。

② tform=fitgeotform2d(movingPoints,fixedPoints,"polynomial",degree):控制点坐标满足多项式变换函数,degree 可以为 2、3 或 4,指定多项式变换度。

③ tform=fitgeotform2d(movingPoints,fixedPoints,"pwl"):控制点坐标满足分段线性变换函数。这种变换通过将平面分解成局部分段线性区域来映射控制点,不同的局部区域控制点对应不同的仿射变换。

④ tform=fitgeotform2d(movingPoints,fixedPoints,"lwm",n):控制点坐标满足局部加权平均变换。局部加权平均变换通过利用相邻控制点推导出每个控制点的多项式来生成映射,任何位置的映射都依赖于这些多项式的加权平均值,n 个最近点用于推断每个控制点对的第二级多项式变换,n 可以小到 6,但 n 值小可能产生病态多项式。

【例 7-15】 设计程序,产生几何失真图像,并利用交互式选择控制点工具选择控制点。

程序如下:

```
clear,clc,close all;
Image = im2double(imread('lotus.jpg'));
[height,width,c] = size(Image);
figure,imshow(Image),title('原图');
angle = 20; scale = 0.75; trans = [10.3,21.5];        % 设置旋转角度、缩放比例和平移量
tform = simtform2d(scale,angle,trans);                % 创建相似变换矩阵
NewImage = imwarp(Image,tform);                       % 生成几何失真图像
figure,imshow(NewImage),title('几何失真图像');
[movingPoints,fixedPoints] = cpselect(NewImage,Image,'wait',true);  % 选择控制点
tform = fitgeotform2d(movingPoints,fixedPoints,"similarity");        % 建立校正变换结构
R = imref2d([height,width],[1 width],[1 height]);     % 定义不扩大尺寸输出图像对象属性
result = imwarp(NewImage,tform,'OutputView',R);       % 进行几何变换
figure,imshow(result),title('校正后的图像');
```

程序运行结果如图 7-17 所示。

本实例中的几何失真图像是通过几何变换生成的,由原始图像和失真图像对比选择校正控制点。实际问题中没有这个便利,可以通过检测图像中的特征点,通过对特征点进行匹配实现变换函数的确定。

(a) 原图　　　　　　　(b) 几何失真图像　　　　　(c) 校正后的图像

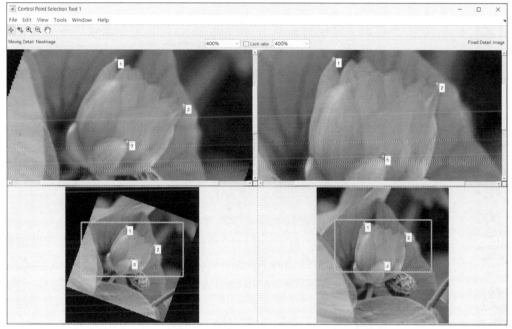

(d) 控制点交互式选择

图 7-17　图像几何失真校正

本章小结

本章主要介绍了图像复原,包括图像退化与复原的概念、退化函数的估计、图像复原的代数方法及典型的图像复原方法,详细介绍了各种运算的 MATLAB 实现。图像复原技术在文物保护、影视特技制作、老照片的修复、图像中文本的去除、图像中障碍物的去除及视频错误隐藏等方面应用广泛,应熟悉其基本原理、常用函数、处理效果。

第 8 章 图像数学形态学处理

数学形态学(Mathematical Morphology)是数字图像处理的重要工具之一,应用于图像增强、分割、恢复、纹理分析、颗粒分析、骨架提取、形状分析、细化等方面。本章在介绍数学形态学基本概念的基础上,讲解针对二值图像、灰度图像的形态学处理。

8.1 数学形态学的基本概念

数学形态学用集合来描述目标图像或者感兴趣区域,牵涉到一些集合上的概念,如元素、子集、并集、交集、补集、差集、映射、位移、集合与集合之间的关系(包含、相交、相离)等。图像数学形态学处理实际是集合运算。

采用数学形态学方法分析目标图像时,需要创建一种几何形态滤波模板,用来收集图像信息,称为结构元素,也用集合来描述。数学形态学运算就是用结构元素对图像集合进行操作,观察图像中各部分关系,从而提取有用特征进行分析和描述的。

不同的结构元素对处理结果有很大的影响,在处理和分析图像时,选取适当的结构元素来参与形态学运算,需要遵循以下原则。

(1) 结构元素必须在几何上比原图像简单且有界。一般情况下,结构元素尺寸要明显小于目标图像尺寸。当选取性质相同或相似结构的元素时,以选取图像某些特征的极限情况为宜。

(2) 结构元素的形状最好具有某种凸性,如十字形、方形、线形、菱形、圆形。

(3) 对于每个结构元素,为了方便地参与形态学运算处理,还需指定一个参考原点。参考点可包含在结构元素中,也可不包含在结构元素中,但运算结果会有所不同。

MATLAB 提供了创建结构元素的函数,其调用格式如下。

(1) strel 函数:创建平面结构元素,即用 1(true)表示结构元素内的点,0(false)表示非结构元素内的点。

① SE=strel(NHOOD):根据矩阵 NHOOD 确定结构元素,其中矩阵中心 floor((size(nhood)+1)/2)作为参考点,非零值表示属于结构元素。

② SE=strel(SHAPE,PARAMETERS):创建任意维数和形状的 2D 结构元素。SHAPE 为形状参数,指定结构元素类型;PARAMETERS 为控制形状的

参数；SE 为 strel 对象，其 Neighborhood 属性给出结构元素取值矩阵。strel 函数参数的常用取值如表 8-1 所示。

表 8-1　strel 函数参数表

形　状	参　数	描　述
diamond	R	创建菱形结构元素，R 为菱形中心与其边界距离
disk	R,N	创建圆盘状结构元素，R 为半径，N 指定用于近似圆盘结构元素的线型结构元素数目，这种近似可以加快运算速度，N 可取值为 0、4、6、8，默认值为 4
line	LEN,DEG	创建线形的结构元素，LEN 为长度，DEG 为角度
octagon	R	创建八边形结构元素。R 为八边形中心到八边形边缘最大距离，必须为 3 的倍数
rectangle	MN	创建矩形结构元素，MN 为二维向量，规定结构元素行和列数
square	W	创建方形结构元素，W 为方形结构的宽度

（2）offsetstrel 函数：创建非平面结构元素，即结构元素内各点取值多样，取值为 −Inf 表示不参与运算。

① SE＝offsetstrel(OFFSET)：OFFSET 对应结构元素矩阵，其取值表示当进行数学形态学运算时以像素为中心的邻域内各点的偏移值。

② SE＝offsetstrel('ball',R,H)：创建球形非平面结构元素，R 为半径，偏移值最大为 H。

【例 8-1】　创建结构元素并查看邻域矩阵。

程序如下：

```
clear,clc,close all;
SE1 = strel('diamond',3);           %创建一个菱形结构元素
SE1.Neighborhood                    %获取结构元素的邻域矩阵
SE2 = strel('disk',3,0);            SE2.Neighborhood
SE3 = strel('octagon',3);           SE3.Neighborhood
SE4 = strel('line',3,30);           SE4.Neighborhood
SE5 = strel('rectangle',[3 6]);     SE5.Neighborhood
SE6 = strel('square',3);            SE6.Neighborhood
SE7 = offsetstrel([1.1,2.1,3.1; −1, −1.5, −1;2,2, −Inf]);     %创建一个非平面结构元素
SE7.Offset                          %获取结构元素的偏移矩阵
```

程序运行结果如图 8-1 所示。

图 8-1　结构元素的邻域矩阵

8.2 二值图像数学形态学处理

设 X 为二值图像目标集合，S 为二值结构元素集合，二值图像数学形态学运算就是 S 和 X 的集合运算。

8.2.1 基本形态变换

图像数学形态学处理有两种基本形态变换：膨胀和腐蚀。

1. 膨胀运算

集合 X 用结构元素 S 来膨胀记为 $X \oplus S$，定义为

$$X \oplus S = \{x \mid [(\hat{S})_x \cap X] \neq \varnothing\} \tag{8-1}$$

其含义是：对结构元素 S 作关于原点的映射，所得的映射平移 x 形成新的集合 $(\hat{S})_x$，与集合 X 相交不为空集时结构元素 S 的参考点的集合即为 X 被 S 膨胀所得到的集合。

图 8-2(a)是一幅二值图像，深色"1"部分为目标集合 X；图 8-2(b)中标"1"部分为结构元素 S（阴影点为结构元素的参考点）。要求 $X \oplus S$，应首先将 S 作关于原点的映射，映射后 $\hat{S}$ 如图 8-2(c)所示；将 $\hat{S}$ 在 X 上移动，当二者交集不为空时记录 $\hat{S}$ 参考点的位置，如图 8-2(d)所示；最终膨胀结果如图 8-2(e)所示，其中，浅灰色"1"部分表示集合 X，深灰色"1"部分表示为膨胀部分，整个阴影部分为集合 $X \oplus S$。可看出，膨胀运算后，目标尺寸变大了。

(a) 集合 X 　　(b) S 　　(c) $\hat{S}$ 　　(d) 求交集 　　(e) $X \oplus S$

图 8-2　膨胀运算

【例 8-2】 对二值图像利用式(8-1)进行膨胀运算。

程序如下：

```
clear,clc,close all;
Image = rgb2gray(imread('sunny.png'));
[height,width,color] = size(Image);
BW = imbinarize(Image);                    % 获得二值图像
figure,imshow(BW),title('二值图像');
result = zeros(height,width);
win = 1;
for x = 1 + win:width − win
    for y = 1 + win:height − win           % 扫描图像中每一点，即结构元素移动到该点
```

```
        current = BW(y - win:y + win, x - win:x + win);
        if any(current(:))                % 方形邻域内任意点非零,即交集不为空,保留在膨胀结果中
            result(y,x) = 1;
        end
    end
end
figure,imshow(result),title('膨胀后的图像');
```

程序运行结果如图 8-3 所示。

(a) 二值图像   (b) 膨胀后的图像

图 8-3 二值图像膨胀效果

MATLAB 提供了进行膨胀运算的函数,其调用格式如下。

(1) IM2=imdilate(IM,SE):使用结构元素 SE 对从度图像、二值图像或压缩二值图像 IM 进行膨胀运算。

(2) IM2=imdilate(IM,NHOOD):使用 NHOOD 指定结构元素邻域矩阵进行膨胀。

(3) IM2=imdilate(IM,SE,SHAPE):SHAPE 指定输出图像大小,取值为 same(输出图像与输入图像大小相同,默认值)或 full(全膨胀,输出图像比输入图像大)。

【例 8-3】 对二值图像利用函数 imdilate 进行膨胀运算。

程序如下:

```
clear,clc,close all;
Image = rgb2gray(imread('sunny.png'));
BW = imbinarize(Image);
SE = strel('square',3);
result = imdilate(BW,SE);
figure,imshow(result),title('二值图像膨胀');
```

程序运行结果同图 8-3。

2. 腐蚀运算

集合 X 用结构元素 S 来腐蚀记为 $X \ominus S$,定义为

$$X \ominus S = \{x \mid (S)_x \subseteq X\} \tag{8-2}$$

其含义是:若结构元素 S 平移 x 后完全包括在集合 X 中,记录 S 的参考点位置,所得集合为 S 腐蚀 X 的结果。

图 8-4(a)中深色"1"部分为集合 X;图 8-4(b)中标"1"的部分为结构元素 S(阴影点为结构元素的参考点)。要求 $X \ominus S$,应将 S 在 X 上移动,判断移动后的 $(S)_x$ 是否包含于 X,如图 8-4(c)所示;最终腐蚀结果如图 8-4(d)所示。腐蚀后只剩下一个像素,即集合 $X \ominus S$。可以看出,目标集合 X 中比结构元素小的成分被腐蚀消失了,而大的成分面积缩小。

(a) 集合X   (b) S   (c) $(S)_x$包含于X   (d) $X \ominus S$

图 8-4 腐蚀运算

【例 8-4】 对二值图像利用式(8-2)进行腐蚀运算。

程序如下:

```
clear,clc,close all;
Image = rgb2gray(imread('sunny.png'));
[height,width,color] = size(Image);
BW = imbinarize(Image);
figure,imshow(BW),title('二值图像');
result = zeros(height,width);
win = 1;
for x = 1 + win:width - win
    for y = 1 + win:height - win        % 扫描图像中每一点,即结构元素移动到该点
        current = BW(y - win:y + win,x - win:x + win);
        if all(current(:))              % 方形邻域内全部点非零,即为 X 的子集,保留在腐蚀结果中
            result(y,x) = 1;
        end
    end
end
figure,imshow(result),title('腐蚀后的图像');
```

程序运行结果如图 8-5 所示。

(a) 二值图像   (b) 腐蚀后的图像

图 8-5 二值图像腐蚀效果

MATLAB 提供了进行腐蚀运算的函数,其调用格式如下。

IM2=imerode(IM,SE)或 IM2=imerode(IM,SE,SHAPE)或 IM2=imerode(IM,NHOOD):对灰度图像、二值图像或压缩二值图像 IM 进行腐蚀操作,返回结果图像 IM2。其他参数的含义与 imdilate 函数的参数类似,不再赘述。

【例 8-5】 对二值图像利用函数 imerode 进行腐蚀运算。

程序如下:

```
clear,clc,close all;
```

```
Image = rgb2gray(imread('sunny.png'));
BW = imbinarize(Image);
SE = strel('square',3);
result = imerode(BW,SE);
figure,imshow(result),title('二值图像腐蚀');
```

程序运行结果同图 8-5。

【例 8-6】　对例 8-5 中的 sunny 图像反色后进行膨胀和腐蚀运算。

程序如下：

```
clear,clc,close all;
Image = rgb2gray(imread('sunny.png'));
BW = imbinarize(Image);
BW = 1 - BW;
figure,imshow(BW),title('反色二值图像');
SE = strel('square',3);
result1 = imerode(BW,SE);
figure,imshow(result1),title('二值图像腐蚀');
result2 = imdilate(BW,SE);
figure,imshow(result2),title('二值图像膨胀');
```

程序运行结果如图 8-6 所示。膨胀和腐蚀的效果和前面的例子正好相反,腐蚀的时候目标尺寸变大,膨胀的时候目标尺寸反而变小了。这是由于图像进行了反色,前景目标改用黑色来表示,而程序中的函数实现的是对白色目标的处理;腐蚀时,二值图像中白色区域缩小,黑色区域增大,目标尺寸变大了;同理,膨胀时,白色区域增大,黑色区域缩小,目标尺寸变小了。

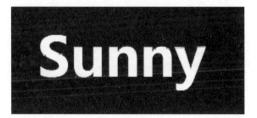

(a) 原图	(b) 反色二值图像

(c) 二值图像腐蚀	(d) 二值图像膨胀

图 8-6　目标用黑色表示的图像基本形态变换效果

8.2.2　复合形态变换

膨胀和腐蚀不是互为逆运算的,而是关于集合补和映射的对偶关系。那么先腐蚀再膨胀或者先膨胀再腐蚀,通常不能恢复成原来的图像(目标),而是产生两种新的形态变换,即开和闭运算,称为复合形态变换。

开运算是指先对图像进行腐蚀运算,再进行膨胀运算。定义为

$$X \circ S = (X \ominus S) \oplus S \tag{8-3}$$

开运算通过去除细长的凸起、边缘、毛刺和孤点平滑图像,这是因为在第一步腐蚀运算中,这些噪声不能包含结构元素,因而被滤掉了。

闭运算是指先对图像进行膨胀运算,再进行腐蚀运算。定义为

$$X \cdot S = (X \oplus S) \ominus S \tag{8-4}$$

闭运算通过融合窄的缺口和细长的弯口,填补图像的裂缝及破洞,实现图像平滑。这是因为集合 X 内部的洞尺寸小于结构元素,在第一步膨胀运算时,即使结构元素放置于洞的位置,$\hat{S}$ 和 X 的交集依然不为空,这些位置都被包含于膨胀的结果中,即洞被填补了。

可以根据定义,先后进行膨胀和腐蚀来实现开和闭运算,也可以采用 MATLAB 提供的如下函数实现。

(1) IM2=imopen(IM,SE):利用结构元素 SE 对灰度图像或二值图像 IM 进行开运算。

(2) IM2=imopen(IM,NHOOD):利用结构元素邻域矩阵 NHOOD 实现开运算。

(3) IM2=imclose(IM,SE):对灰度图像或二值图像 IM 进行闭运算,返回结果图像 IM2。

(4) IM2=imclose(IM,NHOOD):利用结构元素邻域矩阵 NHOOD 实现闭运算。

【例 8-7】 对二值图像进行开、闭运算。

程序如下:

```
clear,clc,close all;
Image = rgb2gray(imread('A.bmp'));
figure,imshow(Image);title('原图');
BW = imbinarize(Image);              % 变换原图为二值图像
SE = strel('square',3);              % 创建方形结构元素
result1 = imopen(BW,SE);             % 开运算
figure,imshow(result1);title('开运算');
result2 = imclose(BW,SE);            % 闭运算
figure,imshow(result2);title('闭运算');
```

程序运行结果如图 8-7 所示。开运算后,图像中的毛刺、较小的孤立点被滤掉了,较大的孤立点变小了;闭运算后,图中的洞被补上了。程序运行结果和前面示意图分析相吻合。

(a) 原图　　　　　　　　　(b) 开运算　　　　　　　　　(c) 闭运算

图 8-7　二值图像开、闭运算效果

8.2.3 图像的平滑处理

由于开、闭不是互逆运算,且开、闭均具有平滑图像的功能,因此,可通过先开后闭或先闭后开进行平滑处理,滤除图像的可加性噪声。

对图像进行平滑处理的形态学变换为

$$Y = (X \circ S) \bullet S \qquad Y = (X \bullet S) \circ S \tag{8-5}$$

【例 8-8】 对一幅二值图像进行数学形态学平滑处理。

程序如下:

```
clear,clc,close all;
Image = rgb2gray(imread('A.bmp'));
BW = imbinarize(Image);
SE = strel('square',4);
result1 = imclose(imopen(BW,SE),SE);
figure,imshow(result1),title('先开后闭滤波');
result2 = imopen(imclose(BW,SE),SE);
figure,imshow(result2),title('先闭后开滤波');
```

程序运行结果如图 8-8 所示。本程序通过形态滤波去除了图像中的孤点、毛刺、洞、缺口等噪声,但开和闭的先后顺序不一样,处理的结果也略有不同。

(a) 原图　　　　　　(b) 先开后闭滤波　　　　　　(c) 先闭后开滤波

图 8-8　形态滤波效果

8.2.4 图像的边缘提取

基于数学形态学提取边缘主要利用膨胀、腐蚀运算的特性。膨胀运算扩大目标;腐蚀运算缩小目标。原图像与扩大图像或缩小图像的差即为边界,边界的宽度由结构元素的大小决定。

因此,提取物体的轮廓边缘的形态学变换有如下 3 种定义。

(1)内边界。

$$Y = X - (X \ominus S) \tag{8-6}$$

(2)外边界。

$$Y = (X \oplus S) - X \tag{8-7}$$

(3)形态学梯度。

$$Y = (X \oplus S) - (X \ominus S) \tag{8-8}$$

MATLAB 中使用 bwperim 函数通过寻找和零值像素连通的非零值像素确定二值图像中的目标边缘,其调用格式如下。

BW2＝bwperim(BW1,CONN):CONN 指明连通关系,二维情况默认为 4,三维情况默认为 6。

【例 8-9】 对 sunny 图像实现数学形态学边缘提取。

程序如下:

```
clear,clc,close all;
Image = rgb2gray( imread('sunny.png'));
BW = imbinarize( Image);
SE = strel('square',3);
result1 = BW - imerode(BW,SE);
result2 = imdilate(BW,SE) - BW;
result3 = imdilate(BW,SE) - imerode(BW,SE);
result4 = bwperim(BW);
subplot(221),imshow(result1),title('内边界');
subplot(222),imshow(result2),title('外边界');
subplot(223),imshow(result3),title('形态学梯度');
subplot(224),imshow(result4),title('bwperim 提取边界');
```

程序运行结果如图 8-9 所示。程序中的结构元素为边长为 3 的方形结构元素,检测的内外边界宽为 1 像素。

(a) 内边界   (b) 外边界

(c) 形态梯度   (d) bwperim提取边缘

图 8-9 形态边缘提取效果

8.2.5 形态学重建

形态学重建涉及两幅图像,标记图像包括重建的起点,模板图像用来约束重建,核心是测地膨胀和腐蚀。在形态学重建的基础上又能构成多种形态处理算法。

1. 形态学重建

设标记图像为 X,结构元素为 S,模板图像为 I,可以定义标记图像相对于模板图像的测地膨

胀为

$$Y = (X \oplus S) \cap I \tag{8-9}$$

模板图像用于限制标记图像的膨胀范围。标记图像 X 相对于模板图像 I 的测地膨胀反复迭代至稳定状态为止,即膨胀形态学重建,表示为

$$X_{k+1} = (X_k \oplus S) \cap I \tag{8-10}$$

其中,k 为迭代次数;X_0 为初始标记图像。

测地腐蚀为

$$Y = (X \ominus S) \cup I \tag{8-11}$$

测地腐蚀反复迭代至稳定状态为止,即腐蚀形态学重建,表示为

$$X_{k+1} = (X_k \ominus S) \cup I \tag{8-12}$$

MATLAB 中使用 imreconstruct 函数实现膨胀形态学重建,其调用格式如下。

IM = imreconstruct(MARKER, MASK, CONN):MARKER 是初始标记图像,MASK 是模板图像,MARKER 和 MASK 尺寸一致,其值小于或等于 MASK 中的对应值,CONN 指定连通性,二维图像默认为 8,三维图像默认为 26。

【例 8-10】 设定标记图像和模板图像,对图像进行形态学重建。

程序如下:

```
clear, clc, close all,
Image = rgb2gray(imread('letters.png'));
BW = imbinarize(Image);
SE = strel('disk',4);
marker = imerode(BW,SE);                    % 将二值图像腐蚀后作为标记图像
result = imreconstruct(marker,BW);          % 形态学重建
subplot(131),imshow(marker),title("标记图像");
subplot(132),imshow(BW),title("模板图像");
subplot(133),imshow(result),title('形态学重建');
```

程序运行结果如图 8-10 所示。

(a) 标记图像　　　　　　　(b) 模板图像　　　　　　　(c) 形态学重建

图 8-10　形态学重建实例

2. 区域填充

如果给定一幅二值边缘图像 A,其中,取值 1 表示该像素为图像中区域的边界,0 表示背景,取 A^c(即 $1-A$)作为模板图像;初始标记图像中的前景点对应 A 中边界内的部分点,进行形态学重建,将实现区域填充效果;初始标记图像中的前景点对应 A 中边界外的部分点,进行形态学重建,将实现区域外部填充效果,对填充结果取反,实现区域内部填充。

【例 8-11】 利用形态学重建实现区域填充。

程序如下:

```
clear,clc,close all;
Image = rgb2gray(imread('letters.png'));
BW = edge(Image,'canny');
marker = zeros(size(BW)); marker(1,1) = 1;        % 设定起点在左上角,在区域外
mask = 1 - BW;                                     % 模板图像
result1 = imreconstruct(marker,mask,4);            % 4 连通重建
result2 = 1 - result1;                             % 取反实现区域填充
subplot(221),imshow(BW),title("待填充图像");
subplot(222),imshow(mask),title("模板图像");
subplot(223),imshow(result1),title('外部填充');
subplot(224),imshow(result2),title('区域填充');
```

程序运行结果如图 8-11 所示。

(a) 待填充图像　　　　　(b) 模板图像　　　　　(c) 外部填充　　　　　(d) 区域填充

图 8-11　采用形态学重建实现区域填充

MATLAB 提供了进行区域填充的 imfill 函数,其调用格式如下。

(1) BW2＝imfill(BW1,'holes'):填充二值图像 BW1 中的所有孔洞区域,返回结果图像 IM2。

(2) BW2＝imfill(BW1,LOCATIONS,CONN):LOCATIONS 规定了填充操作的起点,可以是向量或矩阵;CONN 规定了连通性,对于二维图像可取 4 或 8,即 4 连通和 8 连通,默认为 4。

(3) I2＝imfill(I1):填充灰度图像中的所有孔洞,指浅色像素围绕的黑色像素区域。

【例 8-12】　编程实现区域填充。

程序如下:

```
clear,clc,close all;
BW1 = logical([1 0 0 0 0 0 0;      1 1 1 1 1 0 0 0;
               1 0 0 0 1 0 1 0;    1 0 0 0 1 1 1 0;
               1 1 1 1 0 1 1 1;    1 0 0 1 1 0 1 0
               1 0 0 0 1 0 1 0;    1 0 0 0 1 1 1 0]);
BW2 = imfill(BW1,[3 3],8);
BW4 = imbinarize(imread('coins.png'));
BW5 = imfill(BW4,'holes');
figure,imshow(BW4),title('二值图像');
figure,imshow(BW5),title('区域填充图像');
```

程序运行结果如图 8-12 所示。图 8-12(a)为二值矩阵,其中倾斜的 0 为区域内部;8 连通填充后如图 8-12(b)所示,填充的值用倾斜的 1 表示;图 8-12(c)为二值化的硬币图像,填充后效果如图 8-12(d)所示。

3. 边界目标提取与清除

在图像中有些目标接触图像的边界,可能并不完整,可以利用形态学重建清除或者提取这些边界目标。

取原图为模板图像,初始标记图像中的前景点对应原图中的边界点,进行形态学重建,将获取边

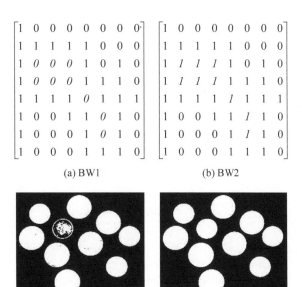

(a) BW1　　　　　　　(b) BW2

(c) 二值图像　　　　　　(d) 区域填充图像

图 8-12　二值图像的区域填充效果

界目标；用原图减去边界目标，则可实现边界目标的清除。

【例 8-13】　利用形态学重建实现边界目标提取与清除。

程序如下：

```
clear,clc,close all;
Image = imread('rice.png');
BW = imbinarize(Image);
[height,width] = size(BW);
marker = ones(height,width);
marker(2:height - 1,2:width - 1) = 0;          % 标记图像中外围一圈为1,其余为0
result1 = imreconstruct(marker,double(BW));
result2 = BW - result1;
subplot(221),imshow(BW),title("原二值图像");
subplot(222),imshow(marker),title("标记图像");
subplot(223),imshow(result1),title('边界目标提取');
subplot(224),imshow(result2),title('边界目标清除');
```

程序运行结果如图 8-13 所示。

(a) 原二值图像　　　　(b) 边界目标提取　　　　(c) 边界目标清除

图 8-13　采用形态学重建实现边界目标提取与清除

MATLAB 中使用 imclearborder 函数实现边界目标清除,使用 imkeepborder 函数实现边界目标提取,调用格式为

J = imclearborder(I,Name = Value),J = imkeepborder(I,Name = Value)

参数 I 可以是灰度图像或二值图像,可选参数有:Borders,指定对哪个边界的目标进行操作,可取"left"、"right"、"top"、"bottom"或四者的组合向量,默认为四边;Connectivity,指定连通性,二维图像默认为 8。

【例 8-14】 利用 imclearborder、imkeepborder 函数实现边界目标提取与清除。

程序如下:

```
clear,clc,close all;
Image = imread('rice.png');
BW = imbinarize(Image);
result1 = imkeepborder(BW);
result2 = imclearborder(BW);
subplot(121),imshow(result1),title('边界目标提取');
subplot(122),imshow(result2),title('边界目标清除');
```

程序运行结果如图 8-13(b)和图 8-13(c)所示。

8.2.6　击中击不中变换

击中击不中变换一般用于在感兴趣区域中探测目标,其基本原理是基于腐蚀运算的一个特性,即腐蚀的过程相当于对可以填入结构元素的位置作标记的过程。因此,可以利用腐蚀运算来确定目标的位置。

目标检测既要探测到目标的内部,也要检测到目标的外部,即在一次运算中要同时捕获内外标记,因此,需要采用两个结构基元构成结构元素,一个探测目标内部,另一个探测目标外部。

设 X 是被研究的图像集合,S 是结构元素,且 $S=(S_1,S_2)$。其中,S_1 是与目标内部相关的 S 元素的集合,S_2 是与背景(目标外部)相关的 S 元素的集合,且 $S_1 \bigcap S_2 = \varnothing$。图像集合 X 用结构元素 S 进行击中击不中变换,记为 $X \otimes S$,定义为

$$X \otimes S = (X \ominus S_1) \bigcap (X^c \ominus S_2) \tag{8-13}$$

式(8-13)的含义是,当且仅当结构元素 S_1 平移到某一点可填入集合 X 的内部,结构元素 S_2 平移到该点可填入集合 X 的外部时,该点才在击中击不中变换的输出中。

图 8-14 展示了击中击不中变换的原理。图 8-14(a)为图像 X;图 8-14(b)为结构元素对 $S=(S_1,S_2)$;图 8-14(c)为 $X \ominus S_1$,只有几个阴影点;图 8-14(e)为 $X^c \ominus S_2$;图 8-14(f)为击中击不中变换的输出,即原图中十字所在位置。

MATLAB 中提供 bwhitmiss 函数实现击中击不中变换,其调用格式如下。

(1) BW2=bwhitmiss(BW,SE1,SE2):对二值图像 BW 进行由结构元素 SE1 和 SE2 定义的击中击不中操作,等价于 imerode(BW,SE1) & imerode(～BW,SE2)。

(2) BW2=bwhitmiss(BW,INTERVAL):对二值图像 BW 进行由矩阵 IINTERVAL 定义的击中击不中操作,等价于 bwhitmiss(BW,INTERVAL==1,INTERVAL==-1)。IINTERVAL 取值为 1,0 或-1,1 元素组成 SE1 区域,-1 元素组成 SE2 区域。

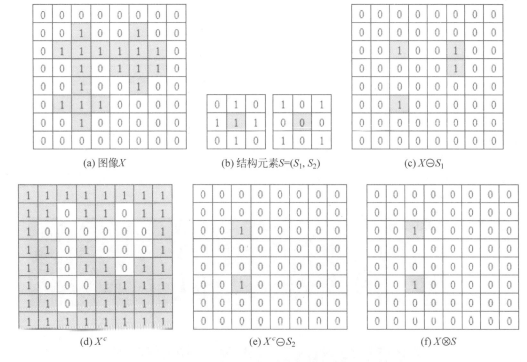

图 8-14 击中击不中变换示例

【例 8-15】 采用 bwhitmiss 函数实现对图 8-14 的击中击不中变换。

程序如下：

```
clear,clc,close all;
BW1 = logical([0 0 0 0 0 0 0 0; 0 0 1 0 0 1 0 0;
               0 1 1 1 1 1 1 0; 0 0 1 0 1 1 1 0;
               0 0 1 0 0 1 0 0; 0 1 1 1 0 0 0 0;
               0 0 1 0 0 0 0 0; 0 0 0 0 0 0 0 0]);
SE1 = logical([0 1 0;1 1 1;0 1 0]);
SE2 = logical([1 0 1;0 0 0;1 0 1]);
BW2 = bwhitmiss(BW1,SE1,SE2);
```

程序运行结果如图 8-14(f)所示。

【例 8-16】 采用 bwhitmiss 函数检测二值图像中的直角。

程序如下：

```
clear,clc,close all;
Image = imread('test.bmp');
BW = imbinarize(Image);
figure,imshow(BW),title('二值图像');
interval1 = - ones(7);
interval1(4:7,4:7) = interval1(4:7,4:7) * ( - 1);    % 检测左上角的结构元素矩阵
interval2 = - ones(7);
interval2(1:4,4:7) = interval2(1:4,4:7) * ( - 1);    % 检测左下角的结构元素矩阵
interval3 = - ones(7);
interval3(4:7,1:4) = interval3(4:7,1:4) * ( - 1);    % 检测右上角的结构元素矩阵
interval4 = - ones(7);
interval4(1:4,1:4) = interval4(1:4,1:4) * ( - 1);    % 检测右下角的结构元素矩阵
```

```
SE = strel('square',3);
result1 = imdilate(bwhitmiss(BW,interval1),SE);
result2 = imdilate(bwhitmiss(BW,interval2),SE);
result3 = imdilate(bwhitmiss(BW,interval3),SE);
result4 = imdilate(bwhitmiss(BW,interval4),SE);
                            % 做击中击不中变换进行检测,将检测结果膨胀,便于观察清楚
figure,
subplot(221),imshow(result1),title('检测直角左上角');
subplot(222),imshow(result2),title('检测直角左下角');
subplot(223),imshow(result3),title('检测直角右上角');
subplot(224),imshow(result4),title('检测直角右下角');
```

程序运行结果如图 8-15 所示。从图 8-15(f)和图 8-15(g)的结构元素矩阵可以看到,结构元素矩阵中对应前景目标的点用 1 来表示,对应背景的点用−1 来表示。

图 8-15　击中击不中效果示意

8.2.7　细化

对目标图像进行细化处理,是将图像上的文字、曲线、直线等几何元素的线条沿着其中心轴线将其细化成一个像素宽的线条,获取图像的中央骨架的过程,也可以看成连续剥离目标外围的像素,直到获得单位宽度的中央骨架的过程。

图 8-16(a)中的阴影部分为集合 X,希望能够去除上下两行像素,保留中间一行骨架;图 8-16(b)为

结构元素 S_1，阴影部分"1"对应目标，"-1"对应背景，"×"可以对应目标或背景；图 8-16(c)为击中的情况，从 X 中去除击中的点；用 S_1 细化 X 的输出结果如图 8-16(d)所示。可以看出，若结构元素设计合适，击中时，对应的是目标外围像素，从原集合中去掉这些像素，能实现细化。

骨架一般位于中心轴，细化需要从四周去除像素，因此对图像细化时可选择采用一个分别承担不同作用的细化的结构元素序列，对目标图像进行反复的迭代细化运算，直到迭代收敛为止。

图 8-16 中设计了另一个结构元素 S_2，如图 8-16(e)所示；S_2 击中目标的另一侧，如图 8-16(f)所示；去除所有击中点，细化结果如图 8-16(g)所示，目标保留了骨架，但出现短的与骨架无关的"毛刺"，需要进行裁剪去除。

图 8-16　细化示意图

MATLAB 中提供了 bwmorph 函数，可以实现多种形态学运算，其调用格式如下。

（1）BW2 = bwmorph(BW1，OPERATION)：对二值图像 BW 进行指定的形态学运算，OPERATION 指定形态学运算，如表 8-2 所示，实际上是一个形态学运算通用函数。

（2）BW2＝bwmorph(BW1，OPERATION，N)：对二值图像 BW 进行指定的形态学运算 N 次；N 可以设置为 Inf，表示运算直至图像不再有变化为止。

表 8-2　形态学操作通用函数 bwmorph 参数表

参　　数	描　　述
bothat	从闭运算图像中减去输入图像
branchpoints	寻找骨架的分支点
bridge	连接非连通的像素，如果 0 像素邻域中有两个非 0 像素，则将像素设为 1
clean	除去孤立的像素（被 0 包围的 1）
close	闭运算
open	开运算
diag	使用对角线填充消除背景的 8-连通
endpoints	对骨架化后的图像寻找骨架的终点
fill	填充孤立的内点（被 1 包围的 0）
hbreak	移除 H-连通像素
majority	在 3×3 邻域中如果有 5 个以上的像素为 1，则将像素设为 1；否则设为 0
remove	移除内部像素，如果像素的 4 邻域全是 1，则将像素设为 0

续表

参　数	描　述
shrink	当 n＝Inf 时，收缩无洞的目标到点；收缩到有洞的目标成环状
skel	移除目标边缘的像素，但不能分裂目标
spur	移除"毛刺"像素
thicken	粗化，通过对目标的外围增加像素来加厚目标，但保持欧拉数不变
thin	细化
tophat	Top-hat 变换，从输入图像中减去开运算图像

【例 8-17】　使用 bwmorph 函数对二值图像进行细化。

程序如下：

```
clear,clc,close all;
Image = rgb2gray(imread('E.bmp'));
BW = imbinarize(Image);
result1 = bwmorph(BW,'thin',10);
result2 = bwmorph(BW,'thin',Inf);
subplot(131),imshow(BW),title('二值图像');
subplot(132),imshow(result1),title('细化 10 次');
subplot(133),imshow(result2),title('细化至只有一个像素宽');
```

程序运行结果如图 8-17 所示。

(a) 二值图像　　　　　　(b) 细化10次　　　　　　(c) 细化至只有一个像素宽

图 8-17　二值图像的细化效果

8.3　灰度图像数学形态学处理

灰度形态学运算中的目标是图像函数，输入图像表示为 $f(x,y)$，结构元素表示为 $b(x,y)$，一般认为结构元素是一幅子图像。

8.3.1　膨胀运算和腐蚀运算

1. 膨胀运算

输入图像 $f(x,y)$ 被结构元素 $b(x,y)$ 膨胀定义为

$$(f \oplus b)(x,y) = \max\{f(x-s,y-t) + b(s,t) \mid (x-s,y-t) \in D_f; (s,t) \in D_b\} \quad (8\text{-}14)$$

其中，D_f、D_b 分别为输入图像 $f(x,y)$ 和结构元素 $b(x,y)$ 的定义域。

灰度图像膨胀运算的含义是把图像 $f(x,y)$ 的每一点反向平移 (s,t)，在图像上平移后与 $b(s,t)$ 相加，在 (s,t) 取所有值的结果中求最大。相当于首先对结构元素做关于自己参考点的映射，把映射后的结构元素 $\hat{b}$ 作为模板在图像上移动，模板覆盖区域内，像素值与 $\hat{b}$ 值对应相加，求最大。

与函数的二维卷积运算类似，只是在这里用"相加"代替相乘，用"求最大"代替求和运算。因为进行数值相加并求最大值，膨胀后的灰度图像值应比膨胀前大，即图像变亮。

图 8-18(a)为图像 $f(x,y)$；图 8-18(b)为结构元素 $b(x,y)$；图 8-18(c)为结构元素做关于原点的映射；图 8-18(d)为映射后结构元素 $\hat{b}$ 平移到图像上某一个位置，将 $\hat{b}$ 的值和覆盖范围内的值对应相加求最大，重复这一操作，所得结果如图 8-18(e)所示。

$$\begin{bmatrix} 1 & 2 & 2 & 1 & 1 \\ 1 & 3 & 5 & 4 & 2 \\ 2 & 4 & 3 & 3 & 3 \\ 1 & 2 & 5 & 2 & 1 \\ 3 & 1 & 2 & 1 & 3 \end{bmatrix} \quad \begin{bmatrix} 1 & 1 & 0 \\ 0 & \langle 1 \rangle & 1 \\ 0 & 1 & 0 \end{bmatrix} \quad \begin{bmatrix} 0 & 1 & 0 \\ 1 & \langle 1 \rangle & 0 \\ 0 & 1 & 1 \end{bmatrix} \quad \begin{bmatrix} 1 & 2 & 2 & 1 & 1 \\ 1 & 3 & 5 & 4 & 2 \\ 2 & 4 & 3 & 3 & 3 \\ 1 & 2 & 5 & 2 & 1 \\ 3 & 1 & 2 & 1 & 3 \end{bmatrix}$$

(a) 原图   (b) b (c) $\hat{b}$ (d) 移动

$$\begin{bmatrix} 1 & 2 & 2 & 1 & 1 \\ 1 & 5 & 6 & 6 & 2 \\ 2 & 6 & 6 & 5 & 3 \\ 1 & 5 & 6 & 6 & 1 \\ 3 & 1 & 2 & 1 & 3 \end{bmatrix} \quad \begin{bmatrix} 1 & 2 & 2 & 1 & 1 \\ 1 & 0 & 1 & 0 & 2 \\ 2 & 0 & 2 & 1 & 3 \\ 1 & 0 & 1 & 0 & 1 \\ 3 & 1 & 2 & 1 & 3 \end{bmatrix}$$

(e) 膨胀结果   (f) 腐蚀结果

图 8-18　膨胀腐蚀运算示例

2. 腐蚀运算

输入图像 $f(x,y)$ 被结构元素 $b(x,y)$ 腐蚀定义为

$$(f \ominus b)(x,y) = \min\{f(x+s,y+t) - b(s,t) \mid (x+s,y+t) \in D_f, (s,t) \in D_b\} \quad (8\text{-}15)$$

灰度图像腐蚀的含义是把 $f(x,y)$ 的每一点平移 (s,t)，平移后与 $b(s,t)$ 相减，在 (s,t) 取所有值的结果中求最小。相当于把结构元素 b 作为模板在图像上移动，模板覆盖区域内，像素值与 b 的值对应相减，求最小。与函数的二维卷积运算非常类似，只是在这里用"相减"代替相乘，用"求最小"代替求和运算。

由于进行了数值相减并求最小，腐蚀后的图像会比输入图像暗。

图 8-18(f)是用图 8-18(b)所示结构元素对图 8-18(a)所示图像进行腐蚀运算的结果。

MATLAB 中对灰度图像进行膨胀、腐蚀也是采用 imdilate 和 imerode 函数，另外，ordfilt2 函数也可以用来实现灰度膨胀和腐蚀，其调用格式如下。

（1）B=ordfilt2(A,ORDER,DOMAIN)：根据 DOMAIN 中非零值确定邻域，将其中的像素值升序排序，用第 ORDER 个元素取代中心像素输出。

（2）B=ordfilt2(A,ORDER,DOMAIN,S,PADOPT)：S 指定邻域内像素值的偏移量，也就是灰度膨胀和腐蚀中结构元素的取值。PADOPT 指明边界填塞方法，可取 'zeros'（默认）或 'symmetric'。

【例8-18】 对灰度图像进行膨胀和腐蚀运算。

程序如下：

```
clear,clc,close all;
Image = imread('coins.png');
SE = strel('square',3);
result1 = imdilate(Image,SE);
result2 = imerode(Image,SE);
result3 = ordfilt2(Image,9,true(3));        % 取邻域最大值作为输出
result4 = ordfilt2(Image,1,true(3));        % 取邻域最小值作为输出
subplot(231),imshow(Image),title('原图');
subplot(232),imshow(result1),title('灰度膨胀');
subplot(233),imshow(result2),title('灰度腐蚀');
subplot(235),imshow(result3),title('ordfilt2 实现灰度膨胀');
subplot(236),imshow(result4),title('ordfilt2 实现灰度腐蚀');
```

程序运行结果如图8-19所示。图8-19(a)为原图；图8-19(b)为膨胀后的图像，目标物变亮，由于相邻像素值很接近，存在方块效应，图像有些模糊；图8-19(c)为腐蚀后的图像，目标物变暗，相邻像素值差距减小，图像也有些模糊。

(a) 原图　　　　　　　　(b) 膨胀后的图像　　　　　　　　(c) 腐蚀后的图像

图 8-19　灰度图像的膨胀与腐蚀

8.3.2　开运算和闭运算

灰度图像的开、闭运算与二值图像的开、闭运算一致，分别记为 $f \circ b$ 和 $f \cdot b$，定义为

$$f \circ b = (f \ominus b) \oplus b \qquad f \cdot b = (f \oplus b) \ominus b \tag{8-16}$$

开运算在进行腐蚀运算时，将每个位置图像和结构元素值相减求最小，去除比结构元素小的亮细节及降低图像的亮度，第二步膨胀运算增加了图像整体亮度，因此，开运算能够去除比结构元素小的亮细节；闭运算正好相反，去除比结构元素小的暗细节。因此，开闭运算能够实现对图像的滤波，但关键在于结构元素的尺寸要大于噪声的尺寸，否则不能去除。

若进行先开后闭或先闭后开运算，则可以去掉或减弱图像中的小亮斑和小暗斑，以获得对图像的平滑处理，但是由于细节的丢失，经灰度形态学平滑滤波后的图像会变得模糊。

【例8-19】 对灰度图像进行开、闭及平滑运算。

程序如下：

```
clear,clc,close all;
Image = imread('coins.png');
noiseI = imnoise(Image,'salt & pepper',0.01);
se = strel('disk',2);
```

```
result1 = imclose(noiseI,se);
result2 = imopen(noiseI,se);
result3 = imopen(result1,se);              % 先闭后开运算
result4 = imclose(result2,se);             % 先开后闭运算
subplot(231),imshow(Image),title('原图');
subplot(232),imshow(noiseI),title('椒盐噪声图像');
subplot(233),imshow(result1),title('闭运算');
subplot(234),imshow(result2),title('开运算');
subplot(235),imshow(result3),title('先闭后开');
subplot(236),imshow(result4),title('先开后闭');
```

程序运行结果如图 8-20 所示。经过闭运算去掉了椒噪声；经过开运算去掉了盐噪声；经过先开后闭和先闭后开运算去除了噪声,但图像变得模糊。

(a) 原图　　　　　　　　(b) 椒盐噪声图像　　　　　　(c) 闭运算

(d) 开运算　　　　　　　　(e) 先闭后开　　　　　　　(f) 先开后闭

图 8-20　灰度图像开与闭运算效果

8.3.3　形态学梯度

和二值图像一样,灰度图像也可以计算形态学梯度,如式(8-17)所示。

$$g = (f \oplus b) - (f \ominus b) \tag{8-17}$$

其中,g 表示形态学梯度。

MATLAB 中的 rangefilt 函数能实现形态学梯度运算,其调用格式如下。

J=rangefilt(I,NHOOD)：将 NHOOD 指定邻域范围内的最大值和最小值的差作为中心像素的输出,相当于采用取值全零的结构元素进行形态学梯度运算。NHOOD 的尺寸为奇数,默认为 3×3,中心点为 FLOOR((SIZE(NHOOD)+1)/2)。

【例 8-20】　获取灰度图像的形态学梯度。

程序如下：

```
clear,clc,close all;
```

```
Image = imread('coins.png');
se = strel('disk',2);
result1 = imdilate(Image,se) - imerode(Image,se);
result2 = rangefilt(Image,se.Neighborhood);
subplot(131),imshow(Image),title('原图');
subplot(132),imshow(result1),title('形态学梯度');
subplot(133),imshow(result2),title('rangefilt 获取形态学梯度');
```

程序运行结果如图 8-21 所示。

(a) 原图 (b) 形态学梯度

图 8-21　灰度图像形态学梯度

8.3.4　Top-hat 和 Bottom-hat 变换

Top-hat 变换为原图像与开运算后的图像的差图像,定义为

$$g = f - (f \circ b) \tag{8-18}$$

Bottom-hat 变换为闭运算后的图像与原图像的差图像,定义为

$$g = (f \cdot b) - f \tag{8-19}$$

这两个变换都可以检测到图像中变化较大的地方。开运算的结果是去除亮细节,从原图中去掉无亮细节的图像,Top-hat 变换实现在较暗的背景中求亮的像素聚集体(颗粒)。闭运算的结果是去除暗细节,Bottom-hat 变换实现在较亮的背景中求暗的像素聚集体(颗粒)。

MATLAB 提供了 imtophat 和 imbothat 函数,其调用格式如下。

(1) IM2＝imtophat(IM,SE):对灰度图像或二值图像 IM 进行形态学 Top-hat 变换。

(2) IM2 = imtophat(IM, NHOOD):等价于 IM2 = imtophat(IM, STREL(NHOOD)),NHOOD 是一个由 0 和 1 组成的矩阵指定邻域。

(3) IM2＝imbothat(IM,SE):对灰度图像或二值图像 IM 进行形态学 Bottom-hat 变换。

(4) IM2＝imbothat(IM,NHOOD):等价于 IM2＝imbothat(IM,STREL(NHOOD))。

如果是 3×3 的结构元素,也可以采用 bwmorph 函数实现 Top-hat 变换和 Bottom-hat 变换。

【例 8-21】　对灰度图像进行 Top-hat 变换和 Bottom-hat 变换。

程序如下:

```
clear,clc,close all;
Image1 = rgb2gray(imread('vein.jpg'));
Image2 = rgb2gray(imread('clock.jpg'));
se = strel('disk',3);
result1 = imtophat(Image1,se);
```

```
result2 = imbothat(Image2,se);
subplot(221),imshow(Image1),title('暗背景亮细节');
subplot(222),imshow(result1),title('Top - hat 变换');
subplot(223),imshow(Image2),title('亮背景暗细节');
subplot(224),imshow(result2),title('Bottom - hat 变换');
```

程序运行结果如图 8-22 所示。

(a) 暗背景亮细节   (b) Top-hat变换   (c) 亮背景暗细节   (d) Bottom-hat变换

图 8-22　Top-hat 变换和 Bottom-hat 变换

8.3.5　灰度形态学重建

同二值图像一样,灰度图像也可以进行形态学重建,在此基础上构成多种形态处理算法。

1. 形态学重建

假设标记图像为 f,结构元素为 b,模板图像为 I,f 中各点的值均小于或等于 I 中对应点的值,f 相对于 I 的测地膨胀定义为

$$g = \min(f \oplus b, I) \tag{8-20}$$

其中,$\min(\cdot)$ 表示对 $f \oplus b$ 和 I 逐点求最小。将测地膨胀重复进行至稳定态称为灰度膨胀形态学重建。

f 相对于 I 的测地腐蚀定义为

$$g = \max(f \ominus b, I) \tag{8-21}$$

其中,$\max(\cdot)$ 表示对 $f \ominus b$ 和 I 逐点求最大。将测地腐蚀重复进行至稳定态称为灰度腐蚀形态学重建。

2. 区域填充

灰度图像中的洞定义为被浅色像素包围的深色像素区,在灰度形态学重建的基础上,可以实现洞的填充。给定一幅灰度图像 f,将 f 的反色图像作为模板图像;取图像外围边界点作为初始标记图像中的前景点,进行膨胀形态学重建,由于每次迭代都要将膨胀结果和模板图像逐点求最小,可以将洞外部填充为低灰度值,对填充结果取反,实现洞内部填充。

【例 8-22】 采用形态学重建对灰度图像进行区域填充。

程序如下:

```
clear,clc,close all;
Image = im2double(imread('tire.tif'));
result1 = imfill(Image);
```

```
[h,w] = size(Image);
mask = 1 - Image;                              % 将原图的反色图像作为模板图像
marker = ones(h,w);
marker(2:h-1,2:w-1) = 0;                        % 标记图像外围一圈像素为1,其他为0
result2 = 1 - imreconstruct(marker,mask,4);
subplot(131),imshow(Image),title('原图');
subplot(132),imshow(result1),title('imfill 填充');
subplot(133),imshow(result2),title('区域填充');
```

程序运行结果如图 8-23 所示。

(a) 原图　　　　　　　　(b) imfill 填充　　　　　　　　(c) 区域填充

图 8-23　灰度图像区域填充

3. 边界目标提取与清除

取原图为模板图像,取图像外围边界点作为初始标记图像中的前景点,进行形态学重建,将获取边界目标;用原图减去边界目标,可实现边界目标的清除。

【例 8-23】　利用形态学重建实现边界目标提取与清除。

程序如下:

```
clear,clc,close all;
Image = im2double(imread('rice.png'));
[h,w] = size(Image);
mask = Image;                                   % 原图作为模板图像
marker = ones(h,w);
marker(2:h-1,2:w-1) = 0;                        % 标记图像外围一圈像素为1,其他为0
result1 = imreconstruct(marker,mask);           % 获取边界目标
result2 = Image - result1;                      % 清除边界目标
subplot(121),imshow(result1),title('边界目标提取');
subplot(122),imshow(result2),title('边界目标清除');
```

程序运行结果如图 8-24 所示,也可以直接采用 imkeepborder 和 imclearborder 函数实现。

(a) 原图　　　　　　　　(b) 边界目标提取　　　　　　　　(c) 边界目标清除

图 8-24　灰度图像边界目标提取与清除

4. 极值变换

区域极大值是具有恒定强度值并且其外部边界像素都具有较低值的像素的连接分量；而区域极小值是具有恒定强度值并且其外部边界像素都具有较高值的像素的连接分量。极值变换用于对区域极值进行调整。

设标记图像为 $f-H$，H 指区域极大值高度（即极大值和周围值的落差），取模板图像为 f，进行膨胀形态学重建，则可实现 H 极大值变换。由于每次迭代都要将膨胀结果和模板图像逐点求最小，则可将高度大于或等于 H 的极大值设置为 $f-H$，高度小于 H 的极大值调整为周围的低值。H 取值应小于图像中最大值和最小值的差，否则输出图像中所有值为 $\max(f)-H$。

另有扩展极大值变换，将高度大于或等于 H 的极大值设置为 1，高度小于 H 的极大值设置为 0。

设标记图像为 $f+H$，H 指区域极小值深度（即极小值和周围值的落差），取模板图像为 f，进行腐蚀形态学重建，则可实现 H 极小值变换。由于每次迭代都要将腐蚀结果和模板图像逐点求最大，则可将深度大于或等于 H 的极小值设置为 $f+H$，深度小于 H 的极小值调整为周围的高值。H 取值应小于图像中最大值和最小值的差，否则输出图像中所有值为 $\min(f)+H$。可以将图像取反为 f'，对 f' 进行 H 极大值变换，再将结果取反得 H 极小值变换。

另有扩展极小值变换，将深度大于或等于 H 的极小值设置为 1，深度小于 H 的极小值设置为 0。

MATLAB 中采用 imhmax 和 imhmin 函数实现 H 极值变换，采用 imextendedmax 和 imextendedmin 函数实现扩展极值变换。

(1) I2=imhmax(I,H,CONN) 和 I2=imhmin(I,H,CONN)：H 极值变换，CONN 指定连通性，二维图像默认为 8。

(2) BW=imextendedmin(I,H,conn) 和 BW=imextendedmax(I,H,conn)：扩展极值变换。

【例 8-24】 实现 H 极值变换。

程序如下：

```
clear,clc,close all;
f1 = uint8(ones(7,7) * 3);
f1(2:3,2:3) = 5;          f1(5:6,5:6) = 9          %存在两个区域极大值
h = 3;              marker = f1 - h;         mask = f1;        %参数设置
result1 = imreconstruct(marker,mask);                %H极大值变换
result2 = imhmax(f1,h);
BW1 = imextendedmax(f1,h);                           %扩展极大值变换
f2 = uint8(ones(7,7) * 10);
f2(2:3,2:3) = 8;          f2(5:6,5:6) = 2;           %存在两个区域极小值
f3 = 255 - f2;
result3 = 255 - imhmax(f3,h);                        %H极小值变换
result4 = imhmin(f2,h);
BW2 = imextendedmin(f2,h);                           %扩展极小值变换
```

程序运行结果如图 8-25 所示。对图 8-25(a)进行 $H=3$ 的极大值变换如图 8-25(b)所示。对图 8-25(d)进行 $H=3$ 的极小值变换如图 8-25(e)所示。

$$\begin{bmatrix} 3 & 3 & 3 & 3 & 3 & 3 & 3 \\ 3 & 5 & 5 & 3 & 3 & 3 & 3 \\ 3 & 5 & 5 & 3 & 3 & 3 & 3 \\ 3 & 3 & 3 & 3 & 3 & 3 & 3 \\ 3 & 3 & 3 & 3 & 9 & 9 & 3 \\ 3 & 3 & 3 & 3 & 9 & 9 & 3 \\ 3 & 3 & 3 & 3 & 3 & 3 & 3 \end{bmatrix} \quad \begin{bmatrix} 3 & 3 & 3 & 3 & 3 & 3 & 3 \\ 3 & 3 & 3 & 3 & 3 & 3 & 3 \\ 3 & 3 & 3 & 3 & 3 & 3 & 3 \\ 3 & 3 & 3 & 3 & 3 & 3 & 3 \\ 3 & 3 & 3 & 3 & 6 & 6 & 3 \\ 3 & 3 & 3 & 3 & 6 & 6 & 3 \\ 3 & 3 & 3 & 3 & 3 & 3 & 3 \end{bmatrix} \quad \begin{bmatrix} 0 & 0 & 0 & 0 & 0 & 0 & 0 \\ 0 & 0 & 0 & 0 & 0 & 0 & 0 \\ 0 & 0 & 0 & 0 & 0 & 0 & 0 \\ 0 & 0 & 0 & 0 & 0 & 0 & 0 \\ 0 & 0 & 0 & 0 & 1 & 1 & 0 \\ 0 & 0 & 0 & 0 & 1 & 1 & 0 \\ 0 & 0 & 0 & 0 & 0 & 0 & 0 \end{bmatrix}$$

(a) f1   (b) H极大值变换   (c) 扩展极大值变换

$$\begin{bmatrix} 10 & 10 & 10 & 10 & 10 & 10 & 10 \\ 10 & 8 & 8 & 10 & 10 & 10 & 10 \\ 10 & 8 & 8 & 10 & 10 & 10 & 10 \\ 10 & 10 & 10 & 10 & 10 & 10 & 10 \\ 10 & 10 & 10 & 10 & 2 & 2 & 10 \\ 10 & 10 & 10 & 10 & 2 & 2 & 10 \\ 10 & 10 & 10 & 10 & 10 & 10 & 10 \end{bmatrix} \quad \begin{bmatrix} 10 & 10 & 10 & 10 & 10 & 10 & 10 \\ 10 & 10 & 10 & 10 & 10 & 10 & 10 \\ 10 & 10 & 10 & 10 & 10 & 10 & 10 \\ 10 & 10 & 10 & 10 & 10 & 10 & 10 \\ 10 & 10 & 10 & 10 & 5 & 5 & 10 \\ 10 & 10 & 10 & 10 & 5 & 5 & 10 \\ 10 & 10 & 10 & 10 & 10 & 10 & 10 \end{bmatrix} \quad \begin{bmatrix} 0 & 0 & 0 & 0 & 0 & 0 & 0 \\ 0 & 0 & 0 & 0 & 0 & 0 & 0 \\ 0 & 0 & 0 & 0 & 0 & 0 & 0 \\ 0 & 0 & 0 & 0 & 0 & 0 & 0 \\ 0 & 0 & 0 & 0 & 1 & 1 & 0 \\ 0 & 0 & 0 & 0 & 1 & 1 & 0 \\ 0 & 0 & 0 & 0 & 0 & 0 & 0 \end{bmatrix}$$

(d) f2   (e) H极小值变换   (f) 扩展极小值变换

图 8-25　极值变换

8.4　实例

【例 8-25】　基于数学形态学算法实现前景和背景灰度较单一的图像中目标的提取。

设计思路：

由于要求的图像前景和背景灰度较单一，因此可以检测目标的边缘，如果能得到闭合边缘，可以通过填充的方法，实现目标提取。

程序如下：

```
clear,clc,close all;
Image = imread('shape.png');
se = strel('disk',2);
edgeI = imdilate(Image,se) – imerode(Image,se);       % 形态学梯度
enedgeI = imadjust(edgeI);                            % 对比度增强
BW = zeros(size(Image));
BW(edgeI > 20) = 1;                                   % 边界图像二值化
BW1 = imclose(BW,se);                                 % 闭运算闭合边界
BW2 = imfill(BW1,'holes');                            % 区域填充
subplot(131),imshow(Image),title('原图');
subplot(132),imshow(edgeI),title('形态梯度图像');
subplot(133),imshow(BW2),title('提取的目标');
```

程序运行结果如图 8-26 所示。

效果分析：

（1）程序设计方案比较简单，仅适用于背景和前景灰度比较单一的图像；

（2）提取目标的效果依赖于边缘图像的二值化后能否获得封闭的轮廓，提取效果受二值化的阈值限制；

（3）图像形态学处理算法依赖于结构元素的选择，但在对图像没有先验知识的情况下，结构元素的形状和尺寸选择有很大的随意性。例如，拟采用闭运算闭合轮廓缺口，若结构元素尺寸小，则未必能够实现，在实际应用中需要注意。

(a) 原图   (b) 形态学梯度   (c) 对比度增强

(d) 边界图像二值化   (e) 填充提取目标

图 8-26 形态学提取目标效果

本章小结

本章主要介绍了图像数学形态学处理算法,包括数学形态学的基本概念、二值图像和灰度图像数学形态学处理中的多种算法,并介绍了各种算法的 MATLAB 实现。图像数学形态学处理是图像处理中常用的处理方法,应熟悉其基本原理、变换特点、常用函数及处理效果,以便灵活应用。

第 三 篇
MATLAB图像分析

图像分割(Image Segmentation)是指把一幅图像分成不同的具有特定性质区域的图像处理技术,将这些区域分离提取出来,以便进一步提取特征和理解,是由图像处理到图像分析的关键步骤。由于图像分割技术的重要性,一直是图像处理领域的研究重点。目前已有形形色色的分割算法,本章讲解常用的图像分割技术,包括阈值分割方法、区域分割方法、聚类分割、分水岭分割、形变模型分割、图割分割等。

9.1 阈值分割

阈值分割是根据像素特征值的分布特性确定某个阈值进行图像分割的一类方法,以最常见的基于灰度的阈值分割为例进行学习,基于其他特征值进行分割的思路类似。

设原灰度图像为 $f(x,y)$,通过某种准则选择一个灰度值 T 作为阈值,比较各像素值与 T 的大小关系:像素值大于或等于 T 的像素为一类,变更其像素值为 1;像素值小于 T 的像素为另一类,变更其像素值为 0,从而把灰度图像变成一幅二值图像 $g(x,y)$,也称为图像的二值化,如式(9-1)所示。

$$g(x,y) = \begin{cases} 1, & f(x,y) \geqslant T \\ 0, & f(x,y) < T \end{cases} \tag{9-1}$$

由以上描述可知,阈值 T 的选取直接决定了分割效果的好坏,所以,阈值分割方法的重点在于阈值的选择。阈值的确定可以根据整幅图像决定,也可以由局部邻域决定,无论是全局还是局部,都可以采用相似的思路确定阈值。

9.1.1 基于灰度直方图的阈值选择

若图像的灰度直方图为双峰分布,如图 9-1(a)所示,表明图像的内容大致为两部分,其灰度分别为灰度分布的两个山峰附近对应的值。选择阈值为两峰间的谷底点对应的灰度值,把图像分割成两部分。这种方法可以保证错分概率最小。

同理,若直方图呈现多峰分布,可以选择多个阈值,把图像分成不同的区域。如图 9-1(b)所示,选择两个波谷对应灰度作为阈值 T_1、T_2,可以把原图分成 3 个

(a) 双峰直方图及阈值选择   (b) 多峰直方图及阈值选择

图 9-1　基于灰度直方图的阈值选择

区域,或者分为两个区域,灰度值介于小阈值和大阈值之间的像素作为一类,其余的作为另外一类。

这种方法比较适用于图像中前景物体与背景灰度差别明显,且各占一定比例的情形,是一种特殊的方法。若整幅图像的整体直方图不具有双峰或多峰特性,可以考虑在局部范围内应用此方法。

9.1.2　最大类间方差法

最大类间方差法也称为 OTSU 算法,采用模式分类的思路,认为像素值(通常是灰度,也可以是计算出来的某个特征值)为待分类的数据,使类内方差最小或类间方差最大的值为最佳阈值。

设图像分辨率为 $M \times N$,图像中各级灰度出现的概率为

$$p_i = \frac{n_i}{M \times N}, \quad i = 0, 1, 2, \cdots, L-1 \tag{9-2}$$

其中,L 为图像中的灰度总级数;n_i 为各级灰度出现的次数。

按照某一个阈值 T 把所有的像素分为两类,设低灰度为目标区域,高灰度为背景区域,两类的像素在图像中的分布概率为

$$p_O = \sum_{i=0}^{T} p_i, \quad p_B = \sum_{i=T+1}^{L-1} p_i \tag{9-3}$$

两类像素值均值为

$$\mu_O = \frac{1}{p_O} \sum_{i=0}^{T} i \times p_i, \quad \mu_B = \frac{1}{p_B} \sum_{i=T+1}^{L-1} i \times p_i \tag{9-4}$$

总体灰度均值为

$$\mu = p_O \times \mu_O + p_B \times \mu_B \tag{9-5}$$

两类方差为

$$\sigma_O^2 = \frac{1}{p_O} \sum_{i=0}^{T} p_i (i - \mu_O)^2, \quad \sigma_B^2 = \frac{1}{p_B} \sum_{i=T+1}^{L-1} p_i (i - \mu_B)^2 \tag{9-6}$$

总类内方差为

$$\sigma_{in}^2 = p_O \cdot \sigma_O^2 + p_B \cdot \sigma_B^2 \tag{9-7}$$

两类类间方差为

$$\sigma_b^2 = p_O \times (\mu_O - \mu)^2 + p_B \times (\mu_B - \mu)^2 \tag{9-8}$$

使得类内方差最小或类间方差最大,或者类内和类间方差比值最小的阈值 T 为最佳阈值。

MATLAB 提供了采用 OTSU 算法获取阈值的函数,列举如下。

(1) otsuthresh 函数:根据直方图使用 OTSU 算法获取阈值。

① T＝otsuthresh(COUNTS):对直方图 COUNTS 使用类内方差最小计算阈值 T。阈值 T 归

一化到$[0,1]$。

②　$[T,EM]=$ otsuthresh(COUNTS)：同时返回使用 T 阈值分割的有效性度量值 EM，在$[0,1]$。

（2）graythresh 函数：使用 OTSU 算法获取图像的全局阈值。

①　LEVEL$=$graythresh(I)：对灰度图像 I 使用 OTSU 算法计算归一化阈值 LEVEL。

②　$[LEVEL,EM]=$graythresh(I)：同时返回使用 T 阈值分割的有效性度量值 EM，在$[0,1]$。

【例 9-1】 使用 OTSU 算法分割图像。

程序如下：

```
clear,clc,close all;
Image = im2double(rgb2gray(imread('lotus.jpg')));    % 读取图像，灰度化，归一化
hist = imhist(Image);                                 % 统计直方图
thresh1 = otsuthresh(hist);                           % 根据直方图获取阈值
thresh2 = graythresh(Image);                          % 根据图像获取阈值
BW = zeros(size(Image));
BW(Image >= thresh1) = 1;                             % 阈值分割
subplot(121),imshow(Image),title('原图');
subplot(122),imshow(BW),title('分割结果');
figure,imhist(Image),title('灰度直方图');
hold on
stem([thresh1,thresh1],[0,hist(floor(thresh1 * 256))],'Linewidth',2);
hold off                                              % 在灰度直方图中标记阈值所在位置
```

程序运行结果如图 9-2 所示。从工作区可以看到，otsuthresh 和 graythresh 两个函数获取的阈值相同。

(a) 原图　　　　　　　　　　(b) 分割结果　　　　　　　　　(c) 灰度直方图

图 9-2　OTSU 阈值分割

9.1.3　自适应阈值法

由于照明、设备或其他因素的影响，图像中可能存在物体和背景的灰度变化，使用变化的阈值进行分割，可能会产生较好的分割效果，这类方法称为自适应阈值（Adaptive Thresholding）法，对应的局部阈值与位置相关，由局部特征确定。

为获取自适应阈值，可以将图像划分为子图像，采用全局阈值法在每个子图像中独立地确定一个阈值，如果某些子图像不能确定阈值，可以根据其相邻子图像插值得到。每个子图像依据局部阈值进行分割。也可以采用特定的方法对每个位置计算阈值。

下面介绍一种典型的自适应阈值确定方法。

（1）确定参数，含像素周围邻域大小 n、百分比 $t\%$。较大的 t 将导致更多的像素置为前景。

（2）扫描图像，计算像素周围邻域内的均值（也可以用中值或者加权均值等代替）。

（3）比较像素值和其邻域均值。如果像素值小于或等于均值的$(100-t)\%$，则将其设置为黑色，否则将其设置为白色。

所有像素处理完，实现图像的阈值分割。

MATLAB中adaptthresh函数可以根据邻域内统计量获取自适应阈值。当采用otsuthresh、graythresh和adaptthresh函数获取阈值后，可以用imbinarize函数实现图像阈值分割。

（1）adaptthresh函数：获取自适应阈值。

① T＝adaptthresh(I)：计算局部自适应阈值，返回T是一个和I同等大小的矩阵，取值为[0,1]。

② T＝adaptthresh(I,SENSITIVITY)：指定灵敏度因子计算局部自适应阈值。SENSITIVITY取值在[0,1]之间，取值大表明将更多的像素作为前景，默认为0.5。

③ T＝adaptthresh(…,PARAM1,VAL1,PARAM2,VAL2,…)：指定参数计算阈值，参数如表9-1所示。

表 9-1　adaptthresh 函数参数

参　　数	含　　义
NeighborhoodSize	指定邻域大小，默认值为$2\times floor(size(I)/16)+1$，可以用二维向量表示
ForegroundPolarity	指明前景和背景的相对亮度，取'bright'表明前景比背景亮（默认），取'dark'表明前景较暗
Statistic	指定邻域内统计量，可取'mean'（默认）、'median'、'gaussian'（高斯加权均值）

（2）imbinarize函数：使用阈值法二值化灰度图像。

① BW＝imbinarize(I)：使用OTSU算法计算全局阈值二值化图像I。

② BW＝imbinarize(I,METHOD)：采用METHOD指定的方法获取阈值，以实现灰度图像I的二值化。METHOD可选'global'和'adaptive'，前者指全局OTSU算法，后者采用局部自适应阈值方法。

③ BW＝imbinarize(I,'adaptive',PARAM1,VAL1,PARAM2,VAL2,…)：指定参数实现局部自适应阈值化。参数有'Sensitivity'、'ForegroundPolarity'，分别与adaptthresh函数中参数SENSITIVITY、ForegroundPolarity的含义相同。

④ BW＝imbinarize(I,T)：指定阈值T实现二值化图像I。T可以是全局阈值，取值在0和1之间；T也可以是和I同等大小的矩阵，指定每个像素对应的阈值；T可以使用graythresh、otsuthresh和adaptthresh函数计算。

【例9-2】　实现自适应阈值分割。

程序如下：

```
clear,clc,close all;
Image = rgb2gray(imread('lotus.jpg'));
subplot(131),imshow(Image),title('原图');
T = adaptthresh(Image,0.3,'NeighborhoodSize',2 * floor(size(Image)/10) + 1, …
                    'Statistic','gaussian');     % 获取所有像素的自适应阈值
   % 0.3是敏感度参数，即t%;设白色为前景;邻域大小约为原图的1/5;采用了高斯加权均值
subplot(132),imshow(T),title('阈值图像');
result = imbinarize(Image,T);
subplot(133),imshow(result),title('分割结果图');
```

程序运行结果如图9-3所示。

(a) 原图　　　　　　　　　(b) 阈值图像　　　　　　　　(c) 分割结果图

图 9-3　自适应阈值分割

9.1.4　多阈值分割

如果设置多个灰度阈值,则可将图像的灰度级范围分为多个区间,实现多区域分割。例如,设定两个阈值 T_1 和 T_2,满足 $T_1 < T_2$,如果 $T_1 < f(x,y) < T_2$,将 (x,y) 设为前景点,称为内阈值化;如果 $f(x,y) < T_1$ 或者 $f(x,y) > T_2$,将 (x,y) 设为前景点,称为外阈值化;也可以根据阈值三分灰度区间: $[0, T_1], (T_1, T_2), [T_2, 1]$,将图像分割为 3 个区域。

MATLAB 中 multithresh 和 imquantize 函数结合使用可以实现图像多阈值分割。

(1) multithresh 函数:使用 OTSU 算法获取多级图像阈值。

① THRESH＝multithresh(A):对图像 A 计算单一阈值 THRESH,用于 imquantize 函数二值化图像。

② THRESH＝multithresh(A,N):对图像 A 计算 N 个阈值,THRESH 是一个 $1 \times N$ 的向量,N 的最大值是 20。

③ [THRESH,METRIC]＝multithresh(A,…):同时返回 $[0,1]$ 的有效性度量值 METRIC。

(2) imquantize 函数:使用指定的量化级别量化图像。

① QUANT_A＝imquantize(A,LEVELS):使用 $1 \times N$ 的向量 LEVELS 指定的量化级别转换图像 A 为具有 N+1 个离散级别的图像 QUANT_A。LEVELS 内的元素值顺序递增,将整个取值范围分为 N+1 段,依据 A 中像素值所处范围设定 QUANT_A 中的值为 $[1, N+1]$ 中的整数,即段数。

② QUANT_A＝imquantize(A,LEVELS,VALUES):LEVELS 指定量化段,VALUES 指定量化值,实现图像 A 的量化输出。

③ [QUANT_A,INDEX]＝imquantize(A,LEVELS,VALUES):INDEX 为量化段索引值,量化输出 QUANT_A＝VALUES(INDEX)。

在单阈值分割中,分割的结果以二值图像形式展示,而多阈值分割将图像分为多个区域,通常各区域用正整数顺次标记,称为标记矩阵,如 imquantize 函数的输出 QUANT_A。多个区域可以采用不同的方式展示。

(1) B＝imoverlay(A,BW,COLOR):将图像 A 中对应二值模板 BW 中前景的像素置为 COLOR 指定的颜色。COLOR 可以指定为 RGB 三元组、颜色名称或缩写,如'red'、'r'或[1 0 0],默认为'yellow'。

(2) labeloverlay 函数:在二维图像上叠加标记矩阵区域。

① B＝labeloverlay(A,L):在图像 A 中对应标记矩阵 L 中不同区域填充不同颜色。

② B＝labeloverlay(A,BW):在图像 A 中对应二值模板 BW 中前景的像素填充颜色。

labeloverlay 函数还有一些参数,如表 9-2 所示。

表 9-2　labeloverlay 函数参数

参　　数	含　　义
Colormap	矩阵,每行是 RGB 三元组,指定一个标签对应的颜色;或者是 MATLAB 中颜色映射表表示方式,默认为'jet'
IncludedLabels	指定哪些标签区域用伪彩色表示,默认为 1:max(L(:))
Transparency	指定透明度,取值在[0,1]之间,1 表示完全透明,默认为 0.5

(3) boundarymask 函数:获取分割区域的边界。

① MASK=boundarymask(L,CONN):根据标签矩阵 L 获取各区域的二值边缘图像 MASK,CONN 为连通方式,默认为 8。

② MASK=boundarymask(BW,CONN):根据二值图像获取区域二值边界图像 MASK。

【例 9-3】　将图像分割为多个区域。

程序如下:

```
clear,clc,close all;
Image = rgb2gray(imread('lotus.jpg'));
thresh1 = multithresh(Image,2);                    % 获取两个阈值
seg_I = imquantize(Image,thresh1);
result = labeloverlay(Image,seg_I);                % 将标记矩阵叠加到图像上
subplot(221),imshow(Image),title('原图');
subplot(222),imshow(result),title('3 个量化区间');
thresh2 = multithresh(Image,7);                    % 获取 7 个阈值
valuesMax = [thresh2 max(Image(:))];
[result_max, index] = imquantize(Image, thresh2, valuesMax);
valuesMin = [min(Image(:)) thresh2];
result_min = valuesMin(index);
subplot(223),imshow(result_max),title('8 个量化区间量化值为区间最大值');
subplot(224),imshow(result_min),title('8 个量化区间量化值为区间最小值');
```

程序运行结果如图 9-4 所示。

(a) 原图　　　　　　　　　　　(b) 3个量化区间

(c) 8个量化区间量化值为区间最大值　　　(d) 8个量化区间量化值为区间最小值

图 9-4　使用 OTSU 算法将图像分割为多个区间

9.2 区域分割

一般认为,同一个区域内的像素具有某种相似性,如灰度、颜色、纹理等,区域分割即是根据特定区域与其他背景区域特性上的不同进行图像分割的技术,代表性的算法有区域生长、区域分裂、区域合并等,本节主要介绍区域生长的方法。

9.2.1 区域生长

区域生长是指从图像某个位置(种子)开始,判断种子像素周围邻域是否有与种子像素相似的像素,若有,则将新的像素包含在区域内,并作为新的种子继续生长,直到被比较的像素与区域像素具有显著差异为止。

在区域生长时,需要考虑像素间的位置关系。如果只取像素的上下左右 4 个邻点作为相连的邻域点,称为 4 邻接。如果取像素周围的 8 个邻点作为相连的邻域点,称为 8 邻接。

MATLAB 中使用 grayconnected 函数对灰度图像进行区域生长,获取灰度相似的连通区域,调用格式如下。

BW=grayconnected(I,ROW,COLUMN,TOLERANCE):在灰度图像 I 中,从 ROW 和 COLUMN 指定的位置开始,在 8 邻接方向上判断,邻接像素和种子像素灰度差值小于或等于 TOLERANCE 时被包含在区域内。生长的区域表示为二值图像 BW 中的前景部分。对于整型图像数据,TOLERANCE 默认为 32;对于浮点型数据,TOLERANCE 默认为 0.1。

【例 9-4】 利用区域生长对图像进行分割。

程序如下:

```
clear,clc,close all;
Image = rgb2gray(imread('lotus.jpg'));
result1 = grayconnected(Image,100,100,80);      % 从种子(100,100)开始生长,容差为 80
result2 = labeloverlay(Image,result1);          % 将标记矩阵叠加到图像上,标记区域
subplot(131),imshow(Image),title('原图');
subplot(132),imshow(result1),title('分割结果');
subplot(133),imshow(result2),title('区域标记');
```

程序运行结果如图 9-5 所示。

(a) 原图   (b) 分割结果   (c) 区域标记

图 9-5 区域生长

9.2.2　连通成分标记

　　如果在一个像素序列$(x_0,y_0),(x_1,y_1),\cdots,(x_n,y_n)$中，每个像素值相等或在某个范围内，都属于前景，并且(x_i,y_i)、(x_{i+1},y_{i+1})两像素互为邻点，则称(x_0,y_0)和(x_n,y_n)是连通的。若一个像素集合内的像素都是连通的，则称该集合为一个连通成分。

　　找到图像中的所有连通成分，并对同一连通成分中的所有点分配同一标记（常用正整数），称为连通成分标记。

　　连通成分标记有不同的方法，最基本的思路就是区域生长，从一个前景点出发，不断判断周围邻点是否可以加入区域，进而实现标记。还可以采用逐行标记算法，需要扫描图像两次，第一次扫描时，根据像素的上邻点对当前点赋予一个临时标记，如果该标记和左邻点的标记不一致，把两个标记记为等价类；第二次扫描图像时用等价类的标记代替每个临时标记。

　　MATLAB 中使用 bwlabel 函数实现连通成分标记，相关函数调用如下。

　　(1) bwlabel 函数：标记二维二值图像中的连通成分。

　　① L＝bwlabel(BW,N)：标记二值图像 BW 中的连通成分，返回与 BW 大小相等的矩阵 L。N 可以取 4 或者 8，代表 4 连通和 8 连通，默认为 8。在 L 中 0 代表背景，其余区域从 1 开始用正整数标记。

　　② [L,NUM]＝bwlabel(BW,N)：返回标记矩阵 L 的同时，返回 BW 中连通目标数目 NUM。

　　(2) bwlabeln 函数：标记任意维二值图像中的连通成分。

　　① L＝bwlabeln(BW)：BW 可以是任意维，返回和 BW 同等大小的 L。二维图像，默认连通方式为 8；三维图像为 26；更高维图像为 conndef(ndims(BW),'maximal')。

　　② [L,NUM]＝bwlabeln(BW)：返回标记矩阵 L 的同时返回 BW 中连通目标数。

　　③ [L,NUM]＝bwlabeln(BW,CONN)：指定连通方式进行标记，对于二维图像，CONN 可以取 4 和 8；三维图像，CONN 可以取 6、18 和 26。

　　(3) CC＝bwconncomp(BW)：获取二值图像中的连通成分结构体 CC，有 4 个属性：Connectivity、ImageSize、NumObjects、PixelIdxList，分别是连通区域的连通性、BW 的尺寸、BW 中连通成分的数目、表示 k 个目标标记的元胞数组。

　　(4) L＝labelmatrix(CC)：根据连通成分结构体 CC 创建标记矩阵。

　　(5) label2rgb 函数：将标记矩阵转换为 RGB 彩色图像。

　　① RGB＝label2rgb(L,MAP)：根据定义的颜色映射表转换 L 为 RGB。MAP 可以是 n×3 的颜色映射表矩阵，或者表示特定映射函数的字符串，如'jet'、'gray'，或者颜色映射函数句柄，如@jet、@gray；默认使用'jet'。

　　② RGB＝label2rgb(L,MAP,ZEROCOLOR)：定义 L 中标记为 0 的 RGB 颜色，ZEROCOLOR 可以是 RGB 三维向量，或者'y'、'm'、'c'、'r'、'g'、'b'、'w'、'k'，默认使用[1 1 1]。

　　③ RGB＝label2rgb(L,MAP,ZEROCOLOR,ORDER)：ORDER 取 'noshuffle'（默认），颜色按照标记矩阵中的编号顺序赋给各区域；取'shuffle'，随机赋值。

　　(6) bwselect 函数：根据指定的像素坐标从二值图像中选择目标。

　　① BW2＝bwselect(BW1,C,R,N)：参数 R 和 C 指定像素的坐标，可以是单个数或相等长度的向量，返回这些像素所在的目标区域；N 指定连通性，默认为 8。

　　② BW2＝bwselect(BW1,N)：显示 BW1 图像，交互式选择像素，进而提取目标。

【例 9-5】 对二值图像进行连通成分标记。

程序如下：

```
clear,clc,close all;
BW = imread('text.png');
CC = bwconncomp(BW);
L = labelmatrix(CC);
L2 = bwlabel(BW);
whos L L2
result1 = label2rgb(L);
result2 = label2rgb(L2);
subplot(131),imshow(BW),title('原二值图像');
subplot(132),imshow(result1),title('使用 labelmatrix 标记');
subplot(133),imshow(result2),title('使用 bwlabel 标记');
```

程序运行结果如图 9-6 所示。

(a) 原二值图像　　　　(b) 使用labelmatrix标记　　　　(c) 使用bwlabel标记

图 9-6　连通成分标记

9.3　聚类分割

聚类是对特征空间中数据进行分类的方法,取"物以类聚"的思想,把某些向量聚集为一组,每组具有相似的值。基于聚类的图像分割是把图像分割看作对像素进行分类的问题,把像素表示成特征空间的点,采用聚类算法把这些点划分为不同类别,对应原图则是实现对像素的分组,分组后利用"连通成分标记"找到连通区域。但有时也会产生在图像空间不连通的分割区域,主要是由于在分割的过程中没有利用像素在图像中的空间分布信息。

基于聚类实现图像分割有以下两个需要关注的问题。

(1) 如何把像素表示成特征空间中的点。通常情况下,用向量来代表一些像素或像素周围邻域,向量的元素可以包括灰度值、RGB 值及由此推出的颜色特征、计算得到的特征、纹理度量值等与像素相关的特征,同样根据图像的具体情况,判断待分割区域的共性来设计。

(2) 聚类算法。聚类算法有很多,可以根据需要选择合适的方法,本节主要介绍 K 均值聚类和高斯混合聚类分割。

9.3.1　K 均值聚类

K 均值聚类通过迭代把特征空间分成 K 个聚集区域。设像素特征为 $\boldsymbol{x} = (x_1, x_2, \cdots, x_n)^{\mathrm{T}}$,

μ_i 为 $\omega_i (i=1,2,\cdots,K)$ 类的均值,首先确定 K 个初始聚类中心,然后根据各类样本到聚类中心的距离平方和最小的准则,不断调整聚类中心,直到聚类合理。

K 均值聚类步骤如下。

(1) 令迭代次数为1,任选 K 个初始聚类中心:$\mu_1(1),\mu_2(1),\cdots,\mu_K(1)$。

(2) 逐个将每一特征点 x 按最小距离原则分配给 K 个聚类中心,即

若 $\| x-\mu_j(m) \| < \| x-\mu_i(m) \|$, $i=1,2,\cdots,K, i \neq j$,则 $x \in \omega_j(m)$

$\omega_j(m)$ 为第 m 次迭代时,聚类中心为 $\mu_j(m)$ 的聚类域。

(3) 计算新的聚类中心:

$$\mu_i(m+1)=\frac{1}{N_i}\sum_{x \in \omega_i(m)} x, \quad i=1,2,\cdots,K \tag{9-9}$$

(4) 判断算法是否收敛:

若 $\mu_i(m+1)=\mu_i(m), i=1,2,\cdots,K$,则算法收敛;否则,转到第(2)步,进行下一次迭代。

关于 K 的确定,在实际中常根据具体情况或采用试探法来确定。

MATLAB 提供了 kmeans 函数来实现 K 均值聚类,其调用格式如下。

(1) [IDX,C]=kmeans(X,K)。

(2) [IDX,C,SUMD,D]=kmeans(X,K)。

(3) [$\cdots$]=kmeans($\cdots$,'PARAM1',val1,'PARAM2',val2,$\cdots$)。

参数含义:

X 是 N×n 的矩阵,每一行对应一个点,每点为 n 维;K 为要聚成的类别数;IDX 是 N×1 的向量,其元素为每个点所属类的类序号;C 是 K 类的聚类中心坐标矩阵,是一个 K×n 的矩阵;SUMD 为 K×1 的向量,是类内各点与聚类中心距离之和;D 为 N×K 的矩阵,是每个点与每个类聚类中心之间的距离矩阵。其余部分常用参数如表 9-3 所示。

表 9-3 kmeans 函数部分参数表

参数名	参数值	说　明
Distance	sqeuclidean	平方欧氏距离(默认情况)
	cityblock	绝对值距离
	cosine	把每个点作为一个向量,两点间距离为 1 减去两向量夹角余弦
	correlation	把每个点作为一个数值序列,两点间距离为 1 减去两数值序列的相关系数
	hamming	不一致位所占的百分比,仅适用于二进制数据
Start	plus	默认值,第一个聚类中心随机选择,其余聚类中心从剩余的数据点中根据与距离该点最近的现有聚类中心的概率比例随机选择
	sample	随机选择 K 个观测作为初始聚类中心
	uniform	在观测值矩阵 X 中随机均匀选择 K 个观测作为初始聚类中心,对 Hamming 距离无效
	cluster	从 X 中随机选择 10% 的子样本,进行预聚类,确定聚类中心。预聚类过程随机选择 K 个观测作为预聚类的初始聚类中心
	matrix	若为 K×n 的矩阵,用来设定 K 个初始聚类中心;若为 K×n×m 的三维数组,则重复进行 m 次聚类,每次聚类通过相应页上的二维数据设定 K 个初始聚类中心
EmptyAction	drop	去除空类,输出参数 C 和 D 中相应值用 NaN 表示
	error	把空类当作错误
	singleton	生成一个只包含最远点的新类(默认)

MATLAB 中使用 imsegkmeans 函数实现基于 K 均值聚类的图像分割。

（1）L=imsegkmeans(I,k)：将图像 I 分割为 k 个区域，I 可以是灰度或彩色图像，要求是整型或 single 数据，L 为分割标签矩阵。

（2）[L,Centers]=imsegkmeans(I,k)：同时返回 k 个聚类中心 Centers。

（3）L=imsegkmeans(I,K,NAME1,VAL1,…)：指定参数实现 K 均值聚类分割，参数及其含义如表 9-4 所示。

表 9-4 imsegkmeans 函数参数

参　　数	含　　义
NormalizeInput	布尔变量，指定是否将输入数据调整为零均值和单位方差，默认为 true
NumAttempts	正整数，指定使用新初始聚类中心进行聚类的重复次数，默认为 3
MaxIterations	正整数，指定最大迭代次数，默认为 100
Threshold	算法终止条件，前后迭代中聚类中心偏移阈值，默认为 1e-4

【例 9-6】 对图像进行 K 均值聚类分割。

程序如下：

```
clear,clc,close all;
Image = imread('fruit.jpg');
hsv = rgb2hsv(Image);
h = hsv(:,:,1);
h(h > 330/360) = 0;                                    % 接近 360°的色调认为是 0°
training = h(:);                                       % 获取训练数据
startdata = [0;60/360;120/360;180/360;240/360;300/360];% 设置初始聚类中心
[IDX,C] = kmeans(training,6,'Start',startdata);        % K 均值聚类
result1 = (IDX == 1);                                  % 目标区域
result1 = reshape(result1, size(h));
h = uint8(h * 255);
L = imsegkmeans(h,2);                          % 直接使用 imsegkmeans 函数进行分割,输入整型数据
result2 = (L == 1);
subplot(131),imshow(Image),title('原图');
subplot(132),imshow(result1),title('kmeans 函数分割');
subplot(133),imshow(result2),title('imsegkmeans 函数分割');
```

程序运行结果如图 9-7 所示。程序打开一幅苹果图像，将其转换到 HSV 空间，获取像素的色调值，利用 kmeans 函数对色调空间的数据进行了 6 类聚类，利用 imsegkmeans 函数进行了 2 类聚类，取出目标水果所在的类别并显示。

(a) 原图　　　　　　　(b) kmeans函数分割　　　　　　(c) imsegkmeans函数分割

图 9-7 K 均值聚类图像分割

9.3.2 高斯混合聚类

高斯混合聚类是利用高斯混合分布模拟样本分布,实现最大后验概率估计进而进行分类的方法。

1. 高斯混合分布

在 n 维特征空间中,若随机向量 x 服从高斯分布,其概率密度函数定义为

$$p(x) = \frac{1}{(2\pi)^{n/2} |\Sigma|^{1/2}} \exp\left[-\frac{1}{2}(x-\mu)^T \Sigma^{-1}(x-\mu)\right] \tag{9-10}$$

其中,$\mu = [\mu_1 \quad \mu_2 \quad \cdots \quad \mu_n]^T = E[x]$ 是 n 维均值列向量;$\Sigma = E[(x-\mu)(x-\mu)^T]$ 是 $n \times n$ 维协方差矩阵,$|\Sigma|$ 是 Σ 的行列式,Σ^{-1} 是 Σ 的逆矩阵。$p(x)$ 完全由 μ 和 Σ 决定,将其表示为 $p(x|\mu,\Sigma)$。

定义高斯混合分布为多个高斯分布的加权求和:

$$p_M(x) = \sum_{j=1}^{K} \alpha_j p(x|\mu_j,\Sigma_j) \tag{9-11}$$

这种模型称为高斯混合模型(Gaussian Mixture Model,GMM)。K 个混合成分组成该分布,每个混合成分对应一个高斯分布,μ_j 和 Σ_j 是第 j 个混合成分的参数。混合系数 $\alpha_j \geqslant 0$,且满足 $\sum_{j=1}^{K} \alpha_j = 1$,为选择第 j 个高斯混合成分的概率。

2. 高斯混合聚类

根据 α_j 定义的先验分布选择高斯混合成分,根据被选择的混合成分的概率密度函数进行采样,生成样本,进而构成样本集 $\mathcal{X} = \{x_1, x_2, \cdots, x_N\}$。令 $y_i \in \{1, 2, \cdots, K\}$ 表示生成样本 x_i 的高斯混合成分,y_i 的先验概率 $P(y_i = j)$ 对应于 α_j,y_i 的后验概率为

$$P(y_i = j | x_i) = \frac{P(y_i = j) p_M(x_i | y_i = j)}{p_M(x_i)} = \frac{\alpha_j p(x_i | \mu_j, \Sigma_j)}{\sum_{l=1}^{K} \alpha_l p(x_i | \mu_l, \Sigma_l)} = P_{ij} \tag{9-12}$$

假设数据服从高斯混合分布,K 个高斯分布对应 K 个聚类簇,根据数据计算参数 α_j、μ_j 和 Σ_j,则可以估计后验概率 P_{ij},再通过比较后验概率大小将样本归入某一类,即

$$y_i = \underset{j \in \{1,2,\cdots,K\}}{\arg\max} P_{ij} \tag{9-13}$$

对于式(9-13)的求解,可以采用最大似然估计的方法,寻找令似然函数 $l(\alpha_j, \mu_j, \Sigma_j)$ 或对数似然函数 $h(\alpha_j, \mu_j, \Sigma_j) = \ln l(\alpha_j, \mu_j, \Sigma_j)$ 最大的参数 $\hat{\alpha}_j, \hat{\mu}_j, \hat{\Sigma}_j$。

$$h(\alpha_j, \mu_j, \Sigma_j) = \ln l(\alpha_j, \mu_j, \Sigma_j) = \sum_{i=1}^{N} \ln\left(\sum_{j=1}^{K} \alpha_j p(x_i | \mu_j, \Sigma_j)\right) \tag{9-14}$$

求最优解,得

$$\mu_j = \frac{\sum_{i=1}^{N} P_{ij} x_i}{\sum_{i=1}^{N} P_{ij}} \tag{9-15}$$

$$\boldsymbol{\Sigma}_j = \frac{\sum_{i=1}^{N} P_{ij}(\boldsymbol{x}_i - \boldsymbol{\mu}_j)(\boldsymbol{x}_i - \boldsymbol{\mu}_j)^{\mathrm{T}}}{\sum_{i=1}^{N} P_{ij}} \tag{9-16}$$

$$\alpha_j = \frac{1}{N}\sum_{i=1}^{N} P_{ij} \tag{9-17}$$

即每个高斯混合成分的混合系数由样本属于该成分的平均后验概率确定。

由求解的结论可知,参数 α_j、$\boldsymbol{\mu}_j$ 和 $\boldsymbol{\Sigma}_j$ 的确定需要后验概率 P_{ij},而估计后验概率 P_{ij} 需要参数 α_j、$\boldsymbol{\mu}_j$ 和 $\boldsymbol{\Sigma}_j$,求解这个问题可以采用 EM 算法。

3. EM 算法

EM 算法是指期望最大化(Expectation Maximization,EM)算法,是一种求参数的最大似然或最大后验概率估计的迭代方法。求解高斯混合模型参数的 EM 算法具体步骤如下。

(1) 定义类别数目 K,对每个分量 j 设置 α_j、$\boldsymbol{\mu}_j$ 和 $\boldsymbol{\Sigma}_j$ 的初始值,计算对数似然函数 $h(\alpha_j, \boldsymbol{\mu}_j, \boldsymbol{\Sigma}_j)$。

(2) E 步,计算样本 $\boldsymbol{x}_i$ 的对应 y_i 的后验概率 P_{ij}。

(3) M 步,求 α_j、$\boldsymbol{\mu}_j$ 和 $\boldsymbol{\Sigma}_j$。

(4) 根据新的参数 α_j、$\boldsymbol{\mu}_j$ 和 $\boldsymbol{\Sigma}_j$ 重新计算对数似然函数 $h(\alpha_j, \boldsymbol{\mu}_j, \boldsymbol{\Sigma}_j)$。

(5) 判断参数是否收敛或对数似然函数是否收敛(如对数似然函数不再增长),收敛则终止算法,不收敛返回 E 步。

4. 高斯混合聚类分割

MATLAB 提供了 gmdistribution 类表示高斯混合分布,有多种属性和方法,采用 gmdistribution 函数创建高斯混合分布模型,fitgmdist 函数拟合高斯混合分布模型,主要的调用格式如下。

(1) GM=gmdistribution(MU,SIGMA,P):根据均值 MU、协方差矩阵 SIGMA 和混合系数 P 创建高斯混合分布模型 GM。MU 为 $K \times n$ 的矩阵,每行为一个高斯混合成分的均值向量。当 SIGMA 为 $n \times n \times K$ 的矩阵时,每页为一个高斯混合成分的协方差矩阵;为 $n \times n$ 的矩阵时,所有高斯混合成分具有相同的协方差矩阵;若限制各混合成分的协方差矩阵为对角阵,当 SIGMA 为 $1 \times n \times K$ 的矩阵时,每页为一个混合成分协方差矩阵的对角元素;为 $1 \times n$ 的矩阵时,混合成分具有相同的对角协方差矩阵。P 为 $1 \times K$ 的向量,为各混合成分的混合系数,即公式中的 α,默认相等。

(2) GM=fitgmdist(X,K,'PARAM1',val1,'PARAM2',val2,…):采用 EM 算法,通过求解最大似然函数,对 X 中的数据拟合高斯混合分布模型 GM,K 为高斯混合成分数,X 为 $N \times n$ 的矩阵,每行为一个样本。可以指定其他参数辅助求解。部分参数见表 9-5。

表 9-5　fitgmdist 函数部分参数表

参　数　名	含义及取值
CovarianceType	协方差矩阵类型,可取 'diagonal' 或 'full'(默认)
Replicates	正整数,EM 算法重复次数,每次初始参数不同,返回最大似然函数对应的结果。默认为 1,取值大于 1 时要求 Start 参数为 'randSample' 或 'plus'
ProbabilityTolerance	概率容差值,将迭代中不大于容差值的后验概率设置为 0,取值在 $[0, 1\mathrm{e}\text{-}6]$,默认是 $1\mathrm{e}\text{-}8$

参 数 名		含义及取值
Options		迭代算法的相关设置，statset 型结构体。字段 'Display' 可取 'final'、'iter'、'off'，分别显示最终、迭代信息，以及不显示。字段 'MaxIter' 为正整数，表示最大迭代次数，默认为 100。字段 'TolFun' 为正数，表示算法终止时对数似然函数的变化阈值，默认为 1e-6
Start	'plus'	默认情况下，初始均值的选择同 kmeans 函数的 Start 为 'plus' 时一样；初始混合系数均匀分布；初始协方差矩阵均为对角矩阵，对角元素为 X 中数据各列的方差
	'randSample'	从 X 中随机选择 c 个样本作为初始均值；初始混合系数均匀分布；初始协方差矩阵均为对角矩阵，对角元素为 X 中数据各列的方差
	整型向量	长度为 N，取值为 $1 \sim c$ 的整数，是各样本为某个混合成分的初始估计，据此计算各混合成分的均值、协方差矩阵和混合系数的初始值
	结构体	字段 mu、Sigma、ComponentProportion 同 gmdistribution 函数的参数 MU、SIGMA、P

（3）［IDX，NLOGL，POST］=cluster(GM,X)：利用高斯混合分布模型 GM 将 X 中的数据聚为 K 类，K 为高斯混合成分数目。IDX 为 N 维样本类别标号向量；NLOGL 为负对数似然函数值；POST 为 N×K 的矩阵，表示各样本属于各混合成分的后验概率。

【例 9-7】 对图像进行高斯混合聚类分割。

程序如下：

```
clear,clc,close all;
Image = imread('fruit.jpg');
R = double(Image(:,:,1));                    %获取红色通道数据
training = R(:);
GMM = fitgmdist(training,2);                 %拟合高斯混合分布
idx = cluster(GMM,training);                 %利用高斯混合模型进行聚类
result = (idx == 1);
result = reshape(result, size(R));
subplot(121),imshow(Image),title('原图');
subplot(122),imshow(result),title('分割结果');
```

程序运行结果如图 9-8 所示。

(a) 原图　　　　　　　　　　　　　　(b) 分割结果

图 9-8　高斯混合聚类分割

9.4　分水岭分割

分水岭分割是基于地形学概念的分割方法，其实现可采用数学形态学的方法，应用较为广泛。

1. 基本原理

假设图像中有多个物体,计算其梯度图像。在梯度图像中,物体边界部分对应高梯度值,为亮白线;区域内部对应低梯度值,为暗区域;即梯度图像由包含了暗区域的白环组成,如图 9-9(b)所示。将其想象成三维的地形图,定义其中具有均匀低灰度的区域为极小区域。极小区域往往是区域内部。

| (a)原图 | (b)梯度图像 | (c)流域与分水岭示意 |

图 9-9 图像与分水岭

相对于极小区域,梯度图像中的像素有 3 种不同情形:①属于极小区域的点(谷底);②将一个水珠放在该点,它必定流入某一个极小区域的点(山坡);③水珠在该点流入某个极小区域的可能性相同的点(山岭)。对于一个极小区域,水珠汇合流入该区域的所有点构成的集合,称为该极小区域的流域。流入一个以上极小区域的可能性均等的点构成的集合,则称为分水岭(分水线、水线)。把梯度图像绘制成二维曲面形式,示意图如图 9-9(c)所示。梯度图像中各区域内部对应极小区域,区域边界对应高灰度,即分水岭。

以涨水法来分析:设水从谷底上涌,水位逐渐升高。若水位高过山岭,不同流域的水将会汇合。在不同流域中的水面将要汇合到一起时,在中间筑起一道堤坝,阻止水汇合,堤坝高度随着水面上升而增高。当所有山峰都被淹没时,露出水面的只剩下堤坝,且将整个平面分成了若干区域,即实现了分割。堤坝对应着流域的分水岭,如果能够确定分水岭的位置,即确定了区域的边界曲线,则分水岭分割实际上就是通过确定分水岭的位置而进行图像分割的方法。

2. 分水岭分割

设原图像为 $f(x,y)$,其梯度图像为 $g(x,y)$。令 $M_1,M_2,\cdots,M_r$ 表示 $g(x,y)$ 中的极小区域,$C(M_i)$ 表示与极小区域 M_i 对应的流域,用 min 和 max 表示梯度的极小值和极大值。采用涨水法进行分割,涨水是从 min(谷底)开始,以单灰值增加,则第 n 步时的水深为 n(即灰度值增加了 n),用 $T(n)$ 表示满足 $g(x,y)<n$ 的所有点 (x,y) 的集合,即

$$T(n)=\{(x,y) \mid g(x,y)<n\} \tag{9-18}$$

用 $C_n(M_i)$ 表示水深为 n 时,在 M_i 对应的流域 $C(M_i)$ 形成的水平面区域,满足

$$C_n(M_i)=C(M_i) \bigcap T(n) \tag{9-19}$$

令 $C(n)$ 表示在第 n 步流域溢流部分的并,则 $C(\text{max}+1)$ 为所有流域的并。

初始情况下,取 $C(\text{min}+1)=T(\text{min}+1)$,算法迭代进行。$C(n-1)$ 是 $C(n)$ 的子集,$C(n)$ 又是 $T(n)$ 的子集,因此,$C(n-1)$ 是 $T(n)$ 的子集,$C(n-1)$ 中的每个连通成分都包含于 $T(n)$ 的一个连通成分。设 D 为 $T(n)$ 的一个连通成分,那么存在 3 种情况:

（1）$D \bigcap C(n-1)$为空；

（2）$D \bigcap C(n-1)$含有$C(n-1)$的一个连通成分；

（3）$D \bigcap C(n-1)$含有$C(n-1)$的一个以上连通成分。

利用$C(n-1)$建立$C(n)$取决于上述哪一种条件成立。

3种情况如图9-10所示：图9-10（a）中D_1为第一种情况，是增长遇到一个新的极小区域，$C(n)$可由连通成分D加到$C(n-1)$中得到；D_2为第二种情况，其和$C(n-1)$同属于一个极小区域，同样，$C(n)$可由连通成分D加到$C(n-1)$中得到；图9-10（b）所示为第三种情况，是不同区域即将连通时的表现，必须在D中建立堤坝。

(a) 不建堤坝的两种情况　　　　　　　　　　(b) 需建立堤坝的情况

图9-10　利用$C(n-1)$建立$C(n)$的不同情况

综上所述，总结分水岭分割算法如下。

（1）计算梯度图像及梯度图像取值的最小值min和最大值max。

（2）初始化$n=\min+1$，即$C(\min+1)=T(\min+1):\{g(x,y)<\min+1\}$，并标识目前的极小区域。

（3）$n=n+1$，确定$T(n)$中的连通成分D_i，$i=1,2,\cdots$；求$D_i \bigcap C(n-1)$，并判断属于上述3种情况中哪一种，确定$C(n)$；如属于第三种情况，则加筑堤坝。

（4）重复第3步，直到$C(\max+1)$。

3. 分水岭分割的实现

MATLAB提供了实现分水岭分割的函数，调用格式如下。

（1）L＝watershed(A)：对矩阵A进行分水岭区域标识，生成标识矩阵L。L中的元素为大于或等于0的整数，0表示不属于任何一个区域，称为分水岭像素；n表示第n个区域。对于二维图像，函数采用8连通邻域；对于三维图像，采用26连通邻域。

（2）L＝watershed(A,CONN)：指定连通方式实现标识，对二维图像CONN可为4、8，三维图像CONN可为6、18、26。

【例9-8】　应用分水岭算法实现图像分割。

程序如下：

```
clear,clc,close all;
image = im2double(rgb2gray(imread('blocks.jpg')));
figure,imshow(image),title('原始图像');
hv = fspecial('prewitt');                    % Prewitt 水平边缘强化滤波器
hh = hv.';                                   % 转置为 Prewitt 垂直边缘强化滤波器
gv = abs(imfilter(image,hv,'replicate'));    % 使用 Prewitt 滤波器水平滤波
gh = abs(imfilter(image,hh,'replicate'));    % 使用 Prewitt 滤波器垂直滤波
```

```
g = sqrt(gv.^2 + gh.^2);                              % 获得 Prewitt 梯度图像
figure,imshow(g),title('梯度图像');
                                                       % 对梯度图像进行分水岭区域标识
L = watershed(g);                                      % 获取分水岭像素
wr = L == 0;                                           % 显示分水岭
figure,imshow(wr),title('分水岭');
image(wr) = 0;                                         % 在原图中标记出分水岭像素,即获得分割结果图像
figure,imshow(image),title('分割结果');                   % 显示分割结果
```

程序运行结果如图 9-11 所示。

(a) 原始图像   (b) 分水岭   (c) 分割结果

图 9-11　分水岭分割效果示例

4. 分水岭分割改进

从图 9-11 可以看出,直接利用分水岭算法对图像分割,会产生过分割现象,即图像分割过细。原因在于:由于梯度噪声、量化误差及目标内部细密纹理的影响,在平坦区域内可能存在许多局部的"谷底"和"山岭",经分水岭变换后形成很多小区域,导致了过分割,反而没能找到正确的区域轮廓。

解决过分割的问题,主要的思路是在分割前、后加入预处理和后处理步骤,如采用滤波,以减弱噪声干扰,滤除小目标及目标中的细节、增强图像中的轮廓、合并一些较小的区域等。

【例 9-9】　改善分水岭分割的过分割现象。

设计思路:对梯度图像进行处理,消除深度不够的极小区域,也就是距离最大值比较近的极小区域,再进行分水岭分割。

在例 9-8 程序的基础上修改,在获取梯度图像 g 后,分水岭分割前,增加下列一条语句:

```
g = imhmin(g,max(g(:))/4);
```

程序运行结果如图 9-12 所示。

(a) 减少极小区域后的梯度图像   (b) 分割结果

图 9-12　改善过分割现象

9.5　超像素分割

超像素是指把一些相似的像素聚集起来，形成一个更具有代表性的大元素，作为其他图像处理算法的基本单元，可以降低图像的维数，并且排除一些异常像素，如图 9-13(b)所示。分水岭分割后的过分割也可以看作一种超像素分割。本节介绍简单线性迭代聚类（Simple Linear Iterative Clustering，SLIC）超像素分割算法，简称 SLIC 算法。

SLIC 算法是一种采用 K 均值聚类生成超像素的方法，处理的数据是五维数据，每个像素的像素值对应的 L、A、B 色彩值以及像素坐标 x、y，综合考虑了像素间的颜色和空间位置关系，把颜色相似、位置邻近的像素聚集成超像素。算法过程如下。

（1）初始化聚类中心。

均匀选择 K 个像素，将图像变换到 LAB 空间，并进行梯度运算：

$$g(x,y) = \| \text{LAB}(x+1,y) - \text{LAB}(x-1,y) \|^2 + \| \text{LAB}(x,y+1) - \text{LAB}(x,y-1) \|^2 \tag{9-20}$$

将 K 个像素移动到其周围 3×3 邻域内梯度最小处。根据定下来的聚类中心像素，获取对应的五维数据：$C_k = [L_k, A_k, B_k, x_k, y_k]^T, k \in [1, K]$。

（2）根据当前聚类中心，对各像素进行标记。

在聚类中心 (x_k, y_k) 周围 $2\sqrt{N/K} \times 2\sqrt{N/K}$ 邻域内（N 为总像素数），计算各像素与中心像素的颜色距离（色差）d_{LAB} 和空间欧氏距离 d_{xy}，邻域像素和中心像素的距离为

$$d = d_{\text{LAB}} + \frac{m}{\sqrt{N/K}} d_{xy}, \quad m \in [1, 20] \tag{9-21}$$

m 用于调节两项的重要性，m 越大，空间欧氏距离发挥的作用越大；$d_{xy}/\sqrt{N/K}$ 表示将距离归一化，五维数据统一量纲。再按最小距离将像素归类，也就是标记为某个聚类簇。

（3）修改聚类中心。

（4）判断分割是否完成。

在前后两次迭代中，如果聚类中心向量的偏差小于阈值，获取标记区域的边界，输出标记超像素边界的图像，完成超像素分割；否则，返回第(2)步，重新计算。

MATLAB 中使用 superpixels 函数实现 SLIC 算法，其主要调用格式如下。

[L, NumLabels] = superpixels(A, K)：A 可以为灰度图像或彩色图像，K 表示要求的超像素数，输出 L 是标签矩阵，NumLabels 是实际的超像素数。

【例 9-10】　实现 SLIC 算法。

程序如下：

```
clear,clc,close all;
Image = imread('fruit.jpg');
[N,M,c] = size(Image);
[L,NumLabels] = superpixels(Image,50);          % 超像素分割,要求 50 个超像素
result = zeros(N,M);
for y = 2:N-1
    for x = 2:M-1
        temp = L(y-1:y+1, x-1:x+1);              % L中各点周围 3×3 邻域
```

```
            neighbor = unique(temp);
            if length(neighbor)~ = 1              % 邻域内不止一种取值,则为边缘点
                result(y, x) = 1;                 % 找出 L 标签矩阵中的边缘点
            end
        end
    end
end
subplot(121),imshow(Image),title('原图');
subplot(122),imshow(result),title('分割结果');
```

程序运行结果如图 9-13 所示,程序中的循环用于确定各标记区域的边界,可以直接使用 boundarymask 函数。

(a) 原图   (b) 分割结果

图 9-13　SLIC 算法

超像素分割的结果只是相似像素的聚集,没有具体的语义含义,但可以作为一种预处理,能够提高一些高级算法的运算速度和性能。

9.6　形变模型分割

形变模型有两类:参数模型(Parametric Models)和几何形变模型(Geometric Deformable Models)。Kass、Witkin 和 Terzopoulos 于 1988 年提出的活动轮廓模型(Active Contour Models),也称为 Snake 模型,提供了一种可以解决图像分析和计算机视觉中多种问题的方法:定义能量函数,能量函数最小化时达到目标,属于参数模型。Snake 模型用于图像分割时,在期望的轮廓附近指定 Snake 的估计形状和开始位置,向合适解的位置移动,即通过迭代寻找能量函数最小值,确定轮廓,实现分割。几何形变模型由 Caselles 和 Malladi 分别独立提出,曲线用高维函数的水平集表示,通过曲线演化,最终生成分割结果。本节简要介绍形变模型中的经典算法。

9.6.1　经典 Snake 模型

在经典 Snake 模型中,Snake 被描述为在目标边界附近的一条闭合参数曲线 $\boldsymbol{v}(s) = [x(s), y(s)]$,其中 $x(s)$、$y(s)$ 是轮廓点的 x 和 y 坐标值,$s \in [0,1]$,是归一化的弧长参数,能量函数定义为

$$E_{\text{snake}} = \int_0^1 E_{\text{snake}}[\boldsymbol{v}(s)]\mathrm{d}s = \int_0^1 \{E_{\text{int}}[\boldsymbol{v}(s)] + E_{\text{image}}[\boldsymbol{v}(s)] + E_{\text{con}}[\boldsymbol{v}(s)]\}\mathrm{d}s \tag{9-22}$$

其中,E_{int} 表示曲线因弯曲产生的内部能量;E_{image} 表示从图像中得到的能量;E_{con} 表示来自外部的约束能量。

曲线内部能量 E_{int} 可以表示为

$$E_{\text{int}} = \alpha(s) \left| \frac{\mathrm{d}\boldsymbol{v}}{\mathrm{d}s} \right|^2 + \beta(s) \left| \frac{\mathrm{d}^2\boldsymbol{v}}{\mathrm{d}s^2} \right|^2 \tag{9-23}$$

等号右边第一项为弹性势能,当外力使曲线伸展时,产生弹性势能使其收缩;$\alpha(s)$是弹力系数,控制曲线的弹性。第二项是弯曲势能;$\beta(s)$是强度系数,控制曲线的刚性。

来自图像数据的能量E_{image}一般通过计算图像的灰度、边缘等特征获得,用来吸引曲线到目标的边缘轮廓等,定义为

$$E_{\text{image}} = w_{\text{line}} E_{\text{line}} + w_{\text{edge}} E_{\text{edge}} + w_{\text{term}} E_{\text{term}} \tag{9-24}$$

其中,w_{line}、w_{edge}、w_{term}是三项的权系数。三项的加权和决定了Snake被吸引到轮廓线、边缘还是端点。基于轮廓线的函数项E_{line}可以定义为

$$E_{\text{line}} = f(x,y) \tag{9-25}$$

$f(x,y)$是像素(x,y)的灰度,w_{line}指定了Snake偏向亮线或暗线。基于边缘的函数项E_{edge}可以定义为

$$E_{\text{edge}} = -|\nabla f(x,y)|^2 \tag{9-26}$$

或

$$E_{\text{edge}} = -|\nabla[h_\sigma(x,y) * f(x,y)]|^2 \tag{9-27}$$

将Snake吸引到图像中具有较大梯度值的边缘处。∇表示梯度算子,h_σ是标准差为σ的二维高斯滤波器。E_{term}反映轮廓线端点和角点对Snake活动的可能影响,定义为平滑后图像的轮廓曲率。

$$E_{\text{term}} = \partial\theta/\partial\boldsymbol{n} \tag{9-28}$$

其中,$\theta(x,y)$是平滑图像中沿曲线的梯度方向;$\boldsymbol{n}$是垂直于梯度方向$\theta(x,y)$的单位向量。在实践中,大多数模型只采用边缘项E_{edge}。

来自外部的约束能量E_{con}由用户指定或来自其他更高层处理,可以让Snake朝着或背离某些指定的特征,例如,Snake达到局部能量极小值,但高层处理判断为错误,在该处产生一个能量峰值区域,迫使Snake离开去找另一个局部极小值。

轮廓定义为Snake达到局部能量极小的位置,即最小化E_{snake}。

9.6.2　几何形变模型

经典Snake模型属于参数模型,边界由参数提供。在几何形变模型中,曲线用几何公式表达,过程隐式,能够自动处理轮廓线拓扑变换,同时分割多个目标,被广泛应用。

1. 曲线演化理论

设闭合的动态曲线为$\boldsymbol{v}(s,t) = [x(s,t), y(s,t)]$,其中,$t$为时间,$s$为曲线参数。曲线沿其内法向向量$\boldsymbol{n}$运动的方程可以表示为

$$\frac{\partial\boldsymbol{v}}{\partial t} = V(\boldsymbol{v})\boldsymbol{n} \tag{9-29}$$

其中,$V(v)$是曲线演化的速度函数,决定了曲线上每点运动的速度。若$V(\boldsymbol{v})$为常数V_0,称为常数演化,均匀运动,容易产生尖角,如图9-14(b)所示;若$V(\boldsymbol{v})$为曲率为k的函数αk,称为曲率演化,曲线渐渐平滑,去除尖角,并最终收缩为一点,如图9-14(c)所示。

几何形变模型从初始曲线开始,逐渐演化,当$t \rightarrow +\infty$时在物体边界处停止演化,实现分割。

| (a) 曲线初始状态 | (b) 常数演化 $t=1$ | (c) 曲率演化 $t=1$ |

图 9-14 曲线演化示意图

2. 水平集方法

如何有效求解曲线演化是一个重要问题。1988 年，OSher 和 Sethian 提出水平集方法，将曲线 $\boldsymbol{v}(s,t)$ 嵌入更高维的函数 $\phi(x,y,t)$ 中，函数 ϕ 称为水平集函数(Level Set Function)。曲线 $\boldsymbol{v}(s,t)$ 表示为 ϕ 的零水平集，即 $\boldsymbol{v}(s,t)=\{(x,y)\,|\,\phi(x,y,t)=0\}$。曲线的演化转换为在确定的时间点列上更新水平集函数 ϕ，t 时刻的曲线是 t 时刻水平集为 0 的图上点的集合，最终的结果为 $\phi(x,y,t\to\infty)=0$ 的点集。

给定一个水平集函数 ϕ，零水平集表示演化曲线 $\boldsymbol{v}(s,t)$，即

$$\phi(\boldsymbol{v}(s,t),t)=0 \tag{9-30}$$

对 t 求导，可得

$$\frac{\partial\phi}{\partial t}=V(\boldsymbol{v})\,|\,\boldsymbol{\nabla}\phi\,| \tag{9-31}$$

即用水平集方法解曲线演化式(9-29)。

为实现曲线演化，需要定义初始水平集函数，常常采用各点到曲线 $\boldsymbol{v}(s,t)$ 的有向距离函数：

$$\phi(x,y,0)=\begin{cases}-d(x,y), & (x,y)\in\Omega_1\\ 0, & (x,y)\in\boldsymbol{v}\\ d(x,y), & (x,y)\in\Omega_2\end{cases} \tag{9-32}$$

其中，Ω_1 是曲线 $\boldsymbol{v}(s,t)$ 包围的内部区域；Ω_2 是曲线 $\boldsymbol{v}(s,t)$ 以外的区域；$d(x,y)$ 表示点 (x,y) 到曲线 $\boldsymbol{v}(s,t)$ 的距离。

3. 几何活动轮廓模型

首个水平集活动轮廓模型中采用的方程为

$$\frac{\partial\phi}{\partial t}=g(V_0+k)\,|\,\boldsymbol{\nabla}\phi\,| \tag{9-33}$$

是最基础的曲率和常数演化。其中，

$$g=\frac{1}{1+|\,\boldsymbol{\nabla}(h_\sigma*f)\,|} \tag{9-34}$$

在高斯平滑后图像的梯度 $\boldsymbol{\nabla}(h_\sigma*f)$ 很大时，$g\to0$，停止演化。这种模型称为几何活动轮廓模型，这是一种经典的水平集活动轮廓模型。显然，边界非常明显时才能停止曲线演化。

4. 测地活动轮廓模型

另一种经典的水平集活动轮廓模型是测地活动轮廓模型,采用与原始 Snake 模型相似的设计模式:首先设计一个关于轮廓线的能量函数,通过极小化能量获取轮廓线的运动方程。测地活动轮廓模型关于演化曲线 $\boldsymbol{v}(s,t)$ 的能量函数定义为

$$E(\boldsymbol{v}) = \int_0^1 g \left| \frac{\partial \boldsymbol{v}}{\partial s} \right| \mathrm{d}s \tag{9-35}$$

其中,g 如式(9-34)所示;$s \in [0,1]$ 为曲线参数。根据微分几何知识,$|\partial \boldsymbol{v}/\partial s| \mathrm{d}s$ 表示弧长元素,能量函数 $E(\boldsymbol{v})$ 是曲线 $\boldsymbol{v}(s,t)$ 的加权弧长。当曲线位于目标边界时,$g \to 0$;当曲线远离目标边界时,$g \to 1$;所以,当模型的轮廓线与目标边界重合时,能量函数 $E(\boldsymbol{v})$ 达到最小值。

曲线演化方程为

$$\frac{\partial \boldsymbol{v}}{\partial t} = (gk - \nabla g \boldsymbol{n})\boldsymbol{n} \tag{9-36}$$

可得水平集方程为

$$\frac{\partial \phi}{\partial t} = g |\nabla \phi| \left[V_0 + \mathrm{div}\left(\frac{\nabla \phi}{|\nabla \phi|} \right) \right] + \nabla g \nabla \phi \tag{9-37}$$

其中,V_0 为常值速度。

5. Chan-Vese 模型

几何活动轮廓模型和测地活动轮廓模型利用梯度信息停止演化,属于基于边界的水平集活动轮廓模型,容易受到噪声、梯度边缘准则的影响。2001 年,Chan 和 Vese 提出了一种基于区域的水平集活动轮廓模型——Chan-Vese 模型,通过极小化一个能量函数获取水平集方程。

Chan-Vese 模型将轮廓线 $\boldsymbol{v}(s,t)$ 用一个水平集函数 ϕ 的零水平集表示,Ω 为图像域,Ω_1 是零水平集曲线 ϕ 包围的内部区域,规定函数 $\phi > 0$;Ω_2 是 ϕ 以外的区域,规定函数 $\phi < 0$。能量函数定义为

$$E(\phi, c_1, c_2) = E_1 + E_2 = \iint_{\Omega_1} [f(x,y) - c_1]^2 \mathrm{d}x \mathrm{d}y + \iint_{\Omega_2} [f(x,y) - c_2]^2 \mathrm{d}x \mathrm{d}y \tag{9-38}$$

其中,c_1、c_2 分别表示曲线内部和外部的亮度均值。当 ϕ 恰好为物体边界时,能量 $E(\phi, c_1, c_2)$ 最小,此时是考虑物体内外亮度均值的最好分割(也可以使用其他区域属性)。曲线位置与能量示意图如图 9-15 所示。

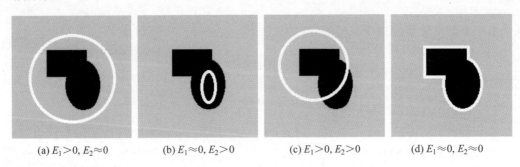

(a) $E_1 > 0$, $E_2 \approx 0$ (b) $E_1 \approx 0$, $E_2 > 0$ (c) $E_1 > 0$, $E_2 > 0$ (d) $E_1 \approx 0$, $E_2 \approx 0$

图 9-15　曲线位置与能量

为了解决更复杂的分割问题，可以使用一些如 ϕ 的周长、在 ϕ 内的区域面积等正则项，能量函数为

$$E(\phi,c_1,c_2)=\alpha\cdot Length(\phi=0)+\beta\cdot Area(\phi\geqslant 0)$$
$$+\lambda_1\iint_{\Omega_1}\left[f(x,y)-c_1\right]^2\mathrm{d}x\,\mathrm{d}y+\lambda_2\iint_{\Omega_2}\left[f(x,y)-c_2\right]^2\mathrm{d}x\,\mathrm{d}y \tag{9-39}$$

其中，$\alpha\geqslant 0,\beta\geqslant 0,\lambda_1,\lambda_2\geqslant 0$。

9.6.3 仿真实现

MATLAB 中的 activecontour 函数可以使用 Chan-Vese 模型或测地活动轮廓模型实现图像分割，主要调用格式如下。

(1) BW＝activecontour(A,MASK)：使用活动轮廓模型将图像 A 分割为前景和背景。MASK 是一幅二值图像，其中，白色区域的边界定义了初始轮廓位置。

(2) BW＝activecontour(A,MASK,N,METHOD)：N 表示最大迭代次数，默认为 100；METHOD 指定分割采用的算法，可选'Chan-Vese'(默认)或'edge'，前者可用于灰度图像或彩色图像，后者仅用于灰度图像。

【例 9-11】 采用活动轮廓模型对硬币图像进行分割。

程序如下：

```
clear,clc,close all;
Image = imread('coins.png');
subplot(221),imshow(Image),title('原图');
mask = zeros(size(Image));
mask(25:end - 25,25:end - 25) = 1;
subplot(222),imshow(mask),title('初始轮廓位置');
result1 = activecontour(Image,mask);          % 使用 Chan - Vese 模型分割
subplot(223),imshow(result1),title('迭代 100 次分割结果图');
result2 = activecontour(Image,mask,300);
subplot(224),imshow(result2),title('迭代 300 次分割结果图');
```

程序运行结果如图 9-16 所示。

(a) 原图   (b) 初始轮廓位置   (c) 迭代100次分割结果   (d) 迭代300次分割结果

图 9-16 采用 Chan-Vese 模型分割图像

9.7 图割分割

图割分割是将图像表示为图的形式，通过优化目标函数，移除图中的边，将图中节点分为不相交的子集，从而实现图像分割的方法。

9.7.1 原理

首先通过交互式或自动定位等方法确定目标和背景的种子,然后将待分割的图像用有向图 $G=(V\cup\{S,T\},E)$ 表示,V 是节点的集合,对应图像中的像素;源 S(source)和汇 T(sink)是两个特别的终端节点,与种子硬连接,并且代表了目标和背景的分割标签;E 是连接节点的边,包括两类:n-连接和 t-连接,邻接像素对之间是 n-连接,像素与终端节点间是 t-连接,每条边对应一个权值,称为代价(cost)。

移除图 G 中的一组边,将节点集分成两个不相交的子集:和源相连的节点集、和汇相连的节点集,移除的边的集合称为割(cut)。一个割的代价函数是割上所有边的代价和,最小割就是代价最小的割。

图 9-17 所示为一个简单的图割分割例子。在图 9-17(a)中,B 和 O 是背景和目标种子像素,构建图 G,如图 9-17(b)所示,椭圆表示像素,S、T 是终端节点,实线表示 n-连接,虚线表示 t-连接,权值大的边用稍粗的线表示,权值小的边用稍细的线表示,最粗的虚线表示种子和终端节点的硬连接。通过最小化代价函数确定的最小割如图 9-17(c)中短画线所示,最小割将图 G 的节点分为两个子集,对应于图像的背景像素集和目标像素集,完成了图像分割,最终分割结果如图 9-17(d)所示。

| (a) 带种子的图像 | (b) 图 G | (c) 图割 | (d) 分割结果 |

图 9-17　图割分割示意图

用 I 表示图像所有像素的集合,像素总数为 N;用 $I2$ 表示所有有向像素对(p,q)的集合,p,$q\in I$,且是邻接像素。有向像素对的含义是(p,q)的代价和(q,p)可以不同。

设图像分为目标像素和背景像素,目标标签为 o,背景标签为 b,每个像素 p 的标签 $L_p\in\{o,b\}$,标签向量 $\boldsymbol{L}=[L_1,L_2,\cdots,L_N]$ 定义了分割结果,分割的代价函数 C 定义为区域项 $R(\boldsymbol{L})$ 与边界项 $B(\boldsymbol{L})$ 的加权和:

$$C(\boldsymbol{L})=\alpha R(\boldsymbol{L})+B(\boldsymbol{L}) \tag{9-40}$$

其中,α 决定了两项的重要性,当 $\alpha=0$ 时,只考虑边界因素。当 $C(\boldsymbol{L})$ 最小时对应分割结果。

区域项 $R(\boldsymbol{L})$ 为

$$R(\boldsymbol{L})=\sum_{p\in I}R_p(L_p) \tag{9-41}$$

$R_p(L_p)$ 是将像素 p 标记为 L_p 的代价,分为 $R_p(o)$ 和 $R_p(b)$ 两种情况,实际是图 G 中 t-连接的边的代价。可取像素 p 属于目标和背景的概率的负对数值,即

$$R_p(o)=-\ln[P(I_p\mid O)],\quad R_p(b)=-\ln[P(I_p\mid B)] \tag{9-42}$$

如果 $P(I_p|O)>P(I_p|B)$,将像素 p 标记为目标,代价为 $R_p(o)<R_p(b)$;如果 $P(I_p|O)<P(I_p|B)$,将像素 p 标记为背景,代价为 $R_p(b)<R_p(o)$;所有的像素都标记为其归属概率最大的标签,区域

代价 $R(\boldsymbol{L})$ 最小。$P(I_p|O)$ 和 $P(I_p|B)$ 可以通过灰度直方图获得。

边界项 $B(\boldsymbol{L})$ 为

$$B(\boldsymbol{L}) = \sum_{(p,q) \in I2} B_{(p,q)} \delta(L_p, L_q) \tag{9-43}$$

其中,

$$\delta(L_p, L_q) = \begin{cases} 1, & L_p \neq L_q \\ 0, & L_p = I_q \end{cases} \tag{9-44}$$

$B_{(p,q)}$ 是将相邻像素 p、q 标记不同标签的代价,实际是图 G 中 n-连接的边的代价。当 p、q 同属于目标或背景时,将它们标记为边界付出代价大,$B_{(p,q)}$ 取值大;分属于目标或背景时,$B_{(p,q)}$ 取值小。换言之,当 p、q 差别小时,$B_{(p,q)}$ 取值大;当 p、q 差别大时,$B_{(p,q)}$ 取值小。因此,认为

$$B_{(p,q)} \propto \exp\left[-\frac{(I_p - I_q)^2}{2\sigma^2}\right] \tag{9-45}$$

当 $L_p \neq L_q$ 时,p、q 分属于目标和背景,$\delta = 1$,否则 $\delta = 0$。所以,$B(\boldsymbol{L})$ 是边界项 $B_{(p,q)}$ 之和,当 p、q 分属于目标或背景时,对应代价最小。

9.7.2 Lazy Snapping 算法

Lazy Snapping 算法是一种交互式图割分割方法,首先通过分水岭分割对图像进行预分割,将分割的很多小区域(超像素)作为构建有向图 G 的基本单元,减少了图割中要处理的节点数目,加快计算速度。也可以采用其他超像素分割算法。

然后采用交互式方式标记前景超像素 O 和背景超像素 B,采用 K 均值聚类方法将两个超像素集合分别聚为 64 簇,其颜色均值向量分别表示为 $\{\boldsymbol{f}_O^i\}$ 和 $\{\boldsymbol{f}_B^j\}$,$i, j \in \{1, 2, \cdots, 64\}$。对于没有标签的节点 p,小区域的颜色均值作为该超像素颜色 $\boldsymbol{f}_p$,计算 $\boldsymbol{f}_p$ 到前景和背景各簇中心的最小距离:

$$\begin{cases} d_p^O = \min_i \|\boldsymbol{f}_p - \boldsymbol{f}_O^i\| \\ d_p^B = \min_j \|\boldsymbol{f}_p - \boldsymbol{f}_B^j\| \end{cases} \tag{9-46}$$

将超像素标记为 d_p^O 和 d_p^B 中最小距离对应的标签,进行标记的代价为

$$\begin{cases} R_p(o) = 0, & R_p(b) = \infty, & \forall p \in O \\ R_p(o) = \infty, & R_p(b) = 0, & \forall p \in B \\ R_p(o) = \dfrac{d_p^O}{d_p^O + d_p^B}, & R_p(b) = \dfrac{d_p^B}{d_p^O + d_p^B}, & \forall p \notin (O \cup B) \end{cases} \tag{9-47}$$

相邻超像素 p、q 标记不同标签的代价 $B_{(p,q)}$ 定义为

$$B_{(p,q)} = \frac{|L_p - L_q|}{\|\boldsymbol{f}_p - \boldsymbol{f}_q\|^2 + 1} \tag{9-48}$$

其中,超像素 p、q 的颜色差别 $\|\boldsymbol{f}_p - \boldsymbol{f}_q\|^2$ 越大,代价 $B_{(p,q)}$ 越小。$|L_p - L_q|$ 等同于式(9-43)中的 δ 项。

Lazy Snapping 算法使用最大流算法最小化代价函数 C,获取分割结果。

当边界较弱时,标记的边界需要进一步编辑,以便优化。Lazy Snapping 算法采用了一种基于多边形的校正方法。

首先通过迭代的方法将获取的边界转换为多边形：初始多边形只有一个顶点，是边界上曲率最大的点。在每次迭代中，计算边界上所有点到多边形的距离，最远的点成为多边形的新顶点，重复这个过程直到最远距离小于阈值（常选3.2像素）。

修改 $B_{(p,q)}$ 为

$$B_{(p,q)} = \frac{|L_p - L_q|}{(1-\beta)\|f_p - f_q\|^2 + \dfrac{\beta\eta}{d_{pq}^2 + 1} + 1} \tag{9-49}$$

其中，d_{pq} 是边 pq 中点到多边形的距离；η 用于统一两项的量纲，可取为 10；$\beta \in [0,1]$，用于调节 d_{pq} 的影响。当边界较弱，即边界超像素 p、q 的颜色差别较小时，d_{pq} 项促使边界接近多边形。

MATLAB 中提供的 lazysnapping 函数可以实现 Lazy Snapping 分割，主要调用格式如下。

BW = lazysnapping(A,L,FOREMASK,BACKMASK)：L 是初分割标记矩阵，FOREMASK 和 BACKMASK 是指定部分前景和背景像素的模板，返回二值图像 BW。

【例 9-12】 采用 Lazy Snapping 算法对图像进行分割。

程序如下：

```
clear,clc,close all;
Image = im2double(imread('fruit.jpg'));
subplot(131),imshow(Image),title('原图');
L = superpixels(Image,500);                              % 超像素分割
ho = drawfreehand;                                       % 手绘并创建自由 ROI
foreground = createMask(ho,Image);                       % 根据 ROI 创建二值前景模板图像
hb = drawfreehand;
background = createMask(hb,Image);                       % 根据 ROI 创建二值背景模板图像
BW = lazysnapping(Image,L,foreground,background);        % Lazy Snapping 分割
subplot(132),imshow(BW),title('分割结果');
mask = cat(3,BW,BW,BW);
result = mask. * Image;
subplot(133),imshow(result),title('目标提取');
```

程序运行结果如图 9-18 所示。

(a) 绘制ROI　　　　　　　　(b) 分割结果　　　　　　　(c) 目标提取

图 9-18　Lazy Snapping 分割

9.7.3　GrabCut 算法

GrabCut 算法是一种交互式图割分割方法，在计算式(9-42)的 $R_p(o)$ 和 $R_p(b)$ 时，使用高斯混合分布模型取代灰度直方图模型，并通过迭代运算获取最佳分割效果。算法主要步骤如下。

（1）可以采用超像素分割方法对原始图像进行初始分割，以超像素作为分割对象。

（2）交互式选择前景区域，将各像素划归前景和背景部分。

（3）将各像素分配给 K 个高斯混合成分中的某一个。前景和背景高斯混合模型各有 K 个混合成分，可以通过初始化高斯混合成分的参数，利用像素值计算各高斯分布函数的负对数，将各像素分配给取值最小的高斯混合成分。也可以利用 K 均值聚类算法将前景和背景像素各自划分为 K 个聚类簇，每个聚类簇对应一个高斯混合成分。

（4）利用每个聚类簇的像素估计各高斯分布参数及混合成分权系数，分别获取前景和背景的高斯混合分布。

（5）获取将像素 p 标记为 L_p 的代价 $R_p(L_p)$，以及将相邻像素 p、q 标记不同标签的代价 $B_{(p,q)}$，进行最小割分割，标记各像素为前景或背景。

（6）重复步骤（3）～（5），直到算法收敛或者达到最大迭代次数。

（7）边界平滑等后处理。

（8）交互式修正。如果分割结果中有错误标记，将部分像素固定标记为前景或背景，执行步骤（5），重新分割一次。也可以选择重复整个迭代过程。

MATLAB 中使用 grabcut 函数实现 GrabCut 分割，主要调用格式如下。

（1）BW＝grabcut(A,L,ROI)：L 是初始分割标签矩阵，ROI 是选择前景区域的二值模板。

（2）BW＝grabcut(A,L,ROI,FOREMASK,BACKMASK)：FOREMASK 和 BACKMASK 是指定前景和背景像素的二值模板。

grabcut 函数可以指定参数 'Connectivity' 来表示连通区域的连通性，对于二维图像默认为 8；参数 'MaximumIterations' 表示最大迭代次数，默认为 5。

在采用 GrabCut 分割时，ROI 之外的所有区域被看作背景，选择区域时，要确保要分割的对象完全包含在 ROI 内，周围有少量背景像素。

【例 9-13】 采用 GrabCut 算法对图像进行分割。

程序如下：

```
clear,clc,close all;
Image = im2double(imread('flower.jpg'));
subplot(131),imshow(Image),title('原图');
L = superpixels(Image,500);
ho = drawfreehand;                          % 选择 ROI
roi = createMask(ho,Image);
BW = grabcut(Image,L,roi);                  % GrabCut 分割
subplot(132),imshow(BW),title('分割结果');
mask = cat(3,BW,BW,BW);
result = mask. * Image;
subplot(133),imshow(result),title('目标提取');
```

程序运行如图 9-19 所示。

(a) 绘制ROI   (b) 分割结果   (c) 目标提取

图 9-19 GrabCut 分割

本章小结

本章主要介绍了图像分割方法,包括阈值分割、区域生长、聚类分割、分水岭分割、超像素分割、形变模型分割、图割分割的原理及 MATLAB 实现。图像分割是实现图像分析理解的关键步骤,应熟悉常用方法的原理、特点、常用函数及处理效果,以便灵活应用。

经过图像分割,图像中具有不同相似特性的区域已经分离开来,为进一步理解图像的内容,需要对这些区域、边界的属性和相互关系用更为简单明确的文字、数值、符号或图像来描述或说明,称为图像描述(Image Description)。图像描述在保留原图像或图像区域重要信息的同时,减少了数据量。这些文字、数值、符号或图像按一定的概念或公式从原图像中产生,反映了原图像或图像区域的某些重要信息,常常被称为图像的特征,产生它们的过程称为图像特征提取,用这些特征表示图像称为图像描述,这些描述或说明称为图像的描绘子。

对图像的描述可以从几何性质、形状、大小、相互关系等多方面进行,一个好的描绘子应具有以下特点。

(1) 唯一性:每个目标必须有唯一的表示。

(2) 完整性:描述是明确无歧义的。

(3) 几何变换不变性:描述应具有平移、旋转、尺度等几何变换不变性。

(4) 敏感性:描述结果应该具有对相似目标加以区别的能力。

(5) 抽象性:从分割区域、边界中抽取反映目标特性的本质特征,不易因噪声等原因发生变化。

本章讲解常见边界描述、区域形状描述、纹理描述和其他方法,以及相关描绘子,并介绍常用的质量评价方法。

10.1 边界描述

边界描述是指用相关方法、数据表达区域边界。边界描述中既含有几何信息,也含有丰富的形状信息,是一种很常见的图像目标描述方法。

10.1.1 边界点列

将区域边界点的坐标表示为二维向量$[x,y]^\mathrm{T}$,假设边界上有 n 个点,整个边界可以表示为一个点列或者矩阵形式,即

$$\boldsymbol{X} = \begin{bmatrix} x_1 & \cdots & x_i & \cdots & x_n \\ y_1 & \cdots & y_i & \cdots & y_n \end{bmatrix}^\mathrm{T} \tag{10-1}$$

在将图像分割为二值图像的基础上,可以采用边界跟踪获取边界点列,即根

据某些严格的"探测准则"找出目标物体轮廓上的像素,即确定边界的起始搜索点;再根据一定的"跟踪准则"找出目标物体上的其他像素,直到符合跟踪终止条件。

(a) 4-邻接跟踪   (b) 8-邻接跟踪

图 10-1   跟踪方向

在跟踪过程中,可以采用 4-邻接或者 8-邻接跟踪,如图 10-1 所示,图中数字是跟踪方向编号,也可以用方位表示。

对于二值图像,边界跟踪可以采用如下过程。

(1) 从左上方开始,从左到右,从上到下搜索图像,直到找到一个前景像素 P_0,作为这个区域的跟踪起点。设置跟踪方向变量 dir,选择 4-邻接跟踪,dir=3,选择 8-邻接跟踪,dir=7。

(2) 按逆时针方向搜索当前像素的 3×3 邻域,开始搜索的方向:4-邻接跟踪为 $(dir+3) \bmod 4$;8-邻接跟踪,当 dir 是偶数时为 $(dir+7) \bmod 8$,当 dir 是奇数时为 $(dir+6) \bmod 8$。找到的第一个与当前像素值相同的像素是这个区域新的边界像素 P_n。

(3) 根据边界像素 P_{n-1} 和 P_n 的位置关系,根据图 10-1 所示,更新变量 dir。

(4) 如果当前的边界像素 P_n 等于 P_1,而且前一个边界像素 P_{n-1} 等于 P_0,说明已经回到出发点,跟踪结束,像素 $P_0,P_1,\cdots,P_{n-2}$ 构成边界序列;否则,返回第(2)步。

这个跟踪过程能找到区域的边界,但不能找到区域内孔的边界。可以在区域边界跟踪结束后,查找没有分配到特定边界的边缘像素确认孔边界的位置。

MATLAB 中的 bwboundaries、bwtraceboundary 函数可以实现二值图像的边界跟踪,visboundaries 函数可以绘制区域边界,其调用格式如下。

(1) [B,L,N,A]=bwboundaries(BW,CONN,OPTIONS):跟踪二值图像 BW 中目标的外轮廓和洞的轮廓。CONN 表示连通性,默认为 8;OPTIONS 是相关设置参数,包含 TraceStyle 和 CoordinateOrder,前者可取 'pixelcenter'(默认)或 'pixeledge',后者可取 'xy'或 'yx'(默认);返回 B 是一个 $P \times 1$ 的元胞数组,P 是目标和洞的个数,每个元素包含一个 $n \times 2$ 的矩阵,n 是对应目标边界点的数目;L 是标记矩阵;N 是目标数目,B 中前 N 个元素是目标边界,剩余的是洞的边界;A 是邻接矩阵,表示目标和洞边界的层级关系,如果 $A(i,j)=1$ 表示边界 i 被边界 j 包含。

(2) B=bwtraceboundary(BW,P,fstep,conn,m,dir):跟踪二值图像 BW 中目标的外轮廓。P 指定起点坐标;fstep 是初始搜索方向,可取 "N"、"NE"、"E"、"SE"、"S"、"SW"、"W"、"NW",conn 取 4 的时候,搜索方向减少为 "N"、"E"、"S"、"W";m 表示边界点的最大数目,默认为 Inf,即获取所有边界点;dir 是跟踪方向,可取 "clockwise"(默认)、"counterclockwise"。

(3) visboundaries(ax,BW,Name,Value):在 ax 指定的坐标系中的 BW 图像上绘制边界点,Name 和 Value 指定边线的颜色、线型等参数。

【例 10-1】   获取目标边界点列并绘制边界线。

程序如下:

```
clear,clc,close all;
image = imread('shapefill.jpg');
BW = imbinarize(image);
[B,L] = bwboundaries(BW);
result = label2rgb(L);
subplot(121),imshow(result),title('标记图像');
ax = subplot(122);imshow(BW),title('绘制边界');
visboundaries(ax,BW,'Color','b');
```

程序运行结果如图 10-2 所示。程序中获取的 B 是一个 9×1 的元胞数组,每个元素都是一个两列的矩阵,对应 9 个区域边界点的坐标。

(a) 原图　　　　　　(b) 标记图像　　　　　　(c) 绘制边界

图 10-2　获取边界点列并绘制边界线

10.1.2　霍夫变换

霍夫变换(Hough Transform)是检测图像中直线和曲线的一种方法,常被称为 Hough 变换,其核心思想是:建立一种点-线对偶关系,将图像从图像空间变换到参数空间,确定曲线的参数,进而确定图像中的曲线。若边界线形状已知,通过检测图像中离散的边界点,确定曲线参数,在图像空间重绘边界曲线。

1. Hough 变换检测直线原理

设直线方程为

$$\begin{cases} x = \rho\cos\theta \\ y = \rho\sin\theta \end{cases} \tag{10-2}$$

其中,ρ 表示该直线距离原点的距离,θ 表示直线法线与 x 轴的夹角。

以 x 为横坐标、y 为纵坐标建立 xy 空间,以 θ 为横坐标、ρ 为纵坐标建立 $\theta\rho$ 参数空间,有下列 3 个对应关系。

(1)一条确定的直线对应一组确定的参数数据 θ、ρ,因此,xy 空间中的一条确定的直线对应 $\theta\rho$ 参数空间的一个点。

(2)直线变形为关于 θ 和 ρ 的直线,$\rho = x\cos\theta + y\sin\theta$,$x$、$y$ 为其参数,因此,$\theta\rho$ 参数空间中的一条正弦曲线对应 xy 空间的一个点。

(3)综上所述,xy 空间中一条直线上的 n 个点,对应 $\theta\rho$ 参数空间中经过一个公共点的 n 条正弦曲线。

因此,若原图像中某一条边界线为直线,根据该边界上的 n 个点 (x_i, y_i),$i = 1, 2, \cdots, n$,在 $\theta\rho$ 参数空间中绘制 n 条正弦曲线,检测出交点,即可得到图像中该直线的参数,从而确定这条线。

参数空间中 n 条正弦曲线交点的检测方法:对于原图中每个点,在参数空间中确定一条正弦曲线,即该曲线所经过点的值累加 1,经过曲线最多的点(累加值最大的点)为原图中直线的参数。

Hough 变换可以推广到具有解析形式 $f(\boldsymbol{x}, \boldsymbol{a}) = 0$ 的任意曲线,$\boldsymbol{x}$ 表示图像点,$\boldsymbol{a}$ 表示参数向量,方法同检测直线一样。

2. Hough 变换的实现

MATLAB 中提供的 Hough 变换检测直线的相关函数列举如下。

（1）[H,THETA,RHO]=hough(BW)：对输入二值图像 BW 进行 Hough 变换。H 表示图像 Hough 变换后的矩阵；THETA 表示 Hough 变换生成 θ 轴的各个单元对应的 θ 值（单位为度）；RHO 表示 Hough 变换生成 ρ 轴的各单元对应的 ρ 值。

（2）[H,THETA,RHO]=hough(BW,PARAM1,VAL1,PARAM2,VAL2)：变量 PARAM1，VAL1，PARAM2，VAL2 共同指定参数平面的离散度，有 Theta 参数向量，其元素指定输出矩阵 H 对应列的 θ 值，取值在[−90,90)范围内；有 RhoResolution 参数，为[0 norm(size(BW))]的实型变量，指定 ρ 轴的单元大小，默认为 1。

（3）LINES=houghlines(BW,THETA,RHO,PEAKS)：根据 Hough 变换的结果提取图像 BW 中的线段。THETA 和 RHO 由 hough 函数的输出得到，PEAKS 表示 Hough 变换峰值，由 houghpeaks 函数的输出得到；LINES 为结构体矩阵，长度为提取出的线段的数目，矩阵中每个元素表示一条线段的相关信息。

（4）LINES=houghlines(…,PARAM1,VAL1,PARAM2,VAL2)：功能同（3），参数见表 10-1。

表 10-1　houghlines 函数参数表

参　　数	域　　名	描　　述
LINES	point1	二元向量[X Y]，线段一个端点的行列坐标
	point2	二元向量[X Y]，线段另一个端点的行列坐标
	theta	该线段对应的 θ 值，单位为度
	rho	该线段对应的 ρ 值
FillGap		指定线段被合并的门限间隔，默认为 20
MinLength		指定合并后的线段被保留的门限长度，默认为 40

（5）PEAKS=houghpeaks(H,NUMPEAKS)：提取 Hough 变换后参数平面的峰值点。NUMPEAKS 指定要提取的最大峰值数目，默认为 1；返回值 PEAKS 为一个 $Q \times 2$ 矩阵，包含峰值的行列坐标，Q 为提取的峰值数目。

（6）PEAKS=houghpeaks(…,PARAM1,VAL1,PARAM2,VAL2)：指定参数提取 Hough 变换后参数平面的峰值点。有 Threshold 参数，是一个非负实数，指定峰值的门限，默认为 $0.5 \times \max(H(:))$；有 NHoodSize 参数，是一个二元向量[M N]，M、N 均为正奇数，共同指定峰值周围抑制区的大小；有 Theta 参数，同函数 hough 中参数 THETA 含义一致。

【例 10-2】　对图像进行 Hough 变换，显示 Hough 变换矩阵，并提取线段。
程序如下：

```
clc,clear,close all;
Image = rgb2gray(imread('houghsource.bmp'));
bw = edge(Image,'canny');                        % Canny 算子边缘检测得二值边缘图像
figure,imshow(bw);
[h,t,r] = hough(bw,'RhoResolution',0.5,'Theta', −90:0.5:89.5);    % Hough 变换
figure,imshow(imadjust(mat2gray(h)),'XData',t,'YData',r,'InitialMagnification','fit');
                                                % 显示 Hough 变换矩阵
xlabel('\theta'),ylabel('\rho');
axis on,axis normal,hold on;
```

```
P = houghpeaks(h,2);
x = t(P(:,2)); y = r(P(:,1));
plot(x,y,'s','color','r');                                    % 获取并标出参数平面上的峰值点
lines1 = houghlines(bw,t,r,P,'FillGap',5,'Minlength',7);      % 检测图像中的直线段
figure,imshow(Image);
hold on;
for i = 1:length(lines1)
    xy = [lines1(i).point1;lines1(i).point2];
    plot(xy(:,1),xy(:,2),'LineWidth',2,'Color','g');          % 用绿色线段标洼直线段
    plot(xy(1,1),xy(1,2),'x','LineWidth',2,'Color','y');
    plot(xy(2,1),xy(2,2),'x','LineWidth',2,'Color','r');      % 标注直线段端点
end
lines2 = houghlines(bw,t,r,P,'FillGap',20,'Minlength',7);     % 更换参数
figure,imshow(Image);
hold on;
for i = 1:length(lines2)
    xy = [lines2(i).point1;lines2(i).point2];
    plot(xy(:,1),xy(:,2),'LineWidth',2,'Color','g');          % 用绿色线段标注直线段
    plot(xy(1,1),xy(1,2),'x','LineWidth',2,'Color','y');
    plot(xy(2,1),xy(2,2),'x','LineWidth',2,'Color','r');      % 标注直线段端点
end
```

程序运行结果如图 10-3 所示,请读者在软件中观察相应颜色标注。

| (a) 原图 | (b) $\rho\theta$ 参数空间 | (c) 检测结果图1 | (d) 检测结果图2 |

图 10-3　Hough 变换检测直线

参数变换的计算复杂度相当高,可以使用梯度信息降低计算量:知道梯度的方向,即知道了边缘的方向,也就知道了 θ 值,因此只需计算 ρ 值。

MATLAB 也提供了检测圆的 Hough 变换相关函数,列举如下。

(1) imfindcircles 函数:Hough 变换检测圆。

① CENTERS＝imfindcircles(A,RADIUS):根据指定的半径 RADIUS 在图像 A 中检测圆。A 可以是灰度图像、RGB 图像或二值图像;CENTERS 是圆心坐标组成的 $P \times 2$ 矩阵,按照圆度排序。

② [CENTERS,RADII]＝imfindcircles(A,RADIUS_RANGE):根据指定的半径范围检测圆。RADIUS_RANGE 是二维整数向量[MIN_RADIUS MAX_RADIUS];列向量 RADII 为检测到的圆的半径。

③ [CENTERS,RADII,METRIC]＝imfindcircles(A,RADIUS_RANGE):METRIC 为列向量,检测到的圆的累积矩阵峰值;CENTERS 和 RADII 根据对应的 METRIC 值降序排列。

④ [CENTERS,RADII,METRIC]＝imfindcircles(…,PARAM1,VAL1,PARAM2,VAL2,…):指定参数实现圆的检测,参数如表 10-2 所示。

表 10-2　imfindcircles 参数表

参　　　数	描　　　述
ObjectPolarity	圆形对象相对于背景的极性,取'bright'(默认),目标亮于背景;取'dark',目标暗于背景
Method	指定计算累积矩阵的方法,可取'PhaseCode'(默认)和'TwoStage'
Sensitivity	灵敏度因了,在[0,1]范围内,取值大,可以检测到更多的圆,默认为 0.85
EdgeThreshold	在[0,1]范围内,指定判断边界像素的梯度阈值,默认情况下,使用 graythresh 函数确定阈值

（2）viscircles 函数：创建圆。

① viscircles(CENTERS,RADII)：根据指定的圆心 CENTERS 和半径 RADII 在当前坐标系中添加圆,默认为红色。

② viscircles(AX,CENTERS,RADII)：向 AX 指定的坐标系添加圆。

③ H＝viscircles(…,PARAM1,VAL1,PARAM2,VAL2,…)：H 为一个 hggroup 对象句柄,指定参数添加圆,参数及含义包括 Color 指定圆边界颜色,LineStyle 指定圆边界线型,LineWidth 指定圆边界线宽,单位为 point,默认为 2points,EnhanceVisibility 为 true 表示增强边界。

【例 10-3】　对硬币图像进行 Hough 变换,检测并显示圆。

程序如下：

```
clear,clc,close all;
Image = imread('coins.png');
[centers,radii,metric] = imfindcircles(Image,[15 30]);    % 检测半径在[15,30]范围内的圆
subplot(121),imshow(Image);
viscircles(centers, radii, 'Color', 'b');                 % 用蓝色线绘制所有的圆
centersStrong5 = centers(1:5, :);                         % 获取圆度最大的 5 个圆的圆心
radiiStrong5 = radii(1:5);
metricStrong5 = metric(1:5);
subplot(122),imshow(Image);
viscircles(centersStrong5, radiiStrong5, 'Color', 'g', 'LineStyle', ':');
```

程序运行结果如图 10-4 所示。

(a) 原图　　　　　　　　　(b) 检测的所有圆　　　　　　　(c) 圆度最大的5个圆

图 10-4　Hough 变换检测圆

10.2　区域形状描述

除了边界描述,也可以利用区域自身信息描述区域形状。

10.2.1 常用特征

1. 距离

对于像素 p、q 和 z，如果满足下列 3 条性质，则称 d 是距离函数或度量。

(1) $d(p,q) \geqslant 0$（$d(p,q) = 0$，当且仅当 $p = q$）。

(2) $d(p,q) = d(q,p)$。

(3) $d(p,z) \leqslant d(p,q) + d(q,z)$。

在图像处理中，像素间常用的距离有如下几种。

(1) 欧氏距离。

设两个像素为 $p(x,y)$ 和 $q(s,t)$，两点间的欧氏距离为

$$d_e(p,q) = \sqrt{(x-s)^2 + (y-t)^2} \tag{10-3}$$

与点 (x,y) d_e 距离小于或等于某个值 r 的像素包含在以 (x,y) 为圆心、以 r 为半径的圆平面内。

(2) 街区距离。

$$d_4(p,q) = |x-s| + |y-t| \tag{10-4}$$

与 (x,y)（中心点）d_4 距离小于或等于某个值 r 的像素形成一个菱形，具有 $d_4 = 1$ 的像素是 (x,y) 的 4 邻域。

(3) 棋盘距离。

$$d_8(p,q) = \max(|x-s|, |y-t|) \tag{10-5}$$

与 (x,y)（中心点）d_8 距离小于或等于某个值 r 的像素形成一个正方形，具有 $d_8 = 1$ 的像素是 (x,y) 的 8 邻域。

对于提取的特征值之间的差异，也可以采用闵氏距离、马氏距离来计算。

(1) 闵氏（Minkowski）距离。

设两个向量为 $\boldsymbol{X}_i = (x_{i1}, x_{i2}, \cdots, x_{in})^T$、$\boldsymbol{X}_j = (x_{j1}, x_{j2}, \cdots, x_{jn})^T$，二者之间的闵氏距离为

$$d(\boldsymbol{X}_i, \boldsymbol{X}_j) = \left[\sum_{k=1}^{n} |(x_{ik} - x_{jk})|^m \right]^{\frac{1}{m}} \tag{10-6}$$

当 $m = 1$ 时，即求得街区距离；当 $m = 2$ 时，即求得欧氏距离；当 $m \rightarrow +\infty$ 时，即求得棋盘距离（切比雪夫距离）。

(2) 马氏（Mahalanobis）距离。

$$d = \sqrt{(\boldsymbol{X} - \boldsymbol{\mu})^T \boldsymbol{\Sigma}^{-1} (\boldsymbol{X} - \boldsymbol{\mu})} \tag{10-7}$$

其中，$\boldsymbol{\mu}$ 为向量均值，$\boldsymbol{\Sigma}$ 为向量的协方差矩阵。

2. 位置

区域在图像中的位置用区域面积的中心点来表示。二值图像质量分布均匀，质心和形心重合，若区域对应的像素位置为 (x_i, y_j)（$i = 0, 1, \cdots, m-1$；$j = 0, 1, \cdots, n-1$），可用式(10-8)计算质心的位置坐标：

$$\bar{x} = \frac{1}{mn} \sum_{j=0}^{n-1} \sum_{i=0}^{m-1} x_i, \quad \bar{y} = \frac{1}{mn} \sum_{j=0}^{n-1} \sum_{i=0}^{m-1} y_j \tag{10-8}$$

一般图像的质心位置坐标计算可采用区域的矩表示的方法,即

$$\bar{x} = \frac{\sum\limits_{x=0}^{m-1}\sum\limits_{y=0}^{n-1} x f(x,y)}{\sum\limits_{x=0}^{m-1}\sum\limits_{y=0}^{n-1} f(x,y)}, \quad \bar{y} = \frac{\sum\limits_{x=0}^{m-1}\sum\limits_{y=0}^{n-1} y f(x,y)}{\sum\limits_{x=0}^{m-1}\sum\limits_{y=0}^{n-1} f(x,y)} \tag{10-9}$$

3. 主轴和方向

一条过点 (x_0, y_0) 并和 x 轴成 α 角的直线 L 的方程为

$$(x - x_0)\sin\alpha - (y - y_0)\cos\alpha = 0 \tag{10-10}$$

若在区域 R 中将灰度函数 $f(x,y)$ 视作质量,区域 R 关于这条直线的转动惯量为

$$I = \iint\limits_{R} \left[(x - x_0)\sin\alpha - (y - y_0)\cos\alpha\right]^2 f(x,y)\,\mathrm{d}x\,\mathrm{d}y \tag{10-11}$$

使 I 取最小值的直线称为区域的主轴,经过区域 R 的质心,给出区域的取向,如图 10-5 中虚线所示。

对式(10-11)求最小值,可得

$$\tan 2\alpha = \frac{2\mu_{11}}{\mu_{20} - \mu_{02}} \tag{10-12}$$

其中,μ_{pq} 为 $p+q$ 阶中心矩,如式(10-13)所示。

$$\mu_{pq} = \sum_{x=0}^{M-1}\sum_{y=0}^{N-1} f(x,y)(x - \bar{x})^p (y - \bar{y})^q \tag{10-13}$$

图 10-5　区域主轴及方向图示

4. 尺寸

1)长度和宽度

长度和宽度可以用区域在水平和垂直方向上最大的像素数来度量,即当物体的边界已知时,用其外接矩形的长宽来表示区域的长宽。求区域在坐标系方向上的外接矩形,只需计算区域边界点的最大和最小坐标值,就可得到区域的水平和垂直跨度,如图 10-6(a)所示。

(a) 外接矩形　　　　　　　(b) 最小外接矩形　　　　　　　(c) 凸包

图 10-6　外接多边形

对任意朝向的目标,水平和垂直并非是感兴趣的方向。有必要确定目标的主轴,然后计算反映目标形状特征的主轴方向上的长度和与之垂直方向上的宽度,这样的外接矩形是目标的最小外接矩形(Minimum Enclosing Rectangle,MER),如图 10-6(b)所示。

主轴可以通过求目标的两阶中心矩得到,也可以通过中轴变换在目标中拟合一条直线或曲线来得到,将图像不断旋转,计算各角度下的外接矩形的面积,其中,面积最小的外接矩形即 MER。

2)周长

区域的周长即区域的边界长,在区分具有简单或复杂形状物体时特别有用。

周长的计算由区域边界的表示方法决定,最简单的是取边界点的数目作为其周长。当边界用链码表示时,把边界像素看作一个个点,求周长也即计算链码长度。把图像中的像素看作单位面积的小方块,则图像中的区域和背景均由小方块组成。区域的周长为区域和背景缝隙的长度和,即边界点所在的小正方形串的外周长。

3)面积

面积是物体总尺寸的一个方便的度量,只与该物体的边界有关,而与其内部灰度级的变化无关。面积通常采用统计边界内部的像素数目(通常也包括边界上的点)的方法来计算。

5. 孔数和欧拉数

孔指的是不包含感兴趣像素的被封闭边缘包围的区域,图像中的对象数减去这些对象中的孔数,即是欧拉数。只要图像不撕裂、不折叠,对象数、孔数和欧拉数不随着图像变形而改变,常用来作为图像的特征。

6. 凸包

点集的凸包指一个最小凸多边形,满足点集中的点或者在多边形边上或者在其内。图像凸包是表达图像一维属性信息的一种方式。一个区域的凸包如图 10-6(c)所示。

7. 等效椭圆

当图像区域中的灰度分布被视作质量密度时,可计算其转动惯量,与椭圆方程在形式上是一致的,因此,一个区域的许多特征可以用这个椭圆的有关参数来表示,这个椭圆称为等效椭圆。

等效椭圆的中心一般位于区域的质心,椭圆主轴与 x 轴的夹角 α 由式(10-12)确定,椭圆的半长轴长、半短轴长如式(10-14)所示:

$$\begin{cases} a = \left[2 \left(\mu_{20} + \mu_{02} + \sqrt{(\mu_{20} - \mu_{02})^2 + 4\mu_{11}^2} \right) \middle/ \mu_{00} \right]^{\frac{1}{2}} \\ b = \left[2 \left(\mu_{20} + \mu_{02} - \sqrt{(\mu_{20} - \mu_{02})^2 + 4\mu_{11}^2} \right) \middle/ \mu_{00} \right]^{\frac{1}{2}} \end{cases} \tag{10-14}$$

等效椭圆的离心率描述了区域的紧凑性,有多种计算公式,可以定义为区域半长轴长度与半短轴长度的比值 a/b。

8. 特征计算

MATLAB 提供了相关函数测量图像区域的几何特征,列举如下。

(1) TOTAL=bwarea(BW):计算二值图像 BW 中目标的面积 TOTAL。计算时,不是简单地统计像素值为 1 的像素个数,而是采用了加权求和的方式。

(2) EUL=bweuler(BW,N):统计二值图像 BW 的欧拉数。N 取值为 4 或 8,代表 4 或 8 连通,默认为 8。

（3）CH＝bwconvhull(BW,METHOD)：对二值图像 BW 中的目标生成凸包图像。METHOD 指定生成方法，可选'union'（默认）或'objects'，前者把所有前景当作同一个目标计算凸包，后者给各连通成分单独计算凸包。

（4）regionprops 函数：测量连通成分的属性。

① STATS＝regionprops(BW,PROPERTIES)：测量二值图像 BW 中每个连通成分的属性。

② STATS＝regionprops(CC,PROPERTIES)：测量 CC 结构体中的连通成分属性。CC 由 bwconncomp 函数获取。

③ STATS＝regionprops(L,PROPERTIES)：测量标记矩阵 L 中连通成分的属性。

④ STATS＝regionprops(OUTPUT,…)：根据 OUTPUT 参数以不同形式输出属性，OUTPUT 可以取'struct'、'table'，分别代表以结构体数组和 MATLAB 表格形式输出，默认取'struct'。

以上调用中 PROPERTIES 参数是指要测量的属性，取值如表 10-3 所示。如果 PROPERTIES 被设为'all'，返回所有的形状属性，对于灰度图像，还将返回测量的像素值；如果 PROPERTIES 不指定或设为'basic'（默认），则返回'Area'、'Centroid'和'BoundingBox'。

表 10-3　regionprops 函数 PROPERTIES 参数取值表

取　值	描　述	取　值	描　述
Area	面积，即各区域像素总个数	Eccentricity	与区域具有相同标准二阶中心矩的椭圆的离心率、长轴长、短轴长及长轴与 x 轴的夹角
BoundingBox	相应区域的外接矩形	MajorAxisLength	
Centroid	每个区域的质心	MinorAxisLength	
Circularity	目标的圆度，$(1-0.5/r)^2 4\pi A/P^2$，r、A、P 分别为目标的半径、面积和周长	Orientation	
ConvexArea	凸包图像中的像素个数	Perimeter	各区域边界周长
ConvexHull	某区域的外接凸多边形的边界坐标	PixelIdxList	存储区域像素的索引下标
ConvexImage	返回含区域外接凸多边形的逻辑矩阵	PixelList	存储上述索引对应的像素坐标
EulerNumber	欧拉数	Solidity	同时在区域和其外接凸多边形中的像素比例 Area/ConvexArea
EquivDiameter	与区域具有相同面积的圆的直径 $\sqrt{4A/\pi}$	SubarrayIdx	每个连通区域边界框中的元素索引
Extent	同时在区域和其外接矩形中的像素比例	MaxIntensity	像素值测量，要求输入灰度图像
Extrema	八方向区域极值点	MeanIntensity	
FilledArea	填充区域图像中的像素个数	MinIntensity	
FilledImage	与某区域具有相同大小的填充逻辑矩阵	PixelValues	
Image	与某区域具有相同大小的逻辑矩阵	WeightedCentroid	

【例 10-4】　统计图 10-2(a)中各区域的面积、欧拉数以及凸包图像。

程序如下：

```
clear,clc,close all;
```

```
Image = imread('shapefill.jpg');
BW = imbinarize(Image);
Total = bwarea(BW);
Eul = bweuler(BW,8);
BW2 = bwconvhull(BW,'objects');
subplot(121),imshow(BW),title('二值化图像');
subplot(122),imshow(BW2),title('凸包图像');
```

程序运行结果如图 10-7 所示。Total＝3.1718e＋04,Eul＝9。

(a) 二值化图像   (b) 凸包图像

图 10-7 统计几何参数

【例 10-5】 基于 regionprops 函数统计区域的几何特征。

程序如下：

```
clear,clc,close all;
image = imread('blocks.jpg');
BW = imbinarize(rgb2gray(image));
figure,imshow(BW),title('二值化图像');
SE = strel('square',3);
Morph = imclose(imopen(BW,SE),SE);
figure,imshow(Morph),title('形态学滤波');
[B,L] = bwboundaries(1 - Morph);
figure,imshow(L),title('划分的区域');
STATS = regionprops(L,'Area', 'Centroid','Orientation','BoundingBox','ConvexHull');
% 统计几何特征,含区域面积、质心坐标、方向、外接矩形及外接凸多边形
figure,imshow(image),title('检测的区域');
hold on;
visboundaries(B,'Color','r','LineWidth',2);             % 绘制边界线
len = length(STATS);
for i = 1:len
    rr1 = STATS(i).BoundingBox;
    rectangle('Position',rr1,'edgecolor','g');          % 绘制外接矩形
end
for i = 1:len
    border = STATS(i).ConvexHull;
    plot(border(:,1),border(:,2),'k','LineWidth',2);    % 绘制外接凸多边形
end
hold off;
```

程序运行结果如图 10-8 所示，STATS 为包含 Area、Centroid、BoundingBox、Orientation 和 ConvexHull 字段的 5×1 struct 数组。

(a) 二值化图像

(b) 划分的区域

(c) 检测的区域

图 10-8　多个区域的几何特征提取

9. 目标筛选与提取

获取区域的几何特征后，可以根据特征值筛选或提取目标，例如，去除面积过小的区域，提取具有特定特征的区域等，方便进一步处理或描述。

MATLAB 中提供了一些常用的目标筛选与提取函数，列举如下。

（1）BW2＝bwareaopen(BW,P,CONN)：去除二值图像 BW 中面积小于 P 的目标。

（2）bwareafilt 函数：从二值图像中提取特定尺寸的目标。

① BW2＝bwareafilt(BW,range)：参数 range 是二维向量，指定目标面积范围。

② BW2＝bwareafilt(BW,n,keep)：参数 n 指定要提取的目标数目，keep 可取'largest'（默认）或'smallest'，指提取的目标是面积最大或最小的 n 个目标。

（3）bwpropfilt 函数：根据区域属性提取目标。

① BW2＝bwpropfilt(BW,I,prop,range)：参数 prop 指定提取目标依据的属性，可取"Area"、"ConvexArea"、"Eccentricity"、"EquivDiameter"、"EulerNumber"、"Extent"、"FilledArea"、"MajorAxisLength"、"MinorAxisLength"、"Orientation"、"Perimeter"、"Solidity"，如果指定了标记图像 I，prop 还可以取"MaxIntensity"、"MeanIntensity"、"MinIntensity"；参数 range 指定属性范围；标记图像 I 是灰度图像，其中的灰度值用于确定二值图像中的区域。

② BW2＝bwpropfilt(BW,I,prop,n,keep)：参数 n 和 keep 同 bwareafilt 函数参数。

【例 10-6】　提取图中的圆形区域和 45°方向的区域。

程序如下：

```
clear,clc,close all;
Image = imread('shapefill.jpg');
BW = imbinarize(Image);
result = bwpropfilt(BW,"Eccentricity",[0,0.25]);        % 提取离心率在[0,0.25]范围内的区域
subplot(121),imshowpair(BW,result,'montage'),title('提取圆形区域');
Image = imread('rice.png');
BW = imbinarize(Image);
result = bwpropfilt(BW,"Orientation",[40,50]);          % 提取方向在[40,50]范围内的区域
subplot(122),imshowpair(BW,result,'montage'),title('提取 45°方向区域');
```

程序运行如图 10-9 所示。

| (a) 原图1 | (b) 提取圆形区域 | (c) 原图2 | (d) 提取45°方向区域 |

图 10-9 目标筛选与提取

10.2.2 距离变换

距离变换(Distance Transform,DT)是图像的一种表示方法,通过计算每个像素与某个特征的距离,将其作为像素值生成图像。在多数情况下,该特征是一个边缘,从像素到边缘的距离定义为该像素到最近边缘点的距离。距离变换有多种方法可以实现,图 10-10 所示为基于迭代的方法。

(a) 8连通边界图   (b) 初始标记

(c) 第一次循环标记   (d) 距离变换

图 10-10 距离变换示意

图 10-10(a)中阴影部分是目标边界,边界是 8 连通的,即边界上相邻点互为 8 邻点;首先将边界上的点初始化标记为 0,如图 10-10(b)所示;然后循环扫描每个像素(x,y),查看其 4 邻域 η,如果有邻点已被标记,则标记该像素为 $\min_{(s,t)\in\eta} \mathrm{DT}(s,t)+1$,即最小标记加 1,如图 10-10(c)所示。反复扫描图像,直到所有点都被标记,得到距离变换的结果,如图 10-10(d)所示,其中每个点的值是该像素到

最近边界的距离,这里用的是街区距离。

MATLAB 中使用 bwdist 函数实现二值图像的距离变换,调用格式如下。

[D,IDX]=bwdist(BW,METHOD):计算 BW 中各点到最近非零点的距离,距离计算方法由 METHOD 指定,可取 'cityblock'、'chessboard'、'quasi-euclidean'、'euclidean'(默认);D 是各点距离构成的图像,IDX 存放距离各点最近的非零点的索引。

【例 10-7】 对图像进行距离变换。

程序如下:

```
clear,clc,close all;
Image = rgb2gray(imread('triangle.bmp'));
edgeI = edge(Image,'canny');
[D,idx] = bwdist(edgeI);                      % 距离变换
D = D/max(D(:));                              % 距离归一化
subplot(131),imshow(Image),title('原图');
subplot(132),imshow(edgeI),title('二值边缘图像');
subplot(133),imshow(D),title('距离变换');
```

程序运行结果如图 10-11 所示。

(a) 原图　　　　　　　　(b) 二值边缘图像　　　　　　　(c) 距离变换

图 10-11　距离变换

10.2.3　中轴变换

中轴,也称为对称轴或骨架,既能压缩图像信息,又能完全保留目标的形状信息,且由中轴及其他数值还可以恢复原区域,是一种重要的形状特征。

中轴有多种定义方法,从几何上讲,在区域内做内切圆,使其至少与边界两点相切,圆心的连线即是中轴;用点到边界的距离来定义,中轴是目标中到边界有局部最大距离的点的集合。

中轴变换(Medial Axis Transform,MAT)是一种用来确定物体骨架的细化技术,对于区域中的每个点,寻找位于边界上离它最近的点,如果对于某点 p 可以同时找到多个这样的最近点,则称该点 p 为区域的中轴上的点。

由于上述中轴变换方法需要计算所有边界点到所有区域内部点的距离,计算量很大,实际中多数采用逐次消去边界点的迭代细化算法,在这个过程中,要注意不要消去线段端点、不中断原来连通的点、不过多侵蚀区域。

MATLAB 中的 bwskel 函数采用中轴变换将二值图像骨架化,其调用格式如下。

B=bwskel(A,'MinBranchLength',N):参数 MinBranchLength 设定骨架线段的最低长度,小于 N 的线段会被消除,N 默认为 0,即保留全部骨架线段。

【例 10-8】 提取目标图像的骨架。

程序如下：

```
clear,clc,close all;
Image = rgb2gray(imread('threads.png'));
BW = imbinarize(255 - Image);
result1 = bwskel(BW);
result2 = bwskel(BW,'MinBranchLength',30);
subplot(221),imshow(Image),title('原图');
subplot(222),imshow(BW),title('二值图像');
subplot(223),imshow(result1),title('全部骨架');
subplot(224),imshow(result2),title('去除短线骨架');
```

程序运行结果如图 10-12 所示。

(a) 原图   (b) 二值图像   (c) 全部骨架   (d) 去除短线骨架

图 10-12　骨架提取

10.3　纹理描述

纹理反映一个区域中像素灰度级空间分布的属性，类似于砖墙、布匹、草地等具有重复性结构的图像被称为纹理图像，纹理图像中灰度分布一般具有某种周期性（即便灰度变化是随机的，也具有一定的统计特性），周期长纹理粗糙，周期短纹理细致。

10.3.1　灰度共生矩阵法

灰度共生矩阵法是对图像所有像素进行统计调查，以便描述其灰度分布的一种方法。

取图像中任意一点 (x,y) 及偏离它的另一点 $(x+\Delta x,y+\Delta y)$，设该点对的灰度值为 (f_1,f_2)，令点 (x,y) 在整个画面上移动，得到各种 (f_1,f_2) 值。设灰度值的级数为 L，则 f_1 与 f_2 的组合共有 L^2 种。对于整个画面，统计出每种 (f_1,f_2) 值出现的次数，排列成一个方阵，再用 (f_1,f_2) 出现的总次数将它们归一化为出现的概率 $p(f_1,f_2)$，称这样的方阵为灰度共生矩阵，也称为联合概率矩阵。

也可以通过设定方向 θ 和距离 d 来确定灰度对 (f_1,f_2)，进而生成灰度共生矩阵。

偏离值 $(\Delta x,\Delta y)$ 取不同的值，可以形成不同的灰度共生矩阵。通常，$(\Delta x,\Delta y)$ 根据纹理周期分布的特性来选择：对于变化缓慢的图像，$(\Delta x,\Delta y)$ 较小时，f_1 与 f_2 一般具有相近的灰度，体现在灰度共生矩阵中，矩阵对角线及其附近的数值较大；对于变化较快的图像，矩阵各元素的取值相对均匀。

生成灰度共生矩阵后,通常采用一些参数描述纹理特征。

(1) 角二阶矩。

$$\text{ASM} = \sum_{f_1}\sum_{f_2}\left[p(f_1,f_2)\right]^2 \tag{10-15}$$

角二阶矩也称能量,用来度量图像的平滑度。若所有像素具有相同灰度级 f,$p(f,f)=1$ 且 $p(f_1,f_2)=0(f_1\neq f$ 或 $f_2\neq f)$,则 ASM$=1$;若具有所有可能的像素对,且像素的灰度级具有相同的概率,则 ASM 等于这个概率值;区域越不平滑,分布 $p(f_1,f_2)$ 越均匀,且 ASM 越低。

(2) 对比度。

$$\text{CON} = \sum_k k^2\left[\sum_{\substack{f_1 \\ k=|f_1-f_2|}}\sum_{f_2}p(f_1,f_2)\right] \tag{10-16}$$

若灰度共生矩阵中偏离对角线的元素有较大值,即图像亮度值变化很快,则对比度 CON 会有较大取值。

(3) 倒数差分矩。

$$\text{IDM} = \sum_{f_1}\sum_{f_2}\frac{p(f_1,f_2)}{1+|f_1-f_2|} \tag{10-17}$$

倒数差分矩也称为同质性、逆差矩,反映了图像中局部灰度相关性。当图像像素值均匀相等时,灰度共生矩阵对角元素有较大值,倒数差分矩 IDM 就会取较大的值。相反,区域越不平滑,IDM 值越小。

(4) 熵。

$$\text{ENT} = -\sum_{f_1}\sum_{f_2}p(f_1,f_2)\text{lb}\,p(f_1,f_2) \tag{10-18}$$

熵是描述图像具有的信息量的度量,表明图像的复杂程度,当复杂程度高时,熵值较大,反之则较小。若灰度共生矩阵值分布均匀,即图像近于随机或噪声很大,熵会有较大值。

(5) 相关系数。

$$\text{COR} = \frac{\sum_{f_1}\sum_{f_2}(f_1-\mu_{f_1})(f_2-\mu_{f_2})p(f_1,f_2)}{\sigma_{f_1}\sigma_{f_2}} \tag{10-19}$$

其中,$\mu_{f_1}=\sum_{f_1}f_1\sum_{f_2}p(f_1,f_2)$,$\mu_{f_2}=\sum_{f_2}f_2\sum_{f_1}p(f_1,f_2)$,$\sigma_{f_1}^2=\sum_{f_1}(f_1-\mu_{f_1})^2\sum_{f_2}p(f_1,f_2)$,$\sigma_{f_2}^2=\sum_{f_2}(f_2-\mu_{f_2})^2\sum_{f_1}p(f_1,f_2)$

MATLAB 提供了 graycomatrix 函数产生灰度共生矩阵,并统计相关参数,其调用格式如下。

(1) GLCMS=graycomatrix(I,PARAM1,VALUE1,PARAM2,VALUE2,…):产生图像 I 的灰度共生矩阵 GLCMS(未归一化,元素值为各灰度对出现的次数)。

(2) [GLCMS,SI]=graycomatrix(…):返回缩放图像 SI,SI 是用来计算灰度共生矩阵的。SI 中的元素值介于 1 和灰度级数目之间。相关参数见表 10-4 所示。

表 10-4　graycomatrix 函数参数表

参　　数	描　　述
Offset	一个 $p \times 2$ 的整数矩阵,每一行是一个二维向量[ROW_OFFSET COL_OFFSET],指定组成灰度对的两个像素的偏移量,默认为[0 1]。当偏移用角度表示时,Offset 可表示为[0 D]、[$-D$ D]、[$-D$ 0]、[$-D$ $-D$],代表 0°、45°、90°、135°
NumLevels	一个整数,指定图像中灰度的规格化范围。如为 8,即将图像 I 的灰度映射到 1~8,也决定了灰度共生矩阵的大小。灰度图像默认为 8,二值图像必须为 2
GrayLimits	二维向量[LOW HIGH],图像中的灰度线性变换到[LOW HIGH],小于或等于 LOW 的灰度变到 1,大于或等于 HIGH 的灰度变到 HIGH;如果其设为[],灰度共生矩阵将使用图像 I 的最小及最大灰度值作为 GrayLimits,即[$\min(I(:))$ $\max(I(:))$]
Symmetric	布尔量,默认值为 false,产生矩阵时,偏移前后两个像素值 f_1、f_2 记作两个灰度对:(f_1, f_2) 和 (f_2, f_1);当该参数设定为 true 时,仅记作一个灰度对 (f_1, f_2)

（3）STATS ＝ graycoprops（GLCM，PROPERTIES）：从灰度共生矩阵 glcm 计算属性矩阵 STATS。属性包括'Contrast'、'Correlation'、'Energy'、'Homogemeity'。

【例 10-9】　生成灰度共生矩阵并计算参数。

程序如下：

```
clear,clc,close all;
f = rgb2gray(imread('texture.bmp'));           % 读取纹理图像
[g1,SI1] = graycomatrix(f,'G',[]);             % 生成灰度共生矩阵
status1 = graycoprops(g1);                     % 计算属性矩阵 status1
f = filter2(fspecial('average',min(size(f))/8),f);  % 对原图高强度滤波
[g2,SI2] = graycomatrix(f,'G',[]);             % 对滤波后图像生成灰度共生矩阵
status2 = graycoprops(g2);                     % 计算属性矩阵 status2
```

程序运行结果如图 10-13 所示,平滑图像对比度低,自相关性增强,角二阶矩和倒数差分矩大。

```
status1 =
    Contrast: 0.7600
    Correlation: 0.7989
    Energy: 0.0726
    Homogeneity: 0.7416
```

(a) 原图及参数

```
status2 =
    Contrast: 0.1015
    Correlation: 0.9644
    Energy: 0.2112
    Homogeneity: 0.9492
```

(b) 平滑图像及参数

图 10-13　灰度共生矩阵及参数计算

从以上描述可以看出,描述纹理的特征量实际上是基于局部的灰度变化计算的,因此,也可以直接采用较为简单的局部统计量描述纹理。例如,MATLAB 中使用 rangefilt 函数实现局部灰度变化计算,使用 stdfilt 函数实现局部方差计算,使用 entropy 和 entropyfilt 函数实现整体熵和局部熵的计算,这些函数都可以用来描述纹理。

10.3.2　LBP 特征

局部二元模式（Local Binary Pattern,LBP）是一种用来描述图像局部纹理特征的算子,于 1994 年由 T. Ojala 等提出,具有旋转不变性和灰度不变性等显著的优点。

1. LBP 特征提取

原始的 LBP 算子定义为在 3×3 的窗口内,以窗口中心像素为阈值,将相邻的 8 个像素的灰度值与其进行比较:若周围像素值大于中心像素值,则该像素的位置被标记为 1,否则为 0。因此,3×3 邻域内的 8 个点经比较可产生 8 位无符号二进制数,转换为十进制数,即为该窗口中心像素的 LBP 值,共 256 种,反映该区域的纹理信息,如图 10-14 所示。

图 10-14　局部二元模式计算示意

LBP 值一般不直接用于目标检测识别,通常将图像分为 $n\times n$ 个子区域,对子区域内的像素计算 LBP 值,并在子区域内根据 LBP 值统计其直方图,以直方图作为其判别特征。

【例 10-10】　计算图像的 LBP 特征图。

程序如下:

```
clear,clc,close all;
Image = rgb2gray(imread('flower.jpg'));
[N,M] = size(Image);
lbp = zeros(N,M);
for j = 2:N-1
    for i = 2:M-1
        neighbor = [j-1 i-1;j-1 i;j-1 i+1;j i+1;j+1 i+1;j+1 i;j+1 i-1;j i-1];
        count = 0;
        for k = 1:8
            if Image(neighbor(k,1),neighbor(k,2)) > Image(j,i)
                count = count + 2^(8-k);
            end
        end
        lbp(j,i) = count;
    end
end
lbp = uint8(lbp);
imshow(Image),title("原图");
figure,imshow(lbp),title('LBP 特征图');
subim = lbp(1:8,1:8);
figure,imhist(subim),title('第一个 8×8 子区域 LBP 直方图');
```

程序运行结果如图 10-15 所示。

(a)原图　　　　　　　(b)LBP特征图　　　　　(c)第一个8×8子区域LBP直方图

图 10-15　LBP 特征值计算示例

2. 圆形 LBP 算子

为了适应不同尺度的纹理特征,并达到灰度不变性和旋转不变性的要求,将 LBP 算子 3×3 邻域扩展到任意邻域,并用圆形邻域代替正方形邻域,允许在半径为 R 的圆形邻域内有 P 个采样点,从而得到新的 LBP 算子 LBP_P^R,如图 10-16 所示,称这种 LBP 特征为扩展 LBP(Extended LBP)或圆形 LBP(Circular LBP)。图中黑色的点是采样点,其像素值与中心像素值比较确定 LBP 值。

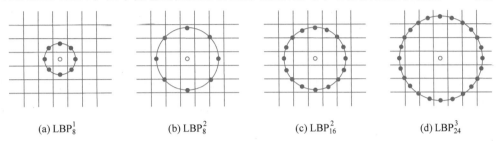

(a) LBP_8^1 (b) LBP_8^2 (c) LBP_{16}^2 (d) LBP_{24}^3

图 10-16 圆形 LBP 算子模型

如图 10-17 所示,采用像素坐标系,设中心像素为 (x_c, y_c),黑色采样点为 (x_k, y_k),$k = 0, 1, , \cdots, P-1$,其坐标按式(10-20)计算。

$$\begin{cases} x_k = x_c + R \times \cos(2\pi k / P) \\ y_k = y_c + R \times \sin(2\pi k / P) \end{cases} \tag{10-20}$$

采样点为非整数像素,需要用插值的方法确定其像素值,可以采用双线性插值的方法。

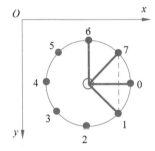

图 10-17 圆形 LBP 采样点

3. LBP 旋转不变模式

圆形 LBP 特征具有灰度不变性,但还不具备旋转不变性,因此学者们提出了具有旋转不变性的 LBP 特征。首先不断地旋转圆形邻域内的 LBP 特征,得到一系列 LBP 值,从中选择 LBP 特征值最小的作为中心像素的 LBP 值,如图 10-18 所示。

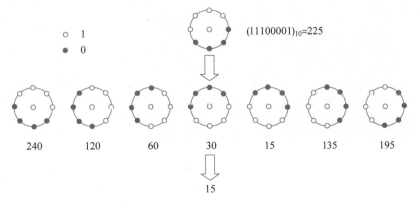

图 10-18 LBP 旋转模式

【例 10-11】 计算图像的 LBP 旋转模式特征图。

程序如下：

```
clear,clc,close all;
Image = rgb2gray(imread('flower.jpg'));
[N,M] = size(Image);
P = 8;R = 2;
clbp = zeros(N,M);
for j = 1 + R:N - R
    for i = 1 + R:M - R
        count = 0;
        for k = 0:P - 1
            x = i + R * cos(2 * pi * k/P);
            y = j + R * sin(2 * pi * k/P);                  % 采样点计算
            Lowx = floor(x);Highx = ceil(x); Lowy = floor(y);Highy = ceil(y);
            coex = x - Lowx;
            coey = y - Lowy;
            a = Image(Lowy,Lowx) + coex * (Image(Lowy,Highx) - Image(Lowy,Lowx));
            b = Image(Highy,Lowx) + coex * (Image(Highy,Highx) - Image(Highy,Lowx));
            pixel = a + coey * (b - a);                     % 双线性插值
            if pixel > Image(j,i)
                count = count + 2^(P - 1 - k);
            end
        end
        lbp = dec2bin(count);
        mincount = count;
        for k = 1:P - 1
            lbp = circshift(lbp',1)';                       % 循环移位
            count = bin2dec(lbp);
            if mincount > count
                mincount = count;
            end
        end
        clbp(j,i) = mincount;
    end
end
figure,imshow(uint8(clbp)),title('LBP 旋转模式特征图 ');
```

程序运行结果如图 10-19 所示。

(a) LBP_8^1　　　　　　(b) LBP_8^2　　　　　　(c) LBP_{16}^2

图 10-19　LBP 旋转模式

4. MATLAB 函数

MATLAB 提供了 extractLBPFeatures 函数用于提取 LBP 特征，调用格式如下。

（1）features = extractLBPFeatures（I）：从灰度图像 I 中提取归一化 LBP 特征，features 为

$1 \times N$ 的向量，N 取决于图像中的单元数 numCells、采样点数 P 以及参数 Upright 的取值：每个单元的直方图被分为 B 个柱，当 Upright 为 false，$B = P + 2$；当 Upright 为 true，$B = P \times (P-1) + 3$；numCells = prod(floor(size(I)./CellSize))，N = numCells $\times B$。

（2）$[\cdots]$ = extractLBPFeatures($\cdots$, Name, Value)：指定参数计算 LBP 特征，参数见表 10-5。

表 10-5 extractLBPFeatures 函数参数表

参 数	描述及取值
NumNeighbors	圆形 LBP 特征计算的采样点数，取值为 4～24，默认为 8
Radius	圆形 LBP 特征计算的半径，取值为 1～5，默认为 1，单位为像素
Upright	逻辑变量，设为 false，采用旋转不变模式；设为 true，则不采用；默认为 true
Interpolation	插值方法，可取 'Nearest' 或 'Linear'，默认为 'Linear'
CellSize	二维向量，将图像分为 floor(size(I)./CellSize) 个不重叠的单元，默认为 size(I)
Normalization	指定规范化 LBP 直方图的方式，取 'None'，后续进行自定义规范化；默认为 'L2'

【例 10-12】 使用 extractLBPFeatures 函数计算 LBP 特征，并进行比较。

程序如下：

```
clear,clc,close all;
brickWall = imread('bricks.jpg');
rotatedBrickWall = imread('bricksRotated.jpg'),
carpet = imread('carpet.jpg');
subplot(131),imshow(brickWall),title('图像 1');
subplot(132),imshow(rotatedBrickWall),title('图像 1 旋转');
subplot(133),imshow(carpet),title('图像 2');
lbpB1 = extractLBPFeatures(brickWall,'Upright',false);     % 图像 1 的旋转不变 LBP 特征
lbpB2 = extractLBPFeatures(rotatedBrickWall,'Upright',false);
lbpC = extractLBPFeatures(carpet,'Upright',false);
same = (lbpB1 - lbpB2).^2;                                 % 旋转前后两幅图像的 LBP 特征均方误差
different = (lbpB1 - lbpC).^2;                             % 不同图像的 LBP 特征均方误差
figure,bar([same;different]','grouped');
title('LBP 特征均方误差比较');xlabel('LBP 直方图区间')
legend('旋转前后图像相比','不同内容图像相比')
```

程序运行结果如图 10-20 所示。可以看出，不同图像的 LBP 特征均方误差较大，而只有几何变换的图像 LBP 特征均方误差较小。

(a) 图像1　　　　　　　　　　　　　(b) 图像2

图 10-20　LBP 特征计算及比较

(c) 图像3　　　　　　　　　(d) LBP特征均方误差比较

图 10-20　（续）

10.4　其他描述

除前述描述外,梯度方向直方图和 Haar-like 特征在图像描述中的应用较多。

10.4.1　梯度方向直方图

直方图反映了图像的概率统计特性,具有旋转不变性和缩放不变性,因此,常用来描述图像。对于一幅灰度图像,可以统计其灰度直方图,进而从直方图中计算各区域的均值、方差、能量、熵等特征值,用于表述图像信息。

灰度直方图是将灰度看作像素的一种特征值,那么,对于图像 f 中另一种特征值 k_i,$i=1,2,\cdots,n$(n 为该特征取值的个数),统计出呈现 k_i 特征的像素个数 $N(k_i)$,计算 k_i 特征出现的概率:

$$p(k_i)=\frac{N(k_i)}{\sum_i N(k_i)} \tag{10-21}$$

类似于灰度直方图,可以作出图像的特征直方图,并计算相应的参数描述图像信息。

梯度方向直方图(Histogram of Oriented Gradients,HOG)是特征直方图的一种,用于表征图像局部梯度方向和梯度强度分布特性,其主要思想是:在边缘具体位置未知的情况下,边缘方向的分布也可以很好地表示目标的外形轮廓。HOG 特征提取的大致步骤如下。

(1) 图像灰度化。图像的颜色信息作用不大,通常要将彩色图像转换为灰度图像。

(2) 图像归一化。采用 Gamma 校正法对输入图像进行标准化(归一化),调节图像的对比度,降低图像局部的阴影和光照变化所造成的影响,同时可以抑制噪声的干扰。Gamma 可取 1/2。

$$f(x,y)=f(x,y)^{\text{Gamma}} \tag{10-22}$$

(3) 计算图像每个像素的梯度大小和方向:

$$\begin{cases} \mid \nabla f(x,y)\mid=\left[G_x(x,y)^2+G_y(x,y)^2\right]^{\frac{1}{2}} \\ \phi(x,y)=\arctan\left[G_y(x,y)/G_x(x,y)\right] \end{cases} \tag{10-23}$$

其中,$G_x(x,y)$、$G_y(x,y)$分别为沿 x、y 方向的梯度,可采用$[-1\ \ 0\ \ 1]$和$[-1\ \ 0\ \ 1]^{\text{T}}$计算。

(4) 划分图像为若干方格单元,计算每个方格单元的梯度方向直方图。将梯度方向在$[0,\pi]$内

划分为 K 个柱,用 bin_k 代表第 k 个梯度方向,若方格单元内某个像素梯度方向为 bin_k,则该梯度方向对应柱值累加该像素的梯度值。

(5) 将相邻单元组成块,计算一个块中的 HOG 特征向量。将块内每个方格单元的梯度方向直方图转换为单维向量,即对应方向梯度个数构成的向量,并把所有方格单元向量串联,构成块的 HOG 特征向量。设块由 $n \times n$ 个相邻方格单元组成,则块的 HOG 特征向量为 $n \times n \times K$ 维。

(6) 块 HOG 特征向量归一化。归一化降低特征向量受光照、阴影和边缘变化的影响。设块 HOG 特征向量为 $\boldsymbol{v}$,归一化函数可以采用

$$\begin{cases} \boldsymbol{v} = \dfrac{\boldsymbol{v}}{\sqrt{\|\boldsymbol{v}\|_2^2 + \varepsilon^2}} \\[3mm] \boldsymbol{v} = \dfrac{\boldsymbol{v}}{(\|\boldsymbol{v}\|_1 + \varepsilon)} \end{cases} \tag{10-24}$$

其中,ε 是一个很小的常数,避免分母为 0。

(7) 生成图像的 HOG 特征向量。在图像上以一个方格单元为步长对块进行滑动,将每个块的特征组合在一起,即可得到图像的 HOG 特征。可以看出,块是重叠的,重叠部分的像素给相邻块的梯度方向直方图均作出贡献,从而将块和块关联在一起。

MATLAB 提供了 extractHOGFeatures 函数用于提取 HOG 特征,调用格式如下。

(1) features = extractHOGFeatures(I):从真彩色图像或灰度图像 I 中提取 HOG 特征,features 为一维向量,长度为 prod([BlocksPerImage,BlockSize,NumBins]),BlockSize 为二维向量,指定块内单元数目,默认为[2 2]。NumBins 指定直方图中区间数目,默认为 9。BlocksPerImage = floor((size(I)./CellSize−BlockSize)./(BlockSize−BlockOverlap)+1)。

(2) [features,validPoints] = extractHOGFeatures(I,points):获取图像 I 中 points 处周围的 HOG 特征 features,validPoints 是周围[CellSize.∗BlockSize]区域全部被包含在图像中的输入点。points 可以是用坐标[$x\ y$]表示的矩阵,也可以是多种不同的特征点,如 SURFPoints、KAZEPoints、cornerPoints、MSERRegions、BRISKPoints 等。

(3) [⋯,visualization] = extractHOGFeatures(I,⋯):返回可用 plot 绘图的 HOG 特征 visualization。

(4) [⋯] = extractHOGFeatures(⋯,Name,Value):指定参数提取 HOG 特征,参数如表 10-6 所示。

表 10-6　extractHOGFeatures 函数参数表

参　　数	描述及取值
CellSize	二维向量,指定单元大小,单位为像素,默认为[8 8]
BlockSize	二维向量,指定块内单元数目,默认为[2 2]
BlockOverlap	二维向量,指定相邻块之间重叠单元数,指定点统计特征时无效,默认为 ceil(BlockSize/2)
NumBins	指定直方图中区间数目,默认为 9
UseSignedOrientation	取 true 时,方向在 −180°～180°;取 false 时,方向在 0°～180°。小于 0°时,角度加 180°,默认为 false

【例 10-13】 利用函数 extractHOGFeatures 统计图像的 HOG 特征。

程序如下:

```
clear,clc,close all;
```

```
Image = imread('carphone.jpg');
features = extractHOGFeatures(Image);
[hog,visualization] = extractHOGFeatures(Image,'CellSize',[32 32]);
imshow(Image);
hold on
plot(visualization);
hold off
```

程序运行结果如图 10-21 所示。

图 10-21　HOG 特征计算

10.4.2　Haar-like 特征

Haar-like 特征是一种常用的特征描述算子,也称为 Haar 特征,是受到一维 Haar 小波的启示而发明的,多用于人脸检测、行人检测等目标检测领域。

1. Haar-like 特征的定义

Haar-like 特征反映图像的灰度变化,用黑白两种矩形框组合成特征模板,如图 10-22 所示。在图 10-22(a)、图 10-22(b)、图 10-22(e)所示的特征模板内,模块图像的 Haar-like 特征为:白色矩形像素和减去黑色矩形像素和。而图 10-22(c)、图 10-22(d)所示模块图像的 Haar-like 特征为:白色矩形像素和减去 2 倍黑色矩形像素和,这是为了保证黑白色矩形模块中的像素数相同。

(a)　　　　　(b)　　　　　(c)　　　　　(d)　　　　　(e)

图 10-22　Haar-like 特征 4 种形式

从图 10-22 中可以看出,图 10-22(a)、图 10-22(b)反映的是边缘特征,图 10-22(c)、图 10-22(d)反映的是线性特征,图 10-22(e)反映的是特定方向特征。

2. Haar-like 特征的计算

通过改变特征模板的大小和位置,一幅图像子窗口对应大量矩形特征,对这些特征求值的计算量是非常大的。Haar-like 特征计算一般采用积分图进行加速运算,以满足实时检测需求。

所谓积分图是对点(x,y)左上方向所有像素求和,如式(10-25)所示。

$$\text{ii}(x,y) = \sum_{x' \leqslant x, y' \leqslant y} f(x',y') \tag{10-25}$$

积分图实现快速求和的思路如下。

（1）首先构造图像的积分图 ii。ii 中每点的值都是其左上方向像素求和的结果，如图 10-23 所示，$\text{ii}(x_1,y_1)$ 的值是区域 A 的像素和。

（2）通过积分图 ii 几个点值的运算，得到任何矩阵区域的像素累加和。

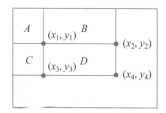

图 10-23 积分图求和示意图

在图 10-23 中，对区域 D 求和，可通过 $A+B+C+D+A-(A+B)-(A+C)$ 计算，即

$$\sum_{(x,y) \in D} f(x,y) = \text{ii}(x_4,y_4) + \text{ii}(x_1,y_1) - \text{ii}(x_2,y_2) - \text{ii}(x_3,y_3) \tag{10-26}$$

因此，积分图遍历一次图像，将图像从起点到各点所形成的矩形区域的像素之和作为一个数组的元素存储，计算某个区域的像素和时，直接索引数组的元素，从而加快了计算速度。

积分图构建算法如下。

（1）用 $s(x,y)$ 表示沿 y 方向的累加和，初始化 $s(x,-1)=0$。

（2）用 $\text{ii}(x,y)$ 表示一个积分图像，初始化 $\text{ii}(-1,y)=0$。

（3）逐列扫描图像，递归计算每个像素 (x,y) 沿 y 方向的累加和 $s(x,y)$ 与积分图像 $\text{ii}(x,y)$ 的值：

$$\begin{cases} s(x,y) = s(x,y-1) + f(x,y) \\ \text{ii}(x,y) = \text{ii}(x-1,y) + s(x,y) \end{cases} \tag{10-27}$$

（4）遍历图像，得到积分图像 ii。

MATLAB 中的 integralImage 函数用于生成灰度图像的积分图。例如，对图像 $\begin{bmatrix} 0 & 0 & 0 & 0 \\ 0 & 0 & 0 & 1 \\ 0 & 0 & 1 & 1 \\ 0 & 0 & 1 & 1 \end{bmatrix}$ 计

算积分图，程序如下：

```
f = [0,0,0,0;0,0,0,1;0,0,1,1;0,0,1,1];
g = integralImage(f);
```

生成的图像为 $\begin{bmatrix} 0 & 0 & 0 & 0 & 0 \\ 0 & 0 & 0 & 0 & 0 \\ 0 & 0 & 0 & 0 & 1 \\ 0 & 0 & 0 & 1 & 3 \\ 0 & 0 & 0 & 2 & 5 \end{bmatrix}$。

3. 扩展 Haar-like 特征及其计算

加入 45°旋角，对 Haar-like 矩形特征进一步扩展，如图 10-24 所示。

水平和竖直矩阵特征计算和图 10-22 中水平和竖直矩形特征计算一致。对于 45°旋角的矩形，定义 RSAT(x,y) 为点 (x,y) 左上角 45°区域和左下角 45°区域的像素和。

$$\text{RSAT}(x,y) = \sum_{x' \leqslant x, x' \leqslant x - |y - y'|} f(x',y') \tag{10-28}$$

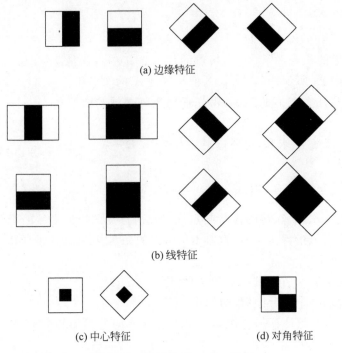

(a) 边缘特征

(b) 线特征

(c) 中心特征 　　　　　　　　　　　　　(d) 对角特征

图 10-24　扩展的 Haar-like 特征

可采用递推公式减少重复计算：

$$\text{RSAT}(x, y) = \text{RSAT}(x-1, y-1) + \text{RSAT}(x-1, y) + f(x, y) - \text{RSAT}(x-2, y-1)$$

$$(10\text{-}29)$$

对于斜上方像素求和，也可以采用 integralImage 函数，其调用格式如下。

J＝integralImage(I, orientation)：将 orientation 设为'rotated'实现斜上方像素求和。

Haar-like 特征一般和机器学习中的 AdaBoost 算法、级联分类器等技术结合使用，关于后者，本书不做详细讨论，有兴趣的读者可以查找相关资料。

10.5　质量评价

本节的质量评价是指对图像质量利用某种指标进行量化度量。在评价时，如果有参考图像，可以将待评价图像与原始参考图像进行比较，计算量化度量值；如果没有参考图像，可以利用图像的统计特性进行评价，以及利用机器学习模型预测评价得分等。本节介绍一些常用的评价方法。

1. MSE

可以通过计算待评价图像 f 和参考图像 g 之间的均方误差（Mean Squared Error，MSE）、归一化均方误差（Normalized Mean Squared Error，NMSE）进行评价：

$$\text{MSE} = \frac{1}{MN} \sum_{x=0}^{M-1} \sum_{y=0}^{N-1} \{Q[f(x, y)] - Q[g(x, y)]\}^2 \qquad (10\text{-}30)$$

$$\text{NMSE} = \frac{\sum\limits_{x=0}^{M-1}\sum\limits_{y=0}^{N-1}\{Q[f(x,y)] - Q[g(x,y)]\}^2}{\sum\limits_{x=0}^{M-1}\sum\limits_{y=0}^{N-1}[f(x,y)]^2} \tag{10-31}$$

其中，M、N 分别表示图像水平和垂直方向上的像素数，$Q(\cdot)$ 指对图像进行某种预处理，使测量值与主观评价结果相一致。MSE 越小，说明待评价图像和参考图像越相似。

MATLAB 中使用 immse(X,Y) 函数计算两幅图像 X 和 Y 之间的均方误差值。

2. PSNR

峰值信噪比(Peak Signal-to-Noise Ratio,PSNR)也是一种常用的评价指标，如式(10-32)所示。

$$\text{PSNR} = 10\lg\frac{M \times N \times f_{\max}^2}{\sum\limits_{x=0}^{M-1}\sum\limits_{y=0}^{N-1}\{f(x,y) - g(x,y)\}^2} \tag{10-32}$$

其中，$f_{\max}$ 表示待评价图像 $f(x,y)$ 中的最大值。PSNR 越大，说明待评价图像和参考图像越相似。

MATLAB 中使用 psnr 函数计算待评价图像和参考图像的 PSNR，其调用格式如下。

[PEAKSNR,SNR]=psnr(A,REF,PEAKVAL)：A 和 REF 分别表示待评价图像和参考图像；PEAKVAL 指式(10-32)中的 $f_{\max}$，默认情况下，取输入图像数据类型的最大值。另有参数 DataFormat，其值为包含 S(Spatial)、C(Channel)、B(Batch observations)的字符串，SSC 表示输入矩阵有两个空间维和一个通道维，适用于二维 RGB 图像数据；SSCB 表示矩阵有两个空间维、一个通道维以及一个批次维，适用于二维 RGB 图像序列。

【例 10-14】 采用不同的图像增强方法处理图像，并计算处理前后的 PSNR。

程序如下：

```
clear,clc,close all;
ref = im2double(imread('rice.png'));
he = histeq(ref);             psnr1 = psnr(he,ref);
clahe = adapthisteq(ref);     psnr2 = psnr(clahe,ref);
flat = imflatfield(ref,30);   psnr3 = psnr(flat,ref);
subplot(311),imshowpair(ref,he,'montage');
title("直方图均衡化 PSNR" + num2str(psnr1));
subplot(312),imshowpair(ref,clahe,'montage');
title("CLAHE PSNR" + num2str(psnr2));
subplot(313),imshowpair(ref,flat,'montage');
title("平场校正 PSNR" + num2str(psnr3));
```

运行程序，直方图均衡化、限制对比度自适应直方图均衡化和平场校正 3 种方法处理后的图像和原图的 PSNR 分别为 16.2906、20.0168 和 20.8286。

3. SSIM

结构相似性(Structural Similarity,SSIM)通过评价图像 f 和参考图像 g 之间的相似度衡量图像质量。SSIM 根据三项计算：亮度 $l(f,g)$、对比度 $c(f,g)$ 和结构 $s(f,g)$，即

$$\text{SSIM}(f,g) = [l(f,g)]^\alpha[c(f,g)]^\beta[s(f,g)]^\gamma \tag{10-33}$$

其中，

$$l(f,g) = \frac{2\mu_f\mu_g + C_1}{\mu_f^2 + \mu_g^2 + C_1} \tag{10-34}$$

$$c(f,g) = \frac{2\sigma_f\sigma_g + C_2}{\sigma_f^2 + \sigma_g^2 + C_2} \tag{10-35}$$

$$s(f,g) = \frac{\sigma_{fg} + C_3}{\sigma_f\sigma_g + C_3} \tag{10-36}$$

其中,μ_f、μ_g分别是图像f和g的局部均值,σ_f、σ_g分别是图像f和g的标准差,σ_{fg}是图像f和g的互协方差。如果取$\alpha=\beta=\gamma=1$,$C_3=C_2/2$,SSIM可以简写为

$$\mathrm{SSIM}(f,g) = \frac{(2\mu_f\mu_g + C_1)(2\sigma_{fg} + C_2)}{(\mu_f^2 + \mu_g^2 + C_1)(\sigma_f^2 + \sigma_g^2 + C_2)} \tag{10-37}$$

在计算SSIM时,需要确定一个局部窗口,在窗口内计算局部SSIM指标值,整幅图像所有窗口的局部SSIM取平均作为全局SSIM指标。

在每个窗口计算均值、方差和互协方差时,可以采用高斯函数进行加权,即

$$\mu_f = \sum_{i=1}^{N} w_i f_i, \quad \mu_g = \sum_{i=1}^{N} w_i g_i \tag{10-38}$$

$$\sigma_f = \left[\sum_{i=1}^{N} w_i (f_i - \mu_f)^2\right]^{1/2}, \quad \sigma_g = \left[\sum_{i=1}^{N} w_i (g_i - \mu_g)^2\right]^{1/2} \tag{10-39}$$

$$\sigma_{fg} = \sum_{i=1}^{N} w_i (f_i - \mu_f)(g_i - \mu_g) \tag{10-40}$$

其中,N表示窗口内像素数,w_i表示各像素对应的权系数。

MATLAB中使用ssim函数计算待评价图像和参考图像的SSIM值,其调用格式如下。

[SSIMVAL,SSIMMAP]=ssim(A,REF,NAME1,VAL1,…):SSIMVAL是全局SSIM值,SSIMMAP是局部SSIM构成的矩阵,取值在[0,1],越大表示质量越好。参数如表10-7所示。

表10-7　ssim函数参数表

参　　数	描述及取值
Radius	高斯函数标准差,用于统计加权,默认为1.5
DynamicRange	指定输入图像的动态范围,正数,当图像数据为single或double类型时,默认为1
RegularizationConstants	向量[C1,C2,C3],默认C1=(0.01 * L).^2,C2=(0.03 * L).^2,C3=C2/2
Exponents	向量[α,β,γ],默认为[1,1,1]
DataFormat	S、C、B构成的字符串,表示数据格式,同psnr函数的DataFormat参数一致

【例10-15】　采用不同的平滑滤波方法处理图像,并计算处理前后的SSIM值。

程序如下:

```
clear,clc,close all;
ref = im2double(imread('rice.png'));
filt1 = imboxfilt(ref,[5,5]);      ssim1 = ssim(filt1,ref);
filt2 = imgaussfilt(ref,1);        ssim2 = ssim(filt2,ref);
filt3 = imbilatfilt(ref);          ssim3 = ssim(filt3,ref);
subplot(311),imshowpair(ref,filt1,'montage');
title("均值滤波 SSIM" + num2str(ssim1));
subplot(312),imshowpair(ref,filt2,'montage');
```

```
title("高斯滤波 SSIM" + num2str(ssim2));
subplot(313),imshowpair(ref,filt3,'montage');
title("双边滤波 SSIM" + num2str(ssim3));
```

运行程序，同样是 5×5 的滤波器，均值滤波、高斯滤波和双边滤波 3 种方法处理后的图像和原图的 SSIM 分别为 0.7205、0.8265，以及 0.8953。

4. NIQE

自然图像质量评估(Naturalness Image Quality Evaluator，NIQE)是一种无参考图像质量评价算法，利用多元高斯模型拟合待评价图像的特征和图像数据库中图像的特征，计算模型参数之间的距离，从而实现图像质量衡量。算法主要包括以下内容。

(1) 图像归一化预处理，即

$$\hat{f}(x,y) = \frac{f(x,y) - \mu(x,y)}{\sigma(x,y) + 1} \tag{10-41}$$

其中，$\mu(x,y)$ 和 $\sigma(x,y)$ 是以 (x,y) 为中心的窗口内高斯加权的均值和标准差。

(2) 将整幅图像分割成 $P \times P$ 的块，从中挑选锐度较大的块。块 b 的锐度根据局部标准差计算，即

$$\delta(b) = \sum_{(x,y) \in b} \sigma(x,y) \tag{10-42}$$

设阈值为 T，选择 $\delta \geqslant T$ 的块。T 可以根据锐度峰值的一定比例设定，可以在 $[0.6, 0.9]$ 范围内。

(3) 使用广义高斯分布和非对称广义高斯分布求图像的 36 个特征。

(4) 使用多元高斯分布拟合特征分布。分别利用自然图像和待评价图像特征计算高斯分布的均值向量 $\boldsymbol{v}_1$ 和 $\boldsymbol{v}_2$，协方差矩阵 $\boldsymbol{\Sigma}_1$ 和 $\boldsymbol{\Sigma}_2$。

(5) 计算 NIQE 分值，即

$$D(\boldsymbol{v}_1, \boldsymbol{v}_2, \boldsymbol{\Sigma}_1, \boldsymbol{\Sigma}_2) = \sqrt{(\boldsymbol{v}_1 - \boldsymbol{v}_2)^{\mathrm{T}} \left(\frac{\boldsymbol{\Sigma}_1 + \boldsymbol{\Sigma}_2}{2} \right)^{-1} (\boldsymbol{v}_1 - \boldsymbol{v}_2)} \tag{10-43}$$

较低的取值表示待评价图像相对于输入的自然图像有较好的质量。

MATLAB 中使用 niqe 函数计算待评价图像的 NIQE 值，其调用格式如下。

(1) SCORE = niqe(A,MODEL)：A 是待评价图像，可以是 RGB 或灰度图像；MODEL 是定制的用于拟合特征分布的模型，可以采用函数 niqeModel 获取，不设置时采用默认模型。

(2) m = niqeModel(mean,covariance,blockSize,sharpnessThreshold)：设定参数定制模型，没有参数时生成默认模型。

(3) model = fitniqe(imds)：根据指定的图像集 imds 创建模型。

【例 10-16】 采用不同的模型计算图像的 NIQE 分值。

程序如下：

```
clear,clc,close all;
Image = im2double(imread('flower.jpg'));
niqeI = niqe(Image);                  % 采用默认模型评价
subplot(121),imshow(Image),title("NIQE = " + num2str(niqeI));
setDir = fullfile(toolboxdir("images"),"imdata");
imds = imageDatastore(setDir,FileExtensions = ".jpg");
model = fitniqe(imds);
niqeI = niqe(Image,model);            % 采用 MATLAB 自带的 imdata 中的图像作为自然图像进行评价
```

```
subplot(122),imshow(Image),title("NIQE = " + num2str(niqeI));
```

运行程序,计算的两个 NIQE 分值分别为 4.3238 和 6.0246,所以,训练模型所用图像不一样,结果也有区别。

本章小结

本章主要介绍了常用的图像描述方法、相关特征的定义及其 MATLAB 实现,包括边界描述、区域形状描述、纹理描述、HOG 特征、Haar-like 特征以及常用的图像质量评价方法。图像描述方法很多,在对具体图像分析时,应根据具体问题选择合适的描述方法及计算相应的特征量。

第 四 篇
MATLAB图像综合处理

为了有效地传输、存储、处理图像,利用图像固有的统计特性和人类视觉的生理及心理特性,或者记录设备和显示设备等的特性,从原始图像中提取有效信息,尽量去除无用的或用处不大的冗余信息,且在复原时仍能够获得与原始图像相差不多的复原图像,称为图像编码。由于压缩减小表示一幅图像所需的数据量,是图像编码要解决的主要问题,因此,也常称图像编码为图像压缩。

11.1 图像编码的基本理论

数字图像的数据量很大,如一幅分辨率为 1024×768 的彩色图像,不压缩则需要 $1024 \times 768 \times 3B \approx 2.3MB$ 的存储空间;10min CIF 格式的数字视频未压缩需要 $352 \times 288 \times 3B \times 10min \times 60s/min \times 30$ 帧/s $\approx 5GB$ 的存储空间;巨大的数据量给存储、处理、传输带来了很多的问题。大数据时代,海量的图像数据,使得处理图像的压力和需求有增无减,因此,需要对图像数据进行压缩,降低数据量。

11.1.1 图像压缩的可能性

图像中有大量的冗余信息,人眼视觉系统对某些信息并不敏感,去除信息中的冗余或人眼不敏感的信息,减少承载信息的数据量,则能实现图像压缩。在编码中常考虑的冗余有编码冗余、像素间冗余、心理视觉冗余及应用需求冗余。

1. 编码冗余

编码冗余,又称为信息熵冗余,指表示图像时,实际采用的数据多于表达信息需要的数据。例如,一幅二值图像,像素只有两个灰度级,用 1b 即可表示,如果采用标准的 8b 表示,即会产生编码冗余。再如,在大多数图像中,图像的灰度值分布是不均匀的,若对图像的不同灰度值都使用同样的编码长度,则出现最少的和出现最多的灰度级具有相同位数,这样也将产生编码冗余。

2. 像素间冗余

对应图像目标的像素之间一般具有相关性,像素间冗余与相关性密切关系,列举如下。

（1）空间冗余。同一幅图像中，相邻像素间或数个相邻像素块间在灰度分布上存在很强的空间相关性。

（2）时间冗余。序列图像帧间画面对应像素灰度的相关性很强。

（3）结构冗余。有些图像具有较强的纹理结构或自相似性。

3. 心理视觉冗余

人的感官并不是对所有信息都有相同的敏感度，在感觉过程中，有些信息与另外一些信息相比来说并不那么重要，这些信息可以认为是心理视觉冗余的。例如，人的视觉对颜色的感知存在着冗余，256色和真彩色24位图像视觉效果区别不明显；对亮度比对色度更敏感；对静态物体的敏感度大于对动态物体的敏感度；对图像中心信息的敏感程度大于对图像边缘信息的敏感程度。可以根据人的视觉特性对不敏感区进行降分辨率编码。

4. 应用需求冗余

应用需求多种多样，编码传输时可以考虑应用方的需求，进行分层分级编码，对于不需要高分辨率、高质量的图像信息的应用方，可以仅传输或接收较少的数据量。例如，接收端设备分辨率低、搜索图片时只对部分感兴趣，没必要所有的图像都接收高质量数据。

11.1.2 图像编码方法的分类

图像编码压缩的方法目前已有多种，其分类方法视出发点不同而有差异。

1. 基于编码前后的信息保持程度的分类

根据压缩前和解压后的信息保持程度，可将常用的图像编码方法分为以下两类。

（1）信息保持编码，也称无失真编码、无损编码或可逆型编码。它要求在编解码过程中保证图像信息不丢失，从而可以完整地重建图像。信息保持编码的压缩比一般不超过3：1。

（2）保真度编码，也称信息损失型编码或有损编码。主要利用人眼的视觉特性，在允许失真条件下或一定保真度准则下，最大限度地压缩图像。保真度编码能实现较大压缩比。对于图像来说，过高的空间分辨率和过多的灰度层次，不仅增加了数据量，而且人眼也接收不到。因此在编码过程中，可以丢掉一些人眼不敏感的次要信息，在保证一定的视觉效果条件下提高压缩比。

2. 基于编码方法的分类

根据图像压缩方法的原理可以将图像编码分为以下4类。

（1）熵编码。熵编码是基于信息统计特性的编码技术，是一种无损编码。其基本原理是对出现概率较大的符号赋予一个短码字，而对出现概率较小的符号赋予一个长码字，从而使得最终的平均码长很小，如行程编码、Huffman编码和算术编码等。

（2）预测编码。预测编码是基于图像数据的空间或时间冗余特性，用相邻已知像素（或像素块）来预测当前像素（或像素块）的取值，再对预测误差进行量化和编码的一种编码技术。可分为帧内预测和帧间预测。常用的有差分脉冲编码调制和运动估计与补偿预测编码法。

（3）变换编码。变换编码是将空间域图像经过正交变换映射到变换域，使变换后图像的大部分能量只集中到少数几个变换系数上,从而降低变换后系数间的相关性,采用适当的量化和熵编码来有效地压缩图像的一种编码技术。

(4) 其他方法。其他的编码方法包括混合编码、矢量量化、LZW 算法等。这些年来,又有很多新的压缩编码方法不断涌现,如使用人工神经元网络的压缩编码、分形编码、基于模型的压缩编码和基于对象的压缩编码等。

11.1.3 图像编码压缩术语简介

1. 压缩比

压缩比是衡量数据压缩程度的指标之一。目前常用的压缩比定义式为

$$r = \frac{b_1}{b_2} \tag{11-1}$$

其中,r 表示压缩比;b_1 表示压缩前每像素所占的平均比特数;b_2 表示压缩后每像素所占的平均比特数。一般情况下,压缩比 $r \geqslant 1$。r 越大,则说明压缩程度越高。

2. 图像熵与平均码字长度

设像素灰度级为 $i = 1, 2, \cdots, n$,其对应的概率分别为 p_i,熵定义为

$$H = -\sum_{i=1}^{n} p_i \, \mathrm{lb} p_i \tag{11-2}$$

单位为比特/字符。图像熵表示图像灰度级集合的比特数均值,或者说描述了图像信源的平均信息量。

平均码字长度 $\overline{L}$ 的定义如式(11-3)所示。

$$\overline{L} = \sum_{i=1}^{n} L_i p_i \tag{11-3}$$

式中,L_i 为灰度级 i 所对应的码字的长度。显然,$\overline{L}$ 的单位也是比特/字符。

3. 编码效率

编码效率如式(11-4)所示。

$$\eta = \frac{H}{L} \times 100\% \tag{11-4}$$

$\overline{L}$ 与 H 相等,编码效果最佳;$\overline{L}$ 接近 H,编码效果次佳;$\overline{L}$ 远大于 H,编码效果差。

11.2 无损压缩编码

无损压缩编码方法是指编码后的图像可经译码完全恢复为原图像的压缩编码方法,也称为熵编码。无损压缩编码可以通过变长编码和信源的扩展(符号块)来实现。

若数字图像的每个抽样值都以相同长度的二进制码表示,称为等长编码。其优点是编码方法简单,缺点是编码效率低。要提高图像的编码效率,可采用变长编码,变长编码一般比等长编码所需码

长要短。

在变长编码中,对于出现概率较大的信息符号赋予短字长的码,对于出现概率较小的符号赋予长字长的码。如果编码的码字长度严格按照所对应的信息符号出现的概率大小逆顺序排列,则其平均码字长度为最小。

11.2.1 Huffman 编码

Huffman 编码是由 D. A. Huffman 于 1952 年提出的,其码字长度的排列与符号概率大小的排列严格逆序,已经证明其平均码长最短,单元像素的比特数最接近图像的实际熵值,因此称为最佳编码,被图像、视频国际编码标准采用。

1. 编码

Huffman 编码的具体算法步骤如下。
(1) 对图像中的灰度进行概率统计。
(2) 将信源符号的 n 个概率按照从大到小的顺序排序。
(3) 将 n 个概率中最后两个小概率相加,形成新的概率值,和其他的概率值构成新的概率集合。
(4) 重复步骤(3),将新排序后的最后两个小概率再次相加,相加和与其余概率再次排序,直到概率和为 1 为止。
(5) 给每次相加的两个概率值以二进制码元 0 或 1 赋值,大的赋 0,小的赋 1(或相反,整个过程保持一致)。
(6) 从最后一次概率相加到第一次参与相加,依次读取所赋码元,构造 Huffman 码字,编码结束。

2. 解码

Huffman 编码时生成码表;存储和传输时需要存储码表,解码时需结合码表进行。
Huffman 并行解码的具体算法步骤如下。
(1) 计算最长码字长度 L_{max}。
(2) 从码流中一次读入 L_{max} 位,至少包含一个码字。
(3) 从左端起查码表,看和哪个码字一样,找出对应符号及其码长 L。
(4) 左移码串 L 位,已解码的丢掉,再取 L_{max} 位,重复上述过程。

3. MATLAB 函数

MATLAB 提供了进行 Huffman 编解码的相关函数,列举如下。
(1) huffmandict 函数:生成 Huffman 编码码表。
① DICT=huffmandict(SYM,PROB):采用最大方差算法生成 Huffman 码表。SYM 为信源符号向量,可以是数字向量或字母数字向量元胞数组;PROB 为各信源符号的概率。
② DICT=huffmandict(SYM,PROB,N):产生 N 元 Huffman 码表,N 是[2,10]范围内的整数,小于信源符号数。
③ DICT=huffmandict(SYM,PROB,N,VARIANCE):指定方差生成 N 元 Huffman 码表。

VARIANCE 可以取'min'和'max'。

　　④ 〔DICT,AVGLEN〕＝huffmandict(…)：返回码表及码字长度。

　　（2）ENCO＝huffmanenco(SIG,DICT)：使用 Huffman 码表 DICT 对输入信号 SIG 进行编码。

　　（3）DECO＝huffmandeco(COMP,DICT)：使用 Huffman 码表 DICT 对 Huffman 码 COMP 解码。

【例 11-1】　对图像进行 Huffman 编解码。

程序如下：

```
clc;clear,close all;
Image = imread('rice.png');
[h,w] = size(Image);
len = 255;
symbols = 0:len;                              % 获取编码符号
totalpixelnum = h * w;
p = imhist(Image)/totalpixelnum;             % 获取编码符号概率
dict = huffmandict(symbols,p);               % 生成 Huffman 编码码表
sig = reshape(Image,1,h * w);
enco = huffmanenco(sig,dict);                % 对图像进行 Huffman 编码
deco = huffmandeco(enco,dict);               % Huffman 解码
deImage = uint8(reshape(deco,h,w));
imshow(deImage);
diff = imsubtract(Image,deImage);            % 原图与重构图的差
maxdiff = max(diff(:));                       % 差的最大值
```

运行程序，显示解码的图像，maxdiff＝0，原图与重构图一样。

11.2.2　算术编码

　　算术编码是 20 世纪 60 年代初期由 Elias 提出的，Rissanen 和 Pasco 首次介绍了其实用技术，是另一种变长无损编码方法。与 Huffman 编码不同，算术编码无须为一个符号设定一个码字，即不存在源符号和码字间的一一对应关系。算术编码将待编码的图像数据看作由多个符号组成的序列，直接对该符号序列进行编码，输出的码字对应于整个符号序列，而每个码字本身确定了 0～1 的 1 个实数区间。

1. 编码

算术编码的具体算法步骤如下。

　　（1）统计信源符号 $i=1,2,\cdots,n$，其对应的概率分别为 p_i，将区间 $[0,1)$ 划分为若干子区间，互不重叠，各子区间长为各信源符号概率 p_i。

　　（2）输入待编码符号序列中的第 1 个符号，按概率确定子区间。

　　（3）输入待编码符号序列中的下一个符号，按式（11-5）确定当前序列所在子区间。

$$\begin{cases} \text{Start}_N = \text{Start}_B + \text{Left}_C \times L \\ \text{End}_N = \text{Start}_B + \text{Right}_C \times L \end{cases} \tag{11-5}$$

其中，Start_N 和 End_N 分别为新子区间的起始位置和终止位置，Start_B 为前子区间的起始位置，Left_C 和 Right_C 分别为当前符号在 $[0,1)$ 区间的起始和终止位置，L 为前子区间的宽度。

(4) 重复上述过程,直到待编码符号序列处理完毕。

(5) 字符串所在区间的任意一个实数都对应该字符串,将区间左右端点对应实数编码,取该区间内码长为最短的码字作为最后的实际编码码字输出。

2. 解码

算术并行解码的具体算法步骤如下。

(1) 根据信源符号及其概率,将区间$[0,1)$划分为若干子区间,互不重叠,各子区间长为各信源符号概率。

(2) 将接收到的码字转换为小数 Start。

(3) 根据该小数对应的概率范围,确定字符串第 1 个字符 i、其在$[0,1)$区间的起始位置 Left_i 和终止位置 Right_i、区间长 $L_i = \text{Right}_i - \text{Left}_i$。

(4) 计算$(\text{Start} - \text{Left}_i)/L_i$,根据结果对应的概率范围确定字符串下一个字符 j。

(5) 重复上述过程,直到所有字符解码完毕。

算术编码的特点包括:必须接收到完整码字才能解码;对错误敏感,一位发生错误会导致整个序列被译错;实际使用中,最好能在编码过程中估算信源概率;该编码应用在国际标准的高级版本中。

3. MATLAB 函数

MATLAB 提供了进行算术编解码的相关函数,列举如下。

(1) CODE = arithenco(SEQ,COUNTS):对向量 SEQ 中的符号序列进行二进制算术编码。向量 COUNTS 包含符号在测试数据集中出现的次数。

(2) DSEQ = arithdeco(CODE,COUNTS,LEN):对向量 CODE 中的二进制算术码进行解码。LEN 是要解码的符号数目,即字符串长度。

【**例 11-2**】 对图像进行算术编解码。

设计思路:

正常情况下,应先统计图像中各灰度出现的概率,然后将图像转换为序列,再调用函数进行编码、解码。但是由于图像中可能有部分灰度未曾出现,对应 COUNTS 取值为 0,调用函数会出错,因此,在设计程序时,需要将这一部分灰度剔除。

程序如下:

```matlab
clc;clear,close all;
Image = imread('rice.png');
[h,w] = size(Image);
map = zeros(256,2);
map(:,1) = 1:256;                  % map 中第 1 列存放 1:256 灰度级
counts = imhist(Image);
num = 1;
for i = 1:256
    if counts(i)
        map(i,2) = num;            % 去掉未曾出现的灰度,对当前灰度递减,存放在 map 的第 2 列
        num = num + 1;
    end
end
```

```
counts(counts == 0) = [ ];              % 去掉未曾出现灰度的出现次数 0
In = double(Image) + 1;                 % 灰度值范围由 0～255 变为 1～256
for i = 1:256
    In(In == i) = map(i,2);             % 修改图像中的灰度值
end
seq = reshape(In,1,h * w);              % 变为字符串
code = arithenco(seq,counts);           % 算术编码
dseq = arithdeco(code,counts,h * w);                    % 算术解码
flag = isequal(seq,dseq);                               % 判断解码后的字符串和原字符是否一致
deImage = reshape(dseq,h,w);
for i - 256:-1:1
    if map(i,2) ～ = 0
        deImage(deImage == map(i,2)) = map(i,1);        % 恢复图像中的灰度值
    end
end
imshow(uint8(deImage - 1));
```

运行程序,编码后的 code 为 459523 位二进制码,比原图需要的 524288 位略有压缩。在实际应用中,算术编码一般也和其他方法结合在一起使用,能提高效率。flag 变量为 1,解码后的图像和原图像 致,实现了无损编码。

11.2.3　行程长度编码

行程,也称游程,指特定方向上具有相同灰度值的相邻像素所延续的长度。行程长度编码(Run Length Encoding,RLE),是指将一行中灰度值相同的相邻像素用一个计数值和该灰度值代替,能减少或消除图像中的像素间冗余。

例如,aaabccccccddeee,不压缩存储需要 $15 \times 8 = 120$ 位,采用行程长度编码为 3a1b6c2d3e,需要 $10 \times 8 = 80$ 位,减少了存储位数。

如果图像中有很多灰度相同的大面积区域,采用 RLE 的压缩效率惊人,如二值图像。如果每相邻的两个像素灰度都不同,用这种算法不但不能压缩,反而数据量会增加一倍。所以,单纯对图像采用行程长度编码的算法用得不多。JPEG 标准中,通过量化处理,将图像块中的很多高频数据置为 0,很多个 0 连续排列,非常方便采用 RLE;编码时,与 Huffman 编码结合使用。

11.2.4　LZW 编码

LZW 编码是一种基于字典的编码,被收入主流的图像文件格式中,如图形交换格式(GIF)、标记图像文件格式(TIFF)和可移植文件格式(PDF)等。

LZW 编码的基本思想是:把数字图像看作一个一维字符串,在编码处理的开始阶段,先构造一个对图像信源符号进行编码的码本或"字典"。在编码器压缩扫描图像的过程中,动态更新字典。每发现一个字典中没有出现过的字符序列,就由算法决定其在字典中的位置。下次再碰到相同的字符序列,就用字典索引值代替字符序列。

LZW 编码算法的具体步骤如下。

(1)建立初始化字典,包含图像信源中所有可能的单字符串,并且在初始化字典的末尾添加两个符号 LZW_CLEAR 和 LZW_EOI。LZW_CLEAR 为编码开始标志,LZW_EOI 为编码结束标志。

（2）定义 R、S 为存放字符串临时变量。取"当前识别字符序列"为 R，且初始化 R 为空。从图像信源数据流的第 1 个像素开始，每次读取 1 个像素，赋予 S。

（3）判断生成的新连接字符串"RS"是否在字典中。

① 若"RS"在字典中，则令 $R = RS$，且不生成输出代码。

② 若"RS"不在字典中，则把"RS"添加到字典中，且令 $R = S$，编码输出为 R 在字典中的位置。

（4）依次读取图像信源数据流中的每个像素，判断图像信源数据流中是否还有码字要译。如果"是"，则返回到步骤（2）。如果"否"，则把代表当前识别字符序列 R 在字典中的位置作为编码输出，然后输出结束标志 LZW_EOI 的索引。

LZW 解码算法的具体步骤如下。

（1）设置两个存放临时变量的字符串 Code 和 OldCode。读取的第 1 个字符为 LZW_CLEAR，初始化字符串表，判断第 1 个字符是多少、原图中有多少字符。

（2）依次读取数据流中的每个编码，每读入一个编码就赋值于 Code。检索字符串表中有无此索引，若有，则输出 Code 对应的字符串，并将 OldCode 对应的字符串与 Code 对应的字符串的第 1 个字符组合成新串，添加到字符串表中，并使 OldCode＝Code；若没有，则将 OldCode 对应的字符串及该串的第 1 个字符组合成新串，输出新串，并把新串添加到字符串表中，使 OldCode＝Code。

（3）接收到的编码 Code 等于 LZW_EOI 时，解码完毕。

11.3　预测编码

预测编码是指利用图像信号的空间或时间相关性，用已传输的像素对当前像素进行预测，然后对预测值与真实值的差——预测误差进行编码处理和传输。由于图像相邻像素的相关性，使得预测误差远小于原图像，因此可用较少比特数表示，以达到压缩编码的目的。该方法通常称作差分脉冲编码调制（Differential Pulse Code Modulation，DPCM）。

1. 线性预测编码的基本原理

f_0 为当前待编码的像素，$\hat{f}_0$ 表示预测值，$f_1, f_2, \cdots, f_N$ 表示前面 N 个已编码像素，$\{\alpha_i \mid i=1, 2, \cdots, N\}$ 表示预测系数，则有

$$\hat{f}_0 = \alpha_1 f_1 + \alpha_2 f_2 + \cdots + \alpha_N f_N = \sum_{i=1}^{N} \alpha_i f_i \tag{11-6}$$

$\hat{f}_0$ 预测值是通过前面 N 个像素的线性组合来生成的，因此是一种线性预测。N 是预测所取的样本数，也称为预测器的阶数。当 $N=1$ 时，称作 Δ 调制。

定义预测误差为

$$e_0 = f_0 - \hat{f}_0 \tag{11-7}$$

对预测误差 e_0 进行编码，框图如图 11-1(a)所示，原始数据 f_0 与预测值 $\hat{f}_0$ 求误差 e_0，对 e_0 进行量化和编码，形成压缩数据输出；对量化后的 e_0' 和 $\hat{f}_0$ 相加，重建当前数据 f_0'，再对下一数据进行预测。图 11-1(b)所示为解码过程。可以看出，预测编码中有两个关键点：预测器的设计和量化器的设计。

图 11-1　预测编码编解码框图

2. 预测器设计

首先确定预测器的阶数 N，即确定预测器的输出是由多少个输入数据的线性组合而成。考虑到实现方便，N 不宜过高，应尽量减少乘法运算。

再求解预测系数，即选取适当的预测系数 α_i 实现最佳线性预测。定义预测误差的均方值为

$$\sigma_e^2 = E\left[(f_0 - \hat{f}_0)^2\right] \tag{11-8}$$

最佳线性预测是选择一组预测系数 $\{\alpha_i | i = 1, 2, \cdots, N\}$，使得预测误差的均方误差值为最小。

要使均方误差值为最小，则有

$$\frac{\partial \sigma_e^2}{\partial \alpha_j} = 0 \tag{11-9}$$

由此解出 N 个预测系数，称为最佳预测系数。

图像编码预测的方式通常有两种：帧内预测和帧间预测。

帧内预测利用帧内像素对当前像素进行预测，即 f_i 取自同一帧，利用的是图像的空域相关性。可以采用一维预测（即行内预测），用同一扫描行的相邻样值进行预测；也可以采用二维预测（即帧内预测），用同一扫描行和前面几行中的样值来预测。如图 11-2 所示即是帧内预测，其采用相邻的 4 个像素预测当前像素 f_0，是一个四阶预测。帧内预测方法简单，易于硬件实现，但对信道噪声和误码敏感，会产生误码扩散。

图 11-2　帧内预测

帧间预测利用相邻帧已传像素对当前像素进行预测，即 f_i 取自不同帧，利用的是图像的时间相关性。帧内、帧间预测方法相结合使用，预测效果更好。

3. 量化器设计

量化器对预测误差值进行量化，将其分为若干级别，为编码做准备。由于量化器在量化过程中可能存在量化误差，会导致信息丢失，因此设计时需考虑人眼特性，在不被人眼察觉的情况下，认为图像主观质量无下降。

量化器设计一般采用均匀量化，也可以使某个或某些衡量参数为最佳，这种量化方法称为最佳量化。可以把量化层数和量化误差作为标准：当量化器的层数 K 给定，根据量化误差均方值为极小值的方法设计；使量化器的量化层次尽量少，而保证量化误差不超出视觉可见度阈值。

常用的标量量化方法是将输入数据的整个动态范围分为若干小区间，每个小区间有一个代表值，也称码书，量化时，落入小区间的信号值就用这个码书代替。

4. MATLAB 函数

MATLAB 提供了进行 DPCM 编解码的相关函数,列举如下。

(1) dpcmopt 函数:优化 DPCM 参数。

① PREDICTOR=dpcmopt(TRAINING_SET,ORD):给定训练集 TRAINING_SET 和顺序 ORD,估计预测传递函数 PREDICTOR,即 $[0 \quad \alpha_1 \quad \alpha_2 \quad \cdots \quad \alpha_N]$。

② [PREDICTOR,CODEBOOK,PARTITION]=dpcmopt(TRAINING_SET,ORD,CLENGTH):返回优化的预测误差量化码书 CODEBOOK 和预测误差量化分区 PARTITION。CLENGTH 指明 CODEBOOK 的长度。

③ [PREDICTOR,CODEBOOK,PARTITION]=dpcmopt(TRAINING_SET,ORD,INI_CODEBOOK):INI_CODEBOOK 可以是包含码书初始估计值的向量或者表明码书向量尺寸的整数。

(2) dpcmenco 函数:实现 DPCM 编码。

① INDX=dpcmenco(SIG,CODEBOOK,PARTITION,PREDICTOR):对要编码的信号 SIG 进行 DPCM 编码,返回编码信号 INDX。

② [INDX,QUANTERR]=dpcmenco(SIG,CODEBOOK,PARTITION,PREDICTOR):输出量化值 QUANTERR。

(3) dpcmdeco 函数:实现 DPCM 解码。

① SIG=dpcmdeco(INDX,CODEBOOK,PREDICTOR):参数同上。

② [SIG,QUANTERR]=dpcmdeco(INDX,CODEBOOK,PREDICTOR):输出解码信号和量化预测误差。

(4) quantiz 函数:生成分区索引。

① INDX=quantiz(SIG,PARTITION):基于分区点 PARTITION 产生索引 INDX。INDX 中的每个元素在 $[0,N-1]$ 范围内,PARTITION 是升序排列的 $N-1$ 维向量,指定边界,INDX 中的元素 $0,1,2,\cdots,N-1$ 分别代表 SIG 在 $(-\mathrm{Inf},\mathrm{PARTITION}(1)]$,$(\mathrm{PARTITION}(1),\mathrm{PARTITION}(2)]$,$(\mathrm{PARTITION}(2),\mathrm{PARTITION}(3)]$,$\cdots$,$(\mathrm{PARTITION}(N-1),\mathrm{Inf})$ 范围内。

② [INDX,QUANTV]=quantiz(SIG,PARTITION,CODEBOOK):计算量化器的输出值 QUANTV,是 CODEBOOK(INDX+1)构成的向量。

③ [INDX,QUANTV,DISTOR]=quantiz(SIG,PARTITION,CODEBOOK):DISTOR 是量化估计偏差。

【例 11-3】 将 $[0,2\pi]$ 范围内的正弦信号进行预测编码,理解 MATLAB 函数。

程序如下:

```
clc;clear,close all;
t = 0:0.1:2 * pi;
sig = sin(t);                                      % 原始信号
partition1 = - 1:0.2:1;                            % 信号取值分区
codebook1 = - 1.2:0.2:1;                           % 设定每个区间的码书
[index,quants] = quantiz(sig,partition1,codebook1); % 获取分区索引
predictor1 = [0 1];                                % 一阶预测
encodedx1 = dpcmenco(sig,codebook1,partition1,predictor1);  % 对 sig 信号进行 DPCM 编码
decodedx1 = dpcmdeco(encodedx1,codebook1,predictor1);       % DPCM 解码
distor1 = sum((sig - decodedx1).^2)/length(sig);           % 原始信号与解码信号的均方误差
```

```
initcodebook = codebook1;                                    % 码书初始值
[predictor2, codebook2, partition2] = dpcmopt(sig, 1, initcodebook);   % 优化参数
encodedx2 = dpcmenco(sig, codebook2, partition2, predictor2);      % 使用优化参数进行 DPCM 编码
decodedx2 = dpcmdeco(encodedx2, codebook2, predictor2);          % 使用优化参数进行 DPCM 解码
distor2 = sum((sig - decodedx2).^2)/length(sig);             % 原始信号与解码信号的均方误差
plot(t, sig, t, decodedx1, 'g -- ', t, decodedx2, 'r. - ');       % 绘图
xlabel('t');     ylabel('sin(t)');
legend('原始信号', '解码信号 1', '解码信号 2');
```

程序运行结果如图 11-3 所示。程序中采用了两种方式进行 DPCM 编码,一种是设定误差分区及其量化码书,另一种是采用了 dpcmopt 函数对参数进行优化。两种方式都是采用了一阶预测,从图中可以看出,采用优化后的参数进行编解码,重建信号与原信号更接近;distor1 取值为 0.0148,distor2 取值为 0.0020,误差更小。

图 11-3　采用 DPCM 编码的正弦信号及其解码信号

【例 11-4】　对图像进行预测编码。

设计思路:

由于图像是二维信息,因此调用函数要转换为一维信号。预测编码利用的是相邻像素的相关性,所以一维序列中相邻值应该也是空间上相邻的像素,一般是采用 Z 形扫描(见 11.5 节)。本例中仅将图像各列首尾相接。

程序如下:

```
clc;clear,close all;
Image = imread('rice.png');
[height, width] = size(Image);
sig = double(Image);
temp = flipud(sig);
for i = 2:2:width
    sig(:, i) = temp(:, i);                    % 将图像各列首尾相接形成一维信号
end
sig = reshape(sig, 1, []);
maxV = max(sig);    minV = min(sig);     step = 10;
initcodebook = minV:step:maxV;              % 设置初始码书
[predictor, codebook, partition] = dpcmopt(sig, 2, initcodebook);   % 参数优化
encoded = dpcmenco(sig, codebook, partition, predictor);         % DPCM 编码
decoded = dpcmdeco(encoded, codebook, predictor);            % DPCM 解码
decodedI = uint8(reshape(round(decoded), height, width));        % 转换为二维图像
temp = flipud(decodedI);
for i = 2:2:width
    decodedI(:, i) = temp(:, i);                 % 调整偶数列上下像素顺序
```

```
end
diffI = abs(decodedI – Image);                    % 原图与解码图的误差图
subplot(131),imshow(Image),title('原图');
subplot(132),imshow(decodedI),title('解码图像');
subplot(133),imhist(diffI),title('误差图的直方图');
```

程序运行结果如图 11-4 所示。解码图像与原图从视觉效果上看几乎没有区别。

(a) 原图　　　　　　　　　(b) 解码图像　　　　　　　　　(c) 误差图的直方图

图 11-4　对图像进行 DPCM 编解码

11.4　变换编码

变换编码的基本思想是将空间域里描述的图像经过某种变换在变换域中进行描述，以达到改变能量分布的目的，使得图像能量在空间域的分散分布变为在变换域的能量相对集中分布，并且利用系数的分布特点和人类感觉特性，对系数进行量化、编码，达到压缩的目的。

如图 11-5 所示是典型的变换编码系统。整个编码过程包括子块划分、正变换、量化和编码，而解码过程正好相反，包括解码、反量化、逆变换、子块拼接。

图 11-5　变换编码系统框图

把输入的 $M \times N$ 图像分割为许多个 $n \times n$ 的图像方块，称为分块，每块称为子图像。子块尺寸是影响变换编码误差和计算复杂度的一个重要因素。子块不能过大，太大像素间的相关性小；子块也不能过小，太小计算量大。一般子块的长和宽通常为 2 的整数次幂。典型的划分子块尺寸是 8×8 或 16×16，H.264 中整数 DCT 取到 4×4。不足的部分补边缘像素。

假设以 1×2 个像素构成一个子图像（即相邻两个像素组成的子图像），每个像素有 8 个可能灰度级，则两个像素有 64 种可能灰度组合，如图 11-6(a)所示。空域中图像相邻像素之间存在很强的相关性，相邻两像素的灰度级相等或很接近，即在 $f_1 = f_2$ 直线附近出现的概率大；在空域 f_1-f_2 坐标系中能量分布比较分散，两者 f_1、f_2 具有大致相同能量，两个分量都需进行相同编码。

进行正交变换，相当于进行 $45°$ 的旋转，变成 F_1-F_2 坐标系，如图 11-6(b)所示。由 f_1-f_2 中的能量分散分布变为 F_1 方向的集中分布，F_1、F_2 之间的相关性小。正交变换实现了去相关，使能量

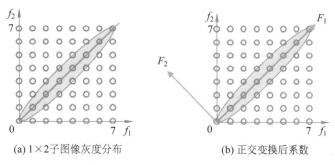

(a) 1×2子图像灰度分布　　　　(b) 正交变换后系数

图 11-6　正交变换去除相关性示意

集中于少数变换系数,压缩成为可能。

正交变换的选择取决于可容许的重建误差和计算要求。一般认为,一个能把最多的信息集中到最少的系数上去的变换所产生的重建误差最小。理论上 K-L 变换是所有正交变换中信息集中能力最优的变换,但 K-L 变换需要计算原图各子图像块的协方差矩阵,将特征向量作为变换后的基向量,该变换依赖图像数据,每次都重新计算协方差矩阵,计算量大,不太实用。实际中通常采用的都是与输入图像无关且具有固定基图像的变换。相比较而言,DCT 要比 DFT 具有更接近 K L 变换的信息集中能力,且最小化子图像块边缘可见的块效应。因此,DCT 在实际的变换编码中应用最多,被认为是准最佳变换,被国际压缩标准采用。

编码常用两种思路:区域编码和阈值编码。变换系数集中在低频区域,可对该区域的变换系数进行量化、编码、传输,对高频区域既不编码又不传输即可达到压缩目的,称为变换区域编码;区域编码压缩比可达到 5:1,缺点是由于高频分量被丢弃,使图像可视分辨率下降。阈值编码是通过事先设定一个阈值,只对其变换系数的幅值大于此阈值的编码。其在保留低频成分的同时,选择性地保留了高频成分,使得重建图像质量得到改善,但需要同时对系数所处的位置编码,复杂度提高。

变换编码是一种有失真编码,失真表现在高频信息丢失或减少导致可分辨性下降、在图像灰度平坦区有颗粒噪声出现、方块效应。

变换编码被国际标准所采用,实际编码细节将在 11.5 节学习。

11.5　JPEG 标准

JPEG 是 ISO/IEC 和 ITU-T 的联合图片专家小组(Joint Photographic Experts Group)的缩写,是通用连续色调静止图像压缩编码技术。JPEG 标准根据不同应用场合对图像的压缩要求定义了如下 3 种不同的编码系统。

(1) 有损基本编码系统。以 DCT 为基础,足够应付大多数压缩方面的应用。

(2) 扩展的编码系统。面向更大规模的压缩、更高的精确性或逐渐递增的重构应用。

(3) 面向可逆压缩的无损独立编码系统。

所有符合 JPEG 标准的编解码器都必须支持基本系统,而其他系统则作为不同应用目的的选择项。JPEG 基本系统输入图像的精度为 8b/像素,以 8×8 块为单位进行处理,其编码器框图如图 11-7 所示。

图 11-7　JPEG 基本系统的编码器框图

1. 数据转换

由于人眼对亮度信号比对色度信号更加敏感,编码时可采用对亮度信号赋予更多码率,因此,为了实现亮度信号与色度信号的分离,需要将图像从 RGB 色彩空间转换到 YCbCr 色彩空间。

这一步并不包含在编解码器中,而是由应用程序在编码前和解码后根据需要完成。

2. 零偏置转换

在进行 DCT 前,需要对每个 8×8 的子图像块进行零偏置转换处理。

对于灰度级为 2^n 的 8×8 子图像块,像素值减去 2^{n-1}。例如,灰度级为 2^8,将 0～255 的像素值减去 128,转换为值域在 −128～127 的值。这样做的目的是使像素绝对值出现 3 位 10 进制的概率大大减少,提高计算效率。

3. DCT

8×8 的正向离散 DCT 公式定义为

$$F(u,v) = \frac{1}{4} C(u)C(v) \sum_{x=0}^{7} \sum_{y=0}^{7} f(x,y) \cos\left[\frac{\pi(2x+1)u}{8}\right] \cos\left[\frac{\pi(2y+1)v}{8}\right] \tag{11-10}$$

其中,

$$C(u), C(v) = \begin{cases} 1/\sqrt{2}, & u,v=0 \\ 1, & u,v=1,2,\cdots,7 \end{cases} \tag{11-11}$$

并且,

$$F(0,0) = \frac{1}{8} \sum_{x=0}^{7} \sum_{y=0}^{7} f(x,y) = 8\overline{f}(x,y) \tag{11-12}$$

位于原点的 DCT 系数值和子图像的平均灰度是成正比的。因此,把 $F(0,0)$ 系数称为直流系数,即 DC 系数,代表该子图像平均亮度;其余 63 个系数称为交流系数,即 AC 系数。

4. 量化

量化将 DCT 系数除以量化步长再取整,如式(11-13)所示。通过量化,将小的系数变为 0,大的值缩小,便于进行编码。对于 8×8 子块中的每个点,量化步长不相等,对于低频系数,量化步长相对较小,高频系数对应的量化步长相对较大,达到了保持低频分量、抑制高频分量的目的。8×8 的量化步长构成了量化表,对亮度和色差分量不相同,如表 11-1 和表 11-2 所示。

$$\widetilde{F}(u,v) = \left\lfloor \frac{F(u,v)}{S(u,v)} \pm 0.5 \right\rfloor \tag{11-13}$$

其中,$\widetilde{F}(u,v)$ 为量化后的结果,$F(u,v)$ 为 DCT 系数,$S(u,v)$ 为表 11-1 和表 11-2 所示量化表中的

数值,⌊ ⌋表示向下取整。

表 11-1　亮度信号量化表

v	u							
	0	1	2	3	4	5	6	7
0	16	11	10	16	24	40	51	61
1	12	12	14	19	26	58	60	55
2	14	13	16	24	40	57	69	56
3	14	17	22	29	51	87	80	62
4	18	22	37	56	68	109	103	77
5	24	35	55	64	81	104	113	92
6	49	64	78	87	103	121	120	101
7	72	92	95	98	112	100	103	99

表 11-2　色度信号量化表

v	u							
	0	1	2	3	4	5	6	7
0	17	18	24	47	99	99	99	99
1	18	21	26	66	99	99	99	99
2	24	26	56	99	99	99	99	99
3	47	66	99	99	99	99	99	99
4	99	99	99	99	99	99	99	99
5	99	99	99	99	99	99	99	99
6	99	99	99	99	99	99	99	99
7	99	99	99	99	99	99	99	99

5. 熵编码

JPEG 基本系统使用 Huffman 编码对 DCT 量化系数进行熵编码,进一步压缩码率。

1) DC 系数编码

DC 系数反映一个 8×8 子图像块的平均亮度,一般与相邻块有较大的相关性。JPEG 对 DC 系数采用无失真的 DPCM 编码,即用前一个已编码子块的 DC 系数作为当前子块的 DC 系数预测值,再对实际值与预测值的差值 Δ 进行 Huffman 编码。

按照 Δ 的取值范围,JPEG 把 Δ 分为 12 类,如表 11-3 所示。编码时,将 Δ 表示为(符号 1,符号 2)的形式,符号 1 为从表 11-3 中查得的类别,实际上是用自然二进制码表示 Δ 所需的最少位数;符号 2 为实际的差值编码,大于或等于 0 时,编码为 Δ 的原码;否则,取 Δ 的反码。

表 11-3　DC 差值 Δ 类别及编码表

类　别	DC 差值 Δ 范围	亮度 Huffman 码	色度 Huffman 码
0	0	00	00
1	−1,1	010	01
2	−3,−2,2,3	011	10
3	−7,…,−4,4,…,7	100	110

类　　别	DC 差值 Δ 范围	亮度 Huffman 码	色度 Huffman 码
4	$-15,\cdots,-8,8,\cdots,15$	101	1110
5	$-31,\cdots,-16,16,\cdots,31$	110	11110
6	$-63,\cdots,-32,32,\cdots,63$	1110	111110
7	$-127,\cdots,-64,64,\cdots,127$	11110	1111110
8	$-255,\cdots,-128,128,\cdots,255$	111110	11111110
9	$-511,\cdots,-256,256,\cdots,511$	1111110	111111110
10	$-1023,\cdots,-512,512,\cdots,1023$	11111110	1111111110
11	$-2047,\cdots,-1024,1024,\cdots,2047$	111111110	11111111110

2）AC 系数编码

首先采用 Z 形扫描,如图 11-8 所示,将子块的 63 个 AC 系数(低频系数在前,高频系数在后)转换成一个 1×63 的序列,表示成 $00\cdots0X,00\cdots0X,\cdots,00\cdots0X$ 的形式,X 为非 0 值,若干 0 和一个非 0 值组成一个编码单位。

图 11-8　Z 形扫描

量化后,AC 系数中出现较多的 0,采用行程长度编码;非零值 X 按用二进制表示该值所需的最少位数分为 10 类,如表 11-4 所示。一个基本的编码单位表示为(行程/类别,X 值)。符号 1(行程/类别)采用 Huffman 编码,JPEG 提供了码表;符号 2(X 值)采用自然二进制码。

表 11-4　非零 AC 系数 X 的类别表

类　　别	非零 AC 系数 X 的范围	类　　别	非零 AC 系数 X 的范围
1	$-1,1$	6	$-63,\cdots,-32,32,\cdots,63$
2	$-3,-2,2,3$	7	$-127,\cdots,-64,64,\cdots,127$
3	$-7,\cdots,-4,4,\cdots,7$	8	$-255,\cdots,-128,128,\cdots,255$
4	$-15,\cdots,-8,8,\cdots,15$	9	$-511,\cdots,-256,256,\cdots,511$
5	$-31,\cdots,-16,16,\cdots,31$	10	$-1023,\cdots,-512,512,\cdots,1023$

另有两个专用符号:"ZRL",AC 符号 1 的一种,行程长度为 16;"EOB",块结束标志,表示该块中剩余的系数都为 0。在 JPEG 编码中,最大 0 行程只能等于 15。当 0 行程长度大于 16 时,需要将其分开多次编码,即对前面的每 16 个 0 以"F/0"(ZRL)表示,对剩余的继续编码。在每一幅图像块的编码结束后需要加一个 EOB 块结束符号,用来表示该图像块的剩余 AC 系数均为 0。

非零 AC 系数的部分 Huffman 编码如表 11-5 和表 11-6 所示。

表 11-5　亮度分量的非零 AC 系数的部分 Huffman 编码

行程长度/类别	码　　字	码　　长	行程长度/类别	码　　字	码　　长
0/0(EOB)	1010	4	3/6	1111111110010001	16
0/1	00	2	3/7	1111111110010010	16
0/2	01	2	3/8	1111111110010011	16
0/3	100	3	3/9	1111111110010100	16
0/4	1011	4	3/A	1111111110010101	16
0/5	11010	5	4/1	111011	6
0/6	1111000	7	4/2	1111111000	10
0/7	11111000	8	4/3	1111111110010110	16
0/8	1111110110	10	4/4	1111111110010111	16
0/9	1111111110000010	16	4/5	1111111110011000	16
0/A	1111111110000011	16	4/6	1111111110011001	16
1/1	1100	4	4/7	1111111110011010	16
1/2	11011	5	4/8	1111111110011011	16
1/3	1111001	7	4/9	1111111110011100	16
1/4	111110110	9	4/A	1111111110011101	16
1/5	11111110110	11	5/1	1111010	7
1/6	1111111110000100	16	5/2	11111110111	11
1/7	1111111110000101	16	5/3	1111111110011110	16
1/8	1111111110000110	16	5/4	1111111110011111	16
1/9	1111111110000111	16	5/5	1111111110100000	16
1/A	1111111110001000	16	5/6	1111111110100001	16
2/1	11100	5	5/7	1111111110100010	16
2/2	11111001	8	5/8	1111111110100011	16
2/3	1111110111	10	5/9	1111111110100100	16
2/4	111111110100	12	5/A	1111111110100101	16
2/5	1111111110001001	16	6/1	1111011	7
2/6	1111111110001010	16	6/2	111111110110	12
2/7	1111111110001011	16	6/3	1111111110100110	16
2/8	1111111110001100	16	6/4	1111111110100111	16
2/9	1111111110001101	16	6/5	1111111110101000	16
2/A	1111111110001110	16	6/6	1111111110101001	16
3/1	111010	6	6/7	1111111110101010	16
3/2	111110111	9	6/8	1111111110101011	16
3/3	111111110101	12	6/9	1111111110101100	16
3/4	1111111110001111	16	6/A	1111111110101101	16
3/5	1111111110010000	16	7/1	11111010	8

行程长度/类别	码　字	码　长	行程长度/类别	码　字	码　长
7/2	111111110111	12	B/1	1111111001	10
7/3	1111111110101110	16	B/2	1111111111010000	16
7/4	1111111110101111	16	B/3	1111111111010001	16
7/5	1111111110110000	16	B/4	1111111111010010	16
7/6	1111111110110001	16	B/5	1111111111010011	16
7/7	1111111110110010	16	B/6	1111111111010100	16
7/8	1111111110110011	16	B/7	1111111111010101	16
7/9	1111111110110100	16	B/8	1111111111010110	16
7/A	1111111110110101	16	B/9	1111111111010111	16
8/1	111111000	9	B/A	1111111111011000	16
8/2	111111111000000	15	C/1	1111111010	10
8/3	1111111110110110	16	C/2	1111111111011001	16
8/4	1111111110110111	16	C/3	1111111111011010	16
8/5	1111111110111000	16	C/4	1111111111011011	16
8/6	1111111110111001	16	C/5	1111111111011100	16
8/7	1111111110111010	16	C/6	1111111111011101	16
8/8	1111111110111011	16	C/7	1111111111011110	16
8/9	1111111110111100	16	C/8	1111111111011111	16
8/A	1111111110111101	16	C/9	1111111111100000	16
9/1	111111001	9	C/A	1111111111100001	16
9/2	1111111110111110	16	D/1	11111111000	11
9/3	1111111110111111	16	D/2	1111111111100010	16
9/4	1111111111000000	16	D/3	1111111111100011	16
9/5	1111111111000001	16	D/4	1111111111100100	16
9/6	1111111111000010	16	D/5	1111111111100101	16
9/7	1111111111000011	16	D/6	1111111111100110	16
9/8	1111111111000100	16	D/7	1111111111100111	16
9/9	1111111111000101	16	D/8	1111111111101000	16
9/A	1111111111000110	16	D/9	1111111111101001	16
A/1	111111010	9	D/A	1111111111101010	16
A/2	1111111111000111	16	E/1	1111111111101011	16
A/3	1111111111001000	16	E/2	1111111111101100	16
A/4	1111111111001001	16	E/3	1111111111101101	16
A/5	1111111111001010	16	E/4	1111111111101110	16
A/6	1111111111001011	16	E/5	1111111111101111	16
A/7	1111111111001100	16	E/6	1111111111110000	16
A/8	1111111111001101	16	E/7	1111111111110001	16
A/9	1111111111001110	16	E/8	1111111111110010	16
A/A	1111111111001111	16	E/9	1111111111110011	16

续表

行程长度/类别	码　字	码　长	行程长度/类别	码　字	码　长
E/A	1111111111110100	16	F/5	1111111111111001	16
F/0(ZRL)	11111111001	11	F/6	1111111111111010	16
F/1	1111111111110101	16	F/7	1111111111111011	16
F/2	1111111111110110	16	F/8	1111111111111100	16
F/3	1111111111110111	16	F/9	1111111111111101	16
F/4	1111111111111000	16	F/A	1111111111111110	16

表 11-6　色度分量的非零 AC 系数的部分 Huffman 编码

行程长度/类别	码　字	码　长	行程长度/类别	码　字	码　长
0/0（EOB）	00	2	2/9	1111111110001111	16
0/1	01	2	2/A	1111111110010000	16
0/2	100	3	3/1	11011	5
0/3	1010	4	3/2	11111000	8
0/4	11000	5	3/3	1111111000	10
0/5	11001	5	3/4	111111110111	12
0/6	111000	6	3/5	1111111110010001	16
0/7	1111000	7	3/6	1111111110010010	16
0/8	111110100	9	3/7	1111111110010011	16
0/9	1111110110	10	3/8	1111111110010100	16
0/A	111111110100	12	3/9	1111111110010101	16
1/1	1011	4	3/A	1111111110010110	16
1/2	111001	6	4/1	111010	6
1/3	11110110	8	4/2	111110110	9
1/4	111110101	9	4/3	1111111110010111	16
1/5	11111110110	11	4/4	1111111110011000	16
1/6	111111110101	12	4/5	1111111110011001	16
1/7	1111111110001000	16	4/6	1111111110011010	16
1/8	1111111110001001	16	4/7	1111111110011011	16
1/9	1111111110001010	16	4/8	1111111110011100	16
1/A	1111111110001011	16	4/9	1111111110011101	16
2/1	11010	5	4/A	1111111110011110	16
2/2	11110111	8	5/1	111011	6
2/3	1111110111	10	5/2	1111111001	10
2/4	111111110110	12	5/3	1111111110011111	16
2/5	111111111000010	15	5/4	1111111110100000	16
2/6	1111111110001100	16	5/5	1111111110100001	16
2/7	1111111110001101	16	5/6	1111111110100010	16
2/8	1111111110001110	16	5/7	1111111110100011	16

行程长度/类别	码 字	码 长	行程长度/类别	码 字	码 长
5/8	1111111110100100	16	9/7	1111111111000101	16
5/9	1111111110100101	16	9/8	1111111111000110	16
5/A	1111111110100110	16	9/9	1111111111000111	16
6/1	1111001	7	9/A	1111111111001000	16
6/2	11111110111	11	A/1	111111000	9
6/3	1111111110100111	16	A/2	1111111111001001	16
6/4	1111111110101000	16	A/3	1111111111001010	16
6/5	1111111110101001	16	A/4	1111111111001011	16
6/6	1111111110101010	16	A/5	1111111111001100	16
6/7	1111111110101011	16	A/6	1111111111001101	16
6/8	1111111110101100	16	A/7	1111111111001110	16
6/9	1111111110101101	16	A/8	1111111111001111	16
6/A	1111111110101110	16	A/9	1111111111010000	16
7/1	1111010	7	A/A	1111111111010001	16
7/2	11111111000	11	B/1	111111001	9
7/3	1111111110101111	16	B/2	1111111111010010	16
7/4	1111111110110000	16	B/3	1111111111010011	16
7/5	1111111110110001	16	B/4	1111111111010100	16
7/6	1111111110110010	16	B/5	1111111111010101	16
7/7	1111111110110011	16	B/6	1111111111010110	16
7/8	1111111110110100	16	B/7	1111111111010111	16
7/9	1111111110110101	16	B/8	1111111111011000	16
7/A	1111111110110110	16	B/9	1111111111011001	16
8/1	11111001	8	B/A	1111111111011010	16
8/2	1111111110110111	16	C/1	111111010	9
8/3	1111111110111000	16	C/2	1111111111011011	16
8/4	1111111110111001	16	C/3	1111111111011100	16
8/5	1111111110111010	16	C/4	1111111111011101	16
8/6	1111111110111011	16	C/5	1111111111011110	16
8/7	1111111110111100	16	C/6	1111111111011111	16
8/8	1111111110111101	16	C/7	1111111111100000	16
8/9	1111111110111110	16	C/8	1111111111100001	16
8/A	1111111110111111	16	C/9	1111111111100010	16
9/1	111110111	9	C/A	1111111111100011	16
9/2	1111111111000000	16	D/1	1111111111100100	16
9/3	1111111111000001	16	D/2	1111111111100101	16
9/4	1111111111000010	16	D/3	1111111111100110	16
9/5	1111111111000011	16	D/4	1111111111100111	16
9/6	1111111111000100	16	D/5	1111111111101000	16

行程长度/类别	码　字	码　长	行程长度/类别	码　字	码　长
D/6	1111111111101001	16	E/9	1111111111110110	16
D/7	1111111111101010	16	E/A	1111111111110111	16
D/8	1111111111101011	16	F/0(ZRL)	1111111010	10
D/9	1111111111101100	16	F/1	111111111000011	15
D/A	1111111111101101	16	F/2	1111111111110110	16
E/1	1111111111101110	16	F/3	1111111111110111	16
E/2	1111111111101111	16	F/4	1111111111111000	16
E/3	1111111111110000	16	F/5	1111111111111001	16
E/4	1111111111110001	16	F/6	1111111111111010	16
E/5	1111111111110010	16	F/7	1111111111111011	16
E/6	1111111111110011	16	F/8	1111111111111100	16
E/7	1111111111110100	16	F/9	1111111111111101	16
E/8	1111111111110101	16	F/A	1111111111111110	16

【例 11-5】 给定一个 8×8 的亮度分量子图像块：

$$\begin{bmatrix} 16 & 11 & 10 & 16 & 24 & 40 & 51 & 61 \\ 12 & 12 & 14 & 19 & 26 & 58 & 60 & 55 \\ 14 & 13 & 16 & 24 & 40 & 57 & 69 & 56 \\ 14 & 17 & 22 & 29 & 51 & 87 & 80 & 62 \\ 18 & 22 & 37 & 56 & 68 & 109 & 103 & 77 \\ 24 & 35 & 35 & 64 & 81 & 104 & 113 & 92 \\ 49 & 64 & 78 & 87 & 103 & 121 & 120 & 101 \\ 72 & 92 & 95 & 98 & 112 & 100 & 103 & 99 \end{bmatrix}$$

编程进行 JPEG 编码，假设相邻前一个 8×8 的亮度分量子块经处理后的量化 DC 系数为 −30。

程序如下：

```
clc;clear;
f = [16 11 10 16 24 40 51 61;    12 12 14 19 26 58 60 55;
    14 13 16 24 40 57 69 56;    14 17 22 29 51 87 80 62;
    18 22 37 56 68 109 103 77;    24 35 35 64 81 104 113 92;
    49 64 78 87 103 121 120 101; 72 92 95 98 112 100 103 99];
lastDC = − 30;
load QTable;                      %加载量化表
load ACTable;                     %加载 AC 系数码表
load DCTable;                     %加载 DC 系数码表
f1 = f − 128;                     %零偏置转换
f2 = dct2(f1);                    %DCT
f3 = round(f2./QTable);           %量化
DC = f3(1);                       %获取 DC 系数
delta = DC − lastDC;              %求 DC 系数差值
DCcode2 = dec2bin(abs(delta));    %差值绝对值的二进制码
DCcode1 = DCTable(length(DCcode2) + 1);   %查码表
if DC < 0                         %若差值为负,转换为反码,可以采用其他方式
    pos1 = find(DCcode2 == '1');
    pos2 = find(DCcode2 == '0');
    DCcode2(pos1) = '0';
```

```
            DCcode2(pos2) = '1';
    end
DCcode = [DCcode1, DCcode2];                    % DC 系数编码
AC = Zscan(f3);                                 % Z 形扫描
code = ACCode(AC, ACTable, DCcode);             % AC 系数编码
& 以下为 Z 形扫描函数及 AC 系数编码函数
function out = Zscan(In)
    seq = [9 2 3 10 17 25 18 11 4 5 12 19 26 33 41 34 …
           27 20 13 6 7 14 21 28 35 42 49 57 50 43 36 29 …
           22 15 8 16 23 30 37 44 51 58 59 52 45 38 31 24 …
           32 39 46 53 60 61 54 47 40 48 55 62 63 56 64];  % Z 形扫描中按顺序排列各系数
    out = In(seq);
end
function out = ACCode(AC, ACTable, DCcode)
    out = DCcode;
    runlength = uint8(0);
    for i = 1:63
        if AC(i) == 0                          % 统计编码单元中 0 的个数
            runlength = runlength + 1;
            continue;
        else
            while runlength > 15                % 0 最大行程长度若超过 15,分开编码
                out = [out, "1111111010"];
                runlength = runlength - 16;
            end
            X = AC(i);
            ACcode2 = dec2bin(abs(X));
            ACSize = length(ACcode2);
            ACcode1 = ACTable(runlength + 1, ACSize);
            if X < 0
                pos1 = (ACcode2 == '1');
                pos2 = (ACcode2 == '0');
                ACcode2(pos1) = '0';
                ACcode2(pos2) = '1';
            end
            out = [out, ACcode1, ACcode2];
            runlength = 0;
        end
    end
    if runlength ~= 0
        out = [out, "1010"];
    end
end
```

运行程序,输出码流为 100010 10110000 1101001111 0110 11000 0110 0111 0111 1111100101 001 11000 111000 11001 1010,共 78b,而编码前需要 $8 \times 8 \times 8 = 512b$,压缩比 $r = 512/78 \approx 6.56$。

本章小结

本章在介绍图像编码基本理论的基础上介绍了常用的压缩编码方法,包括 Huffman 编码、算术编码、行程长度编码、LZW 编码、预测编码及变换编码,介绍了 JPEG 标准,并对上述编码方法及标准进行了 MATLAB 实现。图像编码是图像处理中重要的一个内容,除介绍的这些传统方法外,还有一些新型编码方法,可以在基本编码方法的基础上进行进一步的学习。

图像匹配是指针对不同时间、不同视角或不同拍摄条件下的同一场景的两幅或多幅图像，寻找它们之间在某一特性上的相似性，建立图像间的对应关系，以便进行对准、拼接、计算相关参数等操作。图像匹配的应用需求广泛，根据不同的特性，图像匹配方法也不一样。本章讲解基于灰度的图像匹配、角点检测、特征描述、特征匹配及仿真实现。

12.1　基于灰度的图像匹配

基于灰度的图像匹配，一般是以已知图像为模板，按照一定的匹配准则，在参考图像上某一给定的搜索范围内，根据相似性准则寻找最匹配的子块，确定模板图像的位置，如图 12-1 所示。

(a) 待匹配图像　　　　　　(b) 参考图像

图 12-1　基于灰度的图像匹配示意图

相似性度量用于计算参考图像中子块和模板图像之间的相似程度，一般定义为某种相似性测量函数，根据模板图像和搜索位置处的子块计算函数值，分为匹配和不匹配两种情况，通常涉及匹配阈值的选择。

设参考图像 $S(x,y)$ 的大小为 $M \times N$，待匹配模板图像 $T(x,y)$ 的大小为 $m \times n$，将 $T(x,y)$ 在 $S(x,y)$ 上平移，$T(x,y)$ 中心(或者左上角、左下角)位于 $S(x,y)$ 中 (i,j) 点时，计算相应的相似性函数值。

绝对误差和函数(Sum of Absolute Differences，SAD)定义为

$$\text{SAD}(i,j) = \sum_{y=0}^{n-1} \sum_{x=0}^{m-1} \mid T(x,y) - S^{i,j}(x,y) \mid \tag{12-1}$$

平均绝对差函数(Mean Absolute Differences，MAD)定义为

$$\text{MAD}(i,j) = \frac{1}{mn} \sum_{y=0}^{n-1} \sum_{x=0}^{m-1} |T(x,y) - S^{i,j}(x,y)| \tag{12-2}$$

误差平方和函数(Sum of Squared Differences,SSD)定义为

$$\text{SSD}(i,j) = \sum_{y=0}^{n-1} \sum_{x=0}^{m-1} [T(x,y) - S^{i,j}(x,y)]^2 \tag{12-3}$$

均方误差函数(Mean Square Differences,MSD)定义为

$$\text{MSD}(i,j) = \frac{1}{mn} \sum_{y=0}^{n-1} \sum_{x=0}^{m-1} [T(x,y) - S^{i,j}(x,y)]^2 \tag{12-4}$$

在搜索范围内,SAD(MAD、SSD 或 MSD)的值取最小的位置即为可能匹配位置;考虑到参考图像中不包含待匹配块的情况,一般设置阈值 TH,当最匹配位置的 SAD(MAD、SSD 或 MSD)值小于 TH 时,认为匹配成功。

归一化互相关函数(Normalization Cross-Correlation,NCC)定义为

$$\text{NCC}(i,j) = \frac{\displaystyle\sum_{y=0}^{n-1} \sum_{x=0}^{m-1} T(x,y) S^{i,j}(x,y)}{\sqrt{\displaystyle\sum_{y=0}^{n-1} \sum_{x=0}^{m-1} [T(x,y)]^2 \sum_{y=0}^{n-1} \sum_{x=0}^{m-1} [S^{i,j}(x,y)]^2}} \tag{12-5}$$

去掉平均灰度的归一化互相关函数如式(12-6)所示。

$$\text{NCC}(i,j) = \frac{\displaystyle\sum_{y=0}^{n-1} \sum_{x=0}^{m-1} [T(x,y) - \overline{T}(x,y)][S^{i,j}(x,y) - \overline{S}^{i,j}(x,y)]}{\sqrt{\displaystyle\sum_{y=0}^{n-1} \sum_{x=0}^{m-1} [T(x,y) - \overline{T}(x,y)]^2 \sum_{y=0}^{n-1} \sum_{x=0}^{m-1} [S^{i,j}(x,y) - \overline{S}^{i,j}(x,y)]^2}} \tag{12-6}$$

其中,$\overline{T}(x,y)$ 和 $\overline{S}^{i,j}(x,y)$ 是窗口内的平均灰度。NCC 值越大,说明匹配程度越高,具有最大 NCC 值的位置为可能匹配位置;设置阈值 TH,匹配位置的 NCC 值大于 TH,则认为匹配成功。

MATLAB 提供了 normxcorr2 函数计算归一化互相关函数值,其调用格式如下。

C=normxcorr2(TEMPLATE,A):计算矩阵 TEMPLATE 和 A 的归一化互相关函数值。矩阵 A 尺寸要大于 TEMPLATE,TEMPLATE 的值不能全部相等,结果矩阵 C 的值在[-1,1]范围内。

【例 12-1】 采用归一化互相关函数进行图像匹配。

程序如下:

```
clear,clc,close all;
T = rgb2gray(imread('onion.png'));
S = rgb2gray(imread('peppers.png'));
imshowpair(S,T,'montage'),title('参考图像和模板图像');        % 参考图像和模板图像并排显示
ncc = normxcorr2(T,S);                                        % 计算归一化互相关函数
figure,surf(ncc),shading flat;                   % 绘制归一化互相关图像,采用 flat 模式给网格着色
[height,width] = size(T);
[ypeak,xpeak] = find(ncc == max(ncc(:)));                    % 找最大互相关所在位置
yoffSet = ypeak - height;    xoffSet = xpeak - width;          % 确定最匹配子块的左上角
figure,imshow(S),title('匹配结果');
hold on
rr = [xoffSet + 1,yoffSet + 1,width,height];                  % 最匹配子块矩形
rectangle('Position',rr,'EdgeColor','b','LineWidth',2);       % 在参考图像上标出模板图像
hold off
```

程序运行结果如图 12-2 所示。

(a) 参考图像和模板图像

(b) 归一化互相关矩阵

(c) 匹配结果

图 12-2　采用归一化互相关函数进行图像匹配

12.2　角点检测

特征点是一幅图像中最典型的特征标志之一,一般情况下特征点含有显著的结构性信息,可以是图像中的线条交叉点、边界封闭区域的重心或者曲面的高点等,某些情况下特征点也可以没有实际的直观视觉意义,但却在某种角度、某个尺度上含有丰富的易于匹配的信息。特征点在影像匹配、图像拼接、运动估计以及形状描述等诸多方面都具有重要作用。

角点是特征点中最主要的一类,由景物曲率较大地方的两条或多条边缘的交点所形成,例如线段的末端、轮廓的拐角等,反映了图像中的重要信息。角点特征与直线、圆、边缘等其他特征相比,具有提取过程简单、结果稳定、提取算法适应性强的特点,成为图像特征匹配算法的首选。

12.2.1　Harris 角点检测

Harris 算子是 C. Harris 和 M. J. Stephens 于 1988 年提出的一种角点检测算子,是基于图像局部自相关函数分析的算法。局部自相关函数表示局部图像窗口沿不同方向进行小的平移时的局部灰度变化,其定义如下:

$$E(\Delta x, \Delta y) = \sum_{x,y} w(x,y) \left[f(x + \Delta x, y + \Delta y) - f(x,y) \right]^2 \tag{12-7}$$

式中,$w(x,y)$ 加权函数可取常数或高斯函数。

对于式(12-7),有如下 3 种情况。

（1）当局部图像窗口在平坦区域时，窗口沿任何方向进行小的平移，灰度变化很小，局部自相关函数很平坦。

（2）当窗口位于边缘区域时，沿边缘方向小的平移，灰度变化很小；沿垂直边缘方向小的移动，灰度变化很大，局部自相关函数呈现山脊形状。

（3）当窗口位于角点区域时，窗口在各方向上小的移动，灰度变化都很明显，局部自相关函数呈现尖峰状。

因此，角点检测即是寻找随着 Δx、Δy 变化，局部自相关函数 $E(\Delta x,\Delta y)$ 的变化都比较大的像素。

对 $f(x+\Delta x,y+\Delta y)$ 进行二维泰勒级数展开，取一阶近似，得

$$E(\Delta x,\Delta y) \approx \sum_{x,y} w(x,y)[f(x,y)+\Delta x f_x+\Delta y f_y-f(x,y)]^2$$

$$= \sum_{x,y} w(x,y)[\Delta x f_x+\Delta y f_y]^2$$

$$= (\Delta x \quad \Delta y)\sum_{x,y} w(x,y)\begin{bmatrix} f_x f_x & f_x f_y \\ f_x f_y & f_y f_y \end{bmatrix}\begin{pmatrix} \Delta x \\ \Delta y \end{pmatrix} \tag{12-8}$$

其中，$\boldsymbol{M}=\sum_{x,y} w(x,y)\begin{bmatrix} f_x f_x & f_x f_y \\ f_x f_y & f_y f_y \end{bmatrix}=w*\begin{bmatrix} f_x f_x & f_x f_y \\ f_x f_y & f_y f_y \end{bmatrix}=\begin{bmatrix} A & C \\ C & B \end{bmatrix}$，$*$ 表示卷积运算，f_x、f_y 代表图像水平和垂直方向的梯度，$A=w(x,y)*f_x^2$，$B=w(x,y)*f_y^2$，$C=w(x,y)*f_x f_y$。 自相关函数 $E(\Delta x,\Delta y)$ 可以近似为二次项函数：

$$E(\Delta x,\Delta y) \approx A\Delta x^2+2C\Delta x \Delta y+B\Delta y^2 \tag{12-9}$$

令 $E(\Delta x,\Delta y)$＝常数，可用一个椭圆来描绘这个二次项函数。椭圆的长短轴是与 $\boldsymbol{M}$ 的特征值 λ_1、λ_2 相对应的量。通过判断 λ_1、λ_2 的情况可以区分出平坦区域、边缘和角点 3 种情况。

（1）平坦区域：在水平和垂直方向的变化量均比较小的点，即 f_x、f_y 都较小，对应 λ_1、λ_2 都小，自相关函数 E 在各方向上取值都小。

（2）边缘区域：仅在水平或垂直方向有较大变化的点，即 f_x、f_y 只有一个较大，对应 λ_1、λ_2 一个较大，一个较小，自相关函数 E 在某一方向上大，在其他方向上小。

（3）角点：在水平和垂直方向的变化量均比较大的点，即 f_x、f_y 都较大，对应 λ_1、λ_2 大，且近似相等，自相关函数 E 在所有方向都增大。

在具体计算中，为了避免特征值的直接求解，提高设计 Harris 角点检测的效率，设计角点响应函数如下：

$$R = \det\boldsymbol{M}-k(\operatorname{trace}\boldsymbol{M})^2 \tag{12-10}$$

其中，$\det\boldsymbol{M}=\lambda_1\lambda_2=AB-C^2$ 为矩阵 $\boldsymbol{M}$ 的行列式，$\operatorname{trace}\boldsymbol{M}=\lambda_1+\lambda_2=A+B$ 为矩阵 $\boldsymbol{M}$ 的迹，k 是经验参数，通常取 $0.04\sim0.06$。

式（12-10）中，R 仅由 $\boldsymbol{M}$ 的特征值决定，它在平坦区域绝对值较小，在边缘区域为绝对值较大的负值，在角点的位置是较大的正数。因此，当 R 取局部极大值且大于给定阈值 T 时的位置就是角点。

Harris 算子检测步骤如下。

（1）计算图像每一点水平和垂直方向梯度的平方以及水平和垂直梯度的乘积，这样可以得到 3 幅新的图像，分别为 f_x^2、f_y^2、$f_x f_y$。

（2）对得到的 3 幅图像进行高斯滤波，构造自相关矩阵 $\boldsymbol{M}$。

（3）计算角点响应函数，得到每个像素的 R 值，设定阈值 T，取 $R>T$ 的位置为候选角点。

（4）对候选角点进行局部非极大抑制，最终得到角点。

候选角点的选择依赖于阈值 T，由于其不具有直观的物理意义，取值很难确定。可以采用间接的方法来判断 R：通过选择图像中 R 值最大的前若干像素作为特征点，再对提取到的特征点进行局部非极大抑制处理。

MATLAB 提供了检测 Harris 角点的相关函数，列举如下。

（1）cornerPoints：描述角点的对象。格式如下。

① POINTS＝cornerPoints(LOCATION)：根据点坐标[x,y]构成的矩阵 LOCATION 创建 cornerPoints 对象。

② POINTS＝cornerPoints(LOCATION,Name,Value)：指定参数创建 cornerPoints 对象。参数'Metric'，每个特征的强度，常数或者向量，向量的长度和 LOCATION 中的坐标数一致，默认为 0.0。

③ 函数。

strongest＝selectStrongest(points,N)：保留 N 个角点响应函数值最大的点。

pointsOut＝selectUniform(pointsIn,N,imageSize)：保留 N 个近似均匀分布的响应函数值最大的点。imageSize 是表示图像大小的二维或二维向量。

plot(points,ax)：在指定的坐标系 ax 中绘制角点，ax 默认为当前坐标系。

length：返回存储的角点数目。

isempty：判断 cornerPoints 对象是否为空，空对象返回 true。

size：返回 cornerPoints 对象的尺寸。

（2）detectHarrisFeatures 函数：检测 Harris 角点。

① points＝detectHarrisFeatures(I)：在灰度图像或二值图像 I 中检测 Harris 角点，返回一个 cornerPoints 对象。

② points＝detectHarrisFeatures(I,Name,Value)：指定参数实现检测。参数如表 12-1 所示。

表 12-1 detectHarrisFeatures 参数及含义表

参 数	含 义
MinQuality	取值在[0,1]，指定角点最低可接受响应度相对于图像中最大响应度的比例，较大时可以减少误检，默认值为 0.01
FilterSize	奇整数，FilterSize≥3，默认为 5，指定高斯滤波器的窗口大小为 FilterSize×FilterSize，标准差为 FilterSize/3
ROI	格式为[X Y WIDTH HEIGHT]的向量，指定检测角点的矩形区域，默认为[1 1 size(I,2) size(I,1)]

【例 12-2】 利用 detectHarrisFeatures 函数对图像进行 Harris 角点检测。

程序如下：

```
clear,clc,close all;
Image = im2double(rgb2gray(imread('blocks.jpg')));
corners = detectHarrisFeatures(Image);          % 检测 Harris 角点
imshow(Image); hold on;
plot(corners.selectStrongest(50));              % 绘制角点
```

程序运行结果如图 12-3 所示。

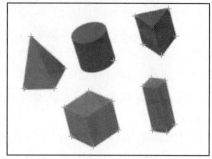

(a) 旋转前检测   (b) 旋转后检测

图 12-3　利用 detectHarrisFeatures 函数检测 Harris 角点

12.2.2　最小特征值角点检测

最小特征值算法(Minimum Eigenvalue Algorithm)是 J. Shi 和 C. Tomasi 于 1994 年提出的,在 Harris 角点检测的基础上,定义角点响应函数如式(12-11)所示。

$$R = \min(\lambda_1, \lambda_2) \tag{12-11}$$

其中,λ_1、λ_2 与 Harris 角点检测中的含义一致,即矩阵 M 的特征值。

根据 Harris 角点检测中的分析,角点处 λ_1、λ_2 的取值均较大,R 取值也大,选择若干最大 R 对应的点作为角点,计算便捷,效率较高。

MATLAB 提供了基于最小特征值算法的角点检测函数,调用格式如下。

(1) points=detectMinEigenFeatures(I):对灰度图像或二值图像 I 检测角点,并返回 cornerPoints 对象 points。

(2) points=detectMinEigenFeatures(I, Name, Value):指定参数检测角点。参数 'MinQuality'、'FilterSize'、'ROI',含义及取值同 detectHarrisFeatures 函数中的参数一致。

【例 12-3】　利用 detectMinEigenFeatures 函数对图像进行角点检测。

程序如下:

```
clear,clc,close all;
Image = im2double(rgb2gray(imread('blocks.jpg')));
corners = detectMinEigenFeatures(Image);
imshow(Image); hold on;
plot(corners.selectStrongest(24));
```

程序运行结果如图 12-4 所示。

 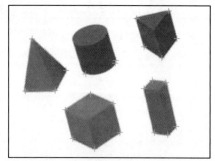

(a) 旋转前检测   (b) 旋转后检测

图 12-4　最小特征值角点检测

12.2.3　FAST 角点检测

FAST(Features from Accelerated Segment Test)算子是 Edward Rosten 和 Tom Drummond 于 2006 年提出的,以实现简单、运算快速著称。

FAST 算子思路为:若某像素与其周围邻域内足够多的像素相差较大,则该像素可能是角点。原始算法步骤如下。

(1) 以像素 p 为中心,以 3.4 为半径确定一个圆,圆上 16 个像素 $p_i,i=1,2,\cdots,16$,如图 12-5 所示。

(2) 候选角点检测。

定义一个阈值 T,若 p_i 中有至少 n 个连续的像素的像素值都大于 f_p+T,或者都小于 f_p-T,那么 p 是一个候选角点。阈值 T 可以根据相对于 f_p 的比例确定,也可以设定为一个具体的灰度值。

为提高速度,可以仅检测上、下、左、右 4 个点 p_1、p_5、p_9、p_{13},若 4 个点中至少有 3 个满足条件,再对圆上所有点进行检测。

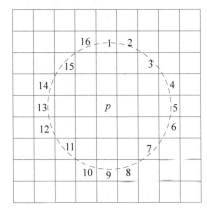

图 12-5　FAST 算法参与运算点示意图

(3) 非极大抑制。

以候选角点 p 为中心的一个邻域内,若有多个候选点,则判断每个候选点的响应值 V,若 p 是邻域所有候选点中响应值最大的,则保留;否则,去掉该候选点。若邻域内只有一个候选点,则保留。角点响应值计算如式(12-12)所示。

$$V=\max\left[\sum_{f_{p_i}-f_p>T}(f_{p_i}-f_p),\sum_{f_p-f_{p_i}>T}(f_p-f_{p_i})\right] \tag{12-12}$$

另外也设计了基于机器学习的 FAST 算法,需要使用 ID3 算法建立决策树,详见相关资料。

MATLAB 提供了使用 FAST 算法的角点检测函数,其调用格式如下。

(1) points＝detectFASTFeatures(I):对灰度图像或二值图像 I 检测角点,并返回 cornerPoints 对象 points。

(2) points＝detectFASTFeatures(I,Name,Value):指定参数检测角点。参数如表 12-2 所示。

表 12-2　detectFASTFeatures 参数及含义表

参　　数	含　　义
MinQuality	取值为[0,1],指定角点最低可接受响应度相对于图像中最大响应度的比例,较大时可以减少误检。默认值为 0.1
MinContrast	取值在(0,1),指定检测到的角点和周围像素的最小灰度差相对于最大值的比例,增大时减少检测到的角点数量。默认为 0.2
ROI	格式为[X Y WIDTH HEIGHT]的向量,指定检测角点的矩形区域,默认为[1 1 size(I, 2) size(I,1)]

【例 12-4】　利用 detectFASTFeatures 函数对图像进行角点检测。

程序如下:

```
clear,clc,close all;
```

```
Image = im2double(rgb2gray(imread('blocks.jpg')));
corners = detectFASTFeatures(Image);
imshow(Image); hold on;
plot(corners.selectStrongest(50));
```

程序运行结果如图 12-6 所示。

(a) 旋转前检测   (b) 旋转后检测

图 12-6　采用 FAST 算法进行角点检测

12.3　特征描述

对于检测出的特征点,需要使用合适的特征描述方法描述特征点附近的局部图像模式,如梯度直方图、局部随机二值特征等。本节主要介绍 SIFT、SURF、BRISK、FREAK 和 MSER 特征描述子。

12.3.1　SIFT 描述子

SIFT(Scale-invariant Feature Transform)算法由 D. G. Lowe 于 1999 年提出,主要思想是利用高斯金字塔和高斯核滤波差分提取局部特征,在尺度空间寻找极值点,提取位置、尺度和旋转不变量。

1. 尺度空间

将图像 $f(x,y)$ 与不同尺度因子的高斯核函数 $h(x,y,\sigma)$ 进行卷积运算,构成该图像的尺度空间 $L(x,y,\sigma)$,如式(12-13)所示。

$$L(x,y,\sigma)=f(x,y)*h(x,y,\sigma) \tag{12-13}$$

其中,σ 是高斯函数的方差,取值越小,图像被平滑越少,相应的尺度也越小。

2. 高斯金字塔

所谓图像金字塔,即构建一个由大到小、从下到上的塔形图像序列,上一层图像由下一层图像进行下采样得到。金字塔的层数根据图像的原始大小和塔顶图像的大小共同决定,如式(12-14)所示。

$$O=\mathrm{lb}\big[\min(M,N)\big]-t,t\in\big[0,\mathrm{lb}\big[\min(M,N)\big]\big] \tag{12-14}$$

其中,M、N 为原图像宽和高;t 为塔顶图像的最小维数的对数值。

高斯金字塔是将每层图像使用不同参数进行高斯滤波,即金字塔的每层含有多幅高斯模糊图像,称为一组,组内的多幅图像按层次叠放,因此,直接称金字塔的层为组(Octave),称组内的多幅图像为层(Interval),组数为 O,每组有 S 层(一般为 3~5 层),如图 12-7 所示。

图 12-7　图像的高斯金字塔结构

一般认为获取的图像在成像时进行了初始模糊,尺度为 $\sigma_{pre}=0.5$,设置第 0 层尺度为 σ_{init}(可取 1.6),高斯金字塔的初始尺度 σ_0 为

$$\sigma_0 = \sqrt{\sigma_{init}^2 - \sigma_{pre}^2} \tag{12-15}$$

对于第 i 组第 j 层,尺度为

$$\sigma_{i,j} = \sigma_i 2^{j/S} \tag{12-16}$$

第 i 组相邻两层的尺度关系简化为

$$\sigma_{i,j+1} = \sigma_{i,j} 2^{1/S} \tag{12-17}$$

即相邻两层图像间的高斯尺度为 $2^{1/S}$ 倍的关系。

相邻两组之间的尺度关系为

$$\sigma_{i+1,j} = \sigma_i 2^{(j+S)/S} = 2\sigma_i 2^{j/S} \tag{12-18}$$

即相邻两组的同一层尺度为 2 倍关系。

为保持尺度的连续性,下采样时,高斯金字塔上一组图像的初始图像(底层图像)是由前一组图像的倒数第 3 幅图像隔点采样得到的。

MATLAB 中使用 impyramid 函数生成上采样或下采样的高斯平滑图像,其调用格式如下。

B=impyramid(A,direction):direction 可取"reduce"或"expand",表示下采样和上采样;如果图像 A 的分辨率为 $M\times N$,两种情况下生成的图像 B 的分辨率为 $ceil(M/2)\times ceil(N/2)$ 和 $(2M-1)\times(2N-1)$。函数使用的高斯核为 $[1/4-\alpha/2,1/4,\alpha,1/4,1/4-\alpha/2]$,$\alpha=0.375$。

【例 12-5】　生成 3 组单层高斯金字塔。

程序如下:

```
clear,clc,close all;
I0 = imread('peppers.png');        [h0,w0,~] = size(I0);
I1 = impyramid(I0,'reduce');       [h1,w1,~] = size(I1);
I2 = impyramid(I1,'reduce');       [h2,w2,~] = size(I2);
padI1 = padarray(I1,[0,(w0 - w1)/2],0);        %将下采样后图像两边补零和原图像一样宽
padI2 = padarray(I2,[0,(w0 - w2)/2],0);
```

```
result = [padI2;padI1;I0];
imshow(result);
```

程序运行结果如图 12-8 所示。

图 12-8 高斯金字塔示例

3. 高斯差分尺度空间

图像的高斯差分尺度空间为图像的不同尺度空间之间的差，可以利用高斯差分算子（Difference of Gaussians，DoG）生成，如式（12-19）所示。

$$D(x,y,\sigma) = L(x,y,2^{1/S}\sigma) - L(x,y,\sigma)$$

$$= [g(x,y,2^{1/S}\sigma) - g(x,y,\sigma)] * f(x,y) \tag{12-19}$$

也就是使用高斯金字塔每组中相邻上下两层图像相减，得到高斯差分图像，如图 12-9 所示。将高斯差分尺度空间简称为 DoG 空间。

高斯金字塔　　　　　　　　　　高斯差分金字塔

图 12-9 高斯差分金字塔的形成

4. 关键点检测

关键点是由 DoG 空间的局部极值点组成的,通过同一组内各相邻两层图像之间比较完成:将中间层每一个像素和同尺度的 8 个邻点及上下相邻尺度对应的 9×2 个点(共 26 个点,如图 12-10 所示)比较,若该像素比 26 个邻点的 DoG 值都大或都小,则该点为一个局部极值。

由于关键点检测需要前后两层高斯差分图像,所以,如果查找 S 层的特征点,需要 $S+2$ 层高斯差分图像,然后查找其中的第 2 层到第 $S+1$ 层。

$S+2$ 层高斯差分图像需要 $S+3$ 层图像来构建出来。所以,如果整个尺度空间一共有 O 组,每组有 $S+3$ 层图像。

5. 关键点定位

由于 DoG 值对噪声和边缘较敏感,检测的局部极值点,往往需要进一步去除低对比度的极值点及边缘响应点,以增强匹配稳定性、提高抗噪声能力。如图 12-11 所示,检测到的极值点是离散空间的极值点,与真正的极值点存在距离,影响匹配的精度,利用已知的离散空间点插值得到连续空间极值点。

图 12-10　DoG 空间极值点检测

图 12-11　离散空间与连续空间极值点的区别

DoG 函数在尺度空间的 Taylor 展开式(拟合函数)为

$$D(\boldsymbol{X}) = D + \frac{\partial \boldsymbol{D}^{\mathrm{T}}}{\partial \boldsymbol{X}} \boldsymbol{X} + \frac{1}{2} \boldsymbol{X}^{\mathrm{T}} \frac{\partial^2 \boldsymbol{D}}{\partial \boldsymbol{X}^2} \boldsymbol{X} \tag{12-20}$$

其中,$\boldsymbol{X} = (x, y, \sigma)^{\mathrm{T}}$。求导并让方程等于零,得到极值点的偏移量为

$$\hat{\boldsymbol{X}} = -\frac{\partial^2 \boldsymbol{D}^{-1}}{\partial \boldsymbol{X}^2} \frac{\partial \boldsymbol{D}}{\partial \boldsymbol{X}} \tag{12-21}$$

对应极值点,方程的值为

$$D(\hat{\boldsymbol{X}}) = D + \frac{1}{2} \frac{\partial \boldsymbol{D}^{\mathrm{T}}}{\partial \boldsymbol{X}} \hat{\boldsymbol{X}} \tag{12-22}$$

当 $\hat{\boldsymbol{X}} = (x, y, \sigma)^{\mathrm{T}}$ 在任一维度上的偏移量大于 0.5 时,表示插值中心已经偏移到它的邻近点上,改变当前关键点的位置;在新的位置上反复插值直到收敛;若超出所设定的迭代次数或者超出图像边界的范围,删除这样的点。另外,$|D(\boldsymbol{X})|$ 过小的点易受噪声的干扰,会变得不稳定,所以将 $|D(\boldsymbol{X})| < \delta$ 的极值点删除,δ 是经验值,在原始论文中使用 0.03,也有使用 0.04/S。同时,在此过程中获取特征点的精确位置(原位置加上拟合的偏移量)以及尺度。

DoG 算子会产生较强的边缘响应,需要剔除不稳定的边缘响应点。获取特征点处的 Hessian 矩阵,主曲率通过一个 2×2 的 Hessian 矩阵 $\boldsymbol{H}$ 求出:

$$H = \begin{pmatrix} D_{xx} & D_{xy} \\ D_{xy} & D_{yy} \end{pmatrix} \tag{12-23}$$

其中，D_{xx}、D_{yy}、D_{xy} 由检测点邻域对应位置的差分求得。设 α 为 H 的最大特征值，β 为 H 的最小特征值，α 和 β 代表 x 和 y 方向的梯度，矩阵 H 的迹 $\mathrm{Tr}(H)$ 和行列式 $\mathrm{Det}(H)$ 为

$$\begin{cases} \mathrm{Tr}(H) = D_{xx} + D_{yy} = \alpha + \beta \\ \mathrm{Det}(H) = D_{xx}D_{yy} - D_{xy}^2 = \alpha\beta \end{cases} \tag{12-24}$$

设 $\gamma = \alpha/\beta$，则

$$\frac{\mathrm{Tr}(H)^2}{\mathrm{Det}(H)} = \frac{(\alpha+\beta)^2}{\alpha\beta} = \frac{(\gamma\beta+\beta)^2}{\gamma\beta^2} = \frac{(\gamma+1)^2}{\gamma} \tag{12-25}$$

式(12-25)的结果与两个特征值的比例有关，和具体的大小无关，当两个特征值相等时值最小，并且随着 γ 的增大而增大。值越大，说明在某一个方向的梯度值越大，而在另一个方向的梯度值越小，对应边缘的情况。所以为了剔除边缘响应点，需要让该比值小于一定的阈值，因此，为了检测主曲率是否在某阈值 γ 下，若

$$\frac{\mathrm{Tr}(H)^2}{\mathrm{Det}(H)} < \frac{(\gamma+1)^2}{\gamma} \tag{12-26}$$

则将该关键点保留，反之剔除。原始论文中 γ 取 10。

6. 关键点方向分配

为了使描述符具有旋转不变性，利用图像的局部特征为每个关键点指定方向参数。对于在 DoG 金字塔中检测出的关键点，采集其所在高斯金字塔图像 3σ 邻域窗口内像素的梯度和方向分布特征，σ 是特征点的尺度。每个关键点的梯度幅值和梯度方向为

$$m(x,y) = \sqrt{[L(x+1,y) - L(x-1,y)]^2 + [L(x,y+1) - L(x,y-1)]^2}$$
$$\theta(x,y) = \arctan\left[\frac{L(x,y+1) - L(x,y-1)}{L(x+1,y) - L(x-1,y)}\right] \tag{12-27}$$

以关键点为中心，确定一个邻域，统计该邻域窗口内每一个像素的梯度方向，生成梯度方向直方图。梯度直方图将 $0°\sim360°$ 的范围分为 36 个柱，每柱 $10°$，柱所代表的方向为像素梯度方向，柱的长短代表了梯度幅值，峰值代表了该关键点处邻域梯度的主方向，作为该关键点的方向。如果还有另一个相当于主峰值 80% 的峰值，认为该方向是关键点的辅方向。关键点可能具有多个辅方向，增强匹配的鲁棒性。

按 Lowe 的建议，直方图统计半径为 $3 \times 1.5\sigma$，σ 是关键点的尺度；参与统计的所有像素的梯度幅值按照高斯圆形窗口加权，尺度为 1.5σ。梯度方向直方图通常要进行插值拟合处理，以求得更精确的方向信息。

7. 关键点特征描述

检测到的图像关键点都有 3 个特征信息：位置、尺度和方向，且关键点已经具备平移、缩放和旋转不变性。需要为每个关键点建立一个特征描述子，这个描述子不但包括关键点，也包含关键点周围对其有贡献的像素。因此，对关键点周围图像区域分块，计算块内梯度直方图，生成具有独特性的特征向量，以便于提高特征点正确匹配的概率。

（1）确定计算描述子所需的图像区域：设关键点的主方向为 θ，所在尺度为 σ，将关键点附近邻域划分成 $d \times d$ 个子区域，每个子区域的尺寸为 $3\sigma \times 3\sigma$ 个像素；考虑到插值的需要，图像区域边长为 $3\sigma(d+1)$；再加上旋转因素，实际计算的图像区域半径为 $R = 3\sigma\sqrt{2}(d+1)/2$。

（2）以关键点为中心，将附近半径为 R 的圆内图像坐标旋转一个方向角 θ，以确保旋转不变性。

（3）在旋转后的图像坐标下，以关键点为中心，选取 $3\sigma d \times 3\sigma d$ 大小的区域，对每个像素计算梯度幅值和梯度方向，并对每个像素梯度幅值用尺度为 $0.5d$ 的高斯分布进行加权。

（4）将 $3\sigma d \times 3\sigma d$ 大小的图像区域等间隔划分为 $d \times d$ 个子区域，在每个子区域内计算 8 个方向的梯度方向直方图，绘制每个梯度方向的累加值，形成 $d \times d \times 8$ 的特征向量。

（5）对特征向量进行归一化处理，去除光照变化的影响。

（6）设置门限值（一般取 0.2）截断较大的梯度值。然后，再进行一次归一化处理，提高特征的鉴别性。

（7）按特征点的尺度对特征描述向量进行排序，生成 SIFT 特征描述子。

如图 12-12 所示，将关键点周围选择了 2×2 个小区域，每个区域计算 8 个方向的梯度方向直方图，最终形成 32 维的特征向量。建议选择 4×4 个小区域，构成 128 维特征向量。

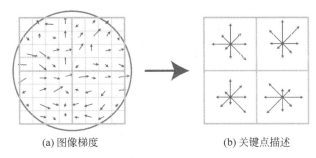

（a）图像梯度　　　　　（b）关键点描述

图 12-12　关键点描述子的创建

MATLAB 中提供了 SIFT 描述的相关函数，其调用格式如下。

（1）SIFTPoints：用于存储 SIFT 关键点。

① points=SIFTPoints(location,Name=Value)：根据点坐标 $[x,y]$ 构成的矩阵 location 创建 SIFTPoints 对象。

② 属性。有 Count、Scale（默认为 1.6）、Metric（默认为 0）、Orientation（默认为 0）、Octave（默认为 0）、Layer（默认为 0）和 Location 属性，分别表示关键点的数量、尺度、强度、方向（弧度）、组号、层号和位置。

③ 函数。有 plot、isempty、length、selectStrongest、size 和 selectUniform。

（2）detectSIFTFeatures 函数：获取 SIFT 关键点。

points=detectSIFTFeatures(I,Name=Value)：对灰度图像或二值图像 I 检测 SIFT 特征，并返回一个 SIFTPoints 对象 points。参数如表 12-3 所示。

表 12-3　detectSIFTFeatures 参数及含义表

参　　数	含　　义
ContrastThreshold	取值在 $[0,1]$，选择强度较大特征的对比度阈值，默认为 0.0133
EdgeThreshold	取值大于或等于 1，用于滤除易受噪声影响的不稳定边缘状特征，默认为 10
NumLayersInOctave	正整数，各组的层数，默认为 3
Sigma	第 0 层尺度，取值在 $[1,2]$，默认为 1.6

【例 12-6】　利用 detectSIFTFeatures 函数对图像进行关键点检测。
程序如下：

```
clear,clc,close all;
Image = imread('cameraman.tif');
points = detectSIFTFeatures(Image);
figure,imshow(Image);
hold on;
plot(points.selectStrongest(5),'showOrientation',true);
hold off;
```

图 12-13　SIFT 特征检测

程序运行结果如图 12-13 所示。points 中有 274 个关键点信息，用
矩阵形式给出了各点的属性值。

12.3.2　SURF 描述子

Herbert Bay 等于 2006 年提出 SURF(Speeded Up Robust Features)算法，在生成特征向量时，利用积分图，使用快速 Hessian 检测子来判断尺度空间提取的关键点是否为极值点；确定每个极值点的主方向，沿主方向构造一个窗口区域，在窗口内提取特征向量，用该向量描述关键点。相比 SIFT 算法，SURF 保持了尺度不变和旋转不变的特性，速度快，鲁棒性好。

1. Hessian 矩阵与盒式滤波器

对于图像中某个像素 (x,y)，尺度 σ 的 Hessian 矩阵 $\boldsymbol{H}(x,y,\sigma)$ 为

$$\boldsymbol{H}(x,y,\sigma)=\begin{bmatrix} L_{xx}(x,y,\sigma) & L_{xy}(x,y,\sigma) \\ L_{xy}(x,y,\sigma) & L_{yy}(x,y,\sigma) \end{bmatrix} \tag{12-28}$$

其中，L_{xx} 表示图像 $f(x,y)$ 与高斯函数二阶偏导数 $\dfrac{\partial^2 g(\sigma)}{\partial x^2}$ 在像素 (x,y) 处的卷积，L_{xy}、L_{yy} 与之类似。

对于 $\sigma=1.2$ 的高斯二阶微分滤波器，取 9×9 的模板，作为最小尺度空间值对图像进行滤波，L_{xx}、L_{yy}、L_{xy} 模板如图 12-14(a)所示。由于高斯核是服从正态分布的，为提高运算速度，使用盒式滤波器近似替代高斯滤波器，将对图像的滤波转换为计算图像上不同区域间像素的加减运算问题，只需要查找积分图就可完成。盒式滤波器如图 12-14(b)所示，黑色区域权值为 -1 或 -2，白色区域权值为 1，其他灰色区域权值为 0。使用 D_{xx}、D_{yy}、D_{xy} 表示盒式滤波器与图像进行卷积的结果，则将 Hessian 矩阵的行列式简化为

$$\det(H_{\text{approx}})=D_{xx}D_{yy}-(0.9D_{xy})^2 \tag{12-29}$$

其中，在 D_{xy} 前的加权系数 0.9 是为了平衡因使用盒式滤波器近似所带来的误差。

2. 尺度空间的构建

SURF 算法从 9×9 的盒式滤波器开始，不断增大模板的尺寸，通过不同尺寸盒式滤波，求取 Hessian 矩阵行列式的响应图像，构成尺度空间。

与 SIFT 算法类似，将尺度空间划分为若干组，一个组代表了逐步放大的滤波模板对同一输入图像进行滤波的一系列响应图。每组又由若干固定的层组成。由于积分图离散化的原因，两层之间的

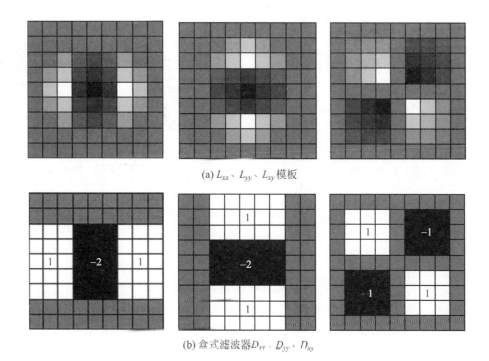

(a) L_{xx}、L_{yy}、L_{xy} 模板

(b) 盒式滤波器 D_{xx}、D_{yy}、D_{xy}

图 12-14　$L(x,y,\sigma)$ 模板和对应的加权盒式滤波器

最小尺度变化量由高斯二阶微分滤波器在微分方向上对正负斑点响应长度 l_0 决定的,设为盒式滤波器模板尺寸的 1/3。对于 9×9 的模板,$l_0=3$。下一层的响应长度至少应该在 l_0 的基础上增加 2 像素,以保持黑白区域一边一个,确保中心点的存在,即 $l_0=5$。模板的尺寸就为 15×15。以此类推,得到一个模板序列,尺寸分别为 9×9、15×15、21×21、27×27。

采用类似的方法来处理其他几组的模板序列。其方法是将滤波器尺寸增加量翻倍(6、12、24、48)。这样,可以得到第二组的滤波器尺寸,它们分别为 15、27、39、51。第三组的滤波器尺寸为 27、51、75、99。如果原始图像的尺寸仍然大于对应的滤波器尺寸,尺度空间的分析还可以进行第四组,其对应的模板尺寸分别为 51、99、147 和 195。

对于尺寸为 L 的模板,近似二维高斯核滤波时,对应的高斯核参数 $\sigma=1.2\times(L/9)$,随着尺度的增大,被检测到的斑点数量迅速衰减,Bay 建议将尺度空间分为 4 组,每组包括 4 层。

综上所述,将一幅图像经过如图 12-14(b)所示的 3 种盒式滤波,计算 Hessian 行列式的值,所有 Hessian 行列式值构成一幅 Hessian 行列式图像。一幅灰度图像经过尺度空间中不同尺寸盒式滤波器的滤波处理,生成多幅 Hessian 行列式图像,从而构成了高斯金字塔。

3. 兴趣点的检测与定位

对式(12-29)计算出的行列式值设一个阈值,大于该值的为候选兴趣点,再采用 3×3×3 邻域非极大值抑制,即比较候选兴趣点与周围 8 个邻点及上下两层相应位置 9×2 个点(26 个点,如图 12-10 所示)的行列式值,若该点行列式的值比周围 26 个点的值都大,则确定该点为该区域的特征点。

4. 兴趣点方向的分配

为使特征具备较好的旋转不变性,需要给每个特征点分配一个主方向。以某个兴趣点为圆心,

确定以 $6s$（s 为该兴趣点对应的尺度）为半径的圆，用尺寸为 $4s$ 的 Haar 小波模板对图像进行处理，求 x、y 两个方向的 Haar 小波响应 d_x 和 d_y。Haar 小波的模板如图 12-15 所示，黑色表示 -1，白色表示 $+1$。

用以兴趣点为中心的高斯函数（$\sigma=2s$）对 Haar 小波响应进行加权，对靠近圆心贡献大的关键点赋以较大权重，削弱远离圆心的关键点对主方向构建的影响。

在圆内选择 $60°$ 的扇形区域 w，统计其中的 Haar 小波特征总和及方向，如式（12-30）所示。

(a) x 方向模板   (b) y 方向模板

图 12-15　Haar 小波模板

$$m_w = \sum_w d_x + \sum_w d_y$$

$$\theta_w = \arctan\left(\sum_w d_y \Big/ \sum_w d_x\right)$$

$$(12\text{-}30)$$

以一定角度间隔旋转扇形区域，并再次统计该区域内的 Harr 小波特征值 m_w，最后将值最大的那个扇形的方向 θ_w 作为该特征点的主方向。

5. 特征描述子的生成

以兴趣点为中心，沿主方向方位，构建一个大小为 $20s$ 的方形区域，如图 12-16 所示。将其划分为 $4×4$ 个矩形区域，边长为 $5s$。对每个子区域，统计 $5×5$ 个等间距采样点水平和垂直方向的 Haar 小波特征：水平方向值之和为 $\sum d_x$、垂直方向值之和为 $\sum d_y$、水平方向值绝对值之和为 $\sum |d_x|$ 以及垂直方向绝对值之和为 $\sum |d_y|$，把这 4 个值作为每个子块区域的特征向量，如式（12-31）所示。SURF 特征的描述子为 $4×4×4=64$ 维的向量，如图 12-17 所示。

$$V = \left(\sum d_x, \sum |d_x|, \sum d_y, \sum |d_y|\right) \qquad (12\text{-}31)$$

图 12-16　以兴趣点为中心沿主方向的方形区域示意

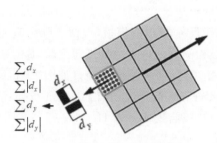

图 12-17　构造 SURF 特征描述子

6. SURF 特征点提取的实现

MATLAB 提供了 SURF 算子实现的相关函数，列举如下。

（1）SURFPoints 函数：描述 SURF 兴趣点。格式如下。

① POINTS=SURFPoints(LOCATION, Name=Value)：依据兴趣点坐标矩阵 LOCATION 和相关属性创建一个 SURFPoints 对象。相关属性如表 12-4 所示。

表 12-4 SURFPoints 参数及含义表

参　数	含　义
Count	对象所描述的兴趣点数目
Location	兴趣点坐标矩阵
Scale	检测到兴趣点的尺度，≥1.6，默认为 1.6
Metric	特征强度，默认为 0.0
SignOfLaplacian	Laplacian 符号标记，为 -1、0、1，用于加速特征匹配过程，默认为 0
Orientation	特征方向，以弧度表示，默认值为 0.0

② 函数：可以对 SURFPoints 进行操作的函数有 selectStrongest、selectUniform、plot、length、isempty、size。

（2）detectSURFFeatures 函数：寻找 SURF 特征点。格式如下。

① points＝detectSURFFeatures(I)：返回一个 SURFPoints 对象 points，包含在二维灰度图像或二值图像 I 中检测到的 SURF 特征点信息。

② points＝detectSURFFeatures(I,Name,Value)：指定参数实现 SURF 特征检测。参数及其含义如表 12-5 所示。

表 12-5 detectSURFFeatures 参数及含义表

参　数	含　义
MetricThreshold	非负数，指定选择兴趣点时的阈值，默认为 1000.0
NumOctaves	组数，≥1，推荐为 1～4，默认为 3
NumScaleLevels	层数，≥3，推荐为 3～6，默认为 4
ROI	格式为[X Y WIDTH HEIGHT]的向量，指定检测的矩形区域，默认为[1 1 size(I,2) size(I,1)]

【例 12-7】 利用 detectSURFFeatures 函数对图像进行特征检测与描述。

程序如下：

```
clear,clc,close all;
Image = imread('cameraman.tif');
points = detectSURFFeatures(Image);                    % SURF 特征检测
figure,imshow(Image);
hold on;
plot(points.selectStrongest(5),'showOrientation',true); % 绘制 5 个最突出的特征点及其方向
hold off;
figure,imshow(Image);
hold on;
plot(points(end-4:end));                               % 绘制最后 5 个特征点
```

程序运行结果如图 12-18 所示。

(a) 5个最突出的特征点　　　　(b) 最后5个特征点

图 12-18 SURF 特征检测与描述

12.3.3 BRISK 描述子

BRISK(Binary Robust Invariant Scalable Keypoints)算法是 Stefan Leutenegger、Margarita Chli 和 Roland Y. Siegwart 于 2011 年提出的一种特征提取算法,是一种二进制的特征描述算子。BRISK 算法通过构造图像金字塔,在尺度空间利用 FAST9-16 进行特征点检测,以满足尺度不变性。

1. 特征点检测

1) 尺度空间构建

BRISK 尺度空间有 n 个 octave 层,用 c_i 表示,n 个 intra-octave 层,用 d_i 表示,$i=0,1,\cdots,n-1$,典型取值 $n=4$。c_0 是原始图像,后面每一层 c_i 是上一层 c_{i-1} 的 2 倍下采样。intra-octave 层的 d_0 是原图的 1.5 倍下采样,后面每一层 d_i 是上一层 d_{i-1} 的 2 倍下采样。设每层的下采样率为 t,4 层 c_i 的下采样率 $t=2^i$,4 层 d_i 的下采样率 $t=2^i \times 1.5$,t 也称为尺度。

2) 特征点检测

首先,对尺度空间的 8 幅图采用同样的阈值 T 进行 FAST9-16 角点检测,在每幅图中确定潜在的兴趣区域。然后,对兴趣区域中的点在尺度空间进行非极大抑制,即和同一层周围 8 个邻点、上下层环绕点相比,该点 FAST 分值 V 最大的则保留。由于特征点的检测需要当前层的上下两层,对 c_0 进行 FAST5-8 角点检测当作 d_{-1} 层,但不要求 d_{-1} 层点的 FAST 分值小于 c_0 层(FAST 分值在此用 V 来表示,和前文 FAST 角点检测的表示保持一致,原文中用字母 s 表示)。

对于极值点获取位置和尺度,在其所在层及其上下层所对应的位置,对 FAST 的分值进行二维二次函数插值(考虑 x、y、V),得到较准确的 FAST 分值极值及其坐标位置;再对尺度方向进行一维插值,得到极值点所对应的尺度,作为特征点尺度,如图 12-19 所示。

2. 特征描述

1) 采样与高斯滤波

以特征点为中心,构建不同半径的同心圆,在每个圆上获取一定数目的等间隔采样点(含特征点在内共 N 个,原文中 $N=60$),用实线小圆圈表示;以采样点为中心进行高斯滤波,滤波半径大小与高斯方差 σ 成正比,用虚线大圆圈表示,如图 12-20 所示($t=1$)。

图 12-19　尺度空间 BRISK 兴趣点检测

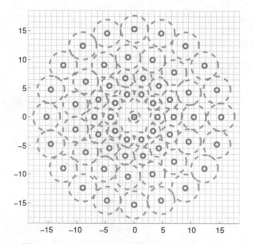

图 12-20　BRISK 采样模式($N=60,t=1$)

2）局部梯度计算

由于有 N 个采样点，两两组合，共有 $N(N-1)/2$ 种组合方式，点对 (p_i, p_j) 的局部梯度表示为

$$g(p_i, p_j) = (p_j - p_i) \frac{f(p_j, \sigma_j) - f(p_i, \sigma_i)}{\| p_j - p_i \|^2} \tag{12-32}$$

其中，$f(p_i, \sigma_i)$、$f(p_j, \sigma_j)$ 表示采用标准差为 σ_i、σ_j 的高斯滤波后采样点 p_i、p_j 的像素值。

所有组合点对用集合 A 表示：

$$A = \{(p_i, p_j) \in \mathbf{R}^2 \times \mathbf{R}^2 \mid i < N, j < i, i, j \in N\} \tag{12-33}$$

定义短距离点对子集 S、长距离点对子集 L 分别为

$$\begin{cases} S = \{(p_i, p_j) \in A \mid \| p_i - p_j \| < \delta_{\max}\} \subseteq A \\ L = \{(p_i, p_j) \in A \mid \| p_i - p_j \| > \delta_{\min}\} \subseteq A \end{cases} \tag{12-34}$$

其中，距离阈值 $\delta_{\max} = 9.75t$，$\delta_{\min} = 13.67t$。

使用长距离点对集估计特征点的主方向 α：

$$\begin{cases} g = \begin{pmatrix} g_x \\ g_y \end{pmatrix} = \frac{1}{L} \sum_{(p_i, p_j) \in L} g(p_i, p_j) \\ \alpha = \arctan2(g_y, g_x) \end{cases} \tag{12-35}$$

3）特征描述子

将特征点周围的采样区域旋转到主方向，得到新的采样区域，采样模式同上。向量描述子由所有的短距离点对组成，每位 b 表示为

$$b = \begin{cases} 1, & f(p_j^\alpha, \sigma_j) > f(p_i^\alpha, \sigma_i) \\ 0, & 其他 \end{cases}, \quad \forall (p_i^\alpha, p_j^\alpha) \in S \tag{12-36}$$

根据上述的采样方式和距离阈值，获得一个 512 位的描述子。

3. BRISK 特征点提取的实现

MATLAB 提供 BRISK 算子实现的相关函数，列举如下。

（1）BRISKPoints：描述 BRISK 兴趣点。格式如下。

① points=BRISKPoints(location, Name, Value, …)：根据 $M \times 2$ 的坐标矩阵 location 和相关属性创建 BRISKPoints 对象 points。相关属性如表 12-6 所示。

表 12-6　**SURFPoints 参数及含义表**

参　　数	含　　义
Count	对象所描述的兴趣点数目
Location	兴趣点坐标矩阵
Scale	检测到兴趣点的尺度，指采样半径，默认为 12
Metric	特征响应值，使用 FAST 角点分值，默认为 0.0
Orientation	特征方向，以弧度表示，默认为 0.0

② 函数：可以对 BRISKPoints 进行操作的函数有 selectStrongest、selectUniform、plot、length、isempty、size。

（2）detectBRISKFeatures 函数：寻找 BRISK 特征点。

① points＝detectBRISKFeatures(I)：对二维灰度图像或二值图像 I 检测 BRISK 特征并返回 BRISKPoints 对象 points。

② points＝detectBRISKFeatures(I，Name，Value)：指定参数实现 BRISK 特征检测。参数如表 12-7 所示。

表 12-7　detectBRISKFeatures 参数及含义表

参　　数	含　　义
MinContrast	(0 1)之间的数，指定检测到的角点和周围像素的最小灰度差相对于最大值的比例，增大时减少检测到的角点数量，默认为 0.2
NumOctaves	层数，取值大于或等于 0，推荐为 1～4，默认为 4
MinQuality	取值为[0,1]，指定角点最低可接受响应度相对于图像中最大响应度的比例，较大时可以减少误检，默认值为 0.1
ROI	格式为[X Y WIDTH HEIGHT]的向量，指定检测的矩形区域，默认为[1 1 size(I,2) size(I,1)]

【例 12-8】　利用 detectBRISKFeatures 函数对图像进行特征检测与描述。

程序如下：

```
clear,clc,close all;
Image = imread('cameraman.tif');
points = detectBRISKFeatures(Image);
strongest = points.selectStrongest(10);
imshow(Image);
hold on;
plot(strongest);
strongest.Location      %在命令行窗口显示特征点的坐标
```

程序运行结果如图 12-21 所示。

图 12-21　BRISK 特征检测

12.3.4　FREAK 描述子

FREAK(Fast Retina Keypoint)算法是 Alahi Alexandre、Ortiz Raphael 和 Pierre Vandergheynst 于 2012 年提出的，也是一种二进制的特征描述算子，可通过模仿人眼视觉系统完成。

1. 采样模式

作者提出，在人眼的视网膜区域中，神经节细胞的分布随离中心点的距离呈指数递减，根据密度可以分为 4 个区域：foveal、fovea、parafoveal 和 perifoveal，中心 foveal 区域感受高分辨率图像。FREAK 算法中，采样模式采取了接近人眼视网膜接收图像信息的采样模型，如图 12-22(a)所示。从图中可以看出，该结构是由很多大小不同并有重叠的圆构成，最中心的点是特征点，每个圆心代表一个采样点，每个圆圈代表一块感受野，对该部分图像进行高斯滤波处理，每个圆圈的半径表示了高斯滤波的标准差。与 BRISK 算法不同，高斯滤波器的大小不同。FREAK 算法的采样结构为 6、6、6、6、6、6、1，这里的 6 代表每层有 6 个采样点，且都在一个同心圆内，一共有 7 个同心圆，1 代表的是特征点。

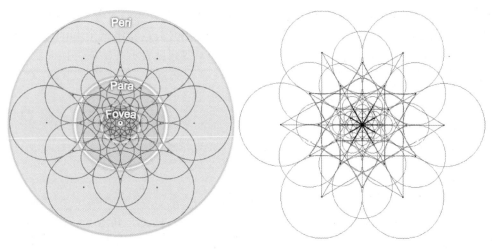

(a) FREAK采样模式　　　　　(b) 确定方向信息的采样点对

图 12-22　FREAK 采样模式

2. 构建描述子

用 F 表示二进制描述子，P_a 是采样点对，N 表示期望的二进制编码长度，则有

$$F = \sum_{0 \leqslant a < N} 2^a T(P_a) \tag{12-37}$$

其中，$T(P_a) = \begin{cases} 1, & f(P_a^{r_1}) > f(P_a^{r_2}) \\ 0, & 其他 \end{cases}$，$f(P_a^{r_1})$ 表示采样点对 P_a 中前一个采样点的像素值，$f(P_a^{r_2})$ 表示采样点对 P_a 中后一个采样点的像素值。

由于采样点对很多，描述子会很长，而且很多点对对于描述图像并没有多大的帮助，因此，对采样点对进行筛选。

（1）作者利用 50000 个特征点建立了一个矩阵 $\boldsymbol{D}$，$\boldsymbol{D}$ 中每一行表示一个特征点描述符，由于有 43 个采样点，点对组合有 $43 \times 42/2 = 903$ 种情况，即矩阵 $\boldsymbol{D}$ 有 903 列。

（2）对 $\boldsymbol{D}$ 的每一列计算均值。由于 $\boldsymbol{D}$ 中元素取值为 0、1，均值在 0.5 附近说明该列具有高的方差。

（3）按照方差从大到小对矩阵各列排序，即均值最接近 0.5 的排在第一位，均值离 0.5 越远的排在越靠后，对列进行排序。

（4）取矩阵的前 k 列，原文中取 $k = 512$，即选中了 k 种点对组合，描述子长为 k 位。

由于特征点周围有 43 个采样点，可产生 903 个采样点对，FREAK 算法选取其中 45 个长的、对称的采样点对提取特征点的方向，采样点对如图 12-22(b)所示。特征点方向 α 如式(12-38)所示。

$$O = \frac{1}{M} \sum_{P_a \in G} \left[f(P_a^{r_1}) - f(P_a^{r_2}) \right] \frac{P_a^{r_1} - P_a^{r_2}}{\| P_a^{r_1} - P_a^{r_2} \|}$$

$$\alpha = \arctan 2 \left(\frac{O_y}{O_x} \right) \tag{12-38}$$

其中，O 表示局部梯度信息；M 表示采样点对数；G 表示采样点对集合；P_a 表示采样点对的位置。

MATLAB中,FREAK算法提取的二值特征向量用binaryFeatures对象表示,列举如下。

(1) FEATURES=binaryFeatures(FEATURE_VECTORS):创建一个binaryFeatures对象,FEATURE_VECTORS是$M \times N$矩阵,每行为一个uint8型标量表示的二值特征向量。

(2) 属性。

Features:M个二值特征向量构成的$M \times N$矩阵。

NumBits:每个特征向量的位数。

NumFeatures:特征向量数目。

12.3.5 ORB描述子

ORB(Oriented FAST and Rotated BRIEF)算法建立在FAST角点检测和BRIEF(Binary Robust Independent Elementary Features)特征描述的基础上,提高了算法的运算速度。

1. Oriented FAST 特征点提取

构建图像金字塔,在各级图像上使用FAST算法检测角点。由于FAST算法检测到的角点并没有一个统一的强度值,可以计算各角点的Harris响应值,用于选择强度最大的若干角点作为特征点。

以各特征点为中心,以r为半径,选择一个圆形邻域,计算邻域的质心坐标$(\bar{x}, \bar{y})$,从特征点到质心的向量方向即特征点的方向,可以表示为

$$\theta = \arctan(\bar{y}, \bar{x}) \tag{12-39}$$

使用金字塔和计算方向是为了保证特征点的尺度不变性和旋转不变性。

2. Rotated BRIEF 特征点描述

为了使特征描述具有旋转不变性,ORB对BRIEF方法进行了修正。

首先构建像素对。在对应尺度图像上特征点周围选择一个31×31的邻域,其中各点的值用周围5×5邻域的均值代替(可以使用积分图加速计算),随机选择n个像素对(p_i, q_i),$i = 1, 2, \cdots, n$,n一般取128、256或512,原始论文中选择了256。

构成点对矩阵$\begin{bmatrix} p_1 & \cdots & p_n \\ q_1 & \cdots & q_n \end{bmatrix}$,将矩阵旋转$\theta$,对新的点集矩阵$\begin{bmatrix} p'_1 & \cdots & p'_n \\ q'_1 & \cdots & q'_n \end{bmatrix}$中的像素对进行比较,如果$f(p'_i) > f(q'_i)$,则输出1,否则输出0,构成长度为$n$的二进制串作为该特征点的描述。

按照上述方法获取的特征描述子具有旋转不变性,但特征的可分性不够理想,因此,采用特征选择的方法选择n个像素对。

首先构建了包含N个特征点的训练集,每个特征点按照上述方法在邻域内获取一个长度为M的二进制串(M是邻域内去掉外围像素后不重复的像素对的数目),形成一个$N \times M$的矩阵。要在M列中选择n列,选择可分性强且彼此相关性小的列。

采用逐步选择的方法。计算各列的均值,按接近0.5的程度递减排序,即按照各列均值与0.5的绝对差从小到大排序,各列为0/1序列,均值为0.5时对应的方差最大,可分性最强。先选择排序后的第一列,再依次比较后面各列与已入选各列的相关性,相关性小于阈值的入选,直到已选择n列。获取对应点对位置,用于实际中选择像素对。

MATLAB 中提供了 ORB 描述的相关函数,介绍如下。

(1) ORBPoints:用于存储 ORB 特征点。

① points=ORBPoints(location,Name=Value):创建 ORBPoints 对象。

② 属性。有 Count、Scale、Metric、Orientation 和 Location 属性,分别表示特征点的数量、尺度、强度、方向(弧度)和位置。

③ 函数。有 plot、isempty、length、selectStrongest、size 和 selectUniform。

(2) detectORBFeatures 函数:获取 ORB 特征点。

points=detectORBFeatures(I,Name=Value):对灰度图像或二值图像 I 检测 ORB 特征点,并返回一个 ORBPoints 对象 points。参数如表 12-8 所示。

表 12-8　detectORBFeatures 参数及含义表

参　　数	含　　义
ScaleFactor	≥1,用于确定尺度(ScaleFactor^(level-1))和各层图像尺寸,默认为 1.2
NumLevels	≥1,金字塔层数,默认为 8
ROI	感兴趣的矩形区域,默认为[1 1 size(I,2) size(I,1)]

【例 12-9】　利用 detectORBFeatures 函数对图像进行特征点检测。

程序如下:

```
clear,clc,close all;
Image = rgb2gray(imread('blocks.jpg'));
points = detectORBFeatures(Image,'ScaleFactor',1.01,
'NumLevels',3);
imshow(Image) ,title('ORB 特征检测');
hold on
plot(points.selectStrongest(3))
hold off
```

程序运行结果如图 12-23 所示。

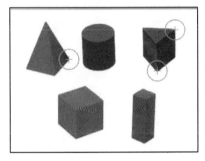

图 12-23　ORB 特征检测

12.3.6　MSER 描述子

J. Matas 等于 2002 年提出了 MSER(Maximally Stable Extremal Regions)描述子,是一种仿射不变区域特征提取算法,通过寻找最大稳定极值区域作为区域特征描述。

1. 最大稳定极值区域

定义图像 f 为区域 D 到灰度 S 的映射:$f: D \in \mathbf{Z}^2 \to S$,区域 D 内像素间的邻接关系为 A,设点 $p, q \in D$,用 pAq 表示 p 和 q 两点关于 A 关系邻接。

区域 $Q \subset D$,是 D 中的一个连通成分。Q 的边界定义为

$$\partial Q = \{q \in D \backslash Q : \exists\, p \in Q, qAp\} \tag{12-40}$$

即边界 ∂Q 中的像素 q 至少和 Q 中的一个像素 p 相邻,但不属于 Q。

对于所有的 $p \in Q, q \in \partial Q$,若 $f(p) > f(q)$,称为极大值区域;若 $f(p) < f(q)$,称为极小值区域。

对于一组嵌套的极值区域序列 $Q_1, Q_2, \cdots, Q_{i-1}, Q_i, \cdots$,即 $Q_i \subset Q_{i+1}$,若区域面积变化率

$$q(i) = \frac{|Q_{i+\Delta} \backslash Q_{i-\Delta}|}{|Q_i|} \tag{12-41}$$

在 i 处取局部最小值，则称 Q_i 为最大稳定极值区域。其中，$\Delta \in S$，是微小的灰度变化，$|\cdot|$ 表示求区域面积。

最大稳定极值区域通俗的解释为：首先取阈值为最小灰度，二值化后的图像为全白色；阈值逐渐增大，具有较小灰度的黑点慢慢呈现，慢慢聚合成小区域，小区域汇合成大区域，当阈值为最大灰度时，二值化图像为全黑色。在这个过程中，阈值在一定范围内变化时，区域的面积变化很缓慢的区域即是最大稳定极值区域。这样检测得到的 MSER 内部灰度值小于边界，表示为 MSER＋；将图像灰度反转后进行检测（或者将阈值从大到小变化），得到的 MSER 内部灰度值大于边界，表示为 MSER－；MSER＋和 MSER－共同组成了 MSER。

2. 仿射不变区域特征描述子提取

对 MSER 计算二阶中心矩，用等效椭圆拟合 MSER；将拟合区适当扩大为测量区，指定半径归一化为圆形区域；在归一化区域内进行图像梯度直方图统计，找出该直方图的最大值，并将该最大值对应的方向作为归一化区图像梯度的主方向；根据主方向对归一化区图像进行旋转，保证特征描述的旋转不变性；对灰度归一化保证对灰度变化的不变性。

MATLAB 提供 MSER 算子实现的相关函数，列举如下。

（1）MSERRegions 函数：描述 MSER 区域及区域的等效椭圆。

① 属性：MSERRegions 属性如表 12-9 所示。

表 12-9　MSERRegions 属性表

属　　性	含　　义
Count	对象所描述的区域数目
Location	$M \times 2$ 的等效椭圆中心坐标矩阵
Axes	二维向量[majorAxis minorAxis]，指定等效椭圆的长轴和短轴
Orientation	$[-\pi/2, \pi/2]$ 的弧度值，椭圆主轴和 x 轴的夹角
PixelList	$M \times 1$ 的元胞数组，每个元胞包含一个 $P \times 2$ 的矩阵，是 MSER 区域内点的坐标

② 函数：可以对 MSERRegions 进行操作的函数有 plot、length、isempty、size。

plot(points, ax, Name = Value)：在 ax 坐标系下绘制 MSER 区域。参数及其取值有：showEllipses，逻辑值，取 true 时（默认），为每个区域绘制等效椭圆，取 false 时，仅绘制等效椭圆中心；showOrientation，逻辑值，取 true 时，从椭圆中心到椭圆边界绘制表示区域长轴的线，默认为 false；showPixelList，逻辑值，取 true 时，仅绘制区域，默认为 false。

③ REGIONS = MSERRegions(PixelList)：根据 PixelList 创建 MSERRegions 对象 REGIONS。

（2）detectMSERFeatures 函数：寻找 MSER 特征。调用格式如下。

① regions = detectMSERFeatures(I)：对二维灰度图像或二值图像 I 进行 MSER 特征检测，返回 MSERResions 对象 regions。

② [$\cdots$, cc] = detectMSERFeatures(I)：返回连通成分结构体 cc，可以给 regionprops 函数传递参数。cc 包括 4 个字段：Connectivity，MSER 区域的连通性，默认是 8；ImageSize，图像 I 的尺寸；NumObjects，MSER 区域数目；PixelIdxList，$1 \times$ NumObjects 的元胞数组，第 k 个元素是第 k 个 MSER 区域的像素的线性索引向量。

③ regions＝detectMSERFeatures(I,Name,Value)：指定参数实现 MSER 区域检测,参数如表 12-10 所示。

表 12-10　detectMSERFeatures 参数及含义表

参　数	含　义
ThresholdDelta	范围为(0,100],代表百分比,指定选择极值区域的阈值级之间的步长,减少此值以返回更多区域。典型的值范围为 0.8～4,默认为 2
RegionAreaRange	二维向量[minArea maxArea],指定区域像素数范围,默认为[30 14000]
MaxAreaVariation	典型取值为 0.1～1.0,默认为 0.25,极值区域最大面积变化
ROI	格式为[X Y WIDTH HEIGHT]的向量,指定检测的矩形区域,默认为[1 1 size(I,2) size(I,1)]

【例 12-10】　利用 detectMSERFeatures 函数对图像进行 MSER 区域检测。

程序如下:

```
clear,clc,close all;
Image = imread('coins.png');
[regions,mserCC] = detectMSERFeatures(Image);                % MSER 区域检测
subplot(131),imshow(Image),title('MSER 区域');
hold on,plot(regions,'showPixelList',true,'showEllipses',false),hold off;
subplot(132),imshow(Image),title('等效椭圆和中心点');
hold on,plot(regions),hold off;
stats = regionprops('table',mserCC,'Eccentricity');          % 以 table 形式输出各区域的离心率
eccentricityIdx = stats.Eccentricity < 0.55;                 % 离心率小于 0.55,近似圆
circularRegions = regions(eccentricityIdx);
subplot(133),imshow(Image),title('检测到的近似圆');
hold on,plot(circularRegions,'showPixelList',true,'showEllipses',false);
```

程序运行结果如图 12-24 所示。

(a) MSER区域　　　　　　　　(b) 等效椭圆和中心点　　　　　　　(c) 检测到的近似圆

图 12-24　MSER 区域检测

12.3.7　特征描述子提取的实现

MATLAB 提供多种特征描述子提取的实现函数 extractFeatures,从二值图像或灰度图像中的兴趣点周围提取特征描述子,其调用格式如下。

(1) [FEATURES,VALID_POINTS]＝extractFeatures(I,POINTS)：返回的 FEATURES 为特征描述子,是 M 个 N 维特征向量构成的 $M \times N$ 矩阵,也可以是一个 binaryFeatures 对象;VALID_POINTS 为 M 个与描述子相关联的特征点。POINTS 可以是不同类型的兴趣点对象,指

明提取特征描述子采用的方法，如表 12-11 所示。

表 12-11　extractFeatures 参数及含义表

参　　数	取值及含义
POINTS	可取 SIFTPoints、SURFPoints、MSERRegions、cornerPoints、BRISKPoints、KAZEPoints、ORBPoints 或 $M \times 2$ 的坐标矩阵
Method	'SIFT'、'BRISK'、'FREAK'、'SURF'、'KAZE'、'Block'或'Auto'（默认），指明特征描述子类型，为'Auto'时根据输入点对象的类型决定，为'Block'时为点周围方形邻域
BlockSize	奇整数，默认为 11，当 Method 为'Block'时有效，局部方形邻域为 BlockSize×BlockSize
Upright	逻辑量，默认为 false。设置为 true 时，不估计特征向量的方向，方向设为 $\pi/2$
FeatureSize	整数 64 或 128，默认为 64，SURF 或 KAZE 特征描述子长度

（2）[FEATURES,VALID_POINTS]=extractFeatures(I,POINTS,Name,Value)：指定参数获取特征描述子。

【例 12-11】　利用 extractFeatures 函数提取 Harris、FAST 角点特征。

程序如下：

```
clear,clc,close all;
Image = rgb2gray(imread('blocks.jpg'));
Hcorners = detectHarrisFeatures(Image);         % Harris 角点检测
Fcorners = detectFASTFeatures(Image);           % FAST 角点检测
[Hfeatures,Hvalid_corners] = extractFeatures(Image,Hcorners);
[Ffeatures,Fvalid_corners] = extractFeatures(Image,Fcorners);         % 提取 FAST 特征
subplot(121),imshow(Image),title('Harris 角点检测');
hold on,plot(Hvalid_corners),hold off;
subplot(122),imshow(Image),title('FAST 角点检测');
hold on,plot(Fvalid_corners),hold off;
Hfeatures
Ffeatures
```

程序运行，Harris 角点检测结果如图 12-3(a)所示，检测到 24 个角点，有效角点 23 个；FAST 角点检测结果如图 12-6(a)所示，检测到 22 个角点，有效角点 19 个。命令行窗口输出如下：

```
Hfeatures =                              Ffeatures =
    binaryFeatures - 属性:                   binaryFeatures - 属性:
            Features: [23×64 uint8]                 Features: [19×64 uint8]
              NumBits: 512                             NumBits: 512
          NumFeatures: 23                          NumFeatures: 19
```

【例 12-12】　利用 extractFeatures 函数提取 MSER 椭圆区域中心特征。

程序如下：

```
clear,clc,close all;
Image = rgb2gray(imread('blocks.jpg'));
regions = detectMSERFeatures(Image);
[Features1, valid_points1] = extractFeatures(Image,regions,'Upright',true);
                                % 提取 MSER 椭圆中心区域 SURF 特征,长 64,不估计特征主方向
[Features2, valid_points2] = extractFeatures(Image,regions,'FeatureSize',128);
                                % 提取 MSER 椭圆中心区域 SURF 特征,长 128,估计特征主方向
subplot(121),imshow(Image),title('不估计特征方向');
hold on,plot(valid_points1,'showOrientation',true),hold off;
subplot(122),imshow(Image),title('估计特征方向');
hold on,plot(valid_points2,'showOrientation',true),hold off;
```

程序运行结果如图 12-25 所示。图像中检测到 121 个 MSERRegions，Feature1 是 121×64 的特征，Feature2 是 121×128 的特征。

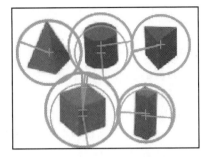

(a) 不估计特征方向　　　　　　　(b) 估计特征方向

图 12-25　提取 MSER 椭圆区域中心 SURF 特征

【例 12-13】　利用 extractFeatures 函数对图像进行 SURF、BRISK、FREAK 特征描述。
程序如下：

```
clear,clc,close all;
Image = rgb2gray(imread('blocks.jpg'));
regions1 = detectSURFFeatures(Image);
regions2 = detectBRISKFeatures(Image);
[Features1, valid_points1] = extractFeatures(Image,regions1);
[Features2, valid_points2] = extractFeatures(Image,regions2,'Method','BRISK');
[Features3, valid_points3] = extractFeatures(Image,regions2,'Method','FREAK');
subplot(131),imshow(Image),title('SURF 特征点');
hold on,plot(valid_points1,'showOrientation',true),hold off;
subplot(132),imshow(Image),title('BRISK 特征点');
hold on,plot(valid_points2,'showOrientation',true),hold off;
subplot(133),imshow(Image),title('FREAK 特征点');
hold on,plot(valid_points3,'showOrientation',true),hold off;
```

程序运行结果如图 12-26 所示。Features1 为 45×64 的 SURF 特征点，Features2 和 Features3 都是 512 位的二进制特征，特征数目 37，特征取值不一样。

(a) SURF特征点　　　　　　(b) BRISK特征点　　　　　　(c) FREAK特征点

图 12-26　提取图像的 SURF、BRISK、FREAK 特征点

12.4　特征匹配

所谓特征匹配，是判断图像间的特征向量是否存在对应关系，在提取出特征向量后，计算向量间的相似程度，寻找两两距离最近的特征点匹配对。因此，特征匹配的关键技术包括相似性度量、匹配

算法及错配消除。

相似性度量一般采用距离函数,如欧氏距离、马氏距离,匹配二进制描述子常采用汉明距离,即看两个描述子异或为 1 的位数,向量相似度越高,对应的汉明距离越小,也可以采用特征向量之间的 SSD、SAD 等值。

这里所说的匹配算法指的是特征匹配的过程,由于特征点较多,两两进行比较,计算量大,往往需要合理安排搜索的过程,在降低搜索量的同时,尽可能找到最优的特征点匹配对,如 k-D 树、最近邻算法(Nearest Neighbor,NN)、BBF 算法(Best Bin First,BBF)等。

通过相似性度量得到的匹配对,不可避免地会产生一些错误匹配,因此需要根据几何限制或其他的附加约束消除错误匹配,如随机抽样一致性算法(Random Sample Consensus,RANSAC)。因篇幅关系,对于匹配算法和错配消除算法不做介绍,可以参看相关资料。

MATLAB 提供了进行特征匹配的相关函数,列举如下。

(1) matchFeatures 函数:寻找匹配的特征。调用格式如下。

① indexPairs=matchFeatures(features1,features2):输入的 features1 和 features2 可以是同为 N 列的特征矩阵,每行为一个特征向量;或者是 binaryFeatures 或者是点特征对象;返回的 P×2 矩阵 indexPairs,同一行两列分别为匹配的特征对在 features1 和 features2 中的索引(行数目)。

② [indexPairs,matchMetric]=matchFeatures(features1,features2,…):同时返回匹配特征点对的匹配值向量 matchMetric。

③ [indexPairs,matchMetric]=matchFeatures(…,Name,Value):指定参数实现特征匹配,参数及其含义如表 12-12 所示。

表 12-12   matchFeatures 参数及含义表

参　　数	含　　义
Method	选择匹配方法,取 'Exhaustive'(默认),计算比较 features 1 和 features 2 之间所有特征向量之间的距离;取 'Approximate',使用优化最邻近邻域搜索方法,在特征点集较大时使用
MatchThreshold	匹配距离百分比阈值,范围为(0 100],对二进制向量默认为 10.0,非二进制向量默认为 1.0。若两个特征间距离大于最好匹配值的 $T\%$,则认为不匹配
MaxRatio	范围为(0 1],默认为 0.6,若最小距离 d_1 与第二小距离 d_2 的比值小于 MaxRatio,返回最小距离 d_1 的匹配,用于排除不明确的匹配
Metric	非二进制向量相似性度量方法,取 'SAD' 或 'SSD'(默认)。二进制向量,自动选择汉明距离
Unique	逻辑值,为 true 时,返回 features1、features2 间的唯一匹配;为 false 时,返回所有 features1 与 features2 间的匹配。默认为 false

(2) showMatchedFeatures 函数:显示匹配的特征点对。调用格式如下。

① showMatchedFeatures(I1,I2,matchedPoints1,matchedPoints2):创建一幅伪彩色图像来覆盖图像,匹配点用彩色线段连接。matchedPoints1 和 matchedPoints2 是 I1 和 I2 中的匹配点坐标,匹配点可以是 M×2 的坐标矩阵,或者 SURFPoints、MSERRegions、cornerPoints、BRISKPoints 对象。

② showMatchedFeatures(I1,I2,matchedPoints1,matchedPoints2,method):使用 method 指定的视觉模式实现图像 I1 和 I2 的显示。showMatchedFeatures 参数及其含义见表 12-13。

表 12-13　showMatchedFeatures 参数及含义表

参　数	含　义
method	取'falsecolor',为默认值,创建一个显示 I1 为红色,I2 为青色的图像覆盖图像
	取'blend',利用 alpha 融合覆盖 I1 和 I2
	取'montage',将 I1 和 I2 在同一幅图像中左右摆放显示
PlotOptions	元胞数组{MarkerStyle1,MarkerStyle2,LineStyle},指定 I1 中的标记、I2 中的标记及线型和颜色,默认为{'ro','g+','y-'}
Parent	指定输出坐标系统

③ hImage＝showMatchedFeatures(…)：返回生成图像的句柄。

④ showMatchedFeatures(…,Name,Value)：指定参数实现匹配特征点对的显示。

【例 12-14】　使用 BRISK 特征实现特征匹配。

程序如下：

```
clear,clc,close all;
I1 = rgb2gray(imread('test5.jpg'));
I2 = rgb2gray(imread('test7.jpg'));
points1 = detectBRISKFeatures(I1);
points2 = detectBRISKFeatures(I2);
[f1,vpts1] = extractFeatures(I1,points1);
[f2,vpts2] = extractFeatures(I2,points2);
indexPairs = matchFeatures(f1,f2);                    % 使用汉明距离衡量相似性
matchedPoints1 = vpts1(indexPairs(:,1));
matchedPoints2 = vpts2(indexPairs(:,2));
showMatchedFeatures(I1,I2,matchedPoints1,matchedPoints2);
title('BRISK 特征匹配');
legend('图 1 匹配点','图 2 匹配点');
```

程序运行结果如图 12-27 所示。

(a) 匹配示例1 　　　　　　　　　　　　　　(b) 匹配示例2

图 12-27　使用 BRISK 特征实现图像匹配

【例 12-15】　使用 SURF 特征实现图像匹配,分别显示唯一匹配和非唯一匹配情况。

程序如下：

```
clear,clc,close all;
I1 = rgb2gray(imread('test5.jpg'));
I2 = rgb2gray(imread('test6.jpg'));
points1 = detectSURFFeatures(I1);
points2 = detectSURFFeatures(I2);
```

```
[f1,vpts1] = extractFeatures(I1,points1);
[f2,vpts2] = extractFeatures(I2,points2);
indexPairs1 = matchFeatures(f1,f2,'Unique', true);          % 唯一匹配
matchedPoints1 = vpts1(indexPairs1(:,1));
matchedPoints2 = vpts2(indexPairs1(:,2));
indexPairs2 = matchFeatures(f1, f2,'Unique', false);        % 非唯一匹配
matchedPoints3 = vpts1(indexPairs2(:,1));
matchedPoints4 = vpts2(indexPairs2(:,2));
subplot(211),showMatchedFeatures(I1,I2,matchedPoints1,matchedPoints2,'montage');
legend('唯一匹配点 1','唯一匹配点 2');
subplot(212),showMatchedFeatures(I1,I2,matchedPoints3,matchedPoints4,'montage');
legend('非唯一匹配点 1','非唯一匹配点 2');
```

程序运行如图 12-28 所示。图 12-28(b)中,第一幅图有多个特征点和第二幅图中同一个特征点匹配。

(a) 唯一匹配

(b) 非唯一匹配

图 12-28　使用 SURF 特征实现图像匹配

12.5　图像配准

图像配准是将不同时间、不同传感器(成像设备)或不同条件(天气、照度、摄像位置和角度等)下获取的两幅或多幅图像进行匹配、叠加的过程。由于图像之间往往存在着图像几何畸变,在配准中,除了相似性度量,还需要关注图像匹配变换类型以及变换参数的搜索。

图像匹配变换解决两幅图像之间的几何畸变问题,可以是刚体变换、仿射变换、投影变换、多项式变换等。采用合适的搜索方法在搜索空间中找出平移、旋转等变换参数的最优估计,使得图像之间经过变换后的相似性最大;搜索策略有穷尽搜索、分层搜索、模拟退火算法、Powell 方向加速法、

动态规划法、遗传算法和神经网络等。

MATLAB 中有 3 类进行图像配准的方法,下面分别进行简单的介绍。

1. 基于灰度的图像配准

基于灰度的图像配准是一个迭代过程,对待配准的图像进行初始变换,与基准图像进行相似性度量,判断二者是否足够相似或达到最大迭代次数,如果不满足条件,则调整变换矩阵,重复这个过程,直到满足停止条件为止,获取配准的图像。

MATLAB 提供了基于灰度的图像配准的相关函数,列举如下。

(1) imregconfig 函数:为基于灰度的图像配准配置参数。格式如下。

[OPTIMIZER,METRIC]=imregconfig(CONFIGNAME):CONFIGNAME 可取 'monomodal' 或 'multimodal',前者用于有相同灰度范围和分布的图像,后者用于不同状况的图像。OPTIMIZER 设置优化度量准则的优化算法,METRIC 设置要使用的相似性度量;可以对输出属性进行修改以提高性能,例如,可以增加优化设置中的迭代次数、减小步长、改变采样数等。

(2) imregister 函数:根据配置好的参数对二维或三维图像进行配准,格式如下。

① MOVING_REG=imregister(MOVING,FIXED,TRANSFORMTYPE,OPTIMIZER,METRIC):根据指定的变换类型、配置好的优化、相似性度量参数,变换图像 MOVING 为 MOVING_REG,使其和基准图像 FIXED 匹配。TRANSFORMTYPE 指定变换类型,可以取 'translation'(平移变换)、'rigid'(平移和旋转变换)、'similarity'(平移、旋转和缩放变换)、'affine'(仿射变换)。

② [MOVING_REG,R_REG]=imregister(MOVING,RMOVING,FIXED,RFIXED,TRANSFORMTYPE,OPTIMIZER,METRIC):功能同上。RMOVING 和 RFIXED 指定与 MOVING 和 FIXED 相关联的空间参考目标;R_REG 是与 MOVING_REG 相关联的空间参考目标,描述输出图像的坐标范围和分辨率。

③ […]=imregister(…,PARAM1,VALUE1,PARAM2,VALUE2,…):指定参数实现变换。参数包括:DisplayOptimization,指定是否在 MATLAB 命令行窗口显示优化信息,默认为 false;InitialTransformation,affinetform2d 或 affinetform3d 对象,指定变换的初始条件;PyramidLevels,图像金字塔级别数,默认为 3。

【例 12-16】 采用 imregconfig、imregister 函数实现图像配准。

程序如下:

```
clear,clc,close all;
fixed = rgb2gray(imread('test1.jpg'));
moving = rgb2gray(imread('test2.jpg'));
imshowpair(fixed,moving,'Scaling','joint'),title('待匹配图像叠加显示');
[optimizer,metric] = imregconfig('multimodal');          % 配置
optimizer.InitialRadius = 0.009;                         % 对输出属性进行修改以提高性能
optimizer.Epsilon = 1.5e-4;
optimizer.GrowthFactor = 1.01;
optimizer.MaximumIterations = 300;
movingReg = imregister(moving,fixed,'affine',optimizer,metric);   % 对图像进行配准
figure,imshowpair(fixed,movingReg,'Scaling','joint'),title('图像配准');
```

程序运行结果如图 12-29 所示。

另外,MATLAB 中还有 imregtform、imregcorr、imregdemons、imregmtb 等函数实现几何变换

(a) 示例1图一　　　　　　　　(b) 示例1图二　　　　　　　(c) 示例1待匹配图像叠加显示

(d) 示例1图像配准　　　　　(e) 示例2待匹配图像叠加显示　　　　　(f) 示例2图像配准

图 12-29　基于灰度的图像配准

估计或图像配准,不同函数原理有所区别,不再一一介绍了。

2. 基于控制点的图像配准

通过交互选择控制点工具在待配准图像和基准图像中拾取控制点,这些控制点标识两幅图像中相同的特征或对应点;然后根据这些控制点的坐标估计几何变换,再对待配准图像进行几何变换和基准图像配准。

这种配准方法和第 7 章的几何畸变校正过程是一样的,在获取控制点之后,可以通过 cpcorr 函数对控制点坐标进行校正,获取更精确的坐标点。

movingPointsAdjusted＝cpcorr(movingPoints,fixedPoints,MOVING,FIXED):使用归一化互相关调整 movingPoints 和 fixedPoints 中的每对控制点;MOVING 和 FIXED 是待配准和基准图像。

【例 12-17】　实现基于控制点的图像配准。

程序如下:

```
clear,clc,close all;
moving = rgb2gray(imread('test5.jpg'));
fixed = rgb2gray(imread('test6.jpg'));
[height,width,c] = size(fixed);
[movingPoints,fixedPoints] = cpselect(moving,fixed,'wait',true);      % 交互式选择控制点
mPAdjusted = cpcorr(movingPoints,fixedPoints,moving,fixed);            % 控制点校正
tform = fitgeotform2d(mPAdjusted,fixedPoints,"affine");               % 估计几何变换
R = imref2d([height,width],[1 width],[1 height]);
result = imwarp(moving,tform,'OutputView',R);                         % 进行几何变换
figure,imshow(result),title('配准后的图像');
```

程序运行结果如图 12-30 所示。

(a) 选择控制点   (b) 配准后图像

图 12-30 基于控制点的图像配准

3. 基于特征匹配的图像配准

进行特征检测与匹配,获取待配准图像和基准图像间的匹配特征实现几何变换估计。MATLAB 中的相关函数如下。

[tform,inlierIndex,status]=estgeotform2d(matchedPoints1,matchedPoints2,transformType):根据匹配特征点对估计二维几何变换。参数如表 12-14 所示。

表 12-14 estgeotform2d 参数及含义表

参 数	含 义
matchedPoints1 matchedPoints2	匹配点坐标矩阵或点特征对象
transformType	几何变换类型,可取"rigid"、"similarity"、"affine"、"projective"
MaxNumTrials	正整数,随机试验的最大次数,默认为 1000
Confidence	找到最大关联数的置信度,取值在(0,100],默认为 99
MaxDistance	匹配对之间的最大距离,大于该距离的匹配为异常匹配,单位为像素,默认为 1.5
tform	几何变换对象
inlierIndex	逻辑向量,取值 1 表示对应点对相匹配,取值为 0 表示异常匹配
status	匹配状态码,取 0 表示没有错误;取 1 表示 matchedPoints1 和 matchedPoints2 中没有足够的点;取 2 表示没有发现足够的匹配点

【例 12-18】 利用 Harris 角点特征实现图像配准。

设计思路:首先利用 Harris 角点特征,在两幅图像之间建立匹配点对,根据匹配点对估计几何变换,再对第二幅图像进行几何变换实现配准。

程序如下:

```
clear,clc,close all;
I1 = rgb2gray(imread('test5.jpg'));
I2 = rgb2gray(imread('test6.jpg'));
points1 = detectHarrisFeatures(I1);              % Harris 角点检测
points2 = detectHarrisFeatures(I2);
[f1,vpts1] = extractFeatures(I1,points1);        % 特征描述
[f2,vpts2] = extractFeatures(I2,points2);
indexPairs = matchFeatures(f1,f2);               % 特征匹配
matchedPoints1 = vpts1(indexPairs(:,1));
matchedPoints2 = vpts2(indexPairs(:,2));
showMatchedFeatures(I1,I2,matchedPoints1,matchedPoints2,'montage');
title('Harris 角点匹配');
```

```
tform = estgeotform2d(matchedPoints2,matchedPoints1,'similarity');
                                   % 估计第一幅图中匹配点相对于第二幅图中匹配点的变换关系
outputView = imref2d(size(I1));                  % 给定图像尺寸创建 imref2d 对象
result = imwarp(I2,tform,'OutputView', outputView);      % 对第二幅图进行几何变换
figure; imshow(result); title('恢复的图像');
figure,imshowpair(I1,result);
```

程序运行结果如图 12-31 所示。

(a) Harris角点匹配   (b) 对第二幅图进行几何变换

图 12-31　使用 Harris 特征实现图像配准

本章小结

　　本章主要介绍了图像匹配的概念和常用的方法,包括基于灰度的图像匹配,Harris、最小特征值和 FAST 角点检测,SIFT、SURF、BRISK、FREAK、ORB 及 MSER 特征描述,特征匹配、图像配准及仿真实现。图像匹配方法众多,在解决具体问题时,可以根据图像的特点、各种方法的特性选择合适的匹配方法。

MATLAB 中包含了很多设计好的应用程序,并提供了构建交互式用户界面的功能和工具,可以设计、打包、安装 App,使用非常方便。本章首先介绍 MATLAB 自带的、和图像处理相关的 App,再通过具体的实例详细讲解如何利用各种组件在 App Designer 中设计 App,并简单介绍 App 的打包。

13.1　图像处理 App 简介

在 MATLAB 环境下,选择 APPS 选项卡,下拉框内是 MATLAB 附带的 App,如图 13-1 所示。App 具有自动执行任务或计算的用户界面,非常方便完成多种操作,本节简要介绍与图像处理相关的 App。

图 13-1　APPS 工具栏

1. Image Viewer

Image Viewer 用于查看图像,界面如图 13-2 所示。单击 Import Image,可以从当前工作区或文件导入图像,选中 Image Overview 和 Image Metadata 工具,窗口左侧会显示缩略图和图像参数,窗口右侧显示大图,可以选择大图所用的插值方式(bilinear 和 nearest)以及显示比例。CROP 工具可以对图像进行剪切,MEASUREMENT 工具用于测量图中两点间的距离以及绘制多边形并测量面积,单击 Export 将处理后的图像导出到工作区或存储为文件,将测量数据导出到工作区。

2. Image Browser

Image Browser 用于浏览图像,界面如图 13-3 所示。单击 Add 可以添加文件夹,在窗口左侧显示文件夹中所有图像的缩略图,THUMBNAILS 中的滑动工具可以调整缩略图的大小。单击 Preview 在窗口右侧显示选中图像的大图,并在图像下方显示图像的尺寸和数据类型。单击 Export 可以将文件夹导出为

图 13-2　Image Viewer

图 13-3　Image Browser

imageDatastore，方便后续使用。

3．Color Thresholder

Color Thresholder 用于将彩色图像二值化，界面如图 13-4 所示。单击 Load Image 从工作区或文件导入图像，选择色彩空间并显示图像、各分量的直方图以及点云。通过在点云上绘制多边形选择色彩,分割图像如图 13-4(a)所示;通过设置色调阈值范围分割图像如图 13-4(b)所示。单击 Export 可以将处理后的图像输出,或者导出分割代码。

(a) 在点云上绘制多边形选择前景实现分割

(b) 设置色调阈值范围实现分割

图 13-4　Color Thresholder

4. Wavelet Image Analyzer

Wavelet Image Analyzer 用于对图像进行小波分析,导入图像后进入 DWT 界面,如图 13-5 所示。可以选择不同的小波,不同的分解级数,单击 Compute DWT 对图像进行小波分解以及重构,显示各频带图以及重构图。在 ANALYZER 选项卡中可以导出图像以及代码。

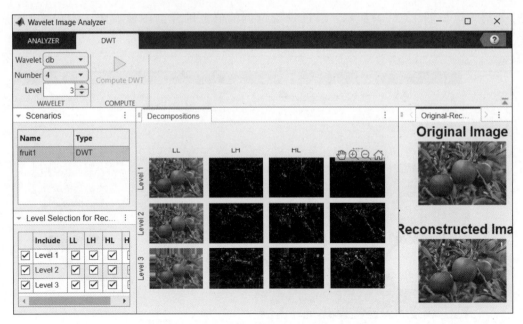

图 13-5　Wavelet Image Analyzer

5. Image Segmenter

Image Segmenter 用于对图像进行图像分割，App 主工具栏如图 13-6(a)所示，可以导入图像，通过下拉框选择不同的分割方法。

采用 Graph Cut 的分割如图 13-6(b)所示，先标记前景，再标记背景，实现分割，选择 Show Binary 显示分割后的二值图像。单击 Create mask 生成二值模板，在主工具栏 SEGMENTATION 选项卡的下拉框中，可以选择数学形态学等方法修正模板，通过单击 Export 导出图像或函数到当前工作区，如图 13-6(c)所示。

6. Image Region Analyzer

Image Region Analyzer 用于对图像进行区域分析，从当前工作区或文件导入二值图像，选择不同的属性进行展示，可以设置属性范围进行滤波，如图 13-7 所示。单击 Export 可以导出图像、将属性值存入当前工作区，以及生成代码函数。

7. Registration Estimator

Registration Estimator 用于对图像进行图像配准，打开 App 后，单击 Load Image，在对话框中选择 moving 和 fixed 图像，打开图像，提取相关特征并进行匹配，匹配结果在窗口左侧显示，叠加图及其特征的匹配关系在窗口中间显示，如图 13-8(a)所示。

在左侧选择合适的特征，在右侧选择相应的几何变换，可以通过滑动条设置相关参数，然后单击 Register Images 工具实现配准，如图 13-8(b)所示。单击 Export 可以导出配准结果到工作区、存为结构体数据，也可以生成代码函数。

(a) 工具栏

(b) Graph Cut分割

(c) 模板再调整

图 13-6　Image Segmenter

图 13-7　Image Region Analyzer

(a)特征检测与匹配结果

(b)图像配准结果

图 13-8　Registration Estimator

13.2 App Designer

App Designer 是交互式的 App 设计工具,集成了图形用户界面(Graphical User Interface,GUI)可视化组件布局和 App 行为编程,操作便捷。首先了解 App 设计的环境以及各种组件的操作。

13.2.1 设计环境

单击 MATLAB 的 APPS 选项卡最左侧的 Design App,打开 App 设计启动界面,如图 13-9 所示。MATLAB 提供了 3 种 Apps 设计模板,分别为空白模板、分为两个面板的模板和分为 3 个面板的模板,用户可以根据需要选择。

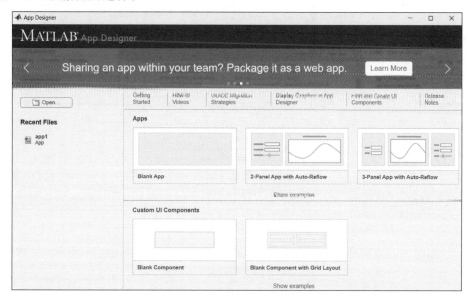

图 13-9 App 设计启动界面

选中空白模板,打开设计窗口,如图 13-10 所示。窗口中间是编辑区,可以用画布模式或代码模式编辑;上方是工具栏,左侧是组件库,右侧是组件浏览器,用于查看、修改窗口或各种组件的属性,以及查看、添加回调函数。

1. 组件库

左侧组件库中有坐标系、按钮、复选框、编辑框、滑动条、树和下拉列表等通用组件;有仪表、指示灯、旋钮和开关等控件,可以复现仪表面板的外观和操作;有选项卡、面板和网格布局等容器组件用于组织用户界面;有上下文菜单、菜单栏和工具栏等图形工具组件;还有 Simulink Real-Time 组件等,如图 13-11 所示。

2. 编辑区

将各种组件放置在编辑区画布上,实现事件响应、信息提示或数据交互等功能,如图 13-12(a)所示。选中组件,通过 CANVAS 选项卡的各种工具进行布局,如对齐、调整大小、设置 Tab 键顺序、水

图 13-10　App Designer

图 13-11　组件库

平垂直分布等,如图 13-12(c)所示。设计好之后,单击 Run,运行窗口,查看设计效果,如图 13-12(b)所示。

(a) 设计组件

(b) 运行窗口

(c) 布局工具

图 13-12　编辑设计效果

3. 组件浏览器

　　窗口右侧的组件浏览器用于查看当前设计阶段的各图形对象,可以查看、修改、设置窗口和组件的属性值、对应的变量名称以及回调函数,如图 13-13 所示。

　　　　　　(a) 组件浏览　　　　　　　　　　(b) 属性查看设置

图 13-13　组件浏览器

13.2.2　图形窗口

　　在前面章节中,常常用如下语句实现显示图像的功能:

```
figure, imshow(Image);
```

这是利用 figure 函数创建了一个各项属性采用默认值的图形窗口,用于显示图像,可以根据需要设置窗口属性。

　　App 设计同样建立在图形窗口的基础上,但创建函数为 uifigure,其调用格式如下。

　　fig＝uifigure(Name,Value):指定各项属性值生成图形窗口 fig。属性有 WindowStyle、Name、Position 等。

　　在采用 App Designer 中的模板设计 App 时,自动生成了图形窗口,可以在右侧的组件浏览器选择 UIFigure,查看和设置各项属性;通过编辑区的 Code View 可以查看自动生成的关于图形窗口的代码。图 13-14 所示为一个空白 App 中关于图形窗口的变量以及属性代码,后续放置的组件都是图形窗口 UIFigure 的子级。图 13-12(b)所示为一个 App 生成的图形窗口,在后续例子中,也会采用函数编写代码生成 UIFigure。

13.2.3　通用组件

　　可以通过将组件库中的组件拖放到设计画布并设置相关属性实现组件设计。如果要添加组件

```
classdef app1 < matlab.apps.AppBase

    % Properties that correspond to app components
    properties (Access = public)
        UIFigure  matlab.ui.Figure
    end

    % Component initialization
    methods (Access = private)

        % Create UIFigure and components
        function createComponents(app)

            % Create UIFigure and hide until all components are created
            app.UIFigure = uifigure('Visible', 'off');
            app.UIFigure.Position = [100 100 640 480];
            app.UIFigure.Name = 'MATLAB App';

            % Show the figure after all components are created
            app.UIFigure.Visible = 'on';
```

图 13-14　UIFigure 变量定义及属性设置代码

库中没有的组件,或者动态添加组件到 App 中,需要采用编程的方式。本节介绍通用组件及其编程方式。

1. 坐标轴

在编辑画布上可以设置一个或多个坐标轴,用于显示图像或图形。MATLAB 中有 4 种类型的坐标轴:UIAxes、Axes、地理坐标 Geoaxes,以及极坐标 Polaraxes,其中,UIAxes 在组件库中,其余 3 种都需要编写程序才能将其加入 App 中。

【例 13-1】　通过一个例子 app1 介绍如何添加 4 种坐标轴并显示相应图像或图形。

1) UIAxes

UIAxes 组件在组件库内的图标为 ⌇,将该组件拖放到画布,或者单击图标,然后在画布单击,同样实现添加 UIAxes 组件。通过鼠标拖动、键盘移动键、布局设置工具等将 UIAxes 组件放置到合适位置。

通过组件浏览器修改 UIAxes 的外观属性,例如,修改 Labels 属性的 Title String 为 UIAxes,设置 Font 属性的 FontName 为 Times New Roman,设置 Box Styling 属性的 Color 为 none,去除坐标标签等,坐标轴的大小可以通过鼠标调整,也可以通过设置 Position 属性设置。设置好以后,在编辑区单击 Code View,在 createComponents 函数中可以看到自动生成的设置语句,如下所示。

```
% Create UIAxes
app.UIAxes = uiaxes(app.UIFigure);
title(app.UIAxes, 'UIAxes')
app.UIAxes.FontName = 'Times New Roman';
app.UIAxes.FontWeight = 'bold';
app.UIAxes.TickLabelInterpreter = 'none';
app.UIAxes.XLimitMethod = 'tight';
app.UIAxes.YLimitMethod = 'tight';
app.UIAxes.ZLimitMethod = 'tight';
app.UIAxes.XTick = [];
app.UIAxes.YTick = [];
app.UIAxes.ZTick = [];
app.UIAxes.Color = 'none';
app.UIAxes.Box = 'on';
app.UIAxes.Position = [44 246 260 221];
```

当用户希望 App 打开的时候，坐标系中显示一幅图像，这属于动态调整组件，需要编写程序。在组件浏览器上方选中 App，在下方选择标签 Callbacks，在下拉框中选择 add StartupFcn callback，如图 13-15(a)所示，在代码中生成了空的回调函数 startupFcn，如图 13-15(b)所示。在其中添加下列代码：

```
Image = imread('fruit.jpg');
[h,w,～] = size(Image);
pos = app.UIAxes.Position;
x_center = (pos(1) + pos(3)/2);
y_center = (pos(2) + pos(4)/2);
imshow(Image,Parent = app.UIAxes,XData = [x_center - w/2, x_center + w/2],...
         yData = [y_center - h/2, y_center + h/2]);      % 将图像居中显示
```

(a) 设置App回调函数 (b) 自动生成的回调函数

图 13-15   添加回调函数

实现图像的显示，如图 13-16 所示。

图 13-16   坐标轴设计

2) Axes

在 App 画布上放置容器组件,将其作为父容器,通过 axes 命令在父容器中创建 Axes 坐标轴图形对象,再调用图形函数实现各种功能。

(1) axes:利用属性默认值在当前 figure 创建一个坐标轴图形对象。

(2) ax=axes(parent,Name,Value):设定属性,在 parent 指定的 figure、panel、tab、tiledChartLayout,或 gridLayout 中创建一个坐标轴图形对象,并返回坐标轴对象 ax。

将一个 Panel 组件放在坐标轴 UIAxes 右边。Panel 组件在组件库的 Containers 栏,图标为 ▤ 。设置 Panel 组件的 Title 属性为 Axes,居中显示,设置字体和字号。

在图 13-15(b)所示的回调函数 startupFcn 中,添加下列代码:

```
ax = axes(app.AxesPanel);              % 创建 Axes 对象
R = Image(:,:,1);
histogram(ax,R(:),256);
```

实现图像红色通道直方图显示,如图 13-16 所示。

3) Geoaxes

Geoaxes 和 Axes 坐标轴的建立方法相同,创建函数为 geoaxes。在坐标轴 UIAxes 下边放置一个 Panel 组件,修改 Title 为 Geoaxes,在回调函数 startupFcn 中,添加下列代码:

```
latSeattle = 38 + 37/60;               % 纬度
lonSeattle = 120 + 20/60;              % 经度
gx = geoaxes(app.GeoaxesPanel);        % 创建 Geoaxes 对象
geoplot(gx,latSeattle,lonSeattle);
```

实现地图显示,如图 13-16 所示。

4) Polaraxes

Polaraxes 坐标轴创建函数为 polaraxes。在坐标轴 UIAxes 右下放置一个 Panel 组件,修改 Title 为 Polaraxes,在回调函数 startupFcn 中,添加下列代码:

```
theta = 0:0.01:2 * pi;
rho = sin(2 * theta). * cos(2 * theta);
pax = polaraxes(app.PolaraxesPanel);    % 创建 Polaraxes 对象
polarplot(pax,theta,rho);
```

实现极坐标绘图,如图 13-16 所示。

2. 按钮、静态文本和编辑字段

按钮(Button)一般用来执行某种预定的功能或操作,图标为 ▥ ,创建函数为 uibutton。

静态文本(Label)仅显示一个文本字符串,由 Text 属性指定,不能动态修改,常用于显示标志,图标为 A ,创建函数为 uilabel。

编辑字段有两种,一种用于输入文本(Edit Field(Text)),图标为 abc ;另一种用于输入数值(Edit Field(Numeric)),图标为 123 ,都用 uieditfield 函数创建,后者需要加一个参数"numeric"。

【例 13-2】 通过一个例子 app2 说明这 3 种组件的应用设计过程。

1) 组件放置与属性设置

新建一个空白 App,在画布上放置两个 UIAxes 组件,用于显示图像。

放置两个按钮,分别修改这两个按钮的 Text 属性为"打开图像"和"二值化图像"。

放置一个编辑字段,修改 Label 属性为"输入阈值:",Value 属性默认为 128,Limits 为"10,240"。

放置一个静态文本,将其 Text 属性设为"图像阈值化",仅用于提示。

进行布局,如图 13-17(a)所示。

(a) 设计画面

(b) 修改变量名

(c) 添加成员变量

(d) App完整设计效果

图 13-17　按钮、编辑字段等组件设计

在组件浏览器中右击组件,选择修改变量名称,两个坐标轴的变量名称为 UIAxes1 和 UIAxes2,两个按钮的变量名称为 OpenImage 和 Segment,编辑字段变量名称为 Input,如图 13-17(b)所示。

单击上方 EDITOR 选项卡中的 Property 的下拉按钮,选择 Public Property,添加 Image 和 Thresh 变量,用于存放图像数据和分割阈值,如图 13-17(c)所示。

2) 回调函数设计

给"打开图像"按钮添加回调函数 OpenImageButtonPushed,在其中添加打开图像并将图像在第一个坐标轴内显示的代码。

```
function OpenImageButtonPushed(app, event)
    fmt = {'＊.png','PNG image(＊.png)';'＊.＊','All Files(＊.＊)'};
    [FileName,～] = uigetfile(fmt,'打开图像','＊.png');
    app.Image = imread(FileName);
    [h,w,～] = size(app.Image);
    pos = app.UIAxes1.Position;
    x_center = (pos(1) + pos(3)/2);
    y_center = (pos(2) + pos(4)/2);
    imshow(app.Image,Parent = app.UIAxes1,XData = [x_center － w/2, x_center + w/2],...
                                          yData = [y_center － h/2, y_center + h/2]);
end
```

给编辑字段"输入阈值"添加回调函数 InputValueChanged,修改自动生成的一行代码。

```
function InputValueChanged(app, event)
    app.Thresh = app.Input.Value;        % 将输入的值作为阈值,赋给变量 Thresh
end
```

给"二值化图像"按钮添加回调函数 SegmentButtonPushed,在其中添加图像阈值化并将图像在第二个坐标轴内显示的代码。

```
function SegmentButtonPushed(app, event)
    result = imbinarize(app.Image, app.Thresh/255);
    [h, w, ~] = size(result);
    pos = app.UIAxes2.Position;
    x_center = (pos(1) + pos(3)/2);
    y_center = (pos(2) + pos(4)/2);
    imshow(result, Parent = app.UIAxes2, XData = [x_center - w/2, x_center + w/2], ...
                   yData = [y_center - h/2, y_center + h/2]);
end
```

单击上方 EDITOR 选项卡中的 Run,运行程序。在 App 界面中,单击"打开图像"按钮,在对话框中选择图像,图像显示在 App 窗口左侧;输入阈值,单击"二值化图像",在 App 窗口右侧显示阈值化结果,如图 13-17(d)所示。

3. 滑动条、单选按钮组、切换按钮组和下拉框

滑动条有两种,一种滑动条的图标是 ⊟⊟(Slider),在指定范围内滑动选择一个值,有一个滑标,另一个滑动条的图标是 ⊟⊟(Slider(Range)),在指定范围内滑动选择一个范围,有两个滑标。两者的创建函数都是 uislider,后者要加一个参数"range"。

单选按钮组(Radio Button Group)的图标为 ⊞,其中包含了多个单选按钮,一般用于在一组互斥的选项中选择一项的情况。单选按钮的状态用 Value 属性表示,选中情况下为 1,其他单选按钮的 Value 更改为 0。创建单选按钮组的函数为 uibuttongroup,创建单选按钮的函数为 uiradiobutton。

切换按钮组(Toggle Button Group)的图标为 ⊟,其中包含了多个切换按钮,同样是用于在一组互斥的选项中选择一项。切换按钮的状态用 Value 属性表示,按下时 Value 为 1,同组其他按钮 Value 更改为 0。创建切换按钮组的函数为 uibuttongroup,创建切换按钮的函数为 uitogglebutton。切换按钮组和单选按钮组功能类似,属性类似,但外观不同。

下拉框(Drop Down)的图标为 ⊟,其作用是从列表中选择一项,创建函数为 uidropdown。

【例 13-3】 通过一个例子 app3 说明滑动条、单选按钮组和下拉框 3 种组件的应用设计过程。

1) 组件放置与属性设置

在画布上放置两个 UIAxes 组件,用于显示图像。放置一个面板 Panel,用于指示其中的组件是一组。

在面板 Panel 上放置 3 个 Slider 滑动条,依次修改 Label 属性为"色调""饱和度""亮度",Limits 属性为"0,1",MajorTicks 和 MajorTickLabels 属性为"0,0.2,0.4,0.6,0.8,1",修改变量名为 Hue、Saturation、Value。

放置一个单选按钮组,修改 Title 属性为"图像类型"。保留两个单选按钮,修改各自的 Text 属性为"灰度图像"和"彩色图像",修改变量名称为 Type、Gray 和 Color。

放置一个下拉框 DropDown,修改 Label 属性为"图像变换:",修改 Items 属性为"原图像/反色图像"。

将各组件进行合理布局，如图13-18(a)所示。

（a）设计画面 （b）设计效果

图13-18 滑动条、单选按钮组和下拉框等组件设计

2）回调函数设计

给app3添加成员变量Image和hsv，添加回调函数startupFcn，在其中添加打开fruit.jpg图像并将图像在两个坐标轴内显示的代码，如下所示：

```
function startupFcn(app)
    app.Image = imread('fruit.jpg');
    app.hsv = rgb2hsv(app.Image);
    imshow(app.Image,Parent = app.UIAxes1);
    imshow(app.Image,Parent = app.UIAxes2);
end
```

给色调、饱和度和亮度滑动条分别添加回调函数HueValueChanged、SaturationValueChanged、ValueValueChanged，在其中添加改变色调、改变饱和度以及改变亮度，并将图像在第二个坐标轴显示图像的代码，如下所示：

```
function HueValueChanged(app, event)
    value = app.Hue.Value;
    temp = rgb2hsv(app.Image);
    temp(:,:,1) = temp(:,:,1) * (1 - value);
    app.hsv(:,:,1) = temp(:,:,1);          % 仅改变色调
    result = hsv2rgb(app.hsv);
    imshow(result,Parent = app.UIAxes2);
end
function SaturationValueChanged(app, event)
    value = app.Saturation.Value;
    temp = rgb2hsv(app.Image);
    temp(:,:,2) = temp(:,:,2) * (1 - value);
    app.hsv(:,:,2) = temp(:,:,2);          % 仅改变饱和度
    result = hsv2rgb(app.hsv);
    imshow(result,Parent = app.UIAxes2);
end
function ValueValueChanged(app, event)
    value = app.Value.Value;
    temp = rgb2hsv(app.Image);
```

```
      temp(:,:,3) = temp(:,:,3) * (1 - value);
      app.hsv(:,:,3) = temp(:,:,3);          % 仅改变亮度
      result = hsv2rgb(app.hsv);
      imshow(result, Parent = app.UIAxes2);
  end
```

分别给单选按钮组、DropDown 添加回调函数 TypeSelectionChanged、DropDownValueChanged,在其中添加获取设定的选项并显示相应图像的代码,如下所示:

```
function TypeSelectionChanged(app, event)
    selectedButton = app.Type.SelectedObject;
    if selectedButton.Text == "灰度图像"
        imshow(rgb2gray(app.Image), Parent = app.UIAxes2);
    else
        imshow(app.Image, Parent = app.UIAxes2);
    end
    app.Hue.Value = 0;
    app.Saturation.Value = 0;          % 将滑动条还原
    app.Value.Value = 0;
end
function DropDownValueChanged(app, event)
    value = app.DropDown.Value;
    if value == "原图像"
        imshow(app.Image, Parent = app.UIAxes2);
    else
        imshow(255 - app.Image, Parent = app.UIAxes2);
    end
    app.Hue.Value = 0;
    app.Saturation.Value = 0;
    app.Value.Value = 0;
    app.Color.Value = 1;               % 将单选按钮调整为"彩色图像"
end
```

运行程序,调整滑动条,改变单选按钮、选择下拉框内的选项,效果如图 13-18(b)所示。

4. 复选框、列表框和状态按钮

复选框(Check Box)的图标为☑,其有选中和未选中两种状态,被选中时,在方框内添加√符号,Value 属性值为 1;未选中时方框为空,Value 属性值为 0。创建函数为 uicheckbox。

列表框(List Box)的图标为▤,其作用是列出选项清单,用户可以选择其中的一个或多个选项,由 Multiselect 属性控制;Items 属性设置各选项,ItemsData 属性设置各选项对应的值(可选);如果设置了 ItemsData,Value 属性值为被选中选项在 ItemsData 中的对应值,否则为在 Items 中的对应值;Value 属性值的数目也指示了选中选项的个数。当单击选中某项后,Value 属性值被改变,释放鼠标按键时执行列表框的回调程序。创建函数为 uilistbox。

状态按钮(State Button)的图标为▣,状态按钮在外观上类似于普通按钮,但在视觉上有状态指示:按下或未按下。按下时 Value 值为 1;未按下时 Value 值为 0。创建函数也是 uibutton,但需要加参数"state"。

【例 13-4】 通过一个例子 app4 说明这 3 种组件的应用设计过程。

1)组件放置与属性设置

首先在画布上放置两个 UIAxes 组件,用于显示图像。放置 3 个 Panel,用于指示其中的组件为

一组。

在第一个面板中放置 3 个复选框，Text 属性依次为"红色通道""绿色通道""蓝色通道"，初始 Value 值均为 1（即选中 Value 属性），变量名称改为 RedBox、GreenBox 和 BlueBox。

在第二个面板中放置 3 个状态按钮，Text 属性依次为"红色通道""绿色通道""蓝色通道"，均选中 Value 属性，即按下状态，变量名称改为 RedButton、GreenButton 和 BlueButton。

在第二个面板中放置一个 List Box，删除 Label，修改 Items 属性为"红色通道/绿色通道/蓝色通道"，设置 ItemsData 属性为"1,2,3"，选中 Interactivity 属性中的 Multiselect。

进行布局对整齐，设计画面如图 13-19(a)所示。

(a) 设计画面　　　　　　　　　　　　　　　　(b) 设计效果

图 13-19　复选框、列表框和状态按钮等组件设计

2）回调函数设计

给 app4 添加成员变量 Image 和 Channel。添加回调函数 startupFcn，在其中添加打开 fruit.jpg 图像并将图像在两个坐标轴内显示的代码，如下所示：

```
function startupFcn(app)
    app.Image = imread('fruit.jpg');
    app.ListBox.Value = [1,2,3];              % 列表框的 Value 值初始化
    app.Channel = [1,1,1];                    % Channel 变量初始化
    imshow(app.Image,Parent = app.UIAxes1);
    imshow(app.Image,Parent = app.UIAxes2);
end
```

分别给 3 个复选框添加回调函数：RedBoxValueChanged、GreenBoxValueChanged 和 BlueBoxValueChanged，在其中添加获取设定的选项、显示相应图像，并同步调整状态按钮和列表框取值的代码，如下所示：

```
function RedBoxValueChanged(app, event)
    value = uint8(app.RedBox.Value);          % 获取设定的选项值
    app.Channel(1) = value;                   % 修改变量 Channel 对应通道取值
    app.RedButton.Value = value;              % 同步调整状态按钮取值
    app.ListBox.Value = find(app.Channel~ = 0);  % 同步调整列表框取值
    result = cat(3,app.Image(:,:,1) * app.Channel(1),...
                    app.Image(:,:,2) * app.Channel(2),...
                    app.Image(:,:,3) * app.Channel(3));
    imshow(result,Parent = app.UIAxes2);
```

```
        end
        function GreenBoxValueChanged(app, event)
            value = uint8(app.GreenBox.Value);
            app.Channel(2) = value;
            app.GreenButton.Value = value;
            app.ListBox.Value = find(app.Channel~ = 0);
            result = cat(3,app.Image(:,:,1) * app.Channel(1),...
                          app.Image(:,:,2) * app.Channel(2),...
                          app.Image(:,:,3) * app.Channel(3));
            imshow(result,Parent = app.UIAxes2);
        end
        function BlueBoxValueChanged(app, event)
            value = uint8(app.BlueBox.Value);
            app.Channel(3) = value;
            app.BlueButton.Value = value;
            app.ListBox.Value = find(app.Channel~ = 0);
            result = cat(3,app.Image(:,:,1) * app.Channel(1),...
                          app.Image(:,:,2) * app.Channel(2),...
                          app.Image(:,:,3) * app.Channel(3));
            imshow(result,Parent = app.UIAxes2);
        end
```

分别给 3 个状态按钮添加回调函数：RedButtonValueChanged、GreenButtonValueChanged 和 BlueButtonValueChanged，在其中添加获取设定的选项、显示相应图像，并同步调整复选框和列表框取值的代码，如下所示：

```
        function RedButtonValueChanged(app, event)
            value = uint8(app.RedButton.Value);            % 获取设定的选项值
            app.Channel(1) = value;                        % 修改变量 Channel 对应通道取值
            app.RedBox.Value = value;                      % 同步调整复选框取值
            app.ListBox.Value = find(app.Channel~ = 0);    % 同步调整列表框取值
            result = cat(3,app.Image(:,:,1) * app.Channel(1),...
                          app.Image(:,:,2) * app.Channel(2),...
                          app.Image(:,:,3) * app.Channel(3));
            imshow(result,Parent = app.UIAxes2);
        end
        function GreenButtonValueChanged(app, event)
            value = uint8(app.GreenButton.Value);
            app.Channel(2) = value;
            app.GreenBox.Value = value;
            app.ListBox.Value = find(app.Channel~ = 0);
            result = cat(3,app.Image(:,:,1) * app.Channel(1),...
                          app.Image(:,:,2) * app.Channel(2),...
                          app.Image(:,:,3) * app.Channel(3));
            imshow(result,Parent = app.UIAxes2);
        end
        function BlueButtonValueChanged(app, event)
            value = uint8(app.BlueButton.Value);
            app.Channel(3) = value;
            app.BlueBox.Value = value;
            app.ListBox.Value = find(app.Channel~ = 0);
            result = cat(3,app.Image(:,:,1) * app.Channel(1),...
                          app.Image(:,:,2) * app.Channel(2),...
                          app.Image(:,:,3) * app.Channel(3));
```

```
    imshow(result,Parent = app.UIAxes2);
  end
```

给列表框添加回调函数：ListBoxValueChanged,在其中添加获取设定的选项、显示相应图像,并同步调整复选框和状态按钮取值的代码,如下所示：

```
function ListBoxValueChanged(app, event)
    value = uint8(app.ListBox.Value);              % 获取设定的选项值
    app.Channel = [0,0,0];
    app.Channel(value) = 1;                        % 修改变量 Channel 对应通道取值
    app.RedBox.Value = app.Channel(1);
    app.GreenBox.Value = app.Channel(2);
    app.BlueBox.Value = app.Channel(3);            % 同步调整复选框取值
    app.RedButton.Value = app.Channel(1);
    app.GreenButton.Value = app.Channel(2);
    app.BlueButton.Value = app.Channel(3);         % 同步调整状态按钮取值
    result = cat(3,app.Image(:,:,1) * app.Channel(1),...
                   app.Image(:,:,2) * app.Channel(2),...
                   app.Image(:,:,3) * app.Channel(3));
    imshow(result,Parent = app.UIAxes2);
  end
```

运行程序,做不同的选择,输出图像包含不同色彩通道,图 13-19(b)所示为保留绿蓝通道图像。

另外还有 Table、Tree、Text Area、Spinner、Image、HTML 等组件,设计方法和前述组件类似,不再一一叙述。

13.2.4　容器组件

容器组件主要有面板(Panel)、网格布局管理器(Grid Layout)和选项卡组(Tab Group)3 种,面板用于指示多个组件为同一组,在前面已经用过了,本节主要介绍后两种容器组件。

1. Grid Layout

Grid Layout 给整个图窗或图窗中的一个容器添加不可见的网格,沿着网格的行列定位 UI 组件,不需要设置 UI 组件的位置,而且当应用程序需要调整大小时,使用 Grid Layout 更容易配置。

Grid Layout 放置方式和其他组件一样,从组件库拖动到画布。如果给某个容器添加 Grid Layout,在容器上右击,选择 Apply Grid Layout。在 Grid Layout 上右击,在弹出的菜单中可以选择增加或删除行、列等操作,在其中选择 Configure Grid Layout,然后选择一行或一列,在 Resize Configuration 中指定 Fit、Weighted 或 Fixed,设置网格属性,如图 13-20 所示。

2. Tab Group

Tab Group 是对选项卡进行分组和管理的容器,创建函数为 uitabgroup。TabGroup 对象是使用 uifigure 函数和 figure 函数创建的图窗的子级时,属性有所不同。

【例 13-5】　编写程序,生成一个 App 图形窗口,添加一个有两个选项卡的 Tab Group,并在第一个选项卡中添加按钮组件,实现图像显示,在第二个选项卡中添加按钮组件,实现图像的反色显示。

图 13-20 配置 Grid Layout

程序如下：

```
clc,clear,close all;
fig = uifigure("Name","例13-5","Icon","lotus.jpg","Position",[200,200,240,300]);
                                                % 创建 App 的图形窗口
Image = imread('fruit.jpg');
tabgp = uitabgroup(fig);                        % 创建 Tab Group 组件
tabgp.Position = [20,210,110,70];               % 设置组件位置
tab1 = uitab(tabgp,"Title","tab1");             % 创建选项卡 1
tab2 = uitab(tabgp,"Title","tab2");
ax = axes(fig,'Position',[0.15,0.1,0.7,0.5]);   % 在图形窗口上创建坐标轴
button1 = uibutton(tab1,"Text","彩色原图","Position",[2,12,100,20], ...
        "ButtonPushedFcn",@(src,event) showImage(Image,ax));   % 在选项卡 1 创建按钮
button2 = uibutton(tab2,"Text","反色图像","Position",[2,12,100,20], ...
        "ButtonPushedFcn",@(src,event) grayImage(Image,ax));
button3 = uibutton(fig,"Text","退出","Position",[160,230,50,20],"Icon",...
        "close.png","ButtonPushedFcn",@(src,event) close(fig));   % 创建退出按钮
function showImage(In,ax)
    imshow(In,"Parent",ax);
end
function grayImage(In,ax)
    imshow(255 - In,"Parent",ax);
end
```

程序运行结果如图 13-21 所示。

(a) 选项卡1

(b) 选项卡2

图 13-21 选项卡组设计效果

13.2.5 图形工具组件

图形工具组件主要有上下文菜单(Context Menu,图标为▤)、菜单栏(Menu Bar,图标为▤)和工具栏(Toolbar,图标为▤),方便用户定制 App。

Context Menu 是当用户右击图形对象或 UI 组件时出现的菜单。添加方法是:拖动 Context Menu 组件到画布相应的组件上;或者在要添加 Context Menu 的组件上右击,在弹出的菜单中选择 Context Menu/Add New Context Menu;或者使用 uicontextmenu 函数创建。如果在 Context Menu 中增加菜单项,可以在菜单项上右击,在弹出的菜单中选择 Edit ContextMenu,然后单击⊕增加新菜单项或子菜单项,菜单创建函数为 uimenu。

Menu Bar 是在 App 窗口顶部显示选项的下拉列表,新菜单项的添加和 Context Menu 中的方法一样。

Toolbar 是图窗窗口顶部的水平按钮列表的容器,可以使用 uitoolbar 函数创建。

【例 13-6】 通过一个例子 app5 说明这 3 种组件的应用设计过程。

1) 组件放置与属性设置

放置 Menu Bar,修改两个 Menu Bar 的 Text 属性为"文件"和"色彩通道",变量名为 FileMenu 和 ColorChannelMenu。在"文件"菜单下添加两个子菜单,Text 属性分别为"打开图像"和"保存图像",将其各自对应的变量名修改为 Open 和 Save。"色彩通道"菜单下添加 3 个子菜单,Text 属性分别为"红色通道""绿色通道"和"蓝色通道",变量名为 R、G 和 B。

放置 Toolbar,依次单击"+",添加 5 个工具,设置各自的 ICON 属性,即给每个工具设置图标,并分别将其变量名改为 tool_Open、tool_Save、tool_R、tool_G、tool_B。

放置一个 Context Menu 到图窗,修改两个菜单项的 Text 为"保存"和"色彩通道",修改变量名为 SaveCMenu 和 ChannelCMenu,在"色彩通道"菜单右侧单击"+",添加子菜单:R、G、B,3 个子菜单的变量名分别为 RCMenu、GCMenu 和 BCMenu。

在图窗上放置两个坐标轴 UIAxes,用于显示图像。

2) 回调函数设计

给 app5 添加成员变量 Image、Result 和 flag,Image 和 Result 为空,用于存放初始图像和处理后图像数据,flag 用于表示是否有已经处理的图像数据,初始化为 false。

给菜单"打开图像"添加回调函数 OpenMenuSelected,在其中添加打开 fruit.jpg 图像,并将图像在第一个坐标轴内显示的代码,如下所示:

```
function OpenMenuSelected(app, event)
    app.Image = imread("fruit.jpg");
    imshow(app.Image,"Parent",app.UIAxes1)
end
```

给菜单"保存图像"添加回调函数 SaveMenuSelected,在其中添加打开保存文件对话框并保存文件的代码,如下所示:

```
function SaveMenuSelected(app, event)
    if app.flag                          % 如果 Result 中已经有图像数据,则存储
        FileName = uiputfile({'*.png';'*.*'});
        imwrite(app.Result,FileName);
```

```
        end
    end
```

分别给菜单"红色通道""绿色通道""蓝色通道"添加回调函数 RMenuSelected、GMenuSelected、BMenuSelected,在其中添加获取各色彩通道并显示的代码,如下所示:

```
function RMenuSelected(app, event)
    app.Result = app.Image(:,:,1);
    imshow(app.Result,"Parent",app.UIAxes2);
    app.flag = true;                        % 设置 Result 中已有图像数据的标志
    app.UIAxes2.Title.String = "红色通道";   % 设置坐标轴的 Title 作为提示
end
function GMenuSelected(app, event)
    app.Result = app.Image(:,:,2);
    imshow(app.Result,"Parent",app.UIAxes2);
    app.flag = true;
    app.UIAxes2.Title.String = "绿色通道";
end
function BMenuSelected(app, event)
    app.Result = app.Image(:,:,3);
    imshow(app.Result,"Parent",app.UIAxes2);
    app.flag = true;
    app.UIAxes2.Title.String = "蓝色通道";
end
```

给 Toolbar 中的 5 个工具设置回调函数,对应选择 5 个菜单的回调函数。

给 Context Menu 中的 4 个菜单设置回调函数,对应选择 SaveMenuSelected、RMenuSelected、GMenuSelected、BMenuSelected。

运行程序,单击工具栏中的图标 ⬜,在第一个坐标轴内显示图像;单击 R、G、B 3 个工具,在第二个坐标轴内显示对应的色彩通道;在图窗空白处右击,显示上下文菜单。程序运行结果如图 13-22 所示。

图 13-22　图形工具组件设计

13.2.6　对话框

对话框用于显示信息和获取输入数据,使应用程序的界面更加友好、方便。App 设计中如果使用对话框需要编写程序来添加,本节介绍在 App 设计中常用的对话框。

1. 打开文件选择和保存对话框

在 MATLAB 中,uigetfile 和 uigetdir 函数都可以打开文件选择对话框,用 uiputfile 函数打开保存文件的对话框,两种对话框都是模态对话框,即关闭以后才能和其他窗口交互。调用格式如下。

(1)[file,path,indx]=uigetfile(filter,title,defname):打开文件选择对话框供用户选择,并返回选择文件的文件名(file)、路径名(path)和对话框中选择的筛选器的索引(index)。filter 是文件过滤器,作用是筛选对话框中显示的文件,可以是表示文件名、文件夹、文件扩展名等的字符向量、元胞数组或字符串数组;title 指定对话框标题;defname 为对话框打开时默认选择的文件。

(2)[file,path,indx]=uigetfile(…,'MultiSelect',mode):指明是否允许选择多个文件,mode 为'on'时,可以选择多个文件,默认为'off';在选择多个文件时,file 为字符串元胞数组。

(3)selpath=uigetdir(path,title):打开 path 指定路径下的文件夹,供用户浏览目录结构、选择目录,并以字符串形式返回目录 selpath。

(4)[file,path,indx]=uiputfile(filter,title,defname):打开保存文件对话框。

2. 显示警报对话框

uialert 函数可以在 uifigure 函数创建的图窗前显示一个模态对话框,用于显示指定的信息。警报对话框中一般还包含一个错误图标和一个确定按钮。调用格式如下。

uialert(fig,message,title):fig 是 uifigure 函数创建的目标图窗,message 是警示信息,title 是对话框标题。另有参数 CloseFcn 指定对话框关闭时请求的回调函数,默认为空;参数 Icon 指定图标类型,以表示不同类型的警示信息,默认为'error';参数 Modal 指定不是模态对话框,默认为 true。

【例 13-7】 修改例 13-6 中的 SaveMenuSelected 回调函数,实现如果没有图像需要存储则显示警报对话框的功能。

将 SaveMenuSelected 回调函数修改如下:

```
function SaveMenuSelected(app, event)
    if app.flag
        FileName = uiputfile({'*.png';'*.*'});
        imwrite(app.Result,FileName);
    else
        uialert(app.UIFigure,"没有图像需要存储","Warning",'Icon','warning');
    end
end
```

运行程序,在第二个坐标轴没有图像时进行存储将显示警报对话框,如图 13-23 所示。

3. 创建确认对话框

uiconfirm 函数可以在 uifigure 函数创建的图窗前显示一个模态对话框,用于用户确认信息。确认对话框中有需要确认的信息以及用于确认和取消的两个按钮。调用格式如下。

selection=uiconfirm(fig,message,title,Name,Value):fig 是 uifigure 函数创建的目标图窗,message 是要显示的信息,title 是对话框标题。另有参数 Options 指定按钮显示内容,默认为{'OK','Cancel'};参数 Icon 指定图标类型,以表示不同类型的确认信息,默认为'question';参数 CloseFcn 指定对话框关闭时请求的回调函数,默认为空。

图 13-23　警报对话框设计与使用

【例 13-8】　修改例 13-5，实现单击"退出"按钮时显示确认对话框。

在例 13-5 的代码中增加 makeSure 函数，如下所示：

```
function makeSure(fig)
    sel = uiconfirm(fig,"确定关闭 App 吗?","Make sure");
    if sel == "OK"
        close(fig);
    end
end
```

修改 button3 创建函数中的回调函数，如下所示：

```
button3 = uibutton(fig,"Text","退出","Position",[160,230,50,20],"Icon", ...
            "close.png", "ButtonPushedFcn",@(src,event) makeSure(fig));
```

运行程序，当单击"退出"按钮时，显示确认对话框，如图 13-24 所示。

图 13-24　确认对话框设计与使用

4. 创建进度对话框

uiprogressdlg 函数可以在 uifigure 函数创建的图窗前显示一个进度对话框，调用格式如下。

d＝uiprogressdlg(fig,Name,Value)：fig 是 uifigure 函数创建的目标图窗；函数的相关参数有 Value，取值在[0,1]之间，表示完成的部分，默认为 0；参数 Message 指显示在对话框进度条上方的消息；参数 Title 是对话框标题；参数 Indeterminate 是不确定进度，取'off'和 'on'，或者取 0 和 1，设置为'on'时,显示动画进度条但不提供具体进度信息;参数 Cancelable 取'off'和 'on',或者取 0 和 1,设置为'on'时在对话框中显示取消按钮。

【例 13-9】 编写程序,生成一个 App 图形窗口,打开图像进行处理并转换为视频,用进度对话框表示转换进度。

程序如下:

```
clc,clear,close all;
fig = uifigure("Name","例 13 - 9","Icon","fruit.jpg","Position",[200,200,410,260]);
Image = im2double(imread('fruit.jpg'));
upd = uiprogressdlg(fig,'Title','Please Wait','Message','正在生成视频...');
                                                       % 创建进度对话框
[h,w,~] = size(Image);
total = 100;       num = 8;       step = w/num;
for i = 1:total
    for j = 1:step:w - step + 1
        frame = Image;
        frame(:,j:j + step - 1,:) = Image(:,j:j + step - 1,:) * 2;    % 将图像中一竖条增强亮度
        frame(frame > 1) = 1;
        Movies((i - 1) * num + 1 + (j - 1)/step) = im2frame(frame);    % 转换为视频帧
    end
    upd.Value = i/total;                                % 设置进度
end
close(upd);                                             % 关闭进度对话框
ax = uiaxes(fig,"Position",[40,20,350,200]);           % 创建 UIAxes 坐标轴
ax.Visible = 'off';
movie(ax,Movies);                                      % 在 UIAxes 中播放视频
close(fig);
```

程序运行结果如图 13-25 所示。

(a) 进度对话框   (b) 视频播放

图 13-25 进度对话框设计与使用

5. 打开颜色选择对话框

uisetcolor 函数可以显示颜色选择对话框,在其中选择颜色,并以 RGB 三元组形式返回所选颜色,其调用格式如下。

(1) c＝uisetcolor(RGB,title):以 RGB 三元组的形式指定颜色进行选择。

(2) c＝uisetcolor(obj,title):将默认颜色选择设置为某个对象的颜色,单击确定后,该对象的颜色将更改为新颜色。obj 对应的对象必须有一个颜色方面的属性,例如 Color 或者 BackgroundColor。

【例13-10】 编写程序创建 App，将图像二值化后，选择颜色填充目标。

```
clc,clear,close all;
fig = uifigure("Name","例13 - 10","Icon","color.png","Position",[200,200,430,200]);
Image = imread('coins.png');
BW = imbinarize(Image);
ax1 = uiaxes(fig,"Position",[5,5,200,180]);               % 创建坐标轴
ax2 = uiaxes(fig,"Position",[210,5,200,180]);
imshow(Image,"Parent",ax1);
ax1.Title.String = "原图";
hi = imshow(BW,"Parent",ax2);                             % 显示二值图像,并返回图像对象
ax2.Title.String = "二值化";
ucm = uicontextmenu(fig);                                 % 创建上下文菜单
menu = uimenu(ucm,"Text","填充颜色","MenuSelectedFcn", ...
                    @(src,event) fillImage(BW,ax2));
set(hi,'UIContextMenu',ucm);                              % 将上下文菜单和第二个坐标区的图像联系起来
function fillImage(In,ax)
    c = uisetcolor;                                       % 打开颜色选择对话框并选择颜色
    R = double(In);        G = double(In);        B = double(In);
    R(In) = c(1); G(In) = c(2);    B(In) = c(3);          % 将前景区域填充为选中的颜色
    result = cat(3,R,G,B);
    imshow(result,"Parent",ax);
end
```

运行程序，两个坐标区显示了原图和二值化图像，在二值化图像上右击，弹出上下文菜单，如图 13-26(a)所示。选中"填充颜色"菜单项，打开颜色选择对话框，如图 13-26(b)所示。选择颜色后单击"确定"按钮关闭对话框，将二值图像中的前景填充为该颜色，如图 13-26(c)所示。

(a) 上下文菜单　　　　(b) 颜色选择对话框　　　　(c) 填充结果

图 13-26　颜色选择对话框设计与使用

13.3　App 打包

　　App 设计好以后，可以将其打包成单个文件，共享给其他用户。可以根据需要采用不同的打包方式，最直接的一种是使用 Package App 将 App 打包成 MATLAB App 安装文件，在 MATLAB 环境下安装使用；也可以采用 MATLAB Compiler 将 App 打包成 Web App，经过共享，其他用户可以在其 Web 浏览器中运行；还可以采用 MATLAB Compiler 将 App 创建一个独立的应用程序，脱离 MATLAB 环境使用。

1. MATLAB App

Package App 的打开方式有两种。在 App Designer 中，在 DESIGNER 选项卡下，选择 Share→MATLAB App，如图 13-27(a)所示；或者在 MATLAB 环境下，在 HOME 选项卡下，选择 Add-Ons→Package App，如图 13-27(b)所示。打开的 Package App 对话框如图 13-28 所示。

(a) 从App Designer环境打开　　　　　　　(b) 从MATLAB工具栏打开

图 13-27　　Package App 的打开方式

图 13-28　　Package App

Package App 对话框主要包括 3 部分，最左侧是要打包的 App 的相关文件。首先在左侧上方选择主文件，必须是不需要输入即可调用的函数或方法。MATLAB 分析主文件后，确定 App 中是否使用了其他文件，包含的文件在左侧中间列出。如果 App 还需要除列出来的文件之外的文件，在左侧最下方单击 Add files/folders 添加。

Package App 对话框中间部分用来描述 App 的信息。最上方编辑框设定 App 的名字，单击编辑框左侧按钮可以给 App 设定图标，也可以在右边选择屏幕截图表示 App。编辑框下方设定作者的信息。在中间介绍 App，方便用户进一步了解 App。单击最下方 Products 项右侧的"+"，在弹出的选项框中选择 App 依托的环境。

Package App 对话框右侧上方用来设定输出文件夹，单击 Package 按钮进行打包。打包成功后，提示 Packaging complete，在指定目录下生成.mlappinstall 文件以及一个.prj 文件，前者是 App 安装文件，后者包含有关 App 的信息，例如包含的文件和描述，如果更新应用程序，不需要重新描述。

在.mlappinstall 文件所在目录下,双击文件进行安装;或者在 MATLAB 环境下 APPS 选项卡中单击 Install App,选择.mlappinstall 文件进行安装。安装完毕后,即可在 APPS 选项卡的下拉框内找到该 App,还可以查看相关信息,如图 13-29 所示,使用方式和其他 App 一样。

图 13-29　安装后的 App

2. Web App

Web App 是可以在网络浏览器中运行的 MATLAB 应用程序。如果安装了 MATLAB Compiler,可以在 App Designer 环境下,选择 Share→Web App,打开如图 13-30 所示的 Packaging Progress 对话框,将 Web App 直接部署到服务器。仅在 MATLAB Web App Server 产品中支持将 Web App 直接上传到服务器,并且需要启用身份验证。

图 13-30　Web App 打包

单击 Packaging Progress 对话框中的 Edit Project 按钮,打开 Web App Compiler,可以详细地设置 App 的相关信息。

3. 独立应用程序

独立应用程序是指可以通过安装、脱离设计环境运行的程序。如果安装了 MATLAB Compiler,可以在 App Designer 下选择 Share→Standalone Desktop Application,打开 Application Compiler 窗口,设置相关信息,单击 Package 进行打包,如图 13-31 所示。打包完成后生成安装文件。

图 13-31　独立应用程序打包

本章小结

本章介绍了 MATLAB 中与图像处理相关的部分 App，详细讲解了如何利用 App Designer 设计 App，包括设计环境、图形窗口、通用组件、容器组件、图形工具组件，以及对话框的设计和使用，介绍了 App 打包方法，读者可以尝试开发设计相应的 App。

参 考 文 献

［1］ 胡威捷,汤顺青,朱正芳. 现代颜色技术原理及应用[M]. 北京:北京理工大学出版社,2007.

［2］ 寿天德. 视觉信息处理的脑机制[M]. 2 版. 合肥:中国科学技术大学出版社,2010.

［3］ 谢凤英. 数字图像处理及应用[M]. 2 版. 北京:电子工业出版社,2016.

［4］ 李水根,吴纪桃. 分形与小波[M]. 北京:科学出版社,2002.

［5］ 唐向宏,李齐良. 时频分析与小波变换[M]. 北京:科学出版社,2008.

［6］ BURRUS C S,GOPINATH R A,GUO H T. 小波与小波变换导论[M]. 程正兴,译. 北京:机械工业出版社,2007.

［7］ GONZALEZ R C,WOODS R E,EDDINS S L. 数字图像处理的 MATLAB 实现[M]. 阮秋琦,译. 2 版. 北京:清华大学出版社,2013.

［8］ 杨丹,赵海滨,龙哲. MATLAB 图像处理实例详解[M]. 北京:清华大学出版社,2013.

［9］ ZUIDERVELD K. Contrast limited adaptive histogram equalization[J]. Graphics Gems IV,1994:474-485.

［10］ He K M,SUN J,TANG X O. Single image haze removal using dark channel prior[C]//Proceedings of IEEE Conference on Computer Vision and Pattern Recognition. Piscataway:IEEE Press,2009:1956-1963.

［11］ TOMASI C,MANDUCHI R. Bilateral filtering for gray and color images[C]//Proceedings of the IEEE International Conference on Computer Vision. Piscataway:IEEE Press,1998:839-846.

［12］ He K M,SUN J,TANG X O. Guided image filtering[J]. IEEE Transactions on Pattern Analysis and Machine Intelligence,2013,35(6):1397-1409.

［13］ BUADES A,COLL B,MOREL J M. A non-local algorithm for image denoising[C]//Proceedings of the IEEE Computer Society Conference on Computer Vision and Pattern Recognition. Piscataway:IEEE Press,2005:60-65.

［14］ CANNY J. A Computational approach to edge detection[J]. IEEE Transactions on Pattern Analysis and Machine Intelligence,1986.(6):679-698.

［15］ SOILLE P. 形态学图像分析:原理与应用[M]. 王小鹏,译. 2 版. 北京:清华大学出版社,2008.

［16］ 郝建坤,黄玮,刘军,等. 空间变化 PSF 非盲去卷积图像复原法综述[J]. 中国光学,2016,9(1):41-49.

［17］ RICHARDSON W H. Bayesian-based iterative method of image restoration[J]. Journal of The Optical Society of America,1972,62(1):55-59.

［18］ LUCY L B. An iterative technique for the rectification of observed distributions[J]. The Astronomical Journal,1974,79(6):745-754.

［19］ 冯宇平. 图像快速配准与自动拼接技术研究[D]. 长春:中国科学院长春光学精密机械与物理研究所,2010.

［20］ Vincent L. Morphological grayscale reconstruction in image analysis:Applications and efficient algorithms[J]. IEEE Transactions on Image Processing,1993,2(2):176-201.

［21］ OTSU N. A threshold selection method from gray-level histograms[J]. IEEE Transactions on Systems,1979,9(1):62-66.

［22］ ACHANTA R,SHAJI A,SMITH K,et al. SLIC superpixels compared to state-of-the-art superpixel methods[J]. IEEE Transactions on Pattern Analysis & Machine Intelligence,2012,34(11):2274-2282.

［23］ KASS M,WITKIN A,TERZOPOULOS D. Snakes:active contour models[J]. International Journal of Computer Vision,1988,1(4):321-331.

［24］ TONY F C,LUMINITA A V. Active contours without edges[J]. IEEE Transactions on Image Processing,2001,10(2):266-277.

［25］ CASELLES V,KIMMEL R,SAPIRO G. Geodesic active contours[J]. International Journal of Computer Vision,1997,22(1):61-79.

［26］ BOYKOV Y,JOLLY M. Interactive graph cuts for optimal boundary & region segmentation of objects in N-D images[C]//Proceedings of International Conference on Computer Vision. Piscataway:IEEE Press,2001(1):105-112.

[27] LI Y，SUN J，TANG C K，et al. Lazy snapping[C]//Proceedings of International Conference on Computer Graphics and Interactive Techniques. [S. l.]：SPIE，2004：303-308.

[28] ROTHER C，KOLMOGOROV V，BLAKE A. GrabCut-interactive foreground extraction using iterated graph cuts[J]. ACM Transactions on Graphics，2004，23(3)：309-314.

[29] PAGLIERONI D. Distance Transforms：Properties and machine vision applications[J]. Computer Vision，Graphics，and Image Processing：Graphical Models and Image Processing，1992，54(1)：57-58.

[30] ZHOU W，BOVIK A C，SHEIKH II R，et al. Image quality assessment：from error visibility to structural similarity[J]. IEEE Transactions on Image Processing，2004，13(4)：600-612.

[31] MITTAL A，SOUNDARARAJAN R，and BOVIK A C. Making a completely blind image quality analyzer[J]. IEEE Signal Processing Letters，2013，22(3)：209-212.

[32] BRADLEY D，ROTH G. Adapting thresholding using the integral image[J]. Journal of Graphics Tools，2007，12(2)：13-21.

[33] AHONEN T，HADID A，PIETIKAINEN M. Face recognition with local binary patterns[C]//Proceedings of European Conference on Computer Vision. Berlin：Springer，2004：469-481.

[34] PAPAGEORGIOU C P，OREN M，POGGIO T. A general framework for object detection[C]//Proceedings of the IEEE International Conference on Computer Vision. Piscataway：IEEE Press，2002：555-562.

[35] VIOLA P，JONES M. Rapid object detection using a boosted cascade of simple features[C]//Proceedings of IEEE Computer Society Conference on Computer Vision and Pattern Recognition. Piscataway：IEEE Press，2001：511.

[36] SHI J，TOMASI C. Good features to track[C]//Proceedings of the IEEE Conference on Computer Vision and Pattern Recognition. Piscataway：IEEE Press，1994：593-600.

[37] ROSTEN E，DRUMMOND T. Machine learning for high-speed corner detection[C]//9th European Conference on Computer Vision. Berlin：Springer，2006(1)：430-443.

[38] ROSTEN E，DRUMMOND T. Fusing points and lines for high performance tracking[C]//Proceedings of the IEEE International Conference on Computer Vision. Piscataway：IEEE Press，2005：1508-1511.

[39] BAY H，ESS A，TUYTELAARS T，et al. Speeded-up robust features[J]. Computer Vision and Image Understanding，2008，110(3)：346-359.

[40] LEUTENEGGER S，CHLI M，SIEGWART R. BRISK：binary robust invariant scalable keypoints[C]//Proceedings of the IEEE International Conference. Piscataway：IEEE Press，2011：2548-2555.

[41] ALEXANDRE A，RAPHAEL O，VANDERGHEYNST P. FREAK：fast retina keypoint[C]//IEEE Conference on Computer Vision and Pattern Recognition. Piscataway：IEEE Press，2012：510-517.

[42] RUBLEE E，RABAUD V，KONOLIGE K，et al. ORB：an efficient alternative to SIFT or SURF[C]//Proceedings of the International Conference on Computer Vision. Piscataway：IEEE Press，2011：2564-2571.

[43] NISTER D，STEWENIUS H. Linear time maximally stable extremal regions[C]//10th European Conference on Computer Vision. Berlin：Springer，2008，5303：183-196.